普通高等教育"十二五"规划教材

环境监测

Environmental Monitoring

王凯雄　童裳伦　主编

化学工业出版社

·北京·

内 容 提 要

本书以监测对象为主线，监测方法与技术贯穿其中。内容主要包括：水污染监测，大气污染监测，土壤、生物体和固体废物污染监测，物理性污染监测，环境监测质量保证，现代环境监测技术专题等。在专题中，简单介绍了超痕量分析技术、自动监测与遥感技术、环境应急监测与生态监测等新技术和新方法。

本书条理清晰，结构紧凑，紧密联系实际，可作为环境类专业本、专科学生的教材，也可作为环境保护工作者的参考书。

图书在版编目（CIP）数据

环境监测/王凯雄，童裳伦主编．—北京：化学工业出版社，2011.4（2021.1重印）
普通高等教育“十二五”规划教材
ISBN 978-7-122-10623-0

Ⅰ．环…　Ⅱ．①王…②童…　Ⅲ．环境监测-高等学校-教材　Ⅳ．X83

中国版本图书馆CIP数据核字（2011）第030271号

责任编辑：满悦芝　　文字编辑：郑　直
责任校对：边　涛　　装帧设计：尹琳琳

出版发行：化学工业出版社（北京市东城区青年湖南街13号　邮政编码100011）
印　　装：北京科印技术咨询服务有限公司数码印刷分部
787mm×1092mm　1/16　印张15½　字数398千字　2021年1月北京第1版第5次印刷

购书咨询：010-64518888　　售后服务：010-64518899
网　　址：http://www.cip.com.cn
凡购买本书，如有缺损质量问题，本社销售中心负责调换。

定　　价：49.00元

《环境监测》编写人员名单

主　　编： 王凯雄　童裳伦

编写人员： 王凯雄　童裳伦　王凤平

沈学优　罗晓璐　祁国伟

焦　荔　朱军林　陈梅兰

前言

“环境监测”是“环境科学与工程”学科的重要组成部分，是环境影响评价、环境污染治理和环境科学研究的基础，是环境类专业的必修课程。该课程具有涉及知识面广、实践性强的特点，因受学时数的限制，理论部分不宜过多过深。如果整门课程是5个学分，则建议理论课为2学分，实验课为3学分。根据上述特点，我们本着“简明、实用、有新意”的宗旨，在化学工业出版社的鼓励下，编写了本教材。

环境监测课程的知识结构可形象地用一棵树来表示。方法与技术，包括采样技术、样品预处理技术、理化分析技术、生物监测技术、自动监测与遥感技术、数据处理技术、质量保证和质量控制技术等是基础，用根来表示；对象与内容，包括水污染监测，大气污染监测，土壤、生物体与固体废物污染监测，物理污染监测等是实际面对的监测项目，可用树枝、分枝和树叶来表示。本书以监测对象为主线，监测方法与技术贯穿其中。环境监测质量保证自成一章，另设现代环境监测技术专题一章，包括超痕量分析技术、自动监测与遥感技术、环境应急监测与生态监测等新技术和新方法。

本书共分7章，它们是：第1章绪论，第2章水污染监测，第3章大气污染监测，第4章土壤、生物体和固体废物污染监测，第5章物理性污染监测，第6章环境监测质量保证，第7章现代环境监测技术专题；为了便于读者查阅，附录中收集了重要的环境标准；也为了方便读者查询和学生复习，在书后增设了索引。实验部分视读者需要，拟单独出版发行。

本书由王凯雄、童裳伦主编、统稿。第1章由王凯雄、童裳伦编写，第2章由王凯雄编写，第3章由沈学优、罗晓璐编写，第4章由王凤平编写，第5章和第6章由童裳伦编写，第7章超痕量分析技术部分由朱军林、童裳伦编写，自动监测与遥感技术部分由祁国伟编写，环境应急监测部分由焦荔编写，生态监测部分由陈梅兰编写。

本书在编写过程中参考了何增耀主编的《环境监测》和英国 Roger Reeve 编著的 Introduction to Environmental Analysis 等大量文献资料；得到了浙江大学、浙江树人大学、杭州电子科技大学和杭州市环境监测中心站等单位的大力支持；张建芬帮助审阅了涉及生物学部分的内容，在此一并表示衷心的感谢！限于编者的水平和知识面，书中存在不足和疏漏之处，敬请读者不吝批评指正。

王凯雄　童裳伦

2011年6月

目 录

第1章 绪论

地球是人类生存和发展的基础，为人类社会的文明和进步提供了适宜的空间和丰富的自然资源。千百年来的人类活动，特别是近几十年来人类无节制地向地球索取，使地球的四个圈层（大气圈、水圈、岩石圈和生物圈）都遭到一定的破坏。环境问题已成为人类面临的紧迫问题，已引起世界各国的普遍关注。

环境监测是“环境科学与工程”学科的重要组成部分，是环境影响评价、环境污染治理和环境科学研究的基础。环境化学、环境生物学、环境地学、环境工程学、环境管理学、环境经济学以及环境法学等所有与环境相关的学科，都离不开环境监测，因为它们都需要在了解、评价环境质量及其变化趋势的基础上，进行相关的研究和制定有关的管理法规以及采取相应的污染控制措施。

环境监测是指监视和测定环境质量各项指标的过程，通过对环境质量指标的监测，确定环境质量及其变化趋势，特别是通过对污染物的监测，确定环境污染的程度及其影响。随着工业化进程和科学的发展，环境监测由传统的环境质量监测和污染源监测逐步发展到对大环境的调查和监测，监测对象不仅仅是环境质量指标，还扩展到对生物、生态变化的监测。

环境污染包括化学污染、物理污染与生物污染，因此环境监测的内容包括对污染物分析测试的化学监测；对物理或能量因子热、声、光、电磁辐射、振动及放射性等强度、能量和状态测试的物理监测；对生物由于环境质量变化所发生的各种反应和信息，如受害症状、生长发育、形态变化等测试的生物监测，以及对区域群落、种群的迁移变化进行观测的生态监测等。环境监测的对象包括：反映环境质量变化的各种自然因素；对人类活动与环境有影响的各种人为因素；对环境造成污染危害的各种成分。

1.1 环境监测的目的、分类、原则及特点

1.1.1 环境监测的目的

环境监测的目的包括下列几个方面。

① 提供代表环境质量现状的数据，根据环境质量标准，评价环境质量。

② 根据污染特点、分布情况和环境条件，追踪寻找污染源，提供污染变化趋势，为实现监督管理、控制污染提供依据。

③ 收集本底数据，积累长期监测资料，为研究环境容量、实施总量控制、目标管理、预测预报环境质量提供数据。

④ 为制定环境法规、标准、环境规划、环境污染综合防治对策提供科学依据，并全面监视环境管理的效果。

⑤ 揭示新的污染问题，探明污染原因，确定新的污染物质，研究新的监测分析方法，为环境科研提供方向。

因此，环境监测以其重要的基础地位和多方面的功能越来越受到人们的重视，被喻为“环保工作的耳目”、“定量管理的尺子”。通过监测获得的各种环境信息数据，是进行环保管理、科研、规划、立法及制定政策、进行决策的基础和依据，对经济建设和社会发展也起着重要作用。

1.1.2 环境监测的分类

环境监测按其监测目的或介质对象分类如下。

1.1.2.1 按监测目的分类

（1）监视性监测（又称为例行监测或常规监测） 这类监测是监测工作的主体，这类工作的质量是环境监测水平的标志。监视性监测包括对污染源的监测（包括污染物浓度、排放总量、污染趋势等）和环境质量监测（所在地区的空气、水体、噪声、固体废物等监督监测）。

（2）特定目的监测

① 污染事故监测 在发生污染事故，特别是突发性环境污染事故时进行的应急监测，如吉林石化的松花江污染事件，这类应急监测往往需要在最短的时间内确定污染物的种类，污染因子扩散方向、速度和危及范围，对环境和人类的危害，控制的方式与方法，为控制和消除污染提供依据，供管理者决策。这类监测常采用流动监测（如使用车或船等）、简易监测、低空航测和遥感等手段。

② 仲裁监测 主要针对污染事故纠纷、环境法执行过程中所产生的矛盾进行监测。仲裁监测应由具有质量认证资质的部门进行，以提供具有法律效力的数据，供执法部门、司法部门仲裁。

③ 考核认证监测 主要是对环境监测技术人员和环境保护工作人员的业务考核、上岗培训考核；环境检测方法认证和污染治理项目竣工的验收监测等。

④ 咨询服务监测 为政府部门、科研机构、企业所提供的服务性监测，如新企业建设项目应进行环境影响评价时，需要按评价要求进行监测。

⑤ 可再生资源的监测 土壤、植被、草原、森林等自然资源的监测，如监测土壤退化的趋势、热带雨林的变化、牧场的变化等。

（3）研究性监测 研究性监测是针对特定目的的科学研究而进行的监测。例如：环境中有毒有害的痕量或超痕量污染物的分析方法研究及污染调查；复杂样品、干扰严重样品的监测方法研究；环境监测中的标准分析方法的研究、标准物质的研制等。

1.1.2.2 按监测介质对象分类

可分为水质监测、大气监测、土壤监测、固体废物监测、生物监测、噪声和振动监测、电磁辐射监测、放射性监测、卫生监测（如病原体、病毒、寄生虫等）等。

此外，也可按专业部门进行分类，如气象监测、卫生监测和资源监测等。

1.1.3 环境监测的原则

在环境监测中，由于人力、监测手段、经济条件、仪器设备等的限制，不可能无选择地监测分析所有的污染物，应根据需要和可能，并坚持以下原则。

（1）选择监测对象的原则

① 在实地调查的基础上，针对污染物的性质（如物化性质、毒性、扩散性等），选择那些毒性大、危害严重、影响范围大的污染物。

② 对选择的污染物必须有可靠的测试手段和有效的分析方法，从而保证能获得准确、可靠、有代表性的数据。

③ 对监测数据能做出正确的解释和判断。如果该监测数据既无标准可循，又不能了解对人体健康和生物的影响，会使监测工作陷入盲目。

(2) 优先监测的原则　需要监测的项目往往很多，但不可能同时进行，必须坚持优先监测的原则。对影响范围大的污染物要优先监测。燃煤污染、汽车尾气污染是全世界的问题，许多公害事件就是由它们造成的，因此，目前在大气中要优先监测的项目有二氧化硫、氮氧化物、一氧化碳、臭氧、飘尘及其组分、降尘等。水质监测中可根据水体功能的不同，确定优先监测项目，如饮用水源要根据饮用水标准列出的项目安排监测。对于那些具有潜在危险，并且污染趋势有可能上升的项目，也应列入优先监测。

1.1.4 环境污染及监测的特点

1.1.4.1 环境污染的特点

环境污染是各种污染因素本身及其相互作用的结果。同时，环境污染还受社会评价的影响而具有社会性。它的特点可归纳为以下几点。

(1) 时间分布性　污染物的排放量和污染因素的强度随时间而变化。例如，化工厂排放污染物的种类和浓度往往随着工艺周期的变化而变化。由于河流的潮汛和丰水期、枯水期的交替，都会使污染物浓度随时间而变化。随着气象条件的改变，会造成同一污染物在同一地点的污染浓度相差高达数倍。交通噪声的强度随着不同时间内车辆流量的变化而变化。

(2) 空间分布性　污染物和污染因素进入环境后，随着水和空气的流动而被稀释扩散，因此在不同空间位置上污染物的浓度和强度分布是不同的。为了正确表述一个地区的环境质量，单靠某一点的监测结果是不完整的，必须根据污染物的时间、空间分布特点，科学地制订监测计划，然后对监测数据进行统计分析，才能得到较全面而客观的反映。

(3) 环境污染与污染物含量的关系　有害物质引起毒害的量与其无害的自然本底值之间的界限称为阈值（threshold），污染因素对环境的危害有一阈值。对阈值的研究是判断环境污染及污染程度的重要依据，也是制定环境标准的科学依据。

(4) 污染因素的综合效应　环境是一个由生物（如动植物、微生物）和非生物所组成的复杂体系，因此必须考虑各种因素的综合效应。

(5) 环境污染的社会评价　环境污染的社会评价与社会制度、文明程度、技术经济发展水平、民族的风俗习惯、哲学、法律等问题有关。有些具有潜在危险的污染因素，因其表现为慢性危害，往往不引起人们注意，而某些现实的、直接感受到的因素容易受到社会重视。

1.1.4.2 环境监测的特点

环境污染物种类繁多，分布极广，而且处在不断运动和变化之中，与一般分析工作相比，环境监测具有下列显著特点。

(1) 监测对象种类繁多　污染物包括无机物和有机物，美国环保局（EPA）从7万多种污染物中筛选出水质监测中应优先监测的污染物就有129种，其中有机物114种。环境污染物中有机污染物居多。如环境激素类污染物壬基苯酚、双酚A、邻苯二甲酸酯类、多氯联苯类等，毒性大，有的又不易降解，易为生物吸收，对人体健康威胁大，必须对它们足够重视。

(2) 污染物的浓度水平低　环境污染物除少数含量水平较高外，大多数污染物均处于痕量水平（相当于μg/L），在地表水或河流中甚至处于超痕量水平（相当于ng/L）。因此，环境监测中使用最多的是高灵敏度的痕量分析方法。对于被测对象的浓度水平很低的情况，样品预处理技术起到重要作用。

(3) 重视价态和形态分析　污染物的毒性程度、环境化学行为和致毒作用机制与其价态和化学形态有密切关系。因此，在环境监测中，一般的总量测定已不能满足要求，往往要求对污染物做更深入的价态和化学形态的分析。

(4) 重视动态分析　环境污染物的特点之一是变异性大，只靠少数样品的静态分析数据，很难对环境状况做出正确可靠的评价。对于一些重要事故造成的污染事件，如有害气体的泄漏，或有毒物质排入水体，均需在现场进行适时的连续监测或追踪分析，这样才能取得有实际价值的监测数据。

(5) 监测方法和手段的多样性　环境监测作为环境保护工作的“耳目”，其深度与广度已远超过一般的分析化学的范围，它除了利用近代分析化学实验技术、物理测试技术的各种先进成果外，还大量地使用着各种专用的监测仪器和设备装置。如目前已发展出借助飞机和卫星对大环境进行遥感遥测的方法和技术。

(6) 涉及的社会面广　环境监测工作涉及的社会面很广，监测数据量大，相互间的协作性强。因此，监测工作需要有组织有领导地进行。为了获得正确可靠的数据，要采取一系列保证监测质量的措施，及其相应的控制和管理的方法。

1.1.5 环境优先污染物

世界上已知的化学物质有700万种之多，而且以每年数万种的速度增加，进入环境的化学物质也已超10万种。因此，从人力、物力、财力或化学毒物的危害程度和出现频率的实际情况来说，某一实验室不可能对每一种化学物质都进行监测、实行控制，而只能有重点、有针对性地对部分污染物进行监测和控制，这就必须要确定一个筛选的原则。对众多有毒污染物进行分级排队，从中筛选出潜在危害性大、在环境中出现频率高的污染物作为监测和控制对象。这一筛选过程就是数学上的优化过程，经过优化选择的污染物称为环境优先污染物，简称为优先污染物（priority pollutants）。

在早期，人们污染控制的主要对象是一些公认的、进入环境量大的（或浓度高的）、毒性强的物质，如重金属Hg、Cr、Cd、Pb等。而有机污染物由于种类多、含量低、分析水平有限，故以综合指标COD、BOD、TOC等来反映。随着社会和科技的发展，人们逐渐认识到一些有毒有害有机污染物，可在极低的浓度下在生物体内累积，对人体健康和环境造成严重的影响。尽管许多痕量或超痕量有毒有害有机污染物对综合指标BOD、COD、TOC等贡献很小，甚至可以忽略不计，但对环境的危害很大。此时，常用的综合指标已不能反映有机污染的状况。这些就是需要优先控制的污染物，它们具有难降解、在环境中有一定的残留水平、生物积累性等特点。目前在环境科学研究领域比较关注的一类污染物叫环境激素类污染物，这类污染物具有化学污染物的“三致”作用（致癌、致畸、致突变）及内分泌干扰作用，尤其在影响人和动物的生育繁衍方面引起了世人的关注。

美国是最早开展优先监测的国家。早在20世纪70年代中期，美国就在《清洁水法》中明确规定了129种优先污染物。“中国环境优先监测研究”也提出了“中国环境优先污染物黑名单”，包括14种化学类别共68种有毒化学物质，其中有机物占58种，见表1-1。

表1-1　中国环境优先污染物黑名单

化学类别	名　称
卤代(烷、烯)烃类	二氯甲烷、三氯甲烷、四氯化碳、1,2-二氯乙烷、1,1,1-三氯乙烷、1,1,2-三氯乙烷、1,1,2,2-四氯乙烷、三氯乙烯、四氯乙烯、三溴甲烷
苯系物	苯、甲苯、乙苯、邻二甲苯、间二甲苯、对二甲苯

续表

化学类别	名称
氯代苯类	氯苯、邻二氯苯、对二氯苯、六氯苯
多氯联苯类	多氯联苯
酚类	苯酚、间甲酚、2,4-二氯酚、2,4,6-三氯酚、五氯酚、对硝基酚
硝基苯类	硝基苯、对硝基甲苯、2,4-二硝基甲苯、三硝基甲苯、对硝基氯苯、2,4-二硝基氯苯
苯胺类	苯胺、二硝基苯胺、对硝基苯胺、2,6-二氯硝基苯胺
多环芳烃	萘、荧蒽、苯并[*b*]荧蒽、苯并[*k*]荧蒽、苯并[*a*]芘、茚并[1,2,3-*c*,*d*]芘、苯并[*g*,*h*,*i*]芘
酞酸酯类	酞酸二甲酯、酞酸二丁酯、酞酸二辛酯
农药	六六六、滴滴涕、敌敌畏、乐果、对硫磷、甲基对硫磷、除草醚、敌百虫
丙烯腈	丙烯腈
亚硝胺类	*N*-亚硝基二乙胺、*N*-亚硝基二正丙胺
氰化物	氰化物
重金属及其化合物	砷及其化合物、铍及其化合物、镉及其化合物、铬及其化合物、铜及其化合物、铅及其化合物、汞及其化合物、镍及其化合物、铊及其化合物

1.2 环境监测的方法与内容

环境监测的方法与内容可以用一棵树形象地表示，见图 1-1。环境监测的方法与技术包括采样技术、样品前处理技术、理化分析测试技术、生物监测技术、自动监测与遥感技术、数据处理技术、质量保证与质量控制技术等，它们是环境监测的基础，以根表示之。环境监测的对象与内容包括水污染监测、大气污染监测、土壤污染监测、生物体污染监测、固体废

图 1-1 环境监测的方法与内容示意图

物污染监测、噪声污染监测、放射性污染监测等，每一个监测对象又有各自若干监测指标及监测方法，以树枝和分枝表示。

1.3 环境标准

标准化和标准的实施是现代社会的重要标志。标准是经公认的权威机构批准的一项特定标准化工作成果，它通常以一项文件，并规定一整套必须满足的条件或基本单位来表示。环境标准是标准中的一类，它是为了保护人群健康、防治环境污染、促使生态良性循环，同时又合理利用资源，促进经济发展，依据环境保护法和有关政策，对有关环境的各项工作所做的规定。环境标准是政策、法规的具体体现。

1.3.1 环境标准的分类和分级

我国的环境标准分为两级和六类。两级即国家标准和地方标准两级；六类分为：环境质量标准、污染物排放标准、环境基础标准、环境方法标准、环境标准物质标准以及环保仪器、设备标准。其中环境基础标准、环境方法标准和环境标准物质标准等只有国家标准，并尽可能与国际标准接轨。

（1）环境质量标准　环境质量标准是为了保护人类健康，维持生态平衡和保障社会物质财富，并考虑技术经济条件，对环境中有害物质和因素所做的限制性规定。它是衡量环境质量和环境管理的依据、环保政策的目标，也是制定污染物控制标准的基础。

（2）污染物排放标准　污染物排放标准是为了实现环境质量目标，结合技术经济条件和环境特点，对排入环境的有害物质或有害因素所做的控制规定。由于我国幅员辽阔，各地情况差别较大，因此不少省（市、区）制定了地方排放标准。地方标准应该符合以下两点：①国家标准中所没有规定的项目；②地方标准应严于国家标准，以起到补充、完善的作用。

（3）环境基础标准　环境基础标准是在环境标准化工作范围内，对有指导意义的符号、代号、指南、程序、规范等所做的统一规定，是制定其他环境标准的基础。

（4）环境方法标准　环境方法标准是在环境保护工作中以实验、检查、分析、抽样、统计计算为对象制定的标准。

（5）环境标准物质标准　环境标准物质是在环境保护工作中，用来标定仪器、验证测量方法、进行量值传递或质量控制的材料或物质。对于这类材料或物质所必须达到的规定，称为环境标准物质标准。

（6）环保仪器、设备标准　环保仪器、设备标准是为了保证污染治理设备的效率和环境监测数据的可靠性和可比性，对环境保护仪器、设备的技术要求所做的规定。

1.3.2 环境质量标准与污染物排放标准简介

1.3.2.1 水质标准

水质污染是环境污染中最主要的方面之一，目前我国已经颁布的水质标准有以下几个。

① 水环境质量标准：地表水环境质量标准（GB 3838—2002）；生活饮用水卫生标准（GB 5749—2006）；海水水质标准（GB 3097—1997）；渔业水质标准（GB 11607—89）等。

② 排放标准：污水综合排放标准（GB 8978—1996）；医院机构水污染物排放标准（GB 18466—2005）和一批工业水污染物排放标准等。

（1）地表水环境质量标准（GB 3838—2002）　该标准将标准项目分为：地表水环境质量标准基本项目、集中式生活饮用水地表水源地补充项目和集中式生活饮用水地表水源地特定项目。地表水环境质量标准基本项目适用于全国江河、湖泊、运河、渠道、水库等具有使用功能的地表水水域；集中式生活饮用水水源地补充项目和特定项目适用于集中式生活饮用水地表水源地一级保护区和二级保护区。

依据地表水水域环境功能和保护目标，按功能高低依次划分为以下五类。

Ⅰ类：主要适用于源头水、国家自然保护区；

Ⅱ类：主要适用于集中式生活饮用水地表水源地一级保护区、珍稀水生生物栖息地、鱼虾类产卵场、仔稚幼鱼的索饵场等；

Ⅲ类：主要适用于集中式生活饮用水地表水源地二级保护区、鱼虾类越冬场、洄游通道、水产养殖区等渔业水域及游泳区；

Ⅳ类：主要适用于一般工业用水区及人体非直接接触的娱乐用水区；

Ⅴ类：主要适用于农业用水区及一般景观要求水域。

(2) 海水水质标准（GB 3097—1997） 按照海域的不同使用功能和保护目标，海水水质分为以下四类。

第一类：适用于海洋渔业水域、海上自然保护区和珍稀濒危海洋生物保护区。

第二类：适用于水产养殖区、海水浴场、人体直接接触海水的海上运动或娱乐区，以及与人类食用直接有关的工业用水区。

第三类：适用于一般工业用水区、滨海风景旅游区。

第四类：适用于海洋港口水域、海洋开发作业区。

(3) 污水综合排放标准（GB 8978—1996） 污水排放标准是为了保证环境水体质量，对排污的一切企事业单位所做的规定。污水排放可以是浓度控制，也可以是总量控制。我国总体上采用按纳污水体的功能区类别分类规定排放标准值，重点行业实行行业排放标准，非重点行业执行污水综合排放标准。

污水综合排放标准适用于排放污水和废水的一切企事业单位。按地表水域使用功能要求和污水排放去向，分别执行一、二、三级标准，对于保护区禁止新建排污口，已有的排污口应按水体功能要求，实行污染物总量控制。

标准将排放的污染物按其性质及控制方式分为以下两类。

第一类污染物，是指能在环境或动植物内蓄积，对人体健康产生长远不良影响者。不分行业和污水排放方式，也不分受纳水体的功能类别，一律在车间或车间处理实施排放口采样，其最高允许排放浓度必须符合规定（见附录）。

第二类污染物，指长远影响小于第一类污染物质，在排污单位排放口采样时其最高允许的排放浓度必须符合规定（见附录）。

1.3.2.2 大气标准

我国已颁发的大气标准主要有：环境空气质量标准（GB 3095—1996）；室内空气质量标准（GB 18883—2002）；保护农作物的大气污染物最高允许浓度标准（GB 9137—88）；大气污染物综合排放标准（GB 16297—1996）；饮食业油烟排放标准（GB 18483—2001）；锅炉大气污染物排放标准（GB 13271—2001）；工业炉窑大气污染物排放标准（GB 9078—1996）；汽车大气污染物排放标准（GB 14761.1～14761.3—93）；恶臭污染物排放标准（GB 14554—93）；以及一些行业排放标准中有关气体污染物排放限值。

(1) 环境空气质量标准（GB 3095—1996） 环境空气质量功能区分为：一类区，为自然保护区、风景名胜区和其他需要特殊保护的地区；二类区，为城镇规划中确定的居住区、商业交通居民混合区、文化区、一般工业区和农村地区；三类区为特定工业区。

环境空气质量标准分为三级。一类区执行一级标准；二类区执行二级标准；三类区执行三级标准。标准规定了各项污染物不允许超过的浓度限值（见附录）。

（2）室内空气质量标准（GB/T 18883—2002） 为了保护人体健康，预防和控制室内空气污染，制定本标准（见附录）。

（3）大气污染物综合排放标准（GB 16297—1996） 本标准适用于现有污染源大气污染物排放管理，以及建设项目的环境影响评价、设计、环境保护设施竣工验收及其投产后的大气污染物排放管理。在我国现有的国家大气污染物排放标准体系中，按照综合性排放标准与行业性排放标准不交叉执行的原则，锅炉执行 GB 13271—91《锅炉大气污染物排放标准》，工业炉窑执行 GB 9078—1996《工业炉窑大气污染物排放标准》，火电厂执行 GB 13223—1996《火电厂大气污染物排放标准》，炼焦炉执行 GB 16171—1996《炼焦炉大气污染物排放标准》，水泥厂执行 GB 4915—1996《水泥厂大气污染物排放标准》，恶臭物质排放执行 GB 14554—93《恶臭污染物排放标准》，汽车排放执行 GB 14761.1～14761.7—93《汽车大气污染物排放标准》，摩托车排放执行 GB 14621—93《摩托车排气污染物排放标准》，其他大气污染物排放均执行本标准。本标准实施后再行发布的行业性国家大气污染物排放标准，按其适用范围规定的污染源不再执行本标准。

1.3.2.3 固体废物控制标准

我国现有的固体废物控制标准有：生活垃圾填埋场污染控制标准（GB 16889—2008）；生活垃圾焚烧污染控制标准（GB 18485—2001）；危险废物贮存污染控制标准（GB 18597—2001）；危险废物焚烧污染控制标准（GB 18484—2001）；危险废物填埋污染控制标准（GB 18598—2001）；一般工业固体废物贮存、处置场污染控制标准（GB 18599—2001）；城镇垃圾农用控制标准（GB 8172—87）；农用粉煤灰中污染物控制标准（GB 8173—87）；农用污泥中污染物控制标准（GB 4284—84）等。

（1）生活垃圾填埋场污染控制标准（GB 16889—2008） 本标准适用于生活垃圾填埋场建设、运行和封场后的维护与管理过程中的污染控制和监督管理。本标准的部分规定也适用于与生活垃圾填埋场配套的生活垃圾转运站的建设、运行。标准规定了生活垃圾填埋场选址、设计与施工、填埋废物的入场条件、运行、封场、后期维护与管理的污染控制和监测等方面的要求。

垃圾填埋场浸出液污染物浓度限值见附录；现有和新建生活垃圾填埋场水污染物排放浓度限值见附录；现有和新建生活垃圾填埋场水污染物特别排放限值见附录。

（2）生活垃圾焚烧污染控制标准（GB 18485—2001） 本标准适用于生活垃圾焚烧设施的设计、环境影响评价、竣工验收以及运行过程中污染控制及监督管理。标准规定了生活垃圾焚烧厂选址原则、生活垃圾入厂要求、焚烧炉基本技术性能指标、焚烧厂污染物排放限值等要求。焚烧炉大气污染物排放限值见附录。

1.3.2.4 未列入标准的物质最高允许浓度的参考依据

化学物质达数百万种之多，并不断从实验室里合成出新物质。从生态学和保护人类健康的角度来说，新的物质不应任意向环境排放，但要对所有物质制定在环境中的排放标准是不可能的。对于那些未列入标准但已证明有害，且在局部范围排放浓度和量比较大的物质，其最高允许的浓度，通常可由当地环保部门会同有关工矿企业按下列途径予以处理。

（1）参考国外标准 工业发达国家，由于环境污染而发生严重社会问题较早，因而研究和制定标准也早，也比较完善，所以如能在已有的标准中查到，可作为参考。

（2）从公式估算 如果在其他国家标准中查不到，则可根据该物质毒理性质数据、物理常数和分子结构特性等，用公式进行估算。这类公式和研究资料很多。应该指出，同一物质用各种公式计算的结果可能相差很大，各公式均有限制条件，而且标准的制定与科学性、现实性等诸多因素有关，所以用公式计算的结果只能作为参考。

（3）直接做毒理试验再估算　当一种物质无任何资料可借鉴，或某种生产废水的残渣成分复杂，难以查清其结构和组成，但又必须知道其毒性大小和控制排放浓度，则可直接做毒理试验，求出半数致死浓度（LC_{50}）或半数致死量（LD_{50}）等，再按有关公式估算。对于组成复杂又难以查明其组成的废水、废渣可选用一综合指标（如COD）作为考核指标。

1.4　环境监测进展

随着人们对环境保护的日益重视和科学技术的不断进步，环境监测技术也得到了迅速的发展，其特点和趋势归纳起来有以下几个方面。

（1）小型化　仪器设备小型化，适应现场监测和流动监测，如小型的pH计、光度计和气相色谱仪等。

（2）便捷化　监测方法便捷化，适应快速测定和应急监测，如检测管法和试剂盒法等。

（3）痕量化　对有些污染物特别是有毒有害有机物的检测限已达ppt（10^{-12}）甚至ppq（10^{-15}）水平，如二噁英等。这与样品前处理技术的发展和仪器性能的改善密不可分，也与新发现污染物的毒性要求监测更低浓度有关。

（4）自动化　自动监测站如雨后春笋般建立起来，提高了监测效能，使监测数据更具代表性，可使人们实时了解空气质量和水质情况，掌握企业的排污情况。

（5）网络化　通过网络使数据传播更加便捷，使信息共享成为可能。与传感器相结合的传感网更是当今的研究热点。

（6）学科交叉化　理化监测技术越来越多地与生物监测技术相结合来综合评价环境污染状况和对人体健康的影响。数理统计和数学模型也在环境监测中发挥越来越重要的作用。

（7）遥感化　对大范围的环境监测越来越多地利用飞机、卫星等工具，借助红外照相、激光雷达等技术进行遥感（RS）监测，并与地理信息系统（GIS）和全球定位系统（GPS）相结合，称为3S技术。其所提供的信息量大，例如可用于海洋赤潮的监测等。

关于超痕量分析技术、自动监测与遥感技术在现代环境监测技术专题中有详细的论述。

复习题

1. 环境监测的目的与特点是什么？
2. 什么是优先污染物？
3. 我国的标准体系是如何分类与分级的？
4. 制定环保标准的原则是什么？是否标准越严越好？
5. 在环境影响评价中如遇到我国现有的标准中没有的有毒有害污染物，如何确定其最高允许排放浓度？

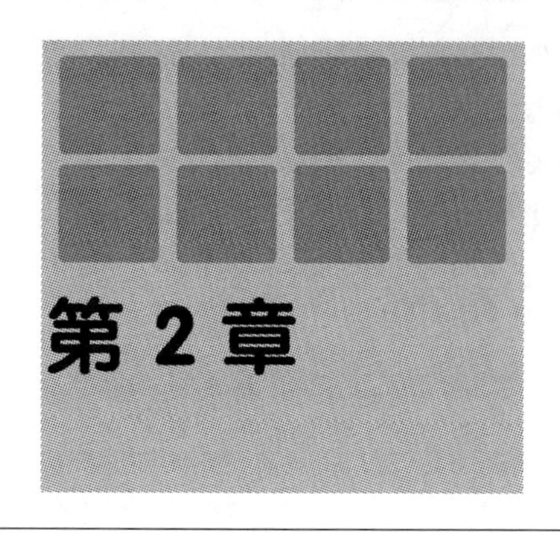

第 2 章 水污染监测

水是地球上一切生命赖以生存、人类生活和工农业生产不能缺少的基本物质。

地球上水的总储量约为 $1.36\times10^{9}\,km^{3}$，其中海洋水约占 97.3%，淡水约占 2.7%。淡水资源中冰山、冰帽水占 77.2%，地下水和土壤中水占 22.4%，湖泊、沼泽水占 0.35%，河水占 0.1%，大气中水占 0.04%。便于取用的淡水只有河水、淡水湖水和浅层地下水，估计约 $3\times10^{6}\,km^{3}$，仅为地球总水量的 0.2%左右。

随着人口增长和工农业生产的飞速发展，一方面造成用水量的迅速增加，另一方面其排放污水量也相应急剧增加，致使许多江、河、湖、水库乃至地下水等都遭到不同程度的污染，更加剧了水资源的紧张。水质监测可为控制水污染、保护水资源提供依据。水质监测是环境监测的主要组成部分。

2.1 水质监测方案的制定

图 2-1 是设计和制定水质监测方案的一般考虑因素和程序。

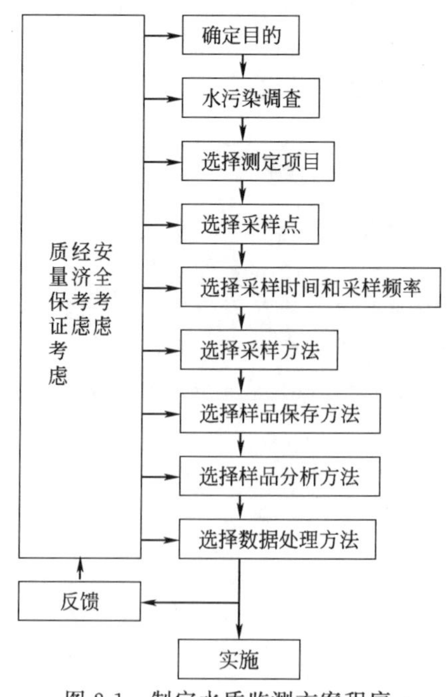

图 2-1 制定水质监测方案程序

2.2　水样的采集、保存和预处理

采集具有代表性的水样是水质监测的关键环节。分析结果的准确性首先依赖于样品的采集是否具有代表性。因此，采样前需现场调查，收集资料，以确定采样断面、采样点、采样时间、采样频率、采样方法等。

2.2.1　水污染调查

开展水污染调查时，首先及时对污染水体的污染源进行仔细的调查。

对工业污染源，应了解本地区工业的总布局及排放大量水的主要企业的生产情况和废水排放情况，具体调查内容为：

① 企业的种类、性质、规模及分布情况。

② 企业各车间所用的原材料、半成品、成品、副产品及产生工业废水的工艺流程等。

③ 工业用水总量、水源、水质、各车间废水排水量、含有害物质的种类及其浓度。

④ 废水排放方法（经常排放或间歇排放）及排放的位置。

⑤ 企业对废水回收处理和综合利用情况、净化设施的类型及效果。

对于农业污染，应了解畜牧业的分布和生产情况，了解水体周围农田使用农药、肥料、灌溉水的情况，以及水土流失的情况等。

对于生活污染源，应了解水体沿岸城镇分布、人口密度、未经处理的生活污水和城市地表径流污水等情况。

此外，需调查水体的水文、气候、地质地貌、植被等情况，还需要了解水体的生物和沉积特征。

有些基础资料，如工业分布、水文、气候、历年水质等可从相关部门获得，有些情况必须进行实地调查和现场踏勘才能摸清。

2.2.2　布点

采样断面和采样点的设置应根据监测目的、水的用途、水和废水的均匀性以及人力、物力等因素综合考虑。

2.2.2.1　地面水采样布点原则

样品的代表性决定于采样断面和采样点的代表性。所以应在调查研究和收集资料的基础上进行布点。布点的原则主要考虑以下几个方面：

① 在大量废水排入河流的主要居民区、工业区的上游和下游；

② 湖泊、水库、河口的主要出口和入口；

③ 河流主流、河口、湖泊和水库的代表性位置；

④ 主要用水地区，如公用给水的取水口、商业性捕鱼水域和娱乐水域等；

⑤ 主要支流汇入主流、河口或沿海水域的汇合口。以流经城市或工业区的河流为例，一般应设置对照断面、监测断面和消减断面三类。

对照断面是为了了解河流入境前的水质而设置的，应在流入城市或工业区以前，避开各类废水流入或回流处设置。

监测断面是为了解特定排污对水体的影响，评价水质状况而设置的。监测断面的数目应根据城市的工业布局和排污口分布情况而定。重要排污口下游的监测断面，一般设在距排污口 500～1000m 处。

消减断面是指废水和污水汇入河流后，经一段距离与河水充分混合后，水中污染物浓度经稀释和自净而显著降低的断面，通常设在城市或工业区最后一个排污口下游 1500m 以外的河段上。

河流采样断面上采样点的设置，应根据河流的宽度和深度而定。

湖泊和水库中采样点的设置，除了出入湖、库的河流汇合处，湖岸功能区的分布等因素外，还要考虑面积、水深和分层因素。

2.2.2.2 地下水采样布点原则

自监测井采集的水样只代表含水层平行和垂直的一小部分，所以进行现场采样前，应合理地确定采样位置。

① 监测井布点时，应考虑环境水文地质条件、地下水开采情况、污染物的分布和扩散形式以及区域水化学特征等因素。

② 工业区和重点污染源所在地的监测井的布设，主要根据污染物在地下水中的扩散形式确定。

③ 对供城市饮用的地下水、工业用和农田灌溉用地下水，均应适当布设监测井，对人为补给的回灌井，要在回灌前后分别采样监测水质的变化情况。

④ 一般监测井在液面下 0.3～0.5m 处采样。若有间温层或多含水层分布，可按具体情况分层采样。

⑤ 背景点应设在污染区的外围。

2.2.2.3 工业废水采样点的布设

首先要调查生产工艺、用水特点和排污去向等情况，然后按下列原则确定采样点位置。

① 在车间或车间设备出口布采样点，目的是监测一类污染物。

② 在工厂排污口布点，目的是监测二类污染物。

③ 在废水处理设施的入水口、出水口布点，掌握排水水质和废水处理效果。

2.2.3 水样的采集

2.2.3.1 采样时间与频率

采集的水样必须具有代表性，要能反映出水质在时间上的变化规律。

在地面水常规监测中，为了掌握水质的变化，最好能一月采一次水样。一般常在丰水期、枯水期、平水期每期采样两次。如受某些条件限制，至少也要在丰水期和枯水期各采样一次。

对于工业废水监测，为了采取具有代表性水样，应相隔一定的时间采集与生产周期变化相一致的水样。

根据统计规律，采样频率越高，代表性越好，偏差越小。因此，连续自动监测的代表性最好。目前大量的监测工作还是人工操作的，因而要考虑采样时间与频率。

2.2.3.2 采样设备

采集表层水样，可用桶、瓶等容器直接采取。而当水深大于 5m 时，或采集有溶解性气体、还原性物质等的水样时，需选择适宜的采样器。

(1) 常用采水器　图 2-2 是一个常用采水器，它是一个装在金属框内用绳吊起的玻璃瓶，框底装有重锤。瓶口有塞，用绳系牢，绳上标有高度。采样时，将采样瓶降至预定深度，将细绳上提打开瓶塞，水样即流入并充满样瓶，然后用塞子盖住。

(2) 急流采水器　采样地段流量大、水层深时应选用急流采水器（图 2-3）。它是将一根长钢管固定在铁框上，钢管是空心的，管内装橡皮管，管上部的橡皮管用铁夹夹紧，下部的橡皮管与瓶塞上的短玻璃管相接，橡皮塞上另有一长玻璃管直通至样瓶底部。采集水样

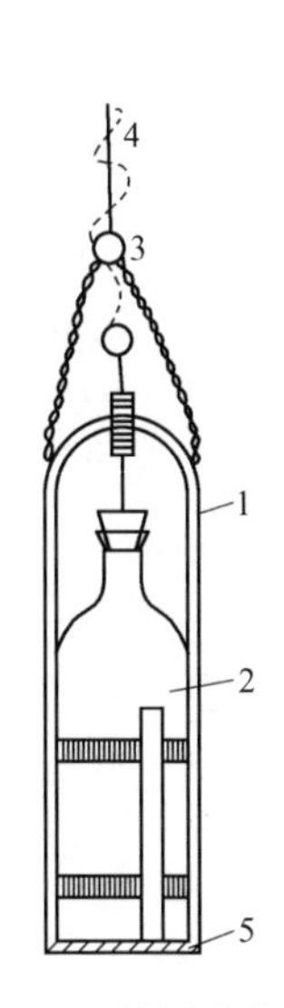

图 2-2　单层采水器
1—采水瓶架；2—采样瓶；
3—固定采水瓶绳的挂钩；
4—开瓶塞的软绳；5—铅锤

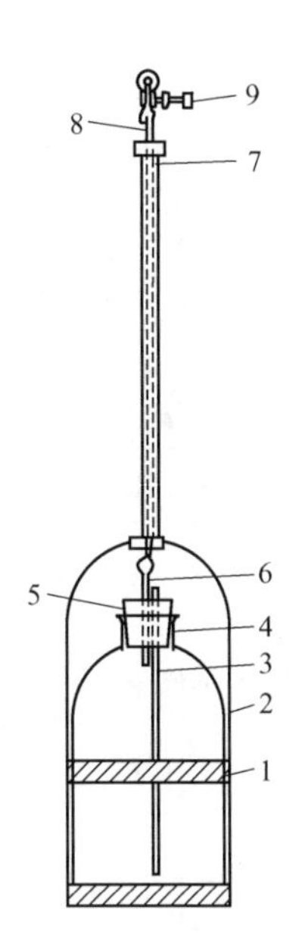

图 2-3　急流采水器
1、2—铁框；3、6—玻璃管；
4—玻璃采样瓶；5—橡皮塞；
7—钢管；8—橡皮管；9—夹子

前，需将采样瓶的橡皮塞塞紧，然后沿船身垂直方向伸入特定水深处，打开铁夹，水样即沿长玻璃管流入样瓶中。

此外，还有一些结构较复杂的采水器，如双瓶采水器、深层采水器、连续自动定时采水器、Van Dorn 采水器等。Van Dorn 采水器是一个两端开口的圆筒，到达一定深度时，由橡胶带相连的两个盖子，在机关的作用下，将圆筒两端密封，这种采水器在采样时对河水引起的干扰较小。关于 Van Dorn 采水器的进一步详细介绍可参阅参考文献［10］。

2.2.3.3　采样方法

通常可用采水器放入水中采好后，将水倒入相应的容器中，也可用容器直接取样。在测定溶解氧时要避免接触空气。对容器根据监测项目可做相应的选择，如测定金属可选择聚乙烯瓶，测定有机物可选择硼硅玻璃瓶，为了减少光合作用可选择棕色瓶。

容器要根据要求洗涤干净，特别是进行痕量组分测定时要特别注意洗涤这一环节。洗涤方法可采用洗涤剂浸泡、稀酸浸泡、超声波洗涤、有机溶剂淋洗等。具体洗涤方法参见表 2-1。

容器的大小与多少，可根据监测项目、重复试验次数、前处理的浓缩倍数等来确定，并留有一定余地。具体采样体积参见表 2-1。

表 2-1　水样的保存、采样体积及容器洗涤方法

项目	采样容器	保存剂用量	保存期	采样量①/mL	容器洗涤
浊度③	G、P		12h	250	Ⅰ
色度③	G、P		12h	250	Ⅰ
pH③	G、P		12h	250	Ⅰ
电导③	G、P		12h	250	Ⅰ
悬浮物④	G、P		14d	500	Ⅰ

续表

项目	采样容器	保存剂用量	保存期	采样量[①]/mL	容器洗涤
碱度[④]	G、P		12h	500	Ⅰ
酸度[④]	G、P		30d	500	Ⅰ
COD	G	加 H_2SO_4,pH≤2	2d	500	Ⅰ
高锰酸盐指数[④]	G		2d	500	Ⅰ
DO[③]	溶解氧瓶	加入硫酸锰,碱性KI叠氮化钠溶液,现场固定	24h	250	Ⅰ
BOD_5[④]	溶解氧瓶		12h	250	Ⅰ
TOC	G	加 H_2SO_4,pH≤2	7d	250	Ⅰ
F^-[④]	P		14d	250	Ⅰ
Cl^-[④]	G、P		30d	250	Ⅰ
Br^-[④]	G、P		14h	250	Ⅰ
I^-	G、P	NaOH,pH12	14h	250	Ⅰ
SO_4^{2-}[④]	G、P		30d	250	Ⅰ
PO_4^{3-}	G、P	NaOH,H_2SO_4 调 pH=7,$CHCl_3$0.5%	7d	250	Ⅳ
总磷	G、P	HCl,H_2SO_4,pH≤2	24h	250	Ⅳ
氨氮	G、P	H_2SO_4,pH≤2	24h	250	Ⅰ
NO_2^--N[④]	G、P		24h	250	Ⅰ
NO_3^--N[④]	G、P		24h	250	Ⅰ
凯氏氮[④]	G				
总氮	G、P	H_2SO_4,pH≤2	7d	250	Ⅰ
硫化物	G、P	1L水样加NaOH至pH9,加入5%抗坏血酸5mL,饱和EDTA3mL,滴加饱和 $Zn(Ac)_2$,至胶体产生,常温避光	24h	250	Ⅰ
总氰	G、P	NaOH,pH≥9	12h	250	Ⅰ
Be	G、P	HNO_3,1L水样中加浓 HNO_3 10mL	14d	250	Ⅲ
B	P	HNO_3,1L水样中加浓 HNO_3 10mL	14d	250	Ⅰ
Na	P	HNO_3,1L水样中加浓 HNO_3 10mL	14d	250	Ⅱ
Mg	G、P	HNO_3,1L水样中加浓 HNO_3 10mL	14d	250	Ⅱ
K	P	HNO_3,1L水样中加浓 HNO_3 10mL	14d	250	Ⅱ
Ca	G、P	HNO_3,1L水样中加浓 HNO_3 10mL	14d	250	Ⅱ
Cr^{6+}	G、P	NaOH,pH=8~9	14d	250	Ⅲ
Mn	G、P	HNO_3,1L水样中加浓 HNO_3 10mL	14d	250	Ⅲ
Fe	G、P	HNO_3,1L水样中加浓 HNO_3 10mL	14d	250	Ⅲ
Ni	G、P	HNO_3,1L水样中加浓 HNO_3 10mL	14d	250	Ⅲ
Cu	P	HNO_3,1L水样中加浓 HNO_3 10mL[②]	14d	250	Ⅲ
Zn	P	HNO_3,1L水样中加浓 HNO_3 10mL[②]	14d	250	Ⅲ
As	G、P	HNO_3,1L水样中加浓 HNO_3 10mL,DDTC法,HCl 2mL	14d	250	Ⅰ
Se	G、P	HCl,1L水样中加浓HCl 2mL	14d	250	Ⅲ
Ag	G、P	HNO_3,1L水样中加浓 HNO_3 2mL	14d	250	Ⅲ
Cd	G、P	HCl,1L水样中加浓 HNO_3 10mL[②]	14d	250	Ⅲ
Sb	G、P	HCl,0.2%(氢化物法)	14d	250	Ⅲ
Hg	G、P	HCl,1%,如水样为中性,1L水样中加浓HCl 10mL	14d	250	Ⅲ
Pb	G、P	HNO_3,1%,如水样为中性,1L水样中加浓 HNO_3 10mL[②]	14d	250	Ⅲ
油类	G	加入HCl至pH≤2	7d	250	Ⅱ
农药类[④]	G	加入抗坏血酸0.01~0.02g除去残余氯	24h	1000	Ⅰ
除草剂类[④]	G	(同上)	24h	1000	Ⅰ
邻苯二甲酸酯类[④]	G	(同上)	24h	1000	Ⅰ

续表

项目	采样容器	保存剂用量	保存期	采样量[①] /mL	容器洗涤
挥发性有机物[④]	G	用(1+10)HCl调至pH≤2,加入0.01～0.02g,抗坏血酸除去残余氯	12h	1000	Ⅰ
甲醛[④]	G	加入0.2～0.5g/L硫代硫酸钠除去残余氯	24h	250	Ⅰ
酚类[④]	G	用H_3PO_4调至pH≤2,用0.01～0.02g抗坏血酸除去残余氯	24h	1000	Ⅰ
阴离子表面活性剂	G、P		24h	250	Ⅳ
微生物[④]	G	加入硫代硫酸钠至0.2～0.5g/L除去残余氯,4℃保存	12h	250	Ⅰ
生物[④]	G、P	当不能现场测定时用甲醛固定	12h	250	Ⅰ

① 为单项样品的最少采样量。

② 如用溶出伏安法测定，可改用1L水样加19mL浓$HClO_4$。

③ 表示应尽量做现场测定。

④ 表示低温（0～4℃）避光保存。

注：1. G为硬质玻璃瓶；P为聚乙烯瓶（桶）。

2. Ⅰ，Ⅱ，Ⅲ，Ⅳ表示四种洗涤方法，如下。

Ⅰ为洗涤剂洗一次，自来水三次，蒸馏水一次。对于采集微生物和生物的采样容器，须经160℃干热灭菌2h。经灭菌的微生物和生物采样容器必须在两周内使用，否则应重新灭菌；经121℃高压蒸汽灭菌15min的采样容器，如不立即使用，应于60℃将瓶内冷凝水烘干，两周内使用。细菌监测项目采样时不能用水样冲洗采样容器，不能采混合水样，应单独采样后2h内送实验室分析。

Ⅱ为洗涤剂洗一次，自来水洗二次，(1+3) HNO_3荡洗一次，自来水洗三次，蒸馏水一次。

Ⅲ为洗涤剂洗一次，自来水洗二次，(1+3) HNO_3荡洗一次，自来水洗三次，去离子水一次。

Ⅳ为铬酸洗液洗一次，自来水洗三次，蒸馏水洗一次。如果采集污水样品可省去用蒸馏水、去离子水清洗的步骤。

以下是在采集各种水样时涉及的一些具体方法。

(1) 自来水的采集　采集自来水或抽水机设备的水样时，应先放水数分钟，使积留在水管中的杂质及陈旧水排除后再取样。采样器须用采集水样洗涤三次。

(2) 河、湖、水库中水及海水的采集　采集河、湖、水库、蓄水池水样时，要考虑其水深和流量。表层水样的采集，可直接将采样器放入水面下0.3～0.5m处采样，采样后立即加塞塞紧，避免接触空气。深层水的采集，可用抽吸泵采样，并利用船等乘具行驶至特定采样点，将采水管沉降至所规定的深度，用泵抽取水样即可。采集底层水样时，切勿搅动沉积层。海水的采集基本上类似于地面水的采集。

(3) 地下水的采集　每次采前用水泵将观察井内原有的积水全部抽走，新渗出的水即可供采样检验之用。人工采样时，放入或提出采水器要轻、慢，尽量不搅动井水，以免混入井底和井壁的杂质而污染水样。

(4) 工业废水采集　由于生产工艺、生产品种的变动，不同时间废水的组分和浓度变化幅度较大，采样前需先进行污染源调查，然后决定采样方法。常用的采样方法有以下三种。

① 瞬时个别水样　指在某一时间或地点，从水体中随机采集的分散样品。用这种水样监测的结果只说明取样时的水质。

② 平均水样　指每隔相同时间，取等量废水混合而成。如果废水排放和流量比较恒定，则在24h内每隔相同时间，采集等量水样，最后混合而成平均水样。

③ 比例组合水样　指采样次数与采样水的流速成正比关系。若废水流量有变化，则隔相同的时间，根据废水流量的大小来采样，流量大时多采，流量小时少采。一般采一昼夜，然后均匀混合而成。

采样完成，加好保存剂后，要贴上样品标签。标签的内容如下：样品编号、采样断面、采样点、添加保存剂种类和数量、监测项目、采样者、登记者、采样日期和时间等。另外，送样人员和接收样品人员都要签名。

对有条件进行现场监测的项目要进行现场监测和描述，以防变化。项目包括水温、色度、臭味、pH、电导率、溶解氧、氧化还原电位等。

水质监测在布点采样的同时，还应测定其流量，以便计算排水量。

排水量＝流量×时间＝流速×截面积×时间

式中截面积和时间容易计算，因此主要是流速的测定，常用的测定方法有流速仪法、量水槽法、溢流堰法、浮标法等。

在流量随时间变化波动较大时，若有规律可循，可采用几个等时间间隔的瞬时流量来计算平均流量，若无规律可循，则需要连续测定流量，总流量为流量对时间的积分。

2.2.4 水样的保存

水样在存放过程中，可能会发生一系列理化性质的变化。例如，金属离子可能与玻璃器壁发生吸附和离子交换；温度、pH 都可能很快发生变化；溶解的气体可能损失或增加；微生物的活动可能使三氮盐（铵态氮、硝态氮、亚硝态氮）的平衡发生变化，也可能减少酚类或 BOD 的数值，以及把硫酸盐变为硫化物；余氯可能被还原变为氯化物；硫化物、亚硫酸盐、亚铁、碘化物和氰化物可能因氧化而损失；六价铬可还原为三价铬；色度、臭味、浊度可能增加或减少；钠、硅、硼可能从玻璃容器中淋溶出来等。为了避免或减少水样中的组分在存放过程中的变化和损失，部分项目要在现场测定，部分项目可进行水样保存处理后测定。

水样保存的目的，是尽可能使水样的成分保持稳定不变。具体来说，水样保存的方法应能：①减缓生物作用，如微生物的作用；②减缓化学作用，如水解和氧化还原作用；③减少组分的挥发和吸附损失。

常采用的水样保存方法有以下几种。

① 冷藏或冷冻，可以减缓微生物活动、物理挥发和化学反应速度。

② 调节水样的 pH 值，如调节 pH 呈酸性，可抑制微生物活动，防止金属离子的水解，减少容器壁对金属的吸附；调节 pH 呈碱性，可防止氰化物挥发损失。

③ 加入化学保存剂，可加入抑制剂，抑制微生物活动，常用的抑制剂有氯化汞、硫酸铜、三氯甲烷等。可加入固定剂，如测定水中硫化物时，可加入醋酸锌，使形成硫化锌沉淀，把易变化的 HS^- 以 ZnS 固定下来。也可加入氧化剂或还原剂，如水样中有余氯时，可加入硫代硫酸钠除去余氯，以消除氯对其他成分的影响。

④ 有时也可在水样采集后采取过滤的方法，将水样中的藻类和细菌截留，从而大大降低水样中的生物活性作用。

2.2.5 水样的预处理

在水质污染监测中，经常遇到的情况是：水样中含有悬浮物，因而不能直接进行测定；水样组成复杂，某些组分会干扰待测组分的测定；待测组分的含量很低，所用的方法不能直接测出其含量。水样预处理的目的就是消除上述因素的影响，使水样能满足测定过程的要求。水样的预处理包括：悬浮物的去除；水样的消解；待测组分的富集和分离。

（1）悬浮物的去除　分离悬浮物的方法有自然澄清法、离心沉降法和过滤法，多采用 0.45μm 滤膜过滤，收集滤液供分析用。

（2）水样的消解　在测定金属等无机物时，如水样中含有有机物和悬浮物，则需要对水样先经消解处理。消解的目的是：破坏有机物，溶解悬浮物，并将各种形态（价态）的金属氧化成单一的高价态，以便于测定。常用的消解方法有：硝酸消解法、硝酸-硫酸消解法、硝酸-高氯酸消解法等，消解后的水样应清澈、透明、无沉淀。

(3) 微量组分的富集和分离　水质监测中待测组分的含量往往极低，并有大量共存物质存在，干扰测定。因此，需要将样品中的微量组分进行富集和分离，以消除干扰，提高测定的准确性和重现性。常用的富集和分离方法有：挥发和蒸馏、溶剂萃取、色谱分离等。

① 挥发和蒸馏　挥发分离一般是利用气态氢化物沸点很低的事实，将欲分离的组分转化为氢化物而挥发，如砷、硫等组分转化为 AsH_3 和 H_2S 而分离，即属此类。蒸馏分离是把欲分离的组分转化为易挥发的物质，然后加热，使其成为蒸气逸出，经冷凝后收集于另一接收容器中，这不但使待测成分富集，有利于测定，也是排除干扰的常用手段之一。在测定水中酚类、氰化物、氟化物、硼化物等项目时都选用此法。

② 溶剂萃取法　又称为液-液萃取（liquid-liquid extraction，LLE）法，这种方法是向水样中加入与水互不相溶的有机溶剂一起振摇，利用欲分离的组分在水和有机溶剂两相中溶解度的不同，使其被有机溶剂所萃取，从而达到分离富集的目的。

③ 色谱分离法　可利用离子交换树脂，与试液中的离子发生交换反应后，再用适当的淋洗液将已经交换在树脂上的待测离子与干扰离子分离，还能达到富集的目的。离子交换树脂可以分离一些用别的方法难以分离的离子。也可利用别的树脂，如 XAD 树脂，利用其对有机物的吸附作用，富集分离水中痕量有机物。此法设备简单，易于掌握，分离速度快，富集倍数高，在环境监测中应用广泛。

④ 顶空分析和吹扫捕集技术　顶空分析（head space，HS）是使装有水样的密闭容器在一定温度下达到平衡状态，取水样上方的气相部分进行色谱分析的技术，在测定水中 VOCs 时有广泛的应用，参见图 2-18。

吹扫捕集（purge and trap，PT）技术利用通空气于水样中，将水中挥发性成分吹出，捕集于吸附管中，然后通过加热吸附管，使被测成分解析出来并引入气相色谱仪或气质联用仪。该技术具有很强的分离与富集能力，在测定水中 VOCs 时有广泛的应用，参见图 2-18。

⑤ 固相萃取和固相微萃取　固相萃取（solid phase extraction，SPE）是根据液相色谱分离机理建立起来的分离和纯化方法。固相萃取法预处理样品有许多引人注目的优点：第一，安全，可以避免使用毒性较强或易燃的溶剂；第二，不会发生液-液萃取中经常出现的乳化问题，萃取回收率高，重现性好；第三，固相萃取操作简便、快速，可同时进行批量样品的预处理；第四，由于可选择的固相萃取填料种类很多，因此其应用范围很广，可用于复杂的环境样品预处理，参见图 2-18。

固相微萃取（solid phase microextraction，SPME）是以固相萃取为基础发展起来的新方法。它用一个类似于气相色谱微量进样器的萃取装置在样品中萃取出待测物后直接与气相色谱（GC）或高效液相色谱（HPLC）联用，在进样口将萃取的组分解吸后进行色谱分离和分析检测，参见图 2-18。进一步的论述见第 7 章“超痕量分析技术”。

2.3　物理指标的测定

水质的物理指标诸如温度、颜色、气味、浊度、残渣、盐度、电导率等属于感官性状指标。这些指标对饮用水、风景旅游区的水体来说都至关重要。因此，对它们的测定与测定化学物质同样受到重视。

2.3.1　温度

温度是水质的一项重要的物理指标，水的物理化学性质与温度有密切关系。水中溶解性

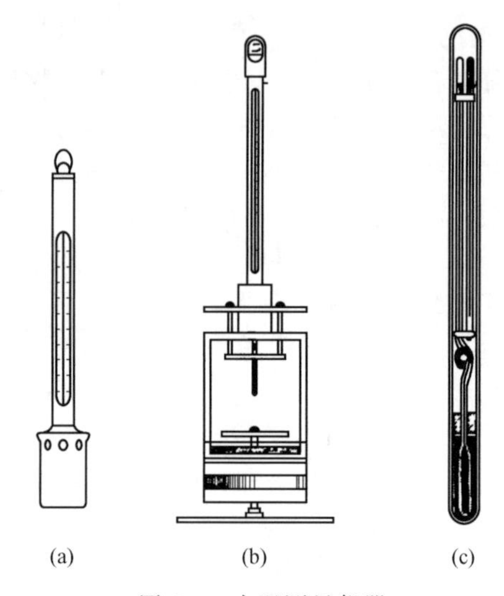

图 2-4 水温测量仪器
(a) 水温计；(b) 深水温度计；(c) 颠倒温度计

气体（如氧、二氧化碳等）的溶解度、微生物的活动，甚至 pH 和盐度都与温度变化有关。水温的测定，在测定其他一些项目时是一项必要的参数，例如溶解氧的饱和率，要求准确测定水温。温度的测定需在现场进行。

常用的水温测量仪器有水温计、深水温度计和颠倒温度计，见图 2-4。

水温计适用于测量水的表层温度。水温计由水银温度计与感水筒组成。测量时将水温计插入水中，感温 5min 后，迅速上提并立即读数。

深水温度计适用于水深 40m 以内的水温测量。其结构与水温计相似，只是感水筒较大，并有上、下活门，利用其放入水中和提升时的自动开启和关闭，使筒内装满需测温度的水样。测量时将深水温度计放入水中至一定深度，以下步骤与表层水温测定相同。

颠倒温度计适用于水深在 40m 以上水温的测定。颠倒温度计的主温表是双端式水银温度计，一端为贮泡，另一端为接受泡。感温时，贮泡向下，感温 10min 后，使温度计连同采水器完成颠倒动作，当温度计颠倒时，水银在断点断开。这时水银分成两部分，进入接受泡一端的水银指示度，即为所测温度。辅温表是普通水银温度计，显示读数时的环境温度，用于校正因环境温度改变而引起的主温表读数的变化。

2.3.2 颜色

水是无色透明的液体，水中存在某些物质时会出现颜色。这里所谓的“颜色”是指已除去浊度的水的颜色，也称“真色”。未经过滤或离心处理水样的颜色称为“表色”。水样的色度是指真色而言。

颜色测定的方法分目视法和光度计法。目视法的标准方法是铂钴法，对饮用水和由于存在天然物质而使水产生颜色的都可应用。但是对于大多数高色度的工业废水并不适用，这类废水颜色的测定可采用分光光度法进行测定，或者直接用文字描述其颜色。

(1) 铂钴比色法　以氯铂酸钾和氯化钴溶液具有的颜色为标准，与被测水样的颜色进行比较，并规定 1mg/L 以氯铂酸离子形式存在的铂产生的颜色为 1 度。

(2) 稀释倍数法　此法是将污染水用蒸馏水逐级稀释，直至两比色管中水样与蒸馏水相比较不能辨别有差异为止。这个刚觉察有颜色的最大水样稀释倍数，即为水样稀释倍数，用来表示色度。

水的颜色可用恰当的文字予以描述，如用无色、微黄、浅黄、棕色等来表示颜色的种类和深浅程度。

2.3.3 气味

臭是人的嗅觉器官对水中含有挥发性物质的不良的感官反应，提供危险可能性的最初警告，对饮用水或娱乐用水来说是一项重要水质指标。

天然水略带一些气味，人们习以为常。污染水中由于含有大量的挥发性污染物（如石油、酚等）以及有机物腐败分解的各种气体（如硫化氢、氨等）而产生强烈臭味，因此，水的臭味总与受污染程度有关。

有关感官特性的化学分析虽有所进展，但是目前对气味的主要实验手段还是靠人的鼻子。臭实验的结果很难用物理量表示，因而只能用文字对臭的性质做定性描述，臭的强度采用稀释法进行测定。

(1) 臭的定性描述 水的臭味与温度有关，加热时臭味更为强烈，所以臭的实验有冷法和热法之分。

冷法实验，取100mL水样于250mL锥形瓶中，调节水温至20℃左右，振荡后从瓶中闻其气味。

热法实验，取100mL水样于250mL锥形瓶中，加一表面皿在电炉上加热至沸腾，立即取下锥形瓶，闻其气味。

实验结果以臭的强度按表2-2规定的等级表示。气味的性质和种类用文字做补充描述，例如：正常——不具有任何气味；芳香气味——花香、水果气味等；化学药品气味——可分为氯气味、石油气味（汽油、煤油、煤焦油等气味）等；药气味（酚、碘仿等）；硫化物气味（硫化氢气味）；不愉快气味——鱼腥气、泥土气、霉烂气味等。

(2) 稀释法 用无臭水将水样稀释，直至分析人员刚刚闻到气味为止。此时的浓度叫臭阈浓度。水样稀释到臭阈浓度时的稀释倍数叫臭阈值。此法既适用于几乎无臭的天然水的测定，也可用于测定臭阈值大到数千的工业废水。

表2-2 臭强度等级表

等级	强度	说明
0	无	无任何气味
1	微弱	一般人难于察觉,嗅觉敏感者可察觉
2	弱	一般人刚能察觉
3	明显	可明显察觉
4	强	有很明显臭味
5	很强	有强烈的恶臭

2.3.4 浊度

浊度是表示水中悬浮物对光线透过时所产生的阻碍程度。水中含有泥土、粉砂、有机物、无机物、浮游生物和其他微生物等悬浮物和胶体物质都可使水体呈现浑浊。水的浊度的大小不仅与水中存在悬浮物的含量有关，而且与其粒径大小、形状及物质表面对光的散射特性等密切相关。

水体浊度增加不仅影响表观，而且妨碍阳光透射，影响水生植物正常的光合作用。浊度是自来水厂水质的一个重要指标。

测定水样浊度可用分光光度法、目视比浊法和浊度计法。

样品收集于具塞玻璃瓶内，应在取样后尽快测定。如需保存，可在4℃冷暗处保存24h，测试前要激烈振摇水样并恢复到室温。

(1) 分光光度法 以硫酸肼与六次甲基四胺形成白色高分子聚合物的原理配制标准浊度溶液，规定每升水含0.125mg硫酸肼和1.25mg六次甲基四胺时，水的浊度为1度。在680nm波长下，测定标准浊度溶液的吸光度值，绘制吸光度-浊度标准曲线。然后测定水样的吸光度，并从标准曲线上查出相应的浊度。

(2) 目视比浊法 以硅藻土（或白陶土）配制标准浊度溶液，规定每升水含有1mg150目的硅藻土（或白陶土）时，水的浊度为1度。根据水样混浊程度，取不同量标准浊度液配制标准系列，然后将同体积水样与标准溶液在黑色底板上进行目视比较，确定水样浊度。

（3）浊度计法　浊度计是依据浑浊液对光的散射原理制成的测定水浊度的专用仪器，可通过测定散射光或透射光进行测定。浊度计常用于水质的自动连续测定。

2.3.5　透明度

透明度是指水样的澄清程度。洁净的水是透明的，水中存在悬浮物和胶体时，透明度便降低。通常地下水的透明度较高，由于供水和环境条件不同，其透明度可能不断变化。透明度与浊度相反，水中悬浮物越多，其透明度就越低。

正面

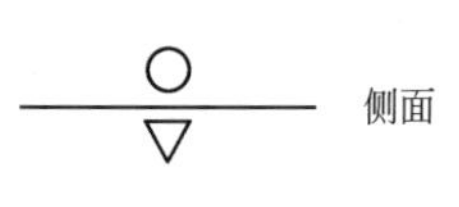

图 2-5　透明度盘

测定透明度有铅字法、塞氏盘法和十字法，下面介绍塞氏盘法。

这是一种现场测定透明度的方法，将一个圆盘沉入水中后，观察到不能看见它时的深度。

透明度盘（又称塞氏圆盘），以较厚的白铁片剪成直径 200mm 的圆板，在板的一面从中心平分为四个部分，以黑白漆相间涂布，正中心开小孔，穿一铅丝，下面加一铅锤，上面系小绳，绳上每 10cm 处用有色丝线或漆做上一个标记即成，如图 2-5 所示。

测定时将盘在船的背光处平放入水中，逐渐下沉，至恰恰不能看见盘面的白色时，记取其尺度，就是透明度数（以 cm 为单位）。观察时需反复 2～3 次。

如果透明度盘使用较长时间后，白漆的颜色会逐渐变黄，必须重新涂漆。

2.3.6　残渣

水样中含有的物质可分为溶解性物质和不溶性物质两类。前者如可溶性无机盐类和有机物，后者如可沉降的物质和悬浮物等。这种水样蒸发后就会留下残渣。

残渣可分为总残渣、过滤性残渣、非过滤性残渣三种。经常测定的总溶解固体（TDS）即过滤性残渣，悬浮物（SS）即非过滤性残渣。

（1）总残渣　总残渣代表在一定温度下将溶液蒸发并烘干后剩下来的残留物，是水样中分散均匀的悬浮物和溶解物之和。残渣的质量与烘干的温度有密切关系。因为烘干时可因有机物挥发、吸着水或结晶水的变化及物质的分解而发生质量变化，也可因氧化而使质量变化。因此，应该选定适当的烘干温度，通常选用 103～105℃ 为各种残渣测定时烘干温度。在这一温度下，结晶水不损失，有机物不破坏（挥发性有机物受到损失），重碳酸盐可变为碳酸盐，吸着水可能保留一些，烘干至恒重所需时间较长。

（2）过滤性残渣　过滤性残渣系指能通过 0.45μm 滤膜并于 103～105℃ 烘干至恒重的固体。其主要成分应是可溶性无机盐。

（3）非过滤性残渣　非过滤性残渣系指不能通过 0.45μm 滤膜的并于 103～105℃ 烘干至恒重的固体。直接测定法是将一定体积水样过滤，将固体残留物及滤纸烘干并称重，减去滤纸质量，即为非过滤性残渣。此外，也可由总残渣减去过滤性残渣，得出非过滤性残渣的质量。

2.3.7　电导率

导体的导电能力常用电阻的倒数电导来表示，它的单位原为 Ω^{-1}，在法定计量单位中是 S（Siemens），S＝A/V（A 为安培，V 为伏特）。

水溶液的电阻随着所含离子数量的增加而减小。电阻减小，则电导增加。将截面积为 $(1\times1)cm^2$ 的两个平行电极置于电解质溶液中，电极间相距 1cm 时的电导称为溶液的电导率，用 K 表示，单位为 S/cm。电导率的大小可反映水中离解物质浓度的高低。

天然水的电导率在 50～500μS/cm 之间，新蒸馏水的电导率为 0.5～2.0μS/cm，存放几周后上升到 2～4μS/cm。由于电导率与溶液中离子含量大致成比例关系，因此，通过电导率的测定可以间接地推测离解物质的总浓度。

电导率的测定常用电导仪，其基本原理是用惠斯顿电桥测定溶液的电阻，然后按下式计算电导率：

$$K=\frac{C}{R}$$

式中 C——电导池常数；

R——电阻。

电导池常数 C，对于给定的电导池为一常数，可由一种电导率已知的标准溶液，利用该电导池测定其电阻求得。常用的标准溶液为氯化钾溶液。

电导率的测定要求以 25℃为标准，若温度不是 25℃，必须进行温度校正。

2.4 化学指标的测定

2.4.1 pH

pH 是一项重要的水质指标，它对化学和生物化学反应有着重大影响，在水质监测中普遍受到重视。天然水的 pH 多在 6.8～8.5 之间，工业废水的 pH 因其含酸碱量不同而有较大差异，测定的方法有 pH 计法和 pH 试纸法。

（1）pH 计法 此法是以饱和甘汞电极为参比电极，以玻璃电极为指示电极，与待测溶液（如水样）组成电池。此电池的电动势符合能斯特方程，电池的电动势 E 与试液的 pH 存在线性关系。因此可以通过测定电池的电动势来确定被测试液的 pH。实际测定时以 pH 缓冲溶液对仪器校正定位，然后在测定试液时直接读取 pH 值。

pH 计带有温度补偿装置，以校正温度对电极的影响。在测定 pH＞10 时产生“钠差”，使读数偏低。克服“钠差”的方法是采用低钠差玻璃电极，或用与水样的 pH 值相近的标准缓冲溶液对仪器进行校正。

（2）pH 试纸法 pH 试纸利用酸碱指示剂在不同 pH 值表现出不同颜色的原理制成。测定时将 pH 试纸沾上水样，观察试纸颜色的变化，与标准色列进行比较，确定水样 pH 值。pH 试纸法测定快速、简便，但测定结果较为粗略，准确度差。

2.4.2 氧化还原电位 E_h

天然水体中存在着无机、有机物质和活的生物体，不断进行着多种复杂的化学和生物化学过程，其中氧化还原过程占有重要的地位。

水体中存在着的氧化还原体系，重要的有氧体系、铁体系、锰体系、硫体系以及各种有机物体系（包括能起氧化还原反应的有机酸类、酚类、醛类和糖类等化合物）。这些氧化还原体系中的物质所处的状态不同，决定了水体的氧化还原状况。水体的氧化还原状况，可用氧化还原电位来表达，它与三氮盐的转化以及有害物质（如硫化氢等）的产生，都有密切的关系。测定表明，当水体的氧化还原电位在－100mV 时，就散发出恶臭。

原理：在既含氧化态又含还原态的某些物质的溶液中，若插入像铂一类的贵金属电极，电极与溶液之间便产生电位差，该电极与标准氢电极组成电池时的电动势就是该电极的电位，称为氧化还原电位，常用 E_h 表示。

E_h 能反映水体的氧化还原状态，是水体综合指标之一。在实际测定中，以铂电极为指示电极，饱和甘汞电极为参比电极，用毫伏计或 pH 计测量电动势，仪器以标准电位溶液

（如硫酸亚铁铵-硫酸高铁铵溶液）校正。

测得的电位值要换算成相对于标准氢电极的电位值。换算方法：

当铂电极为正极时

$$E_h = E_{测得值} + E_{饱和甘汞}(t℃)$$

当铂电极为负极时

$$E_h = E_{饱和甘汞}(t℃) - E_{测得值}$$

2.4.3 碱度

水的碱度是指水的中和氢离子能力的量度，该指标与水的缓冲能力有关。测定方法采用中和法，以强酸（如 HCl）滴定水样，甲基橙为指示剂，根据滴定到达终点时所消耗一定浓度的盐酸体积，计算水样的碱度，单位为 mol/L。若以 $CaCO_3$ 的 mg/L 表示碱度，则可通过下式进行换算：

1mmol/L=50mg/L(以 $CaCO_3$ 计)(式中 50 为 1/2$CaCO_3$ 相对分子质量)

2.4.4 硬度

水的硬度是水中钙、镁离子浓度的量度，测定方法常采用络合滴定法，以乙二胺四乙酸（EDTA）作为滴定剂，铬黑 T 为指示剂，滴定到水样溶液的颜色由红变蓝为终点，根据消耗一定浓度 EDTA 的体积，计算水样的硬度，以每升水样消耗 EDTA 摩尔数（即水样钙、镁离子的物质的量浓度）表示硬度。工业上也常以相当于多少 $CaCO_3$（mg/L）来表示硬度，它们的关系为：

1mmol/L=100mg/L(以 $CaCO_3$ 计)(式中 100 为 $CaCO_3$ 相对分子质量)

还有一种常用的硬度单位是德国度，1 德国度相当于 1L 水中含有 10mg CaO，因此：

1 德国度=(10/56)mmol/L(式中 56 为 CaO 的相对分子质量)。

硬度的测定也可采用原子吸收分光光度法，通过分别测定 Ca、Mg 离子浓度求得。

2.5 有机污染综合指标的测定

水体中的有机物种类繁多，它们在微生物和氧的作用下，多数可以被降解为二氧化碳和水。若水体中有机物含量过高，会消耗大量溶解氧，使水生生态系统的正常功能受到损害，厌氧微生物繁衍，导致水质严重恶化。可见，水体中溶解氧含量能反映水体受有机物污染的程度。其他常用的有机污染综合指标有化学需氧量（COD）、生化需氧量（BOD）和总有机碳（TOC）等。

2.5.1 溶解氧

溶解于水中的氧称为溶解氧（DO）。水中溶解氧的含量与温度、大气压力和含盐量有关。温度升高，溶解氧量显著下降；大气压力减小，即氧的分压减少，溶解氧量也减少；含盐量增高，溶解氧减少。

水体中溶解氧量的多少，在一定程度上，能够反映出水体受污染的程度。由于地面水敞露于空气中，因而在正常情况下，清洁的地面水所含溶解氧量接近饱和状态。水中含有藻类时，由于光合作用而放出氧，就可能使水中的溶解氧量为过饱和状态。湖泊水的溶解氧量，在一般情况下与水层的深度成反比。地下水往往只含有少量的溶解氧，深层地下水甚至不含有溶解氧，因为地下水很少与空气接触，而且当地下水渗透时，可与土壤中某些物质发生氧化还原作用，从而消耗水中的溶解氧。当水体受到有机物污染时，由于氧化有机物质需要耗氧，水中溶解氧量就逐渐减少。当污染严重时，氧化作用加快，水体还来不及从空气中吸收足够的氧来补充消耗的氧，以致水中溶解氧量趋近于零。在这种情况下，厌氧细菌迅速繁殖，水中有机污染物质发生腐败作用，使水体变黑发臭。

水中溶解氧与水生动植物的生存以及水中的某些工业设备的使用寿命有密切关系。例如当水中溶解氧量过低（低于 4mg/L）时，许多鱼类就可能发生窒息而死亡。又如当水中溶解氧量过高时，则对工业用水中的金属设备和水中的金属构筑物有较强的腐蚀作用。

可见，水中溶解氧的测定对环境保护、用水和废水处理等方面有着重要的意义，它是衡量水体污染和水体自净能力的一项重要指标。

测定水中溶解氧的方法常采用碘量法和膜电极溶解氧仪法，前者是经典的标准方法，后者快速简便，有利于现场监测和自动监测。

（1）碘量法（Winkler 法） 原理：碘量法测定溶解氧以氧的氧化性质为基础，在碱性介质中，与 Mn(Ⅱ) 发生反应生成 $MnO_2(s)$ 而被固定，反应式如下：

$$Mn^{2+}+2OH^{-}+1/2O_2 \longrightarrow MnO_2(s)+H_2O$$

MnO_2 中的 Mn(Ⅳ) 具有氧化性，在有碘化钾存在，加酸溶解沉淀时，它被还原为锰离子，同时析出等摩尔量碘。反应式为：

$$MnO_2+2I^{-}+4H^{+} \longrightarrow Mn^{2+}+I_2+2H_2O$$

以淀粉作指示剂，用硫代硫酸钠标准溶液滴定析出的碘，反应如下：

$$I_2+2S_2O_3^{2-} \longrightarrow S_4O_6^{2-}+2I^{-}$$

根据滴定消耗的硫代硫酸钠溶液的体积，可以求得水中溶解氧的浓度。计算公式如下：

$$DO(O_2, mg/L)=\frac{cV\times 8\times 1000}{100}$$

式中 c——硫代硫酸钠标准溶液物质的量浓度，mol/L；

V——滴定消耗硫代硫酸钠标准溶液体积，mL；

8——氧（$\frac{1}{2}$O）的摩尔质量，g/mol；

100——水样体积，mL。

在本测定中，若水样中含有能使碘离子氧化为碘的氧化性物质，均会引起正干扰，如三价铁离子、游离氯、亚硝酸盐等。若含有能使碘还原的物质则引起负干扰。某些有机物存在会使终点观察不明显。为了保证测定准确性，须采用修正的碘量法，就是在测定前先对水样进行预处理。如为了除去水中亚硝酸盐可以加入叠氮化钠，分解反应只需 2～3min 即可完成。反应式为：

$$NaNO_2+3NaN_3+2H_2O \longrightarrow 5N_2+4NaOH$$

若水样中含有亚铁离子，可用高锰酸钾氧化，过量的高锰酸钾用草酸除去（加草酸至溶液的紫色恰好褪去）。

（2）膜电极法 膜电极法测定溶解氧是一种电化学分析法，这一方法简便、快速，具有良好的准确度，应用日益普及。其仪器按测定原理可分为原电池式和极谱式两种，其中极谱式溶解氧测定仪较常用。

极谱式溶解氧测定仪根据极谱原理，在电解池的两个电极上外加一电压，以贵金属铂（或金）作阴极，银作阳极，电解液用 1mol/L KCl。电极反应为：

阴极 $$O_2+2H_2O+4e \longrightarrow 4OH^{-}$$

阳极 $$4Ag+4Cl^{-} \longrightarrow 4AgCl+4e$$

如果阴极用一个氧气可透膜保护起来，此时电流由氧分子通过膜的扩散速度所决定。此电极系统产生的稳定状态的扩散电流可用下式表示：

$$i_d = nFA\frac{P_m}{L}C_s$$

式中　i_d——稳定状态的扩散电流；

n——为电极反应转移的电子数；

A——为阴极表面积；

F——为法拉第常数，96500C/mol；

P_m——为塑料膜的渗透系数；

L——塑料薄膜的厚度；

C_s——为试样中溶解氧的浓度，mg/L。

A、P_m、L 根据电极构造以及薄膜材料而定，当采用一定电极构造，选用一定薄膜材料时，扩散电流与溶解氧浓度成正比关系。

在实际测定中要对仪器进行校正，例如，可用空气或已知溶解氧浓度的水进行校正。测定中还需同时测定水温，并对仪器进行温度补偿。

2.5.2 生化需氧量

生化需氧量（BOD）是指好氧条件下，微生物分解水中有机物质的生物化学过程中所需溶解氧的量，通过生化需氧量的测定，可以反映出水中能被微生物分解的有机物的含量。

微生物分解有机物是一个缓慢的过程。要把可分解的有机物全部分解，需要 20d 以上时间。通常做生化需氧量测定，采用在 20℃温度下培养 5d 后测定，称为 BOD_5。

（1）稀释接种法　生化需氧量的测定方法就是溶解氧的测定方法。在培养前和培养后各测定一次溶解氧。两者之差即为生化需氧量。

进行生化需氧量测定，一般均需将水样稀释后进行培养，因此，在配制培养水样时，选择适当的水样稀释比是测定能否取得正确结果的关键。因为在一定温度和压力下，水中的溶解氧是常数，而水中有机物的含量取决于水受污染的程度，有很大差别。如果进行培养的水样中含有机物太多，在培养期间会使溶解氧消耗殆尽，或所剩无几，这样，培养后溶解氧就可能测不出。反之如果培养水样中有机物太少，培养前后溶解氧测定结果相差无几，测定的相对误差增大。为了确定一个适当的稀释比，通常应先做水样化学需氧量的测定，根据测得的化学需氧量，再来估算水样的稀释比。

在生化需氧量测定中，所用稀释水的配制也很重要。作为稀释水，本身有机物含量应很低（BOD 小于 0.2mg/L），其中还要按规定加入一定量的营养物质，如钙、铁、镁的盐类和磷酸盐缓冲溶液以保持一定 pH 值，并且还需经过充氧，使溶解氧接近饱和。对于某些特殊的工业废水，在测定 BOD 时应进行接种，即在稀释水中加入少量地面水、土壤浸出液或污水接种液，有时需加入驯化接种液，以引入能分解废水中有机物的微生物。稀释接种水是否合适可通过对标准葡萄糖-谷氨酸溶液进行实验确认，也可通过测定反应速度常数加以确认。

每一种稀释水样要分装两瓶，一瓶作培养用，另一瓶当即作溶解氧测定用，同时要做稀释水空白实验。在培养期间要观察温度和瓶口的液封水是否正常。经过 5d 培养后取出样品进行测定。

测定结果的计算有以下两种情况。

① 不经稀释而直接培养的水样

$$BOD_5(mg/L) = D_1 - D_2$$

② 经过稀释的水样

$$BOD_5(mg/L)=\frac{(D_1-D_2)-(B_1-B_2)f_1}{f_2}$$

式中　D_1、D_2——培养前、后的溶解氧量，mg/L；

B_1、B_2——稀释水培养前、后的溶解氧量，mg/L；

f_1——稀释水在培养液中占的比例；

f_2——水样在培养液中占的比例。

例如：培养液按稀释比 10 配制，即 100mL 水样加 900mL 稀释水配制成 1L，此时 $f_1=0.9$，$f_2=0.1$。

(2) BOD 库仑仪法　BOD 库仑仪是利用电化学库仑分析法测定生化需氧量的装置，如图 2-6 所示，它由培养瓶、电解瓶、电极式压力计、电自动控制仪、记录仪等部件组成。与化学测定方法相比，此种装置能够保证不断地供氧。因此，此法简单，误差小，准确度高。

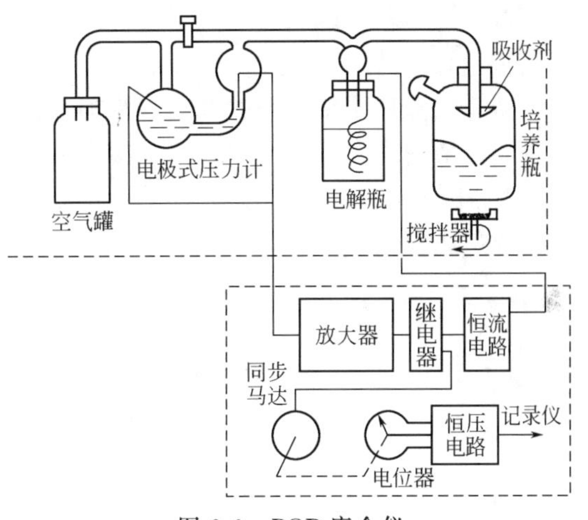

图 2-6　BOD 库仑仪

测定时，首先将水样装入培养瓶中，在 20℃的恒温下，利用电磁搅拌器进行搅拌。当水样中的有机物被微生物分解时，水中溶解氧被消耗，同时产生 CO_2。此时，由培养瓶内气相部分扩散来的氧溶入水样中，以补充所消耗的溶解氧；而 CO_2 则被瓶内上端的吸收剂所吸收。因此，培养瓶内气相中的压力下降。

压力的下降由电极式压力计检出，并转换成电信号，使恒电流电解 $CuSO_4$ 溶液。电解过程中产生的氧用以补充培养瓶中氧的消耗，使培养瓶内的压力恢复到原来的压力。此时，电极式压力计的电信号使电路断开，从而使 $CuSO_4$ 溶液停止电解供氧。根据在恒电流的条件下，电解产生的氧与电解时间成正比关系，对电解时间进行积分，并转换为毫伏信号输出，由记录仪指示出氧的消耗量。

(3) 微生物传感器快速测定法　测定水中 BOD 的微生物传感器由溶解氧电极和紧贴其透气膜表面的固定化微生物膜组成。测定时水中 BOD 物质和氧分子一起扩散进入微生物膜，由于膜中微生物对 BOD 物质的生化降解作用耗氧，导致扩散进入氧电极表面的氧分子数目较电极接触不含 BOD 物质的水时减少，从而使电极输出电流减小。电极输出电流的减小量与 BOD 值之间有定量关系，可通过配制 BOD 标准系列，测定未知样品的 BOD 值。本法可在 20min 内完成一个水样的测定。

(4) 活性污泥曝气降解法　在温度为 30～35℃下，用活性污泥曝气降解水样 2h，测定曝气前后的化学需氧量的变化，其差值即为 BOD，可根据与标准方法的对比将实验结果换算为 BOD_5。本法在测定挥发性有机物含量高的水样时结果偏低。

2.5.3　化学需氧量

化学需氧量（COD）是在一定条件下，用强氧化剂处理水样时所消耗氧化剂的量，以氧的量（mg/L）表示结果。所用的氧化剂主要是高锰酸钾和重铬酸钾，因而有 COD_{Mn} 和 COD_{Cr} 之分。

现在一般所说的化学需氧量即指 COD_{Cr}，而 COD_{Mn} 则称为高锰酸盐指数。

（1）重铬酸钾法　在强酸性（1∶1 硫酸）溶液中，加入硫酸银作催化剂（但部分直链脂肪族和芳香烃等仍不易被氧化），用重铬酸钾将水样中有机物氧化，加热回流 2h，过量的重铬酸钾，以试亚铁灵作指示剂，用硫酸亚铁铵标准溶液回滴，根据所消耗的重铬酸钾量，求出水样的化学需氧量 COD。计算公式如下：

$$COD_{Cr}=\frac{(V_0-V_1)\times c\times 8\times 1000}{V}(O_2, mg/L)$$

式中　c——硫酸亚铁铵标准滴定溶液浓度，mol/L；

V_0——空白实验所消耗的硫酸亚铁铵标准滴定溶液的体积，mL；

V_1——测定水样所消耗的硫酸亚铁铵标准滴定溶液的体积，mL；

V——水样体积，mL。

回流过程中若发现溶液颜色变绿，表明水样中有机物量太多，需将水样适当稀释后重新测定，希望回流后重铬酸钾的剩余量为加入量的(1/4)～(1/5)。

加入硫酸汞主要是防止氯离子的影响，Hg^{2+} 能与 Cl^- 形成 $HgCl^+$、$HgCl_2^0$、$HgCl_3^-$、$HgCl_4^{2-}$ 等稳定络离子。若水样中氯离子大于 1000mg/L，则水样应先做定量稀释处理后再行测定或采用氯气校正法。当水样中氯离子浓度过高，加入的硫酸汞不足以将其完全络合，游离的氯离子要消耗 $K_2Cr_2O_7$，使 COD 值偏高，而氯离子本身被氧化为 Cl_2。氯气校正法是将这部分 Cl_2 导入氢氧化钠吸收液中，然后用碘量滴定法测定 Cl_2 的量来加以校正的，氯气校正法的回流吸收装置见图 2-7。

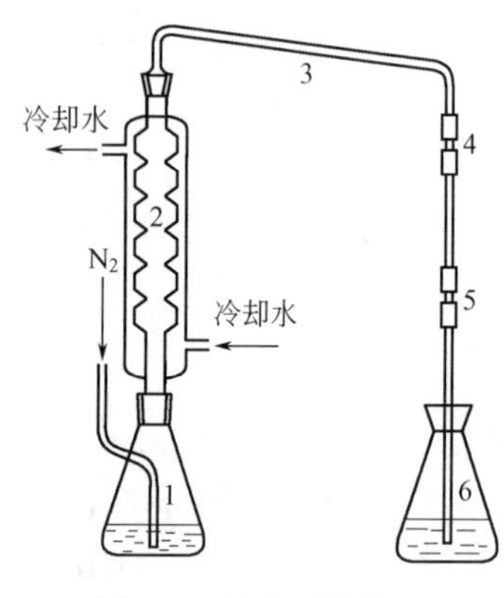

图 2-7　回流吸收装置

1—插管三角烧瓶；2—冷凝管；3—导出管；4、5—硅橡胶接管；6—吸收瓶

（2）库仑法　其测定原理和过程与上法相似，只是滴定重铬酸钾的亚铁离子是由电解产生，以电位变化指示滴定终点，根据电解 Fe^{2+} 消耗的电量来计算 COD 值。本法简便、快速、试剂用量少，回流时间可缩短至 15min，减少了滴定液的配制与标定等手续，特别适合于工业废水的控制分析。

（3）快速密闭催化消解法　本法在经典的重铬酸钾-硫酸消解体系中加入助催化剂硫酸钾铝与钼酸铵，同时密封消解过程是在加压下进行的，因此大大缩短了消解时间。消解后的测定方法可采用滴定法也可采用分光光度法，分光光度法是利用 $K_2Cr_2O_7$ 在氧化有机物时，本身被还原为 Cr^{3+}，呈蓝绿色，可选择在 600nm 波长下测定吸光度，通过生成的 Cr^{3+} 的浓度换算成 COD 值。

2.5.4　高锰酸盐指数

高锰酸盐指数，即 COD_{Mn}，但因水中有机物只能部分被氧化，与理论上的化学需氧量有较大差距，因此将高锰酸盐指数作为水质的一项指标，以区别于化学需氧量。高锰酸盐指数适合于作为地表水或轻度污染水的有机污染指标。

（1）酸性高锰酸钾法　在酸性条件下，加入过量的高锰酸钾溶液，在沸水浴中加热反应 30min，将水样中某些有机物及还原性物质氧化，反应剩余的高锰酸钾，用过量的草酸钠溶液还原，再以高锰酸钾标准溶液回滴过量的草酸钠，通过计算求出水样的高锰酸盐指数。

（2）碱性高锰酸钾法　在碱性溶液中，用过量高锰酸钾氧化水样中的有机物，然后将溶液酸化，再按酸性高锰酸钾法进行测定。当水样中 Cl^- 浓度高于 300mg/L 时应采用碱性法。

2.5.5 总有机碳

总有机碳（TOC）是以碳的含量来表示水中有机物的指标，是反映水中有机物污染的重要指标。它的测定原理如下：

$$有机物+O_2 \xrightarrow[680℃]{Pt} CO_2+H_2O+其他氧化物$$

CO_2 用非分散红外法（NDIR）检测。由于用了催化剂，上述有机物的氧化反应在瞬间即可完成，分析一个样品仅需 3min。用 Pt 作催化剂，燃烧温度为 680℃。TOC 测定仪的结构和工作流程参见图 2-8。

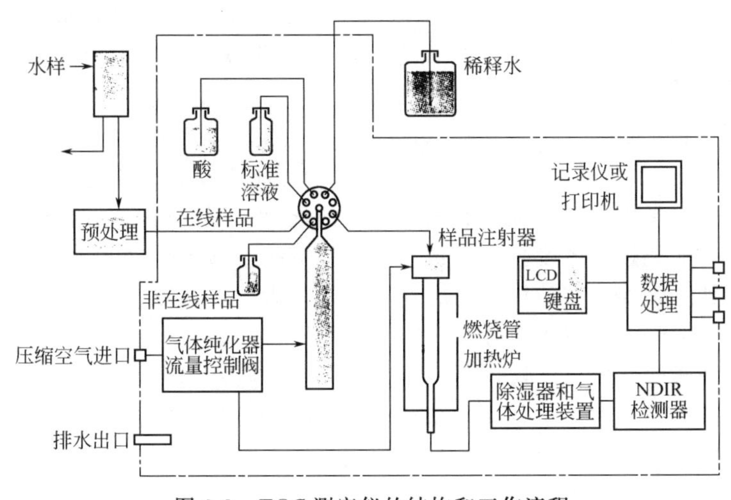

图 2-8　TOC 测定仪的结构和工作流程

水样经酸化除去无机碳（IC）后进入燃烧管，测得的是 TOC。但如果水中存在挥发性有机物（VOCs），则有一部分会在除去 IC 时被带出，造成损失，这部分有机碳称为 POC（purgeable organic carbon），实际测到的是 NPOC（non-purgeable organic carbon）。POC 可通过将 IC 气路用 LiOH 吸收剂除去 CO_2 后再送入燃烧管进行测定，因此严格地说 TOC＝NPOC＋POC。

助燃气可采用纯净配制的合成空气，也可采用去除 CO_2 的压缩空气。燃烧后的气体在进入 NDIR 检测器前要除去水分和卤化物，以防止引起测定干扰和损坏检测器。

近年来发展的 TOC 测定仪有了更广泛的用途，特别是在线分析和样品前处理方面自动化程度更高，适用于测定天然水、工业废水、饮用水和纯水系统，检测限可低达微克每升。

2.6 金属污染物的测定

金属污染物主要有汞、镉、铅、铬、铍、铊、铜、镍等。根据金属在水中存在的状态，分别测定溶解的、悬浮的、总金属以及酸可提取的金属成分等。溶解的金属是指能通过 0.45μm 滤膜的金属；悬浮的金属指被 0.45μm 滤膜阻留的金属；总金属指未过滤水样，经消解处理后所测得的金属含量。目前环境标准中，如无特别指明，一般指总金属含量。

水体中金属化合物的含量一般较低，对其进行测定需采用高灵敏的方法。目前标准中主要采用原子吸收分光光度法，其他测定金属的方法有电感耦合等离子体发射光谱法、分光光度法、原子荧光法和阳极溶出伏安法等。

2.6.1 原子吸收分光光度法测定多种金属

原子吸收分光光度法是利用某元素的基态原子对该元素的特征谱线具有选择性吸收的特性来进行定量分析的方法。按照使被测元素原子化的方式可分为火焰法、无火焰法和冷原子法三种形式。最常用的是火焰原子吸收分光光度法，其分析示意图如图 2-9 所示。

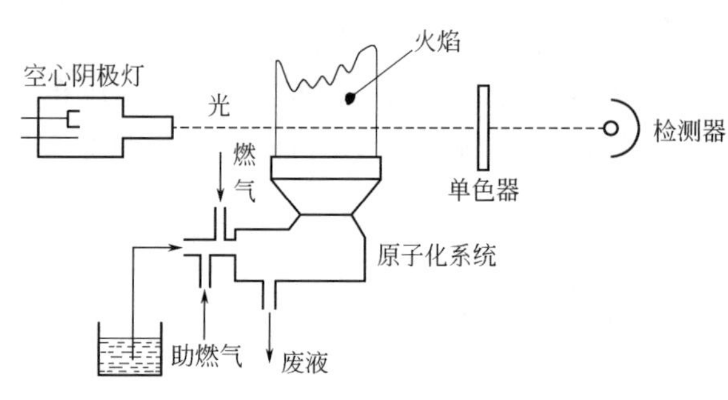

图 2-9 火焰原子吸收分光光度法示意图

压缩空气通过文丘里管把试液吸入原子化系统，试液被撞击为细小的雾滴随气流进入火焰。试样中各元素化合物在高温火焰中气化并解离成基态原子，这一过程称为原子化过程。此时，让从空心阴极灯发出的具有特征波长的光通过火焰，该特征光的能量相当于待测元素原子由基态提高到激发态所需的能量。因而被基态原子吸收，使光的强度发生变化，这一变化经过光电变换系统放大后在计算机上显示出来。被吸收光的强度与蒸气中基态原子浓度的关系在一定范围内符合比耳定律，因此，可以根据吸光度的大小，在相同条件下制作的标准曲线上求得被测元素的含量。

在无火焰原子吸收分光光度法中，元素的原子化是在高温的石墨管中实现的。石墨管同轴地放置在仪器的光路中，用电加热使其达到近 3000℃温度，使置于管中的试样原子化并同时测得原子化期间的吸光度值。此法具有比火焰原子吸收法更高的灵敏度。

冷原子吸收分光光度法仅适用于常温下能以气态原子状态存在的元素，实际上只能用来测定汞蒸气，可以说是一种测汞专用的方法。

原子吸收分光光度法用于金属元素分析，具有很好的灵敏度和选择性。表 2-3 列举了原子吸收分光光度法分析常见金属元素的应用实例。

表 2-3 原子吸收分光光度法分析常见金属元素的应用实例

分析元素	方　　法	特征谱线波长/nm	适用范围/(mg/L)
铜	火焰法	324.7	0.05～5
锌	火焰法	213.8	0.05～1
铅	火焰法	283.3	0.2～10
镉	火焰法	228.8	0.05～1
钾	火焰法	766.5	0.05～4
钠	火焰法	589.0	0.01～2
钙	火焰法	422.7	0.1～6
镁	火焰法	285.2	0.01～0.6
银	火焰法	328.1	0.03～5
铁	火焰法	248.3	0.03～5
锰	火焰法	279.5	0.01～3
镍	火焰法	232.0	0.05～5
铬	火焰法(富燃)	357.9	0.1～5
汞	冷原子吸收法	253.7	0.1μg/L 以上
铍	石墨炉法	234.9	0.04～0.4μg/L
锑	火焰法	217.6	0.2～40

2.6.2 汞

汞及其化合物属于极毒物质。天然水中含汞极少，一般不超过 0.1μg/L。工业废水中汞的最高允许排放浓度为 0.05mg/L。汞的测定方法有冷原子吸收法、冷原子荧光法、双硫腙分光光度法等。

(1) 冷原子吸收法　汞是常温下唯一的液态金属，具有较高的蒸气压（20℃时汞的蒸气压为 0.173Pa，在 25℃时以 1L/min 流量的空气流经 $10cm^2$ 的汞表面，每 $1m^3$ 空气中含汞约为 30mg），而且汞在空气中不易被氧化，以气态原子存在。由于汞具有上述特性，可以直接用原子吸收法在常温下测定汞，故称为冷原子吸收法。采用此法，由于可以省去原子化装置，使仪器结构简化。测定时干扰因素少，方法检出限为 0.05μg/L。冷原子吸收法测汞的专用仪器为测汞仪，光源为低压汞灯，发出汞的特征吸收波长 253.7nm 的光。

汞在污染水体中部分以有机汞如甲基汞和二甲基汞形式存在，测总汞时需将有机物破坏，使之分解，并使汞转变为汞离子。一般用强氧化剂加以消解处理。浓硫酸-高锰酸钾可以氧化有机汞的化合物，将其中的汞转变成汞离子，然后用适当的还原剂（如氯化亚锡）将汞离子还原为汞。利用汞的强挥发性，以氮气或干燥清洁的空气作载气，将汞吹出，导入测汞仪进行原子吸收测定。

(2) 冷原子荧光法　荧光是一种光致发光的现象。当低压汞灯发出的 253.7nm 的紫外线照射基态汞原子时，汞原子由基态跃迁至激发态，随即又从激发态回至基态，伴随以发射光的形式释放这部分能量，这样发射的光即为荧光。通过测量荧光强度求得汞的浓度。在较低浓度范围内，荧光强度与汞浓度成正比。冷原子荧光测汞仪与冷原子吸收测汞仪的不同之处是光电倍增管处在与光源垂直的位置上检测光强，以避免来自光源的干扰。冷原子荧光法具有更高的灵敏度，其方法检测限为 1.5ng/L。

2.6.3 砷

砷的污染主要来自含砷农药、冶炼、制革、染料化工等工业废水。环境中的砷以砷(Ⅲ）和砷（Ⅴ）两种价态化合物存在。砷化物均有毒性，三价砷比五价砷毒性更大。地面水环境质量标准规定砷的含量为 0.05～0.1mg/L，工业废水的最高允许排放浓度为 0.5mg/L。

砷的测定方法可采用分光光度法、原子吸收法和原子荧光法。不管采用何种方法，水样均要进行相似的前处理。除非是清洁水样，对于污染水样，首先用酸消解，然后用还原剂使砷以砷化氢气体从水样中分离出来。

(1) 分光光度法（光度法）

① 二乙基二硫代氨基甲酸银光度法　此法 1952 年由 Vasak 提出。水样经前处理，以碘化钾和氯化亚锡使五价砷还原为三价砷，加入无砷锌粒，锌与酸产生的新生态氢使三价砷还原成气态砷化氢。用二乙基二硫代氨基甲酸银（AgDDC）的吡啶溶液吸收分离出来的砷化氢，吸收的砷化氢将银盐还原为单质银，这种单质银是颗粒极细的胶态银，分散在溶剂中呈棕红色，借此作为光度法测定砷的依据。显色反应为：

$$AsH_3+6AgDDC \longrightarrow 6Ag+3HDDC+As(DDC)_3$$

吡啶在体系中有两种作用：$As(DDC)_3$ 为水不溶性化合物，吡啶既作为溶剂，又能与显色反应中生成的游离酸结合成盐，有利于显色反应进行得更完全。但是，由于吡啶易挥发，其气味难闻，后来改用 AgDDC-三乙醇胺-氯仿作为吸收显色体系。在此，三乙醇胺作为有机碱与游离酸结合成盐，氯仿作为有机溶剂。本法选择在波长 510nm 下测定吸光度。取 50mL 水样，最低检出浓度为 7μg/L。

② 新银盐光度法　硼氢化钾（或硼氢化钠）在酸性溶液中，产生新生态的氢，将水中无机砷还原成砷化氢气体。以硝酸-硝酸银-聚乙烯醇-乙醇为吸收液，砷化氢将吸收液中的银离子还原成单质胶态银，使溶液呈黄色，颜色强度与生成氢化物的量成正比。黄色溶液在400nm处有最大吸收。颜色在2h内无明显变化（20℃以下）。化学反应如下：

$$BH_4^- + H^+ + 3H_2O \longrightarrow 8[H] + H_3BO_3$$

$$As^{3+} + 3[H] \longrightarrow AsH_3 \uparrow$$

$$6Ag^+ + AsH_3 + 3H_2O \longrightarrow 6Ag + H_3AsO_3 + 6H^+$$

聚乙烯醇在体系中的作用是作为分散剂，使胶体银保持分散状态。乙醇作为溶剂。此法测定的精密度高，根据四个地区不同实验室测定，相对标准偏差为1.9%，平均加标回收率为98%。此法反应时间只需几分钟，而AgDDC法则需1h左右。此法对砷的测定具有较好的选择性，但在反应中能生成与砷化氢类似氢化物的其他离子有正干扰，如锑、铋、锡、锗等；能被氢还原的金属离子有负干扰，如镍、钴、铁、锰、镉等；常见阴阳离子没有干扰。

在含2μg砷的250mL试样中加入0.15mol/L的酒石酸溶液20mL，可消除为砷量800倍的铝、锰、锌、镉，200倍的铁，80倍的镍、钴，30倍的铜，2.5倍的锡（Ⅳ），1倍的锡（Ⅱ）的干扰。用浸渍二甲基甲酰胺（DMF）脱脂棉可消除为砷量2.5倍的锑、铋和0.5倍的锗的干扰。用乙酸铅棉可消除硫化物的干扰。水体中含量较低的碲、硒对本法无影响。

取水样体积250mL，本方法的检出限为0.4μg。砷化氢发生与吸收装置，见图2-10。

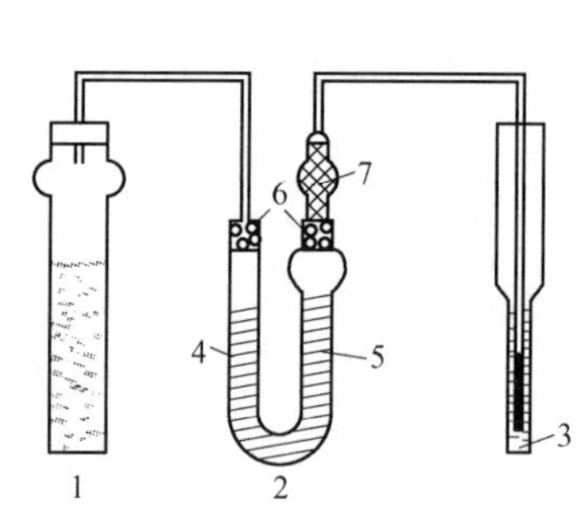

图2-10　砷化氢发生与吸收装置

1—反应管；2—U形管；3—吸收管；4—乙酸铅棉；5—DMF脱脂棉；6—脱脂棉；7—脱胺管，内装吸有无水硫酸钠和硫酸氢钾混合粉（9+1）的脱脂棉

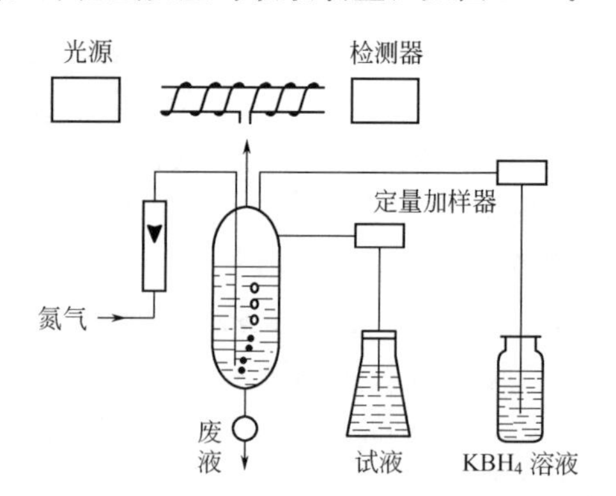

图2-11　氢化物发生装置

(2) 氢化物原子吸收法　硼氢化钾或硼氢化钠在酸性溶液中，产生新生态氢，将水样中无机砷还原成砷化氢气体，将其用N_2气载入石英管中，以电加热方式使石英管升温至900～1000℃。砷化氢在此温度下被分解形成砷原子蒸气，对来自砷光源的特征电磁辐射产生吸收。将测得水样中砷的吸光度值和标准吸光度值进行比较，确定水样中砷的含量。

原子吸收光谱仪一般带有氢化物发生与测定装置作为附件供选择购置，一般装置的检出限为0.25μg/L，氢化物发生装置见图2-11。

(3) 原子荧光法　在消解处理水样后加入硫脲，把砷还原成三价。在酸性介质中加入硼氢化钾溶液，三价砷被还原形成砷化氢气体，由载气（氩气）直接导入石英管原子化器中，进而在氩氢火焰中原子化。基态原子受特种空心阴极灯光源的激发，产生原子荧光，通过检测原子荧光的相对强度，利用荧光强度与溶液中的砷含量呈正比的关系，计算样品溶液中相应成分的含量。该法也适用于测定锑和铋等元素，砷、锑、铋的方法检出限为0.1～

0.2μg/L。

2.6.4 铬

铬的主要污染源是电镀、制革、冶炼等工业排放的污水。它以三价铬离子和铬酸根离子形式存在。微量的三价铬是生物体必需的元素，但超过一定浓度也有危害。六价铬的毒性强，且更易为人体吸收，因此被列为优先监测的项目之一。

铬的测定可用多种方法：原子吸收分光光度法可用来直接测定三价铬和六价铬的总量；含高浓度铬酸根的污水可用容量法测定；在多种测定铬的光度法中，二苯碳酰二肼光度法对铬（Ⅵ）的测定几乎是专属的，能分别测定两种价态的铬。

二苯碳酰二肼，又名二苯氨基脲、二苯卡巴肼。白色或淡橙色粉末，易溶于乙醇和丙酮等有机溶剂。试剂配成溶液后，易氧化变质，稳定性不好，应在冰箱中保存。试剂的分子结构式为：

$$O=C\begin{matrix}\diagup NH-NH-C_6H_5\\ \diagdown NH-NH-C_6H_5\end{matrix}$$

二苯碳酰二肼测定铬是基于与铬（Ⅵ）发生的显色反应，共存的铬（Ⅲ）不参与反应。铬（Ⅵ）与试剂反应生成红紫色的络合物，其最大吸收波长为 540nm。其具有较高的灵敏度（$\varepsilon=4\times10^4$），最低检出浓度为 4μg/L。水样经高锰酸钾氧化后测得的是总铬，未经氧化测得的是 Cr（Ⅵ），将总铬减 Cr（Ⅵ），即得 Cr（Ⅲ）。

2.7 非金属无机化合物的测定

2.7.1 含氮化合物的测定

环境水体中存在着各种形态的含氮化合物，由于化学和生物化学的作用，它们处在不断变化和循环之中。各种含氮化合物包括有机氮化合物和无机氮化合物，在水体中变化的总趋势是经过降解、分解、氧化等复杂过程，最后变为硝酸盐。因此，分析测定各种形态氮的含量，不仅对于了解水质污染情况是必要的，而且在环境化学和环境医学方面也有重要意义。要分别检出和测定水体中的含氮化合物是困难的，通常只测定水中的氨（或以铵离子形式存在）、亚硝酸盐和硝酸盐三种形式的氮，简称“三氮”。此外，以凯氏氮或总氮的测定来表示水中可能存在各种含氮化合物的总量。总氮也是水体富营养化的敏感指标之一。

(1) 氨氮（NH_3-N）　氨氮是指以游离态的氨或铵离子形式存在的氮。氨氮测定方法常用的有分光光度法和氨气敏电极法。分光光度法干扰因素较多，通常要预蒸馏分离。

① 氨氮预蒸馏分离　氨氮蒸馏装置与凯氏定氮法用的相同，见图 2-12。蒸馏的水样先调节至中性，再加入适量 pH 7.4 的磷酸盐缓冲溶液，加热蒸馏，蒸出的氨用硫酸或硼酸吸收。这里不采用高 pH 值，其原因是为了防止某些含氮有机化合物降解释出游离氨。当氨氮含量较高时，可采用酸滴定吸收液的方法测定氨氮。

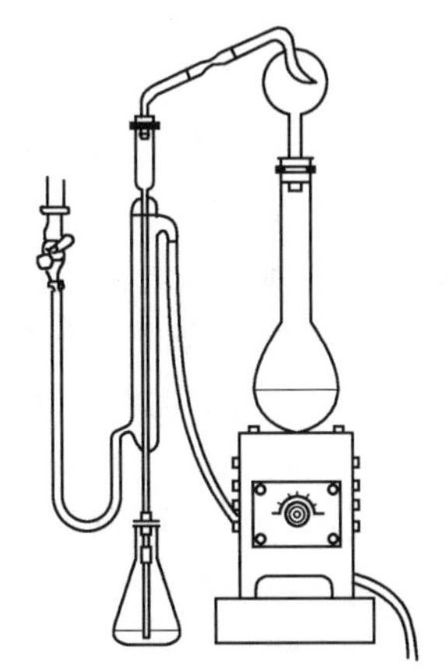

图 2-12　氨氮蒸馏装置

② 纳氏试剂光度法　纳氏试剂（Nessler's Reagent）即碘汞酸钾（K_2HgI_4）的碱性溶液。在强碱性条件下氨或铵离子能与

纳氏试剂反应：

$$2K_2HgI_4+3KOH+NH_3 \longrightarrow O\begin{matrix}Hg\\ \\Hg\end{matrix}NH_2I+7KI+2H_2O$$

反应生成黄棕色络合物，借此进行光度法测定，测量波长为420nm。

由于反应必须在强碱性介质中进行，此法用于未经处理的水样测定时会有干扰。对于钙、镁、铁等金属离子，加入酒石酸和EDTA可消除其影响，对于污染较重的水样应做预蒸馏后测定。本法的检测范围为0.05～2mg/L。

③ 苯酚-次氯酸盐光度法　在碱性介质中以亚硝基铁氰化钠为催化剂，氨与次氯酸钠反应生成氯胺，进而与酚反应生成蓝色的靛酚，借此进行测定。有关的化学反应式如下：

$$NH_3+HOCl \longrightarrow NH_2Cl+H_2O$$

$$NH_2Cl+C_6H_5OH+2HOCl \longrightarrow O{=}C_6H_4{=}NCl+2H_2O+2HCl$$

$$C_6H_5OH+O{=}C_6H_4{=}NCl \longrightarrow HO{-}C_6H_4{-}N{=}C_6H_4{=}O+HCl$$

$$HO{-}C_6H_4{-}N{=}C_6H_4{=}O \rightleftharpoons O^{-}{-}C_6H_4{-}N{=}C_6H_4{=}O+H^+$$

（非离解型，粉红色）　　（离解型，蓝色）

生成的靛蓝在碱性介质中发生离解呈蓝色，显色反应受pH值、温度及次氯酸盐浓度等因素影响较大，采用pH为11.7的磷酸盐缓冲溶液，在37℃发色30min。次氯酸盐是很不稳定的，其浓度要求在使用前进行标定，反应中次氯酸盐浓度要求为50mg/L（以有效氯计）。以使用氯气通入氢氧化钠溶液制备的次氯酸盐为好。

本法的检测范围为0.01～0.5mg/L，适用于饮用水、生活污水和大部分工业废水中氨氮的测定。对钙、镁等阳离子的干扰，可加EDTA掩蔽。

若用水杨酸代替苯酚则成为水杨酸-次氯酸盐光度法，所涉及的化学反应类似。其检测范围为0.01～1mg/L，测定波长为697nm，与上述方法等效。

④ 氨气敏电极法　原理：氨电极是一种复合电极，它以平头玻璃电极为指示电极，银-氯化银电极为参比电极，放入充有0.1mol/L NH_4Cl溶液的塑料管中，管底用聚四氟乙烯疏水选择性透气薄膜，将内充液和待测液隔开。透气膜与平头玻璃电极间有一层很薄的溶液，可使电极迅速响应。测定时水样中加入强碱，使NH_4^+转变为氨：

$$NH_4^+ + OH^- \rightleftharpoons NH_3 + H_2O$$

生成的氨由扩散透过微孔膜进入内充液的薄层中（水和离子不能通过透气膜），引起下列反应向右移动：

$$NH_3 + H_2O \rightleftharpoons NH_4^+ + OH^-$$

使薄层部分内充液的OH^-浓度迅速增大，同时平头玻璃电极对OH^-迅速响应，引起电位的变化。在恒定离子强度下，测得的电动势与测定液中氨氮浓度的对数呈一定的线性关系。因此可由测得的电位值确定水样中氨氮的含量。

此法的最低检出限为0.07mg/L氨氮，测定上限为1400mg/L氨氮，适用于地面水、生活用水和工业污水的测定，一般不需对水样进行预蒸馏。

(2) 亚硝酸盐氮（NO_2^--N）　亚硝酸盐是含氮化合物分解过程中的中间产物，亚硝酸盐极不稳定，可被氧化为硝酸盐，也可被还原为氨氮。亚硝酸盐实际上是铁血红蛋白症的病原体，它还可以与仲胺反应生成亚硝胺，后者为强致癌物质。

亚硝酸盐氮的测定方法有分光光度法、气相分子吸收光谱法和离子色谱法等。

① *N*-1-萘乙二胺光度法　原理：水中的亚硝酸盐，在pH 2.0～2.5时，与对氨基苯磺

酸生成重氮盐，再与N-1-萘乙二胺偶联生成红色染料，其反应式为：

$$HO_3S-C_6H_4-NH_2 + HNO_2 + HCl \xrightarrow{\text{重氮化}} [HO_3S-C_6H_4-\overset{+}{N}\equiv N] \cdot Cl^- + 2H_2O$$

$$[HO_3S-C_6H_4-\overset{+}{N}\equiv N] \cdot Cl^- + HN(C_{10}H_7)-CH_2-CH_2-NH_2 \cdot 2HCl \xrightarrow{\text{偶联}}$$

$$HN(-CH_2-CH_2-NH_2 \cdot 2HCl)-C_{10}H_6-N=N-C_6H_4-SO_3H$$

这一反应具有高灵敏度和选择性，最低检出浓度可达5μg/L。测定中主要的干扰是强氧化剂或还原剂，因为亚硝酸根本身不稳定。在测定条件下生成沉淀的金属离子如Fe^{3+}、Bi^{3+}等也有干扰，悬浮物会干扰吸光度测定，铜离子能催化分解重氮盐，使结果偏低。

测定时采到水样应尽快分析处理，若有颜色和悬浮物，可于每100mL水中加入2mL氢氧化铝悬浮液，搅拌、静置、过滤再取水样测定。

② 气相分子吸收光谱法 在0.15～0.3mol/L柠檬酸介质中，加入无水乙醇将水样中亚硝酸盐迅速分解，生成二氧化氮气体，以空气为载气将它引入气相分子吸收光谱仪的吸光管中，测定该气体对来自锌空心阴极灯213.9nm波长产生的吸光强度（当浓度大于10mg/L，改用铅灯283.3nm），以标准亚硝酸盐溶液系列制作标准曲线，求得水样中NO_2^--N含量。

本法最低检测浓度为0.5μg/L，可用于地表水、地下水、海水、饮用水及某些废水中亚硝酸盐氮的测定。

(3) 硝酸盐氮（NO_3^--N） 饮用水中的硝酸盐是有害物质，进入人体后可以被还原为亚硝酸盐进而生成其他危害更严重的物质。硝酸盐氮的主要测定方法有酚二磺酸光度法、紫外分光光度法、离子选择电极法和离子色谱法等。

① 酚二磺酸光度法 利用硝酸盐在无水情况下与酚二磺酸反应生成邻硝基苯酚二磺酸，在碱性（氨性）溶液中生成黄色化合物，进行测定。测定波长为410nm，最低检出浓度为0.02mg/L。

② 紫外分光光度法 硝酸根离子在紫外区有强烈的吸收，利用它在220nm波长处的吸光度A_{220nm}可定量测定硝酸盐氮。氯化物、硫酸盐在此波长下不干扰测定。本法适用于测定自来水、井水、地下水和清洁的地面水中的硝酸盐。测定范围0.04～8mg/L。

测定样品时，先用稀盐酸酸化，以防止氢氧化物和碳酸盐的干扰。可溶性有机物在紫外区有吸收，干扰测定，但其影响可用在275nm处测定的吸光度A_{275nm}进行校正。校正公式如下：

$$A_{校} = A_{220nm} - 2A_{275nm}$$

可溶性有机物、亚硝酸盐、六价铬和表面活性剂干扰测定，可溶性有机物用校正法消除，亚硝酸盐的干扰用加入氨基磺酸的方法去除，六价铬和表面活性剂可作各自的校正曲线进行校正。

③ 硝酸根离子选择性电极法 硝酸根电极为液膜型离子选择性电极，这种电极采用浸有液态有机离子交换剂的惰性多孔薄膜作为电极膜。膜外样品溶液和内参比溶液中的硝酸根离子交换而产生电位差，测试时由硝酸根电极、甘汞电极和被测溶液组成原电池。

由测得的电位值可计算被测溶液中的硝酸盐氮的含量。硝酸根电极的测定范围为

$10^{-1} \sim 10^{-5}$ mol/L。

（4）凯氏氮与总氮

① 凯氏氮　凯氏氮是指采用特定的凯氏定氮法测得的氨氮量，包括游离氨、铵盐和部分有机氮化合物的总和。

凯氏定氮法，首先将试样在酸性条件下消解，其中含氮有机化合物在消解过程中转化为铵盐，而后将消解液中的铵盐在碱性介质中以氨气蒸出，用硼酸吸收，以标准浓度的硫酸溶液滴定之。含量较低时，可用测定 NH_3-N 的光度法测定。

消解液由酸、盐、催化剂组成，例如常用硫酸-硫酸钾-硫酸汞组成的消解液，消解效果较好，大量盐类存在可提高消解温度，催化剂促使有机物的降解，除汞外，砷和铜也有良好效果。

凯氏定氮法可以测定多肽氨基酸和蛋白质等有机化合物中的氮，但是本法对于水体中存在的硝酸盐、亚硝酸盐以及以硝基、亚硝基、连氮、偶氮、腙、腈等形态存在的氮不能测定。

如果从凯氏氮中减去游离氨氮，即代表试样中的有机氮。

② 总氮（TN）　将凯氏氮加上亚硝酸盐氮和硝酸盐氮即为总氮。

也可在碱性介质中用过硫酸钾将有机氮和无机氮均氧化成硝酸盐，然后用测定硝酸盐的方法，如紫外分光光度法，得到总氮含量。

有一种测定 TN 的新技术是催化燃烧-化学发光法，水中含氮化合物经催化燃烧（Pt 催化剂，燃烧温度 720℃）生成 NO，NO 用化学发光法检测，该法免去了强酸、强氧化剂，缩短了分析时间，降低了检测限，提高了自动化程度。该法还可将 TN 与 TOC 测定组装在一个仪器中，即 TOCN 测定仪。

2.7.2　磷酸盐

天然水体中磷酸盐含量较低。较大量的磷是由化肥、冶炼、合成洗涤剂及生活污水引入水体的。磷是人和生物体必需的营养元素之一，但水体中磷含量过高（如超过 0.02mg/L），会使水体“富营养化”，造成藻类的过度繁殖，致使水质恶化。

水体中的磷以多种形式存在，除正磷酸盐外，还可以缩合磷酸盐和有机磷存在。测定的方法主要是针对正磷酸盐的，若要包括其他形式的磷，则尚需对水样进行消解处理，以使各种形式的磷都转化为正磷酸盐形式而进行测定。

水中磷的测定，通常按其存在的形式分别测定总磷，溶解性正磷酸盐和溶解性总磷，其测定流程如图 2-13 所示。

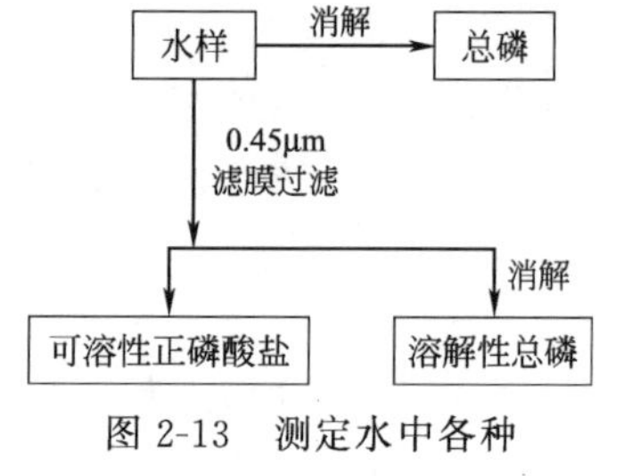

图 2-13　测定水中各种磷的流程示意图

水样的消解方法有过硫酸钾消解法、硝酸-硫酸消解法和硝酸-高氯酸消解法等。

正磷酸盐的测定方法有钼锑抗光度法、孔雀绿-磷钼杂多酸光度法、离子色谱法和罗丹明 6G 荧光分光光度法等。

（1）钼锑抗光度法　在酸性条件下正磷酸与钼酸铵、酒石酸锑钾反应，生成磷钼杂多酸，用还原剂抗坏血酸还原为磷钼蓝，在 700nm 波长下测定，方法最低检出浓度为 0.01mg/L。

（2）孔雀绿-磷钼杂多酸光度法　在酸性条件下，利用碱性染料孔雀绿与磷钼杂多酸生成绿色离子缔合物，并以聚乙烯醇稳定显色液，直接在水相用分光光度法测定正磷酸盐。方法灵敏度较高，其摩尔吸光系数为 1×10^5 L/(mol·cm)，最低检出浓度为 1μg/L。

(3) 用过硫酸盐氧化法同时测定水中的总氮和总磷　过硫酸钾在60℃的水溶液中可水解成H^+和氧，1mol的$K_2S_2O_8$水解生成2mol的H^+。

$$K_2S_2O_8 + H_2O \xrightarrow{\triangle} 2KHSO_4 + \frac{1}{2}O_2$$
$$\quad\quad\quad\quad\quad\quad \hookrightarrow 2H^+$$

如果1mol的$K_2S_2O_8$中加有1mol的NaOH，则反应开始时，溶液呈碱性，由于氧化反应后生成大量H^+，使反应后的溶液呈酸性。加入适量$K_2S_2O_8$和NaOH的混合液作为氧化剂溶液，于高压锅中（120℃）加热0.5h，它能依次完成在碱性过硫酸盐条件下，氧化水中全部氮，转化为硝酸盐氮，和在酸性过硫酸盐条件下氧化水中全部磷，成为（正）磷酸盐。

氧化后的产物硝酸盐和（正）磷酸盐，可分别用紫外分光光度法测定总氮，用钼锑抗光度法（钼酸铵、酒石酸锑钾和抗坏血酸作显色剂）测定总磷。

2.7.3 氰化物

工业废水中含有的氰化物可分为简单氰化物和络合氰化物两类。简单氰化物多为碱金属的盐类，如KCN、NaCN等，有剧毒，在酸性介质中，易形成挥发性的氰化物。络合氰化物中的氰与金属离子配位结合，较为稳定，但加酸蒸馏时也会变成氰化氢而被蒸出。

氰化物中除少数稳定的络盐（如铁氰化钾等）外，都有剧毒。氰化物进入人体内，与高铁细胞色素氧化酶结合，生成氰化高铁细胞色素氧化酶，失去传递氧的作用，引起组织缺氧窒息，使用中必须十分谨慎小心。

氰化物的测定方法，对浓度高的污染水（>1mg/L）可用硝酸银滴定法；对低浓度的有光度法和离子选择电极法，测定中因干扰物质较多，通常采用蒸馏预处理方法，以氰化氢形式将其从水样中分离出来。

(1) 氰化物的蒸馏分离　氰氢酸是一种很弱的酸（$K_a = 4.03 \times 10^{-10}$），因此在酸性介质中离解度很小，可以HCN形式蒸馏分离。一般说，简单的氰化物（如KCN、NaCN等）可以分离得很完全，但是对于以氰络合物形式存在的氰，要视络合物的稳定性和蒸馏分离的条件决定。

水中氰化物测定一般是总量测定，所谓“总量”也仅指能被蒸馏方法分离出来的各种氰化物的总量。目前标准方法中采用以下两种蒸馏分离方法。

① 易释放氰化物　在水样中加入酒石酸和硝酸锌，溶液pH为4，此条件下简单氰化物及部分络合氰（如锌氰络合物）可被蒸馏分离。

② 总氰化物　在水样中加入磷酸和EDTA溶液，在pH<2条件下蒸馏。利用EDTA络合能力，分解金属氰化物将氰蒸出，但钴氰络合物一类中的氰仍不能分离。氰化物蒸馏装置见图2-14。

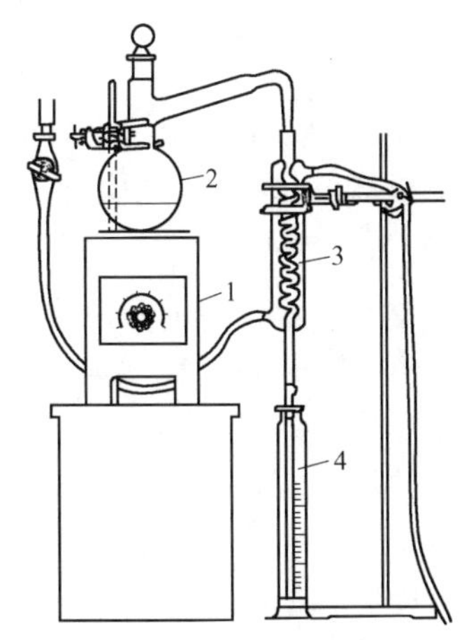

图2-14　氰化物蒸馏装置
1—电炉；2—蒸馏瓶；3—冷凝器；4—吸收瓶

(2) 氰化物的光度法测定　标准采用的测定氰化物光度法有异烟酸-吡唑啉酮法和异烟酸-巴比妥酸法。两种方法都具有很好的灵敏度，显色反应机理也相似。氰化物显色反应较为复杂，涉及氧化还原和有机合成反应。

① 异烟酸-吡唑啉酮光度法　原理：取预蒸馏馏出液，调节pH至中性条件，水中氰离子被氯胺T氧化生成氯化氰（CNCl），氯化氰与异烟酸作用经水解生成戊烯二醛，再与

吡唑啉酮进行缩合反应生成蓝色染料，在波长 638nm 处做光度测定。本法最低检出浓度为 4μg/L。反应式如下：

$$NaCN + CH_3C_6H_4SO_2N\cdot NaCl \longrightarrow CNCl + CH_3C_6H_4SO_2NNa_2$$

（氯胺 T）

$$\text{异烟酸} + CNCl \longrightarrow \text{N-氯化-N-氰基异烟酸} \xrightarrow{+2H_2O} O{=}CH{-}CH_2{-}CH(COOH){-}CH_2{-}CH{=}O + NH_2CN + HCl$$

（异烟酸）（戊烯二醛）

$$O{=}CH{-}CH_2{-}CH(COOH){-}CH_2{-}CH{=}O + 2\,(\text{1-苯基-3-甲基-5-吡唑啉酮}) \xrightarrow{\text{缩合}} \text{蓝色染料} + 2H_2O$$

1-苯基-3-甲基-5 吡唑啉酮

（蓝色染料）

② 异烟酸-巴比妥酸光度法　原理：取预蒸馏馏出液，调节 pH 成中性条件下，氰和氯胺 T 反应生成氯化氰，氯化氰与异烟酸反应生成戊烯二醛，戊烯二醛再与巴比妥酸反应，生成紫蓝色染料，在 600nm 处做光度测定。本法最低检出浓度为 4μg/L。

(3) 硝酸银滴定法　经蒸馏得到的馏出液中，若氰含量在 1mg/L 以上时，可用硝酸银标准溶液直接滴定。在配制氰标准溶液时，氰浓度也要用此法标定。

已知在碱性介质中，Ag^+ 与 CN^- 有以下反应；

$$Ag^+ + CN^- \longrightarrow AgCN\downarrow \text{（白色）}$$

$$AgCN + CN^- \longrightarrow Ag(CN)_2^- \text{（可溶络离子）}$$

到达终点后，稍过量的银离子与作为指示剂的试银灵（对二甲氨基苄叉罗丹宁）反应，生成橙红色化合物，指示滴定终点。

2.7.4 氟化物

氟广泛存在于天然水体中，以地下水中含氟量最高，一般为 1～3mg/L，高的可达数十 mg/L。炼铝、磷肥、钢铁等工业排放的三废，含氟较高。氟是人体必需的微量元素，推荐饮水标准中的氟以 0.5～1.0mg/L 为宜。氟的缺乏和过量都会对人的牙齿和骨骼产生不良影响。饮用水含氟 2.4～5mg/L 则可出现氟骨症。

微量氟的测定方法主要有氟离子选择电极法、光度法和离子色谱法。为了排除干扰因素，除了较洁净的水样，一般在测定前需进行蒸馏分离预处理。

氟的分离利用氢氟酸具有挥发性质，可以在高沸点强酸性介质中将其蒸出，使用的酸通常是硫酸或高氯酸。蒸馏的方法有直接蒸馏和蒸气蒸馏。若样品中含较多氯化物，在蒸馏时会以氯化氢形式蒸出，为了防止其蒸出可加入适量硫酸银，每毫克氯化物约需加 5mg 硫酸银，使氯化物沉淀，氟离子不与银离子形成沉淀。

（1）氟离子选择电极法　氟离子选择电极是一种单晶膜电极，用高纯度氟化镧（LaF_3）单晶作为感应膜材料，溶解度很小，物理化学性质稳定。由于单晶对通过晶格而导电的离子有严格限制，因此使它只有对氟离子具有选择性响应。氟电极是目前众多电极中性能最好的一种，用它测定氟离子的方法被列为测定氟的标准方法，已成功地应用于测定天然水、海水、饮料、尿、血清、大气、植物、土壤等各种试样中的氟离子。

清洁水样无需预处理即可用氟离子选择电极测定，严重污染的水样或其他复杂样品须经消解或预蒸馏将氟分离后再进行测定。

为了保持溶液的总离子强度和 pH 值，并络合干扰离子，加入总离子强度调节缓冲液（TISAB），如采用 0.2mol/L 柠檬酸钠，1mol/L 硝酸钠，并用盐酸调节 pH 值为 5.5～6 的总离子强度调节缓冲液。

电位测量可用离子活度计或精密酸度计，测定池应使用聚乙烯容器，以氟电极为指示电极，甘汞电极为参比电极，测定时需有电动搅拌装置。

该方法最低检出浓度为 0.05mg/L。

（2）氟的光度法测定

① 氟试剂光度法　氟试剂也称茜素络合酮，其分子式为：

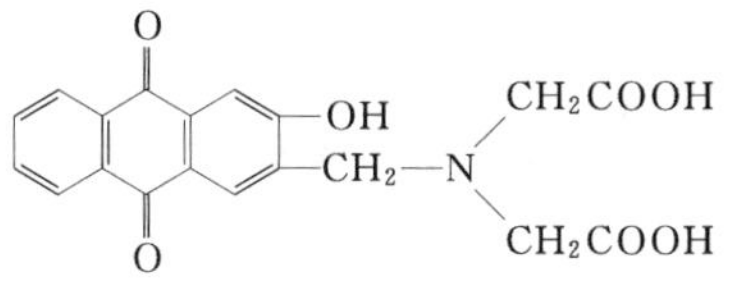

O
OH　　CH₂COOH
—CH₂—N
　　　　CH₂COOH
O

它是一种微溶于水的姜黄色粉末，具有随 pH 变化而变化的性质：在 pH 4.3 呈黄色（吸收峰 423nm）；pH 6～10 呈红色（吸收峰 520nm）；pH>13 呈蓝色（吸收峰 565nm）。茜素络合酮能与多种金属离子形成络合物，在 pH 4.3 时它能与镧离子生成红色络合物，此络合物又能接受氟离子配位而形成三元络合物。在此反应中，氟参与形成三元络合物而使体系的吸光度增大。反应生成的蓝色三元络合物，颜色深度与氟离子浓度成正比，可在 620nm 处做光度测定。方法最低检出浓度为 0.05mg/L。

② 茜素磺酸钠光度法　在酸性介质中，茜素磺酸钠自身呈黄色，与锆等反应生成红色络合物，当有氟离子存在时，氟离子能夺取络合物中的锆离子，形成更为稳定的氟锆络离子，同时释放出茜素磺酸钠，这样，溶液就由红色变为黄色，因为溶液吸光度的变化与氟离子浓度成反比，故可用作氟的光度法测定或目视比色测定。

2.7.5　硫化物

洁净的地面水中，硫离子含量很低，地下水尤其是矿泉水中常含有硫化物。污染水含有的硫化物主要来自含硫有机物的分解，往往伴有硫化氢的臭味。水体受到严重污染后在溶解氧几乎没有的情况下，厌氧微生物能使硫酸盐还原为硫化物，同时向大气逸散硫化氢气味。清洁水中硫化氢的嗅阈值为 0.035μg/L，水体中的硫化物主要是指可溶性的硫化物，主要以 S^{2-}、HS^- 和 H_2S 气体等形态存在（在正常 pH 的水体中主要以 HS^- 形态存在）。此外水体中也可能存在一些难溶硫化物的悬浮微粒。硫化物很不稳定，测定的水样要现场加乙酸锌溶液固定。测定前需进行分离预处理，硫离子的测定方法主要有碘量滴定法、光度法和间接原子吸收法等。

（1）水样预处理　采到的水样经固定处理，其中的硫化物转变为硫化锌沉淀。进行水样预处理，其目的是以硫化氢形式从水样中分离出硫化物。硫化氢的分离装置如图 2-15 所示。

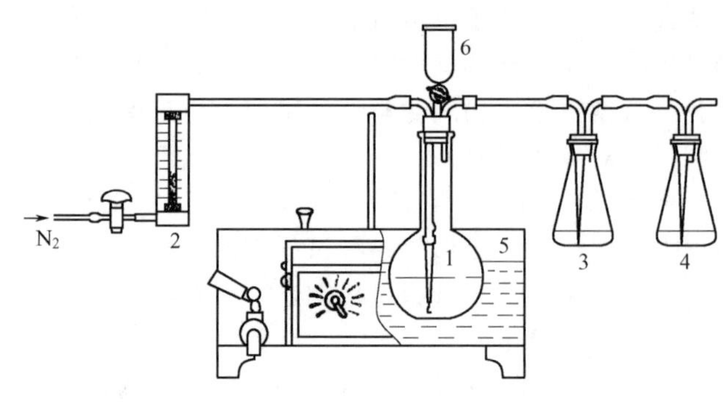

图 2-15 碘量滴定法测定硫化物的吹气装置

1—平底烧瓶；2—流量计；3—锥形吸收瓶；4—锥形吸收瓶；

5—恒温水浴；6—加酸漏斗

水样瓶置于 50～60℃的水浴中，从漏斗中加入适量的盐酸，此时，水样中硫化锌与酸作用产生硫化氢气体，然后通入氮气或二氧化碳，将硫化氢吹出，并被吸收瓶中的乙酸锌溶液吸收。

(2) 碘量滴定法　碘量滴定法用于测定硫化物含量较高的样品和标定硫化钠标准储备溶液，操作方法相同。下面以硫化钠溶液标定为例予以简述。

标定时，先取 10mL 1mol/L 乙酸锌溶液于 250mL 于碘量瓶中，加入 60mL 水，10.00mL 0 .1mol ($I_2/2$) /L 碘液，10.00mL 配好的硫化钠溶液，混匀后加入 5mL (1+9) 盐酸，混匀，在暗处放置 5min，用硫代硫酸钠滴定，至溶液呈浅黄色时加入 1mL 淀粉溶液，继续滴定至蓝色刚好消失为终点，同时用水代替硫化钠作空白实验。硫化物的含量按下式计算。

$$\text{硫化物}(S^{2-},\text{mg/L})=\frac{(V_0-V)\times c\times 16.03\times 1000}{10}$$

式中　V_0——为滴定空白样时硫代硫酸钠的用量，mL；

V——为滴定硫化物时硫代硫酸钠的用量，mL；

c——为硫代硫酸钠标准溶液浓度，mol/L；

16.03——为 S/2 的摩尔质量，g。

(3) 对氨基二甲苯胺光度法　原理：硫离子在酸性介质中，有高铁离子存在下，与对氨基二甲基苯胺反应生成亚甲基蓝。反应式为：

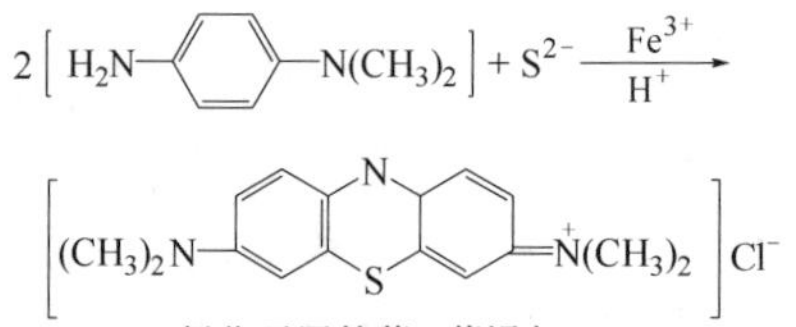

$$2\left[H_2N-C_6H_4-N(CH_3)_2\right]+S^{2-}\xrightarrow[H^+]{Fe^{3+}}$$

$$\left[(CH_3)_2N-\text{(吩噻嗪环)}=\overset{+}{N}(CH_3)_2\right]Cl^-$$

氯化亚甲基蓝（蓝绿色）

硫离子标准溶液用硫化钠配制，此溶液不是很稳定，应用塑料瓶存放，使用前标定并稀释成作标准曲线用的工作溶液。在波长 665nm 处测吸光度，以空白试剂作参比。该方法最低检出浓度为 0.02mg/L。

2.7.6 离子色谱分析法测定多种阴离子

离子色谱分析法 (IC) 是 20 世纪 70 年代问世的一种新型液相色谱技术。它根据离子交换原理在分离柱中进行待测离子的分离，并采用抑制柱消除或抑制离子交换淋洗液中的不需要离子，使淋洗液的电导降至最低，最后用电导检测器进行离子测量。典型的离子色谱结构示意图如图 2-16 所示。

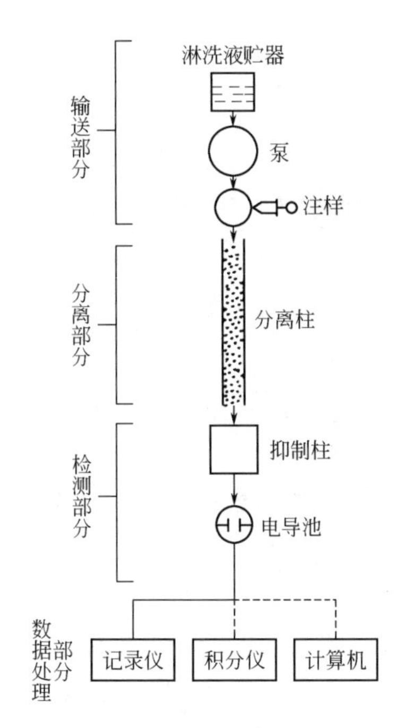

图 2-16　典型离子色谱结构示意图

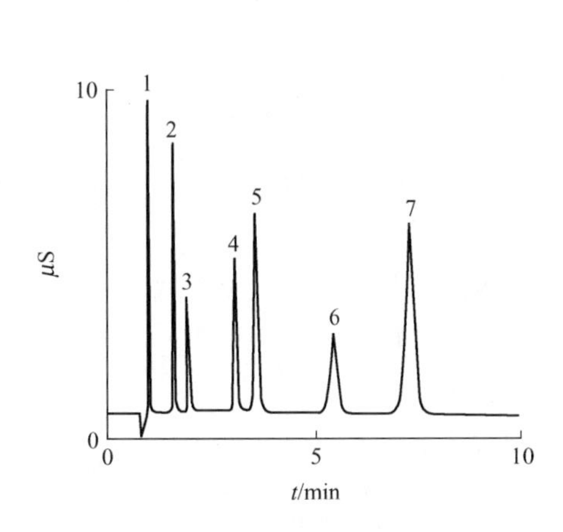

图 2-17　典型的阴离子色谱图

色谱柱：Dionex Ionpac AS4A-SC（2×250mm）；淋洗液：1.8mmol/L Na_2CO_3 + 1.7mmol/L $NaHCO_3$；流速：0.5mL/min；检测器：抑制电导；色谱峰：1—氟离子（2.0mg/L）；2—氯离子（3.0mg/L）；3—亚硝酸根离子（5.0mg/L）；4—溴离子（10.0mg/L）；5—硝酸根离子（10.0mg/L）；6—磷酸根离子（15.0mg/L）；7—硫酸根离子（15.0mg/L）

离子色谱法具有以下特点：

① 检测灵敏度高，检测范围为 10^{-6}～10^{-9}级。

② 对性质相似的离子进行分析，选择性好，分辨率高，准确可靠。

③ 分析速度快，一次进样可同时检测多种离子，可做定性定量分析。

④ 所需样品少，只需 0.5～1mL，分析样品一般无需做复杂的前处理。

离子色谱的应用范围较广，主要的分析对象为阴离子、阳离子和有机酸、有机碱。

下面以分析水样中 F^-、Cl^-、Br^-、NO_2^-、NO_3^-、PO_4^{3-}、SO_4^{2-} 等阴离子为例进一步加以说明。

分离柱选用阴离子交换树脂（$R—N^+HCO_3^-$），抑制柱选用强酸型阳离子交换树脂（$R—SO_3H$），以 $NaHCO_3$ 为淋洗液。水样注入分离柱，各阴离子被阴离子交换树脂交换吸附。淋洗时，样品待测离子根据与树脂亲和力的差异，分别在不同时间被淋洗下来，流出液随即流入抑制柱。分离柱和抑制柱中的反应如下：

分离柱　$X^- = F^-、Cl^-、Br^-、NO_2^-、NO_3^-、PO_4^{3-}、SO_4^{2-}$

$$R—N^+HCO_3^- + Na^+X^- \longrightarrow R—N^+X^- + NaHCO_3 \quad 吸附交换$$

$$R—H^+X^- + NaHCO_3 \longrightarrow R—N^+HCO_3^- + Na^+X^- \quad 洗脱交换$$

抑制柱　$R—SO_3—H^+ + NaHCO_3 \longrightarrow R—SO_3—Na^+ + H_2CO_3$　抑制交换

$$R—SO_3H+NaX \longrightarrow R—SO_3Na+HX$$

由上述柱反应可知，水样经分离柱后的流出物包括具有高电导的淋洗液和各种待测阴离子的盐类。而经抑制柱后的流出物中，$NaHCO_3$ 淋洗液已转换成 H_2CO_3，而 H_2CO_3 是一种弱酸，由此将淋洗液的电导降至最低。经过抑制柱的流出液直接引入电导池进行测定。典型的阴离子色谱图见图 2-17。

可见，IC 很适宜作为阴离子的监测手段，可以同时测定一个试样中共存的阴离子，简便、准确、效率高。我国已把 IC 列入《水和废水监测分析方法》，作为检测 Cl^-、F^-、SO_4^{2-}、PO_4^{3-}、NO_2^-、NO_3^- 等的 B 类标准方法。

2.8 有机污染物的测定

水体中一些重要的有机污染物，在水质标准中被列为单独监测项目，如油分、酚类、有机农药等。

对于有机物的成分分析，气相色谱法和高效液相色谱法以及色谱与质谱联用是很有效的手段。个别有机化合物的测定，也可采用光度法（包括紫外和红外光度法）等手段。

2.8.1 石油类

水体的油污染主要由石油的大规模开采（尤其海上采油）、运输和加工过程中排放的废水以及生活污水造成。漂浮于水体表面的油膜，影响空气-水体界面进行氧的交换。分散于水中的油，包括乳化状态存在的油和被悬浮物吸附的油，当它们被微生物氧化分解时，消耗水中的溶解氧，致使水质恶化。水生生物，尤其是鱼类、贝类等，吸收或吸附油分就会产生“油臭”，使质量降低，甚至失去食用价值。油污染对水生生态系统也带来重大影响。因此，在水质评价中，油污染作为主要指标之一。

水中油分的测定，目前已提出多种方法，这些方法各有其适用性，也有其局限性。重量法是常用方法，适用于测定 10mg/L 以上油分的水样；油分含量低的水样，采用萃取分离后用紫外或非色散红外光度法进行测定，适用于测定 0.05～10mg/L 的样品。

（1）重量法　重量法测定水中油分，先以硫酸酸化水样，同时加入适量氯化钠，抑制乳化作用。用低沸点有机溶剂从水样中提取油类，然后蒸发除去溶剂，残余物恒重称量。

目前，各国标准中使用的有机溶剂各有不同，我国用沸程为 30～60℃的石油醚；日本用正己烷；美国用氟利昂。从上述方法原理来看，所谓“油分”实际上是指水中能被各种有机溶剂提取的物质的总量。

若含有大量动、植物油脂，可将萃取液通过氧化铝层析柱以除去动、植物油脂，得到石油类测定结果。

（2）光度法　油分是组成极其复杂的混合物，其中含有多种不同分子量的烷烃和芳烃类有机化合物。具有共轭体系的有机化合物在紫外线区有特征吸收峰，如带有苯环的芳香族化合物主要吸收波长为 250～260nm，带有共轭双键的化合物主要吸收波长为 215～230nm。而一般有机化合物中的甲基和亚甲基对 3.5μm 的红外线有特征吸收峰。根据油分中有机化合物具有上述特征的吸收光谱行为，可以用紫外分光光度法和非色散红外法进行测定。

光度法测定油分，必须充分注意下述两个问题。

① 油分的吸收光谱特性　光度法测定的吸光度仅与油分中具有特征吸收的组分的含量有相关关系。油分的组成不同，单位浓度的吸光度（比吸光度）不一定相同。因此，光度法测定的结果与重量法测定的结果，在理论上并无确定的相关关系。经对我国某些炼油厂污水

中油分用紫外法和红外法测定油分的比吸光度数据表明，紫外光度法测定的比吸光度差异比红外光度法的比吸光度差异更大。由于不同污染源中油分的比吸光度的这种差异，给测定时标准的选用和配制带来困难。

② 光度法测定中使用的标准油　光度法属于相对分析法，定量测时必测使用标准物质，绘制标准曲线。由于油分是组成复杂而变化的物质，因此，在选用标准物质时就产生问题。虽然目前各国标准方法中也规定使用标准油，或在监测网络中使用统一分发的标准油，但实际上未能解决上述存在的问题。

对于紫外光度法中使用的标准油，我国标准中采用 20 号重柴油、15 号机油或用其他认定的标准油品配制。对于一些主要的油污染源如炼油厂等，如果能从本厂废水中提取到的油分作为标准油来作标准曲线，测定的结果能够真实地反映油污染的实际情况。

对于红外光度法中使用的标准油，我国规定采用混合标准油，即将十六烷、异辛烷和苯胺以 65：25：10 的体积比混合后作为标准油使用。美国采用十六烷、异辛烷和苯胺体积比为 37.5：37.5：25 的混合标准油。混合标准油组成的差异，反映各地原油中成分含量的差异。我国采用的标准油反映出我国原油中烷烃多，芳烃少，高碳数烷烃多，低碳数烷烃少的特征。

萃取油分的溶剂，紫外法用沸程为 60～90℃的石油醚，红外法用四氯化碳。

2.8.2　挥发酚

酚类化合物主要来源于炼油、炼焦、煤气洗涤水、造纸、合成氨等工业排放的废水和废弃物。酚类对水生生物有毒。饮用水水源在加氯消毒时，氯与酚类生成具有强烈气味的氯酚，其嗅阈值由 180mg/L 降为 0.002mg/L。长期饮用含酚水对人体健康有影响。

水中酚类化合物包括一系列酚的衍生物。按其沸点高低可分为挥发酚和非挥发酚。通常水质监测中测定的挥发酚，其沸点在 230℃以下，主要是一元酚及其衍生物。

挥发酚测定的主要方法是 4-氨基安替比林光度法。在测定条件下，除了对位有取代基的酚类不能与试剂反应外，苯酚、邻位酚和间位酚都能与试剂发生显色反应。但邻位酚和间位酚生成的有色化合物的吸光度都比苯酚低，因此该方法采用苯酚作为标准测得的结果，仅代表水样中挥发酚的最小浓度。

挥发酚测定前需做预蒸馏分离。对于污染严重的水样，在蒸馏前要消除某些干扰物质。如加入过量的硫酸亚铁消除游离氯；加入硫酸铜以消除硫化物干扰以及用四氯化碳萃取以除去油类。

（1）4-氨基安替比林光度法　有氧化剂铁氰化钾存在下，酚类与 4-氨基安替比林在碱性条件下反应生成橘红色吲哚酚安替比林染料，有色溶液在 510nm 处有最大吸收。若用氯仿萃取染料，可在 460nm 处测定其吸光度。显色反应式为：

$$\text{4-氨基安替比林}\ (C_6H_5\text{–N}<;\ H_3C\text{–N};\ C{=}O;\ H_3C\text{–C}{=}C\text{–}NH_2) + \text{苯酚}\ (C_6H_5OH) \xrightarrow[pH10.0\pm0.2]{K_3[Fe(CN)_6]} (C_6H_5\text{–N}<;\ H_3C\text{–N};\ C{=}O;\ H_3C\text{–C}{=}C\text{–N}{=}C_6H_4{=}O)$$

显色时 pH 的控制很重要。在酸性条件下，试剂本身要发生缩合反应，生成红色化合物，带来干扰。一些芳香胺（如苯胺、甲苯胺、乙酰苯胺）也能与试剂显色，而在 pH 9.8～10.2，它们的干扰可以大大减少。

用此法进行测定时，有直接光度法和萃取光度法之分。直接光度法适用于含酚浓度在 0.1～5mg/L 的水样，萃取光度法用氯仿萃取，适用于含酚在 0.002～6mg/L 的水样。

（2）溴化滴定法　溴酸盐在酸性溶液中与溴化钾反应析出溴，溴与酚产生取代反应，生成三溴酚。加入碘化钾与多余的溴作用析出碘，最后用标准硫代硫酸钠滴定析出的碘，可以算得酚的量。所涉及的化学反应式为：

$$BrO_3^- + 5Br^- + 6H^+ \longrightarrow 3Br_2 + 3H_2O$$

$$C_6H_5OH + 3Br_2 \longrightarrow C_6H_2Br_3OH + 3HBr$$

$$Br_2 + 2I^- \longrightarrow 2Br^- + I_2$$

$$I_2 + 2S_2O_3^{2-} \longrightarrow 2I^- + S_4O_6^{2-}$$

此法适用于含高浓度酚污水中挥发酚的测定。

2.8.3 水中痕量有机污染物的测定

水中的有机污染物种类繁多、涉及面广，而且一般含量均很低。人们常把容易挥发的有机物称为挥发性有机物（VOCs），如挥发性卤代烃。对于VOCs，可利用顶空或吹扫捕集前处理，气相色谱（GC）或气相色谱-质谱（GC-MS）法测定。而把那些有一定的挥发性但挥发性较小的有机物称为半挥发性有机物，如有机氯农药、有机磷农药、多氯联苯、多环芳烃、氯苯类、硝基苯类、硝基甲苯类、邻苯二甲酸酯类、亚硝基胺类、苯胺类和氯代苯胺类、卤代烃类、卤代醚类和硝基酚类等。对于半挥发性有机物，可采用萃取前处理，GC测定或GC-MS测定，也可采用高效液相色谱（HPLC）测定。HPLC适合于分析分子量较大，挥发性较小或热不稳定的有机化合物。

（1）前处理方法　图2-18汇集了水中痕量有机物分析前处理方法，包括液-液萃取、固相萃取、固相微萃取、吹扫捕集和顶空分析等。

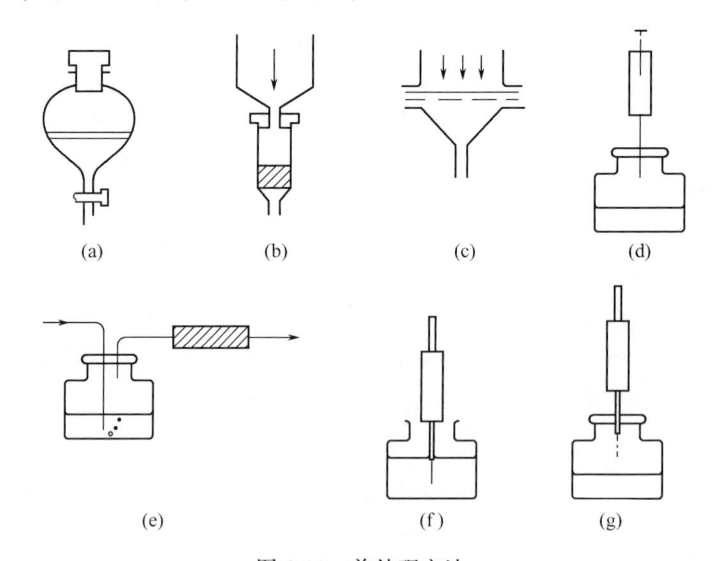

图2-18　前处理方法

(a) 液-液萃取；(b) 固相萃取——筒式；(c) 固相萃取——盘式；(d) 顶空；(e) 吹扫捕集；(f) 固相微萃取——直接；(g) 固相微萃取——顶空

（2）测定方法　水中痕量有机物的测定方法有气相色谱法、高效液相色谱法、气相色谱-质谱联用技术、液相色谱-质谱联用技术、免疫分析法等（参见7.1）。

免疫分析是利用抗原与抗体的特异性结合作用来选择性识别和测定可以作为抗体或抗原的待测物。

抗原（antigen）是能够引起免疫反应的分子，能诱导刺激免疫系统产生抗体，同时又能与抗体发生特异性结合，引起免疫反应，用于抗原检测的抗体（antibody）可通过人工制备获得，如从动物的血清中获得。

这里着重介绍在分析农药、除草剂中有广泛应用的酶联免疫吸附分析法（ELISA）。该法是将抗原、抗体的免疫反应和酶的高效催化反应有机结合而发展起来的一种分析技术。

图 2-19 是典型是 ELISA 分析过程。首先将抗体涂布于器皿表面［图 2-19(a)］；然后将试样加入器皿，P 表示某污染物，是抗原。同时加入一定量 P*，P* 表示酶联污染物，即酶标记抗原，此时，P 和 P* 要竞争与吸附在器皿壁上的抗体结合［图 2-19(b)］；由于加入的 P* 是一定量的，因此当 P 浓度小时，P* 占据的与抗体结合的位点相对更多，当 P 浓度大时，P* 占据的结合位点相对要少，即与抗体结合的酶标记抗原与试样中抗原的浓度成反比［图 2-19(c)］；将未与抗体结合的 P* 和 P 洗涤干净后，加发色剂（底物溶液），在酶的催化作用下显色，最后用光度法测定［图 2-19(d)］。

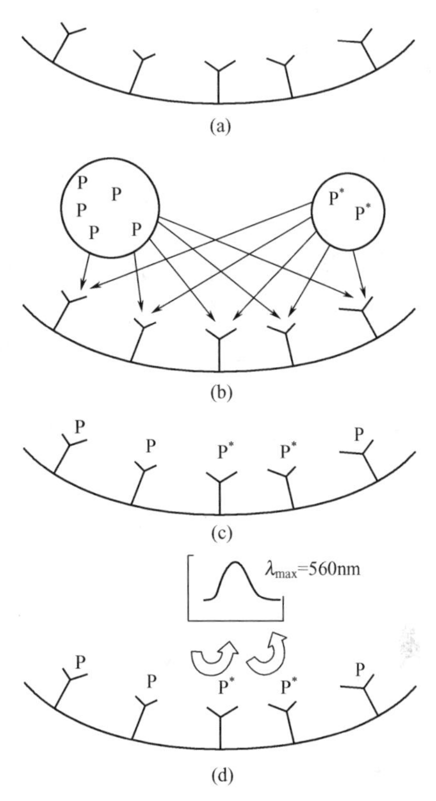

图 2-19　典型的 ELISA 分析过程

ELISA 法不需要复杂的精密仪器，通常做成试剂盒，配备简单的光度计，方便携带。该法选择性好，并有极高的灵敏度，如测定除草剂阿特拉津的检出限可低至 0.019μg/L。

2.9　水污染的生物监测

生物监测是环境监测的重要组成部分之一。与理化监测分析手段相比，生物监测具有直观、宏观、综合和历史可溯源性的特点。

水质污染会直接影响到栖息于水体中的生物。有些生物对污染很敏感，有些则有较大的忍耐力，还有些只能存在于污水中。因此，根据水生生物的种类、数量、生理生化等反应，可判断水体污染的性质和程度。这种利用水生生物来监测水体污染的方法就是水污染的生物监测。如当河流受到污染时，随着污染物在河流中的变化，生物的种类和数量也相应地反映一系列规律性的变化。在污染最严重的河段，生物几乎绝迹，微生物数量也较少。随着污染物浓度的降低，最耐污染的生物如杂菌、污水丝状菌首先出现。随后耐污染的藻类、原生生物和摇蚊幼虫也相继出现。当水质自净到一定程度时，耐污染种类占优势的现象逐渐消失，代之以种类繁多的生物。最后，当各种清水性生物出现时，说明水质已恢复正常。利用水生生物的种类和数量的变化，可以判别各河段的污染状况，同时也可了解水系的稀释自净情况。能够对环境中的污染物做出定性定量反应的生物，称为指示生物。水生生物个体、种群和群落均可作为水污染的指示生物。

2.9.1　细菌监测水体污染

用微生物作为水体污染的指示生物有其一定的优越性，因为它是单细胞生物，分裂时间短，对环境的变化能迅速做出反应，而且种类繁多，能在各种不同的自然环境下生长。但是它有一定的局限性，因为个体微小，种类的鉴定和计数较为困难，需要专门的技术且比较费时。

（1）细菌总数法　天然水体的细菌性污染，主要是由于有机污染物和粪便等污染引起的。有研究表明，当河水 BOD 升高时，水中的异养细菌数量急剧增加，在 BOD 为 5mg/L 以下特别显著。所以细菌总数可作为判断水体受有机污染的敏感指标。

细菌数量测定的方法有两种。一是在显微镜下测定包括死菌在内的全部菌数；二是根据培养方法测定活菌数。我国采用的细菌总数的定义是指 1mL 水样在普通琼脂培养基经过 37℃培养 24h 后，所生长的细菌总数。具体方法是取 1mL 水样（或经过适当稀释后的水样）于灭菌平皿中，然后加入营养琼脂培养基，置 37℃培养 24h 后取出，计算平皿内菌落数目。测定细菌总数，要注意全部过程无菌操作，采样瓶要事先灭菌；样品中含有余氯时应加入脱氯剂，样品中铜锌等重金属含量很高时，应加入螯合剂 EDTA；水样在采样后 2h 内检验，低温保存不超过 6h。

（2）总大肠菌群法　因为大肠菌通常是栖息在人畜的肠道中，所以它可作为水体受到人畜粪便污染的可靠指标，也可以作为该水体可能或者已经被消化系统的病原菌污染的间接指标。另外，大肠杆菌在自然界中存活时间较长，容易鉴定，所以是常用的水质卫生学上的监测指标。

大肠杆菌是一群需氧或兼性厌氧微生物，在 37℃生长时能使乳酸发酵，24h 内产酸、产气的革兰阴性的无芽孢杆菌。

测定方法主要有多管发酵法和滤膜法。

① 多管发酵法　此方法的要点是：

a. 初步发酵试验。在灭菌操作条件下，取定量水样加入三倍浓缩乳糖蛋白胨培养液中，于 37℃恒温培养 24h。

b. 平板分离。经 24h 培养后，将产酸产气及只产酸发酵管中微生物，分别接种于品红亚硫酸钠培养基或伊红美蓝培养基上，再于 37℃培养 24h，挑选符合一定特征的菌落，取菌落一小部分进行涂片，革兰染色，镜检。革兰阳性菌呈蓝紫色，阴性菌呈红色。

c. 复发酵试验。挑取部分革兰阴性无芽孢杆菌，接种于乳糖蛋白胨培养液中，于 37℃培养 24h，产酸产气者，证实有大肠菌群存在。

d. 大肠菌计数。根据以上实验证实有大肠杆菌群存在的阳性管数，查大肠菌群检数表，报告每升水样中大肠菌群数。

② 滤膜法　滤膜是一种微孔性薄膜。将水样注入灭菌的并放有滤膜（孔径 0.45μm）的滤器中，经过抽滤，细菌即被截留在膜上，然后将滤膜贴于品红亚硫酸钠培养基上，进行培养。因大肠菌群细菌可发酵乳糖，在滤膜上出现紫红色具有金属光泽的菌落。计数滤膜上生长的此特性的菌落数，计算出每 1L 水样中含有总大肠菌群数。如有必要，对可疑菌落应进行涂片染色镜检，并再接种乳糖发酵管做进一步鉴定。

滤膜法具有高度的再现性，可用于检验体积较大的水样，能比多管发酵技术更快地取得肯定的结果。不过在检验混浊度高、非大肠杆菌细菌密度大的水样时，有其局限性。

另外，粪大肠菌群、沙门菌和粪链球菌也可作为监测的指标。

（3）发光细菌法　发光细菌如明亮发光杆菌可用于污水和地面水中污染物的毒性测定，具有较高的灵敏度和重现性，特别是在测定综合毒性方面（如测定水中重金属、氰化物、农药、酚类化合物、抗生素等无机和有机的多种毒物的毒性时）具有独特的优越性，是理化方法所达不到的。另外此法也可用于土壤和大气中污染物毒性的检测。

明亮发光杆菌是一种非致病性的普通细菌，具有发光能力。在正常条件下，经培养后能发出肉眼可见的绿色光，波长为490nm。光的强度可用测光仪测定。研究表明，发光细菌的发光过程是细菌体内的一种新陈代谢过程，是氧化呼吸链的一个侧支。当细菌体内合成荧光酶、荧光素、长链脂肪醛时，在氧的参与下，能发生生物化学反应并发出光。这种发光过程极易受到外界条件的影响。凡是干扰或损害细菌呼吸或生理过程的任何因素都能使细菌的发光强度立即发生改变，并随着毒物浓度的增加，发光强度逐渐减弱。

发光细菌法大致有以下三种测定方法。

① 新鲜发光细菌培养物测定法　这种方法是将发光细菌接种于液体发光培养基中，在适当的条件下（20℃左右）通气培养12h左右（至对数生长期），用缓冲液稀释至适当的菌浓度后，加入测试管中，再加入试液，使之与菌接触，作用10～20min后，读出并记录对照管和样品管发光强度变化的数据。

② 冷冻干燥发光细菌制剂测定法　这种方法是把培养到对数生长期的发光细菌，采用特殊的方法制成干燥粉剂，保藏于冰箱中，使用时取出，加入缓冲液保温平衡10～15min，使其恢复到干燥前的生理状态。然后按上法进行测定。此法对毒物反应的灵敏度一致，发光稳定，测定结果重现性好，操作方便，节省时间。

③ 发光细菌与海藻混合测定法　有些有毒物质（如某些除草剂）对发光细菌没有直接的毒害作用，而对于藻类（真核生物）却有毒害作用。利用这一特性，把培养好的发光菌悬液和培养好的藻类悬液混合后加入测试管中，经光照一段时间后，再测定发光强度的变化。由于某些毒物对藻类有毒害作用，因而干扰了藻类的光合作用，使其放氧能力下降或丧失，进而使绝对需氧的发光细菌的发光能力也随之下降。因此，可根据光合作用释放氧气多少而导致发光强度的变化来推算出某些除草剂等的毒性大小。

2.9.2 藻类监测水体污染

藻类属于浮游植物，是水生食物链的基础，在水生生态系统中占有重要地位。生活在水体中的藻类，能从水中富集污染物质，能对水中多种污染物做出反应，而且藻类普遍易得，生活周期短，可以在短时间内得出实验结果。

藻类对外界环境的反应很敏感。藻类群落的性质和数量，依水的化学组成而变化，在水体的生态系统中，藻类与水环境共同组成了一个复杂的动态平衡体系，污染物进入水体后，引起藻类的种类和数量的变化，并达到新的平衡，所以不同污染状况的水质，有不同种类和数量的藻类出现，反过来说，不同种类和数量的藻类可以指示不同的水质状况。在贫营养湖中，硅藻类的小环藻、平板藻为优势种，当过渡到富营养化时，星杆藻、脆杆藻等富营养性藻类就成为优势种，再进一步富营养化，像盘星藻、栅藻之类的绿藻，微囊藻等蓝藻便大量产生。因此，根据浮游植物出现的种类和数量，可以评价富营养化的状态。

（1）种类多样性指数　多样性指数早就被应用于水质的生物学评价。在正常的水环境条件下，藻类的种类比较多，每个种的个体数量适当，群落结构稳定，多样性指数高。当水体遭到污染后，藻类的生态群落结构发生明显的变化，群落中种类数量减少，不能忍受的生物死亡，而某些抗性强的种类能生存下去，在没有别的生物与之竞争的有利条件下，种个体数大量增加。所以，在清洁水体中，生物种类多，种个体数较少；在污染的水体中，生物种类单纯，种个体数却多。多样性指数就是根据这个原理，用数学公式来反映种类和数量之间的关系，以数字表示污染的程度和变化情况。在浮游藻类方面，最常用的是Shannon-Weaver多样性指数。其公式如下：

$$d=-\sum_{i=1}^{s}\frac{n_i}{N}\log_2\frac{n_i}{N}$$

式中 d——种类多样性指数；

N——总个体数；

n_i——i 种个体数；

s——种数。

d 值越大，水质越好。该指数也常应用于底栖动物监测水污染和生物多样性的研究。

(2) 初级生产力的测定 植物通过光合作用，将太阳能转化为生物能，吸收二氧化碳，转化为有机碳并释放出氧气的过程，称为初级生产。往往中低浓度的污染首先造成个体活力的变化，而不是某个种的突然消失，所以有时通过初级生产力的减少来估计污染程度。藻类叶绿素 a 含量和黑白瓶测得的氧都属于藻类初级生产力的指标。它间接指示湖泊、水库等环境状况。

① 叶绿素 a 的测定 通过测定浮游植物叶绿素，可掌握水体的初级生产力情况。叶绿素 a 在一切浮游藻类里大约占有机物干重的 1%～2%，是估算藻类生物量的一个良好指标。藻类叶绿素 a 的测定方法是：把采得的水样过滤，用 90%丙酮提取叶绿素，然后测定几个特定波长的吸光度，经计算得叶绿素 a 含量。

② 黑白瓶测氧法 通过黑白瓶比较一段时间内有无光照的条件下，水中氧气浓度的差别，也可掌握水体的初级生力情况。用黑白瓶测定氧的方法是：每个采样点，同时在三只瓶中（一个白瓶，一个黑瓶，一个原始瓶）充满水样（要溢出 3 倍体积的水，以保证所有玻瓶中的溶解氧与采水瓶中的溶解氧完全一致），对原始瓶进行 DO 的固定和测定。将另外两个玻瓶（白瓶和黑瓶）悬挂在采样点原采水深度处放置 24h，然后立即固定黑白瓶中的 DO，并进行测定。各采样点日生产量可用下式计算：

$$总生产量[mg/(L \cdot d)] = DO_{白瓶} - DO_{黑瓶}$$

$$净生产量[mg/(L \cdot d)] = DO_{白瓶} - DO_{原始}$$

测定宜在晴天上午进行；应同时记录当天的水温、水深、透明度以及水草的分布情况。因为生产量的测定常常为了反映湖泊水库等的富营养状况，所以最好能同时测定水中主要无机营养盐，尤其是无机磷和无机氮。

(3) 微囊藻毒素的测定 淡水中蓝绿藻属分泌产生的蓝藻毒素是目前已经发现的污染范围最广，研究最多的一类藻毒素。其中的微囊藻毒素 LR 是目前已知的毒性最强、急性危害最大的一种淡水蓝藻毒素。

水中微囊藻毒素（MC）的含量极微，一般在 1μg/L 以下。检测它的技术，经典可靠的方法是生物检测法，但因其灵敏度较低（mg/mL 级水平），不能用于水样的检验。目前常用酶联免疫吸附法（ELISA），灵敏度可达纳克每升水平；蛋白磷酸酶抑制法，灵敏度在微克每升左右；高效液相色谱法（HPLC）。ELISA 方法需要制备 MC 的完全抗原及其抗体，它只能测定总的 MC 量，无法将不同 MC 分开。蛋白磷酸酶抑制法常与放射性 ^{32}P 或荧光剂结合使用，增加测定操作和设备；藻细胞内源磷酸酶的存在，也增加了测定误差。此外，它也和 ELISA 方法一样，只能测定总的 MC 量。HPLC 法有较高的灵敏度和精密度，一次能测定多种 MC，可测到 0.02μg/L 的 MC。HPLC-MS 和 HPLC-MS-MS 是检测藻毒素更强有力的技术。

2.9.3 动物监测水体污染

水生动物生活的环境就是水体，它们对水环境反应相当敏感，水质的优劣直接影响它们的生理生化反应、生长和生存，而且许多水生动物还会积累富集污染物，所以水生动物是较好的水体污染的指示生物。许多水生动物都可作为指示动物，例如原生动物、浮游动物、底栖动物和游泳动物等。

（1）鱼类监测水体污染　鱼类是水体生产的顶端产品，多数鱼类与人的生活密切相关。在水污染的生物监测中，鱼类（属游泳动物）是广泛采用的指示动物之一。

① 毒性试验　鱼类监测水体污染的方法是比较多的，用鱼的急性或慢性中毒试验来确定污染物的毒性是最常用的方法。它不仅能直接判断污染物毒性的强弱，而且也可以由此对水环境的质量做出评价，在积累大量数据的基础上，还可以为各种水体污染物的排放标准、区域环境和环境标准的制定提出科学依据。

进行毒性试验，首先是选择合适的受试鱼种，一般要求受试的鱼种对污染物和环境因子有一定的敏感性，分布区域较广，背景资料（即有关的生理学、遗传学、分类学以及在天然环境中的作用等）较清楚，血统纯正，健康无病，易于养殖等。可以用作毒性试验的鱼类品种较多，如大家熟知的金鱼、鲢鱼、鳙鱼、鲤鱼、草鱼和鳝鱼等。

试验方法有静止试验、半静止试验、恒流试验法及现场试验法。试验过程中，每日必须记录水的DO、pH及水温等（一般试验要求DO不低于5mg/L，pH 6.5～8.5，温水性鱼生活水温25℃，冷水性鱼15℃左右），每个浓度组的试验鱼不得少于10尾。在试验过程中，记录不同处理浓度的鱼的死亡数字，至少24h记录一次。试验结束，按统计方法加以计算，例如急性毒性试验计算96h的LC_{50}值。

② 行为反应　鱼类的行为对污染物的反应是很敏感的，它们是很好的污染指标。如呼吸的变化、回避反应、咳嗽作用、心跳速率、血液成分，以及平衡的丧失、游泳行为不正常和体色的变化等都可作为观察指标。

鱼类用鳃呼吸，鳃组织很细嫩，对水中污染反应很敏感，污染的水会使鱼类呼吸速率加快，鱼类对有毒物质的回避反应已被反复证实，不同种类的鱼对同一种污染物的回避值（鱼类刚产生回避反应时的污染物浓度）不同，同一种类鱼对不同污染物的回避值也不同。除鱼外，虾、蟹和水生昆虫等也有一定的回避能力。污染物也使鱼类的咳嗽反应频率和心跳速率发生改变。对鱼类的行为反应试验可采用计算机控制，使之实行连续自动监测。

除了毒性试验和行为反应外，鱼类姐妹染色单体交换（SCE）的测定、鱼脑胆碱酯酶活性的测定和鱼体内残毒的测定等也可指示水体的污染状况。

（2）底栖动物监测水体污染　在水环境中，鱼类和浮游生物的移动性较大，有时往往难以准确地表明特定地点水的性质，而底栖动物的移动能力差，能较好地反映出该地方的环境状况。底栖动物广泛分布在江、河、湖、水库和海洋等水体中，水体遭到污染后，有些污染物沉积在底泥中，因而底栖动物被广泛用作底层环境长期影响和二次污染的指示生物。目前，常用的底栖动物是水生昆虫、甲壳类、软体动物、环节动物、圆形动物、扁形动物等底栖大型无脊椎动物（体长超过2mm，不能通过40目分样筛的种类）。

① 指示生物法　根据底栖动物的存在种类及种个体数来判断水体的污染及污染的程度。对河流来说，可利用不同河段有无底栖动物存在、底栖动物的种类（耐污染种和清水种等）及种个体数来探讨河流的稀释自净规律。因为多数底栖动物种类的个体数有明显的季节性变化，所以必须注意调查的季节，以及水域底部的地形、底质和水文特征等。

② 生物指数法　应用生物指数来鉴定和评价水质污染状况也是常用的方法之一。例如Beck（1995）生物指数法：把底栖大型无脊椎动物分成对有机污染物敏感的和耐性的两类，规定在环境条件相近的河段，采集一定面积的底栖动物，进行鉴定、分类，然后按下式计算生物指数：

$$\text{生物指数(BI)}=2n_A+n_B$$

式中　n_A——不耐污种类数；

n_B——中度耐污（但非完全缺氧）的种类数；

指数范围在0～40之间，BI＞10表示清洁，BI为1～6表示中等污染，BI＝0表示严重污染。

水污染生物监测的其他方法值得一提的还有污水生物系统法和PFU微型生物群落监测法。

污水生物系统法利用生物种群评价水体污染状况，由德国学者Kolkwitz和Marsson于1909年提出，其理论基础是，当河流受到污染后，由于水体的自净作用从上游到下游可分为连续几个不同的污染带，各污染带水体内存在各自特有的生物种群。

PFU微生物群落监测法，亦称PFU法，PFU是聚氨酯泡沫塑料块（polyurethane foam unit）的英文缩写，该法由美国学者Cairns等人于1969年创立。PFU法通过测定微生物群落的群集速度来评价水体污染状况，水体受到污染后，微生物的群集速度受到干扰，使群集时间变长。测定时将聚氨酯泡沫塑料块投入水体中，暴露一定时间，如静水中4周，流水2周，取出后把水挤于烧杯中，用显微镜观察微生物种类和活体计数，以评价水质。

复习题

1. 怎样做好水体污染调查？
2. 如何布点采集流经城市河流的水样？
3. 测定水中痕量重金属污染时，应选择何种采样容器？如何洗涤？说明理由。
4. 水样在存放过程中可能引起哪些变化？
5. 保存水样有哪些方法，每种方法的保存原理如何？哪些项目需要现场测定？
6. 水质物理指标主要有哪些？分别如何测定？
7. 水质污染监测中，测定哪些污染物时需预蒸馏？蒸馏的条件为何？为什么？写出蒸馏和吸收的反应方程式。
8. 碘量法测定溶解氧时有哪些干扰物质？如何消除？
9. 试比较水质有机污染指标BOD_5、COD和TOC的测定原理和测定条件。
10. 测定BOD_5时，对污染水样为什么需经稀释？如何稀释？
11. 测定化学需氧量有几种方法？各自有何特点？
12. 测定COD时水体中的氯离子产生正干扰，计算每毫克氯离子所相当的需氧量。
13. 为什么说三氮（NH_3-N、NO_2^--N、NO_3^--N）测定能间接反映水体受有机物污染的情况？
14. 氨氮测定有哪些方法？其原理和特点各如何？
15. 试述测定氰化物几种常用方法的原理和适用范围。
16. 今以硝酸银滴定法测定某电镀厂废水中氰化物含量，大致过程如下：取200mL水样预蒸馏，馏出液吸收于NaOH溶液中，最后定容到100mL。取25.00mL上述溶液，以经过标定浓度为0.0200mol/L的硝酸银溶液滴定，试银灵作指示剂，滴到溶液刚变橘红色消耗硝酸银溶液10.00mL。计算该电镀厂废水中氰化物（CN^-）的浓度，以mg/L表示。
17. 离子色谱法可测哪些阴离子？测定原理如何？有何特点？
18. 试述原子吸收分光光度法测定多种重金属元素的原理。
19. 写出下列反应方程式：

（1）以砷化氢形态将砷从水样中分离出来；

（2）测定硫化物生成亚甲基蓝；

(3) 用硫酸锰和碱性碘化钾保存水中溶解氧；

(4) 用 $HgSO_4$ 消除重铬酸钾法测定COD时 Cl^- 的干扰。

20. 比较紫外法和非分散红外法测定水体含油量的原理和优缺点。

21. 用4-氨基安替比林法测定水中挥发性酚有何干扰物质？如何消除？

22. 测定水中VOCs时常用的前处理方法有哪些？

23. 结合实验心得，试述 COD_{Cr} 测定原理、步骤、注意事项和结果表达。写出有关化学方程式，并画出实验装置图。

24. 人们如何利用细菌和藻类监测水体污染？

25. 当某养殖水面发现大批死鱼时，为查明原因，试设计监测方案。

第 3 章 大气污染监测

大气圈是由包围在地球周围，距地球表面约 1000 多公里厚度的气体构成。由于大气直接参与人和其他生物的物质和能量代谢，清洁的空气是一切生物生存的保证。人类的生产生活活动可能改变大气组成，从而引起大气污染。由于大气的整体性和流动性，大气环境问题常常是全球性的、区域性的。

3.1 大气污染

3.1.1 大气污染源

按污染源存在的形式，大气污染源可分为固定源和流动源。所谓固定源就是位置和地点固定不变的污染源，冶金、钢铁、建材等工业企业都是对大气环境污染严重的固定源。流动源是指交通工具在行驶时向大气中排放的有害气体。

按人类社会活动功能划分，大气污染源还可分为工业污染源、农业污染源、交通运输污染源和生活污染源等。

（1）工业污染源　化工厂、石油炼制厂、钢铁厂、焦化厂、水泥厂等工业企业，将在原材料及产品的运输以及生产加工过程中所产生的大量污染物排入到大气中。工业污染源共同的特点是：排放源集中、浓度高、局地污染强度高。这类污染物主要有粉尘、碳氢化合物、含硫化合物、含氮化合物以及卤素化合物等多种污染物。

（2）农业污染源　主要是农药、化肥、有机粪肥等在施用不当而产生的有害物质挥发扩散，以及在施用后期，NO_x、CH_4 及挥发性农药成分从土壤中逸散进入大气等。

（3）交通运输污染源　汽车、飞机、火车和轮船等交通运输工具在运行时向大气中排放尾气，主要污染物是烟尘、烃类化合物、NO_x、金属尘埃等。近年来，我国机动车的数量大幅度增长，交通运输带来的车辆行驶扬尘和汽车尾气已是城市大气污染的一个重要来源，也是二次污染物的主要来源。

（4）生活污染源　是指居民日常活动中，因使用化石燃料而向大气排放烟尘、SO_2、NO_x 等污染物。这类污染源属于固定源，具有分布广、排量大、污染高度低等特点，是一些城市大气污染不可忽视的污染源。

3.1.2 大气污染的类型

根据污染物的化学性质及其存在的大气状况，可将大气污染分为还原型大气污染和氧化型大气污染。根据燃料性质和污染物的组成，可将大气污染分为煤炭型、石油型、混合型和特殊型四类。

3.2 大气污染监测方案的制定

大气污染监测方案的制定是科学、合理实施大气污染监测的前提和基础，是大气污染监测结果科学性、准确性的保障。

3.2.1 污染调查分析

通过调查，弄清监测区域内的污染源类型、数量、位置，排放的主要污染源及排放量，了解所用原料、燃料及消耗量。

污染物在大气中的时间分布和空间分布十分复杂、多变，必须掌握排放方式、排放时间规律、污染物特性、气象因素、地形和下垫面粗糙度等资料。

此外，还应收集土地利用和功能分区情况，如工业区、商业区、混合区及居民区等。还可按照建筑物的密度、有无绿化地带等做进一步分类；掌握监测区域的人口分布、居民和动植物受大气污染危害情况及流行性疾病资料，对制定监测方案、分析判断监测结果是有益的；尽量收集监测区域以往的大气监测资料，以供参考。

3.2.2 监测项目的确定

对于大气环境污染的例行监测，规定的必测项目有：二氧化硫、二氧化氮、一氧化碳、可吸入颗粒物（PM_{10}，10μm 以下的颗粒物）、O_3。选测项目有：总悬浮颗粒物（TSP）、氟化物、铅、苯并［a］芘、有毒有害有机物。并且规定，只要有条件应尽可能开展部分或全部选测项目的监测。

对于污染源的监测，应根据有关的规范、大气环境质量标准及污染源的特点，选择具有代表性、污染严重的污染物为测定项目。例如钢铁厂的粉尘、二氧化硫、一氧化碳，人造纤维厂的二硫化碳、硫化氢，电解食盐厂的氯气，冶炼铜厂的二氧化硫，汽车尾气中的一氧化碳、氮氧化物、烃类化合物等，都应选为测定项目。

对于不同的地区，可以根据当地大气污染的具体情况增减监测项目。

3.2.3 监测布点方案的确定

（1）采样点位置和数目的设置原则　合理布置采样点的位置和数目，其基本原则是：

① 采样点应设在整个监测区域的高、中、低三种不同污染物浓度的地方。

② 采样点应疏密有别：在污染源较集中、主导风向较明显的情况下，污染源的下风向应多布设采样点，上风向布设少量点作为对照；工业较密集的城区和工矿区、人口密集区及污染物超标地区，要适当增设采样点；城市郊区和农村、人口密度小及污染物浓度低的地区，可酌情减少采样点的数量。

③ 采样点的周围应开阔且无局部污染源：采样口水平线与周围建筑物高度的夹角应不大于 30°，并应避开树木及吸附能力较强的建筑物。交通密集区的采样点应设在距人行道边缘至少 1.5m 的地方。

④ 各采样点的设置条件要尽可能一致或标准化，使获得的监测数据具有可比性。

⑤ 采样高度应相应于监测目的。研究大气污染对人体的危害，采样口应在离地面 1.5～2 m 处；研究大气污染对植物或器物的影响，采样口高度应与植物或器物高度相近。连续采样例行监测采样口高度应距地面 3～15m；若置于屋顶采样，采样口应与基础面有 1.5m 以上的相对高度，以减小扬尘的影响。特殊地形地区可视实际情况选择采样高度。

⑥ 采样点数目应根据监测范围大小、污染物的空间分布特征、人口分布及密度、气象、地形及经济条件等因素综合考虑。

（2）布点方法

① 功能区布点法　功能区布点法多用于区域性常规监测。先将监测区域划分为工业区、商业区、居住区、工业和居住混合区、交通稠密区、文化区、清洁区和对照区等。可在污染较集中的工业区和人口较密集的居住区多设采样点。

② 网格布点法　网格布点法是将监测区域地面划分成若干均匀网状方格，采样点设在两条直线的交点处或方格中心。网格大小视污染源强度、人口分布及人力、物力条件等确定。若主导风向明显，下风向应多设点，一般约占采样点总数的60%。在监测地区的范围内有多个污染源，且污染源分布较均匀的地区，常采用此法布设采样点。它能较好地反映污染物的空间分布，对指导城市环境规划和管理具有重要意义。

③ 同心圆布点法　这种方法主要适用于多个污染源构成污染群，且大污染源较集中的地区。首先确定污染群的中心，以此为圆心在周围画若干个同心圆，再从圆心引若干条放射线，将放射线与同心圆的交点作为采样点。不同圆周上的采样点数目不一定相等或均匀分布，常年主导风向的下风向比上风向多设一些点。在不计污染物本底浓度时，点源脚下的污染物浓度为零，随着距离增加，很快出现浓度最大值，然后按指数规律下降。因此，同心圆或弧线不宜等距离划分，而是靠近最大浓度值的地方密一些，以免漏测最大浓度的位置。

④ 扇形布点法　扇形布点法适用于孤立的高架点源，且主导风向明显的地区。以点源所在位置为顶点，主导风向为轴线，在下风向地面上划出一个扇形区作为布点范围。扇形的角度一般为45°，也可取60°，但一般不超过90°。采样点设在扇形平面内距点源不同距离的若干弧线上。每条弧线上设3～4个采样点，相邻两点与顶点连线的夹角一般取10°～20°。在上风向应设对照点。

采用同心圆和扇形布点法时，应考虑高架点源排放污染物的扩散特点。

（3）采样时间和采样频率的确定　采样时间是指每次采样从开始到结束所经历的时间。采样频率是指在一定时间范围内的采样次数。应根据监测目的、污染物分布特征及人力物力等因素确定采样时间和采样频率。

短时间采样仅适用于事故性污染、初步调查等情况的应急监测。

目前，增加采样时间的方法有两种。一种是通过增加采样频率来增加采样时间，该方法适用于人工采样测定的情况；另一种则是使用自动采样仪器进行连续自动采样以增加采样时间。

（4）分析方法的选择　大气污染的分析方法很多，要根据监测的目的要求、仪器设备条件以及操作人员的技术水平进行选择。仪器分析是主要的方法，最常用的有分光光度法、原子吸收光谱法、色谱法、离子选择电极法、阳极溶出伏安法等。为使测定结果具有可比性，监测方法应尽量统一和规范化。大气污染监测常用的分析方法见3.5节。

3.3 采样方法和标准气配制

3.3.1 采样方法

采集大气（空气）样品的方法可归纳为直接采样法和浓缩采样法两类。

3.3.1.1 直接采样法

（1）注射器采样　采样前应对注射器进行磨口密封性检查。采样时，先用现场空气抽洗注射器2～3次，然后抽取大气样品，并密封进样口。该方法常用于气相色谱分析法采样。

(2) 采气管采样　采气管如图 3-1 所示，是一种使用置换法采样的容器。采样时，一端接抽气泵，打开两端活塞，使气样从采样管的一端充入，采气管中原有气体从另一端流出。通常被采气体的量要比采气管的容积大 6～10 倍，以保证采气管中原有气体被完全置换。

(3) 真空瓶采样　真空瓶是一种用耐压玻璃制成的固定容器，容积为 500～1000mL (见图 3-2)。采样前，先用抽真空装置将采气瓶 (瓶外套有安全保护套) 内剩余压力抽至达 1.33kPa 左右，如瓶内预先装入吸水液，可抽至溶液冒泡为止。当剩余压力为 1.33kPa 时，采样体积为真空采气瓶的容积，否则实际采样体积应根据剩余压力进行计算。

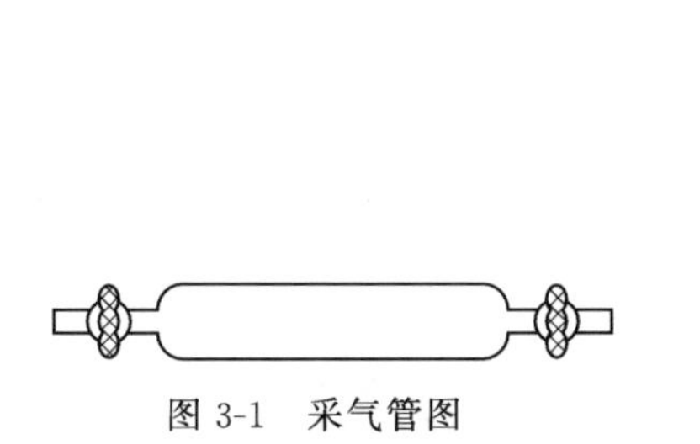

图 3-1　采气管图

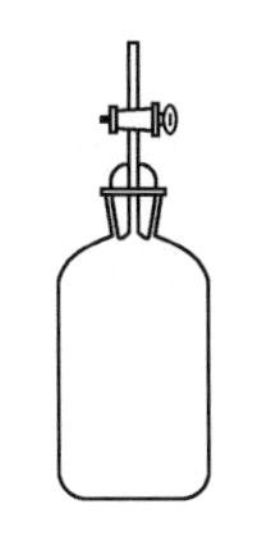

图 3-2　真空采样瓶

(4) 塑料袋采样　环境监测中常用一种无吸附性、不渗漏的塑料袋采集大气样品。该塑料袋一般由聚乙烯、聚四氟乙烯或聚酯制成，与所采集的污染物不起任何化学反应。使用前应做气密性检查。采样时，先用现场空气冲洗袋子 2～3 次，再充满样气。

3.3.1.2　浓缩采样法

如果大气中待测污染物浓度很低，而目前分析方法的灵敏度满足不了直接取少量气体进行测定的要求，则需将大量气体中的污染物进行浓缩。浓缩采样法主要有溶液吸收法、固体阻留法、低温冷凝法等。

(1) 溶液吸收法　常用吸收管及其使用方法如下。

① 冲击式吸收管　这种吸收管有小型 (见图 3-3) (装 5～10mL 吸收液，采样流量为 3.0L/min) 和大型 (见图 3-4) (装 50～100mL 吸收液，采样流量为 30L/min) 两种规格，适宜采集气溶胶态物质，而不适于采集分子状污染物。

② 气泡吸收管　当空气通过管内的吸收液时，在气泡和液体的界面上，被测组分的分子由于溶解作用或化学反应很快地进入吸收液中，而气泡中间的分子则由于以单分子存在，

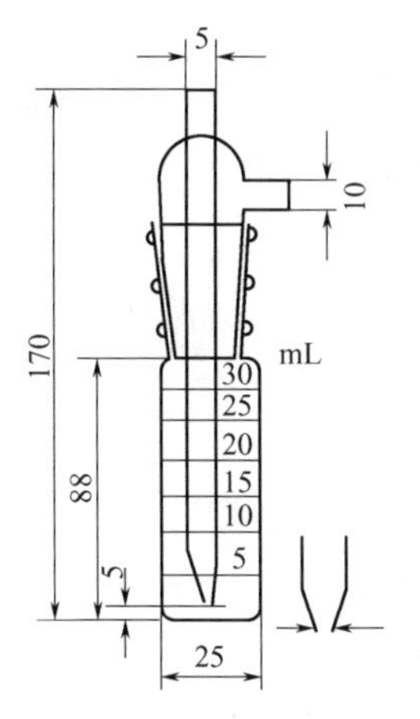

图 3-3　小型冲击式吸收管

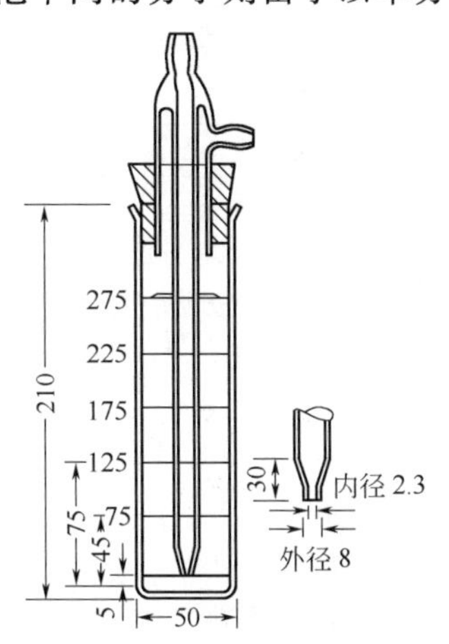

图 3-4　大型冲击式吸收管

运动速度很快，在浓度梯度存在的情况下，可迅速地扩散到气-液界面上，因而整个气泡中的待测物质能很快地被吸收液吸收。这就是气泡吸收管的制作原理。

③ 多孔玻板吸收管　主要用于采集分子状污染物，也可用于采集雾态气溶胶。这种吸收瓶将大气泡分散成许多小气泡，增大了气、液的接触面积，便于吸收，从而提高了采气效率，见图 3-5～图 3-7。

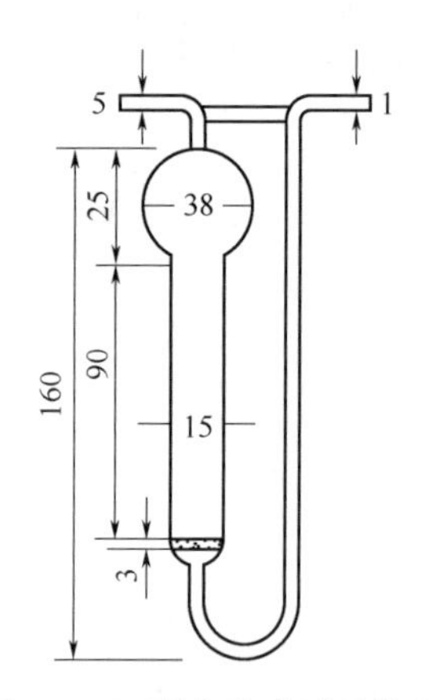

图 3-5　U 形多孔玻板吸收管

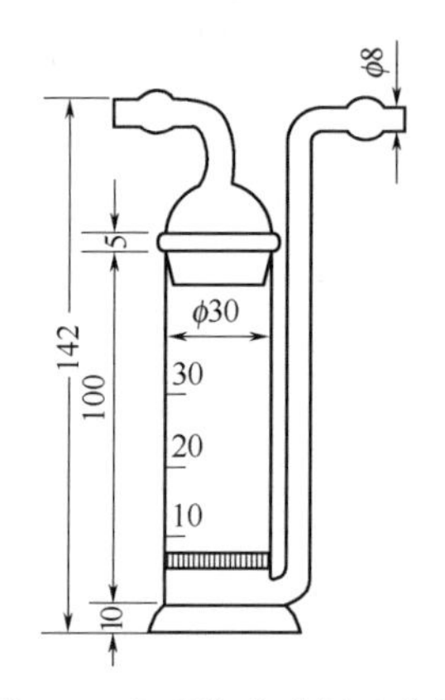

图 3-6　小型多孔玻板吸收管

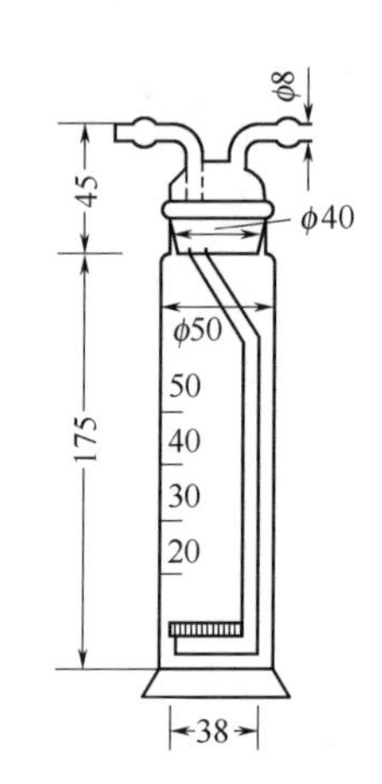

图 3-7　大型多孔玻板吸收管

吸收液：根据被吸收污染物的性质选择高效能的吸收液。结合相似相溶原则及络合反应、中和反应、沉淀反应和氧化还原反应原理，合理选择吸收液，保证高的吸收效率；有害物质被吸收液吸收后，应有足够的稳定时间；所选择的吸收液应利于下一步测定的进行，如采用比色法测定时，最理想的吸收液应是显色剂；吸收液的价格应便宜，易于得到及提纯。

常用的吸收液有水、溶液、有机溶剂等，见表 3-1。

表 3-1　不同待测气体和不同分析方法的吸收液

待测物	分析方法	吸收液
溴	滴定法(次氯酸法)	氢氧化钠溶液(质量浓度 0.4%)
	分光光度法(硫氰酸汞法)	
	离子电极法	氢氧化钠溶液(质量浓度 1.6%)
酚	可见分光光度法(4-氨基安替比林法)	氢氧化钠溶液(质量浓度 0.4%)
	紫外分光光度法	水
	气相色谱法	氢氧化钠溶液(质量浓度 0.6%)
吡啶	分光光度法	硫酸(0.01mol/L)
	气相色谱法	
苯	分光光度法(甲乙酮法)	硝化酸液
丙烯	分光光度法(4-己基间苯二酚法)	三氯乙酸+氯化汞+4-己基间苯二酚+乙醇混合液
光气	分光光度法(苯胺法)	苯胺溶液(pH 6～7)
二硫化碳	分光光度法	二乙胺铜液
硫醇	分光光度法	乙酸汞溶液(质量浓度 5%)
氨	中和滴定法	硼酸溶液(质量浓度 0.5%)
	吲哚酚法	
氰化氢	硫酸银滴定法	氢氧化钠溶液(质量浓度 2%)
	吡啶-吡唑啉酮法	

续表

待测物	分析方法	吸收液
硫氧化物	中和滴定法	双氧水(1+9)
	沉淀滴定法	
	比浊法	
氮氧化物	苯酚二磺酸法	稀硫酸+双氧水
	快速苯酚二磺酸法	
	硝酸离子电极法	
二氧化氮	锌还原萘乙二胺法	水
	萨尔茨曼法	萨尔茨曼试剂
氟化物	容量法(硝酸钠-新吐啉法)	氢氧化钠溶液(0.1mol/L)
	分光光度法(镧-茜素配位剂法)	
氯	邻联甲苯胺法	邻联甲苯胺盐酸溶液(质量浓度 0.01%)(pH 1.6)
氯化氢	硫氰酸汞法	氢氧化钠溶液(0.1mol/L)
	硝酸汞法	
	中和法	
硫化氢	容量法(碘滴定法)	锌氨络盐溶液
	分光光度法(甲基蓝法)	

(2) 填充柱阻留法

① 填充柱　填充柱是一个内径 3～5mm、长 5～10cm 的玻璃管，内装颗粒状或纤维状的固体填充剂（见图 3-8），通过吸附、溶解或化学反应等作用将被测组分阻留在填充剂上。

在开始采样时，被测组分阻留在柱的气体进口部分，继续进样，这个阻留区的前沿逐渐向前推进，直至整个柱管达到浓缩饱和状态，被测组分才开始从柱中漏出来。若在柱后流出气中发现被测组分浓度等于进气的浓度 5%，通过采样管的总体积称为填充柱的最大采样体积。若要浓缩多个组分，则实际采样体积不能超过阻留最弱的那种化合物的最大采样体积。在实际应用时，确定一种化合物的最大采样体积，一般采用间接方法，即采样后，将填充柱分成三等份，分别测定各部分的浓缩量。如果后面的 1/3 部分的浓缩量占整个采样管的总浓缩量的 10%以下，可认为没有漏出；如果大于 25%，可能有漏出损失。用这种方法可以估计填充柱采样管的浓缩效率。

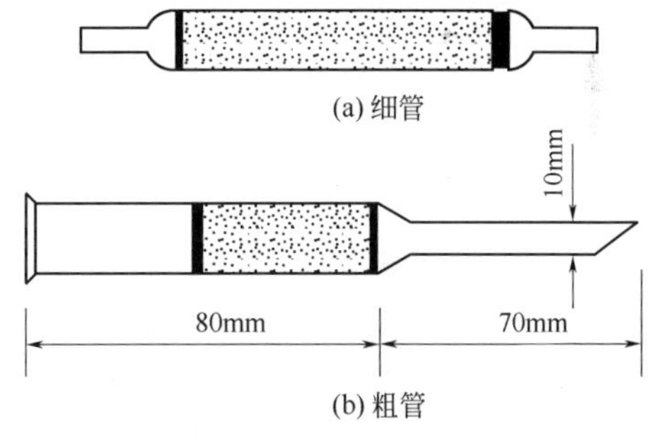

图 3-8　填充柱采样管

填充剂、进样流量、温度、气体浓度均会影响填充柱的最大采样体积。通常，填充剂对被测组分的亲和力越大，填充剂颗粒越小、数量越多，其最大采样体积也会越大；流量越小，温度越低，最大采样体积也将增加；对于一定量的填充剂，被测组分浓度愈大，最大采样体积愈小。

此外，水分和二氧化碳也将对采样体积产生影响。水是极性化合物，对于极性填充剂，水分可能率先被吸附在填充剂上，从而使湿度增大，致使采样体积减小，甚至有可能将已浓缩在柱管中的被测物置换出来。因此，用某些填充柱采样时，要在采样管的前端再接上一个干燥管。

② 填充剂及相应的填充柱　根据填充剂阻留作用的原理，可分为吸附型、分配型和反应型三种。

常用的颗粒状吸附剂有硅胶、活性炭、分子筛、氧化铝、高分子多孔微球和素陶瓷等。吸附型填充柱对于蒸气和气溶胶共存的污染物是个较好的采样工具。高分子多孔微球多用于采集有机蒸气，特别是一些分子较大、沸点较高，又具一定挥发性的有机化合物，如多氯联苯、有机磷、有机氯、有机氮、农药、多环芳烃等。

分配型填充柱的填充剂是表面涂渍高沸点有机溶剂（如异十三烷）的惰性多孔颗粒物（如硅藻土）。根据"相似性原则"，当空气样品通过填充柱时，在固定液中溶解度较大的（即分配系数大的）组分，被保留在填充剂上而被富集。因此，应选择与被测物性质相似的固定液。为了提高浓缩效果，可在低温下进行填充柱采样。

反应型填充柱的填充剂是在一些惰性担体（如石英砂、玻璃微球、气相色谱用的各种担体等）的表面上，涂渍一层能与被测物起反应的试剂，也可用某种能与被测物起反应的纯金属微粒或金属丝毛（如金、银、铜等）。反应型填充柱采样量和采样速度都比较大，富集物稳定，对分子状和颗粒状污染物都有较高的富集效率，是大气污染监测中具有广阔发展前景的富集方法。

(3) 滤料采样法（阻留法）

① 装置与原理　滤料采样的装置如图 3-9 所示。其原理是，将过滤材料（滤纸、滤膜等）放在采样夹上（见图 3-10），通过抽气装置进行抽气，使空气中的颗粒物阻留在过滤材料上，称量过滤材料上富集的颗粒物质量，根据采样体积，计算出空气中颗粒物的浓度。

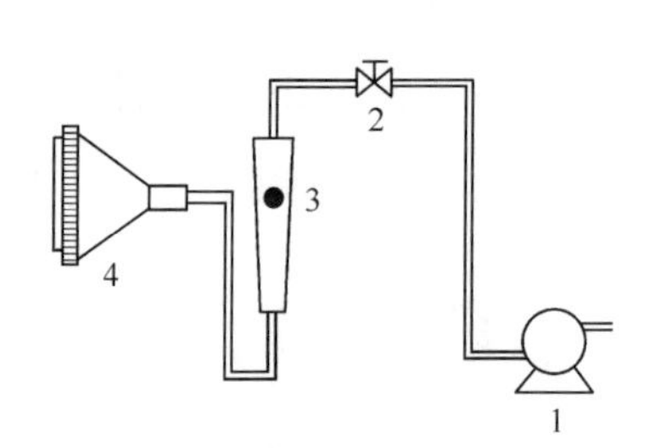

图 3-9　滤料采样装置示意图

1—泵；2—流量调节阀；3—流量计；4—采样夹

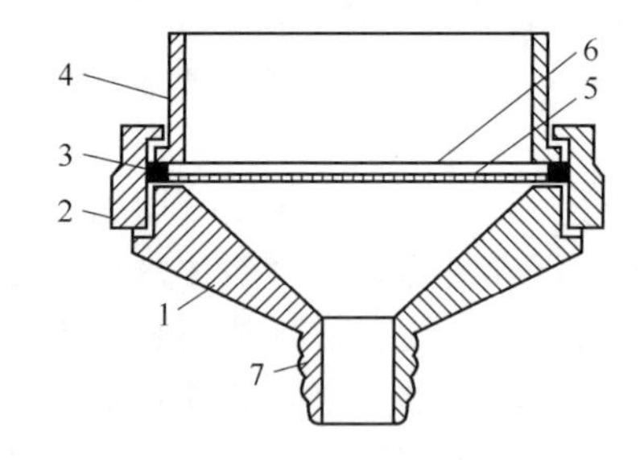

图 3-10　颗粒物采样夹

1—底座；2—紧固圈；3—密封圈；4—接座圈；5—支撑网；6—滤膜；7—抽气接口

滤料采样法主要用于采集大气中的气溶胶，如可吸入颗粒物、烟、雾等，主要基于滤料对颗粒物的直接阻挡作用、颗粒物的惯性作用、扩散沉降作用、重力沉降作用以及滤料与颗粒物间的静电作用等，与采样流速、滤料性质及气溶胶的性质、颗粒物的大小等因素有关。低速采样，以扩散沉降为主，对细小颗粒物的采集效率高；高速采样，以惯性碰撞作用为主，对较大颗粒物的采集效率高。

② 滤料　常用的滤料有定量滤纸、玻璃纤维滤纸、有机合成纤维滤料、微孔滤膜、直孔滤膜和浸渍试剂滤料等。

其中，定量滤纸是采集颗粒物质的常用滤料之一，其价格便宜、灰分低、纯度高、机械强度大，不易断裂，但抽气阻力大，有时孔隙不均匀；玻璃纤维滤纸机械强度差，但具有吸水性小、耐高温、阻力小等优点，可用于采集可吸入颗粒物，并做可吸入颗粒物中多环芳烃、无机盐和某些元素的成分分析；合成纤维滤料气阻、吸水性均比定量滤纸小，采样效率较高，被广泛用于可吸入颗粒物采样，但机械强度差；微孔滤膜和直孔滤膜质量轻、杂质含量低、灰分低，并可溶于多种有机溶剂中，便于对采集的样品进行物理和化学分析，但收集物易从滤料上脱落，使采样量受到限制；浸渍试剂滤料是用某种化学试剂浸渍在滤纸或滤膜上作为采样滤料，在采样过程中，大气污染物与滤料上的试剂迅速起化学反应，同时有效地采集颗粒物质或分子状污染物，可采集大气中的硫酸雾。

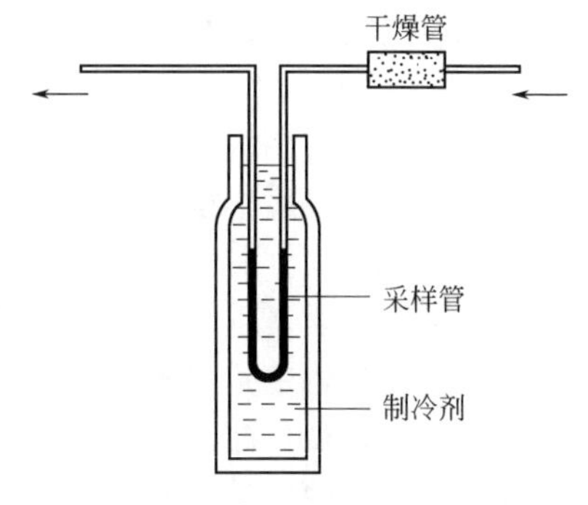

图 3-11　低温冷凝浓缩采样

(4) 低温冷凝浓缩法　空气中沸点较低的气态物质（如烯烃类、醛类等）难以在常温下用固体吸附剂完全阻留，应对其进行冷凝浓缩。

低温冷凝采样法中常用的制冷方法有制冷剂法（见图 3-11）和半导体制冷器法。常用的制冷剂见表 3-2。

低温冷凝采样法，比在常温下填充柱浓缩法的采样量大，浓缩效果好，而且有利于样品的稳定。在采样管的进气端应装置选择性过滤器（内装过氯酸镁、烧碱石棉、氢氧化钾和氯化钙等），以除去空气中的水分和二氧化碳，但所选用的干燥剂不能与被测组分发生作用。

表 3-2　低温冷凝法采样常用的制冷剂

名　称	制冷温度/℃	名　称	制冷温度/℃
冰	0	干冰	−78.5
冰-食盐	−4	液氮-甲醇	−94
干冰-二氯乙烯	−60	液氮-乙醇	−117
干冰-乙醇	−72	液氧	−183
干冰-乙醚	−77	液氮	−196
干冰-丙酮	−78.5		

3.3.1.3　静电沉降法

静电沉降法常用于气溶胶的采样。当空气样品通过 12～20kV 的高压电场时，气体分子电离所产生的离子附着在气溶胶粒子上，使微粒带电荷，此带电粒子在电场作用下沉降到收集电极上。将收集在电极表面的沉降物质洗下，即可进行分析。此法采样效率高，速度快，但仪器装置及维护要求也较高，当存在易爆炸性气体、蒸气或粉尘时，不能使用该方法。

3.3.1.4　无动力采样法

用集尘器采集空气中的降尘（测定灰尘自然沉降量），用采样器采集大气降水，用碱片法采集空气中的硫化物（测定空气硫酸盐化速率），用石灰滤纸法采集空气中微量氟化物，以及用活性炭采集空气中自身扩散的有机物等，都不需要动力设备，称之为无动力采样。由于无动力采样的时间较长，因而测定结果能较好地反映大气的污染情况。

(1) 降尘样品的采集　降尘样品的采集是在监测区的适当地点将集尘器放置于一定高度，采集 1 个月左右的降尘。

集尘器的设计和规格各国差异很大。我国采用的集尘缸是一个内径为 15cm、高 30cm 的圆筒形玻璃缸或塑料缸、瓷缸。

降尘的采样有干法和湿法两种。湿法应用较普遍。美国、日本和我国均采用湿法。我国要求采样地点附近不应有高大的建筑物，也不应受局部污染源的影响，并在集尘缸中加入300～500mL水，在夏季可加入2mL的0.5mol/L硫酸铜溶液，以抑制微生物及藻类的生长，在冰冻季节可加入300mL 20%乙醇水溶液代替水作防冻剂，集尘缸距离地面5～15m，若将其放在屋顶，应距屋顶面1～1.5m，以避免受扬尘的影响。按月［(30±3)d］定期取换集尘缸一次，取缸时间规定为每月的1～5日。在南方夏季多雨地区，应注意缸内积水情况，必要时，应更换干净的集尘缸继续收集，采样后合并全部样品。

(2) 二氧化铅法采集含硫污染物　各国普遍采用此法采集大气中的二氧化硫，以测定硫酸盐化速率。二氧化硫被二氧化铅氧化，生成硫酸铅，经碳酸钠溶液处理，使硫酸铅转化为碳酸铅，释放出的硫酸根离子，用重量法测定，计算硫酸盐化速率。采样时大气中的硫化氢、硫酸雾和硫酸铵同时被收集。

(3) 碱片法采集分子状含硫污染物　经碳酸钾溶液浸渍过的玻璃纤维滤膜暴露于大气中，可与分子状含硫化合物（如二氧化硫）发生反应，生成硫酸盐。用重量法或比浊法测定。

(4) 石灰滤纸法采集大气中的氟化物　经石灰悬浊液浸渍过的滤纸与大气中的氟化物反应生成氟化钙或氟硅酸钙，被固定在滤纸上，用酸溶解后，采用氟离子电极测定。

(5) 活性炭采集空气中的有机蒸气　在室内或生产车间内，为测定挥发性有机物（VOCs）对个人的暴露程度，可利用有机物分子自身扩散作用，以活性炭吸附法作无动力采样。依此法制作的襟章式采样器如图3-12所示。

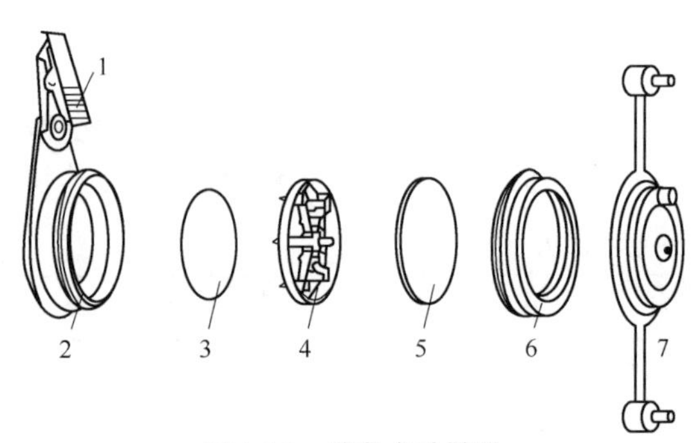

图3-12　襟章式采样器

1—夹具；2—容器；3—活性炭（薄片）；4—间隔件；5—膜片；6—环套；7—罩盖

3.3.2 标准气体配制

在大气和废气监测中标准气体是检验监测方法、分析仪器、监测技术及进行质量控制的依据。

标准气体可由高浓度原料气配制或直接从市场购入，也可由实验室自行制取。制取标准气体的方法因物质的性质不同而异，表3-3列出常见有害气体的制取方法。

通常，在使用前需先对原料气进行稀释。配制标准气体的方法主要有静态配气法和动态配气法。

表3-3　常见有害气体的制取方法

气体	制取方法	杂质	杂质去除方法
CO	HCOOH滴入浓硫酸中，加热	H_2SO_4、HCOOH	用NaOH溶液洗，再用水洗
CO_2	Na_2CO_3中滴加HCl	HCl	用水洗
NO	滴40%$NaNO_2$溶液于30%$FeSO_4$的1∶7的H_2SO_4溶液中	NO_2	用20%NaOH溶液洗
NO_2	(1)浓H_2SO_4滴入$NaNO_2$溶液中	NO	与O_2混合，氧化成NO_2
	(2)$Pb(NO_3)_2$加热分解(360～370℃)		$Pb(NO_3)_2$在O_2中加热
SO_2	浓H_2SO_4滴入Na_2SO_3溶液中	SO_3	用浓H_2SO_4洗
H_2S	加20%HCl于Na_2S或FeS中	HCl	用水洗
H_3As	As_2O_3加锌粒及盐酸	HCl、H_2	用NaOH溶液及水洗，但H_2不能除去
HCl	浓盐酸蒸发或(1+1)HCl通气	—	—
HF	滴数滴HF于塑料容器中，放置数日蒸发	—	—

续表

气体	制 取 方 法	杂质	杂质去除方法
HCN	浓 KCN 溶液加(1+1)H_2SO_4,加热	NH_3	用 10%H_2SO_4 洗
Cl_2	$KMnO_4$ 加浓 HCl	HCl	用水洗
Br_2	纯 Br_2 溶液挥发和饱和 Br_2 水通气挥发	—	—
NH_3	氨水挥发	—	—
HCHO	福尔马林溶液挥发	—	—

3.3.2.1 静态配气

静态配气法是把一定量的气态或蒸气态的原料气，加入已知容积的容器中，然后加入稀释气体，混合均匀。根据加入原料气和稀释气的量及容器容积，即可计算出所配制的标准气的浓度。

静态配气方法的优点是设备简单、操作容易，但这种配气法因有些气体化学性质较活泼，长时间与容器壁接触可能发生化学反应，同时，容器壁也有吸附作用，故会造成配制气体浓度不准确或其浓度随放置时间而变化的情况，因此适用于活泼性较差且用量不大的标准气。

(1) 注射器配气法　配制少量标准气时用 100mL 注射器，吸取原料气，再经数次稀释制得。

(2) 塑料袋配气法　取一个全新的专用塑料袋，先将袋内空气排空，鼓入定量的干净空气，然后接一个事先装有原料气的小采气管，再用注射器将小采气管中的原料气压入塑料袋内，并稀释至一定体积（见图 3-13），挤压塑料袋，使其混合均匀。

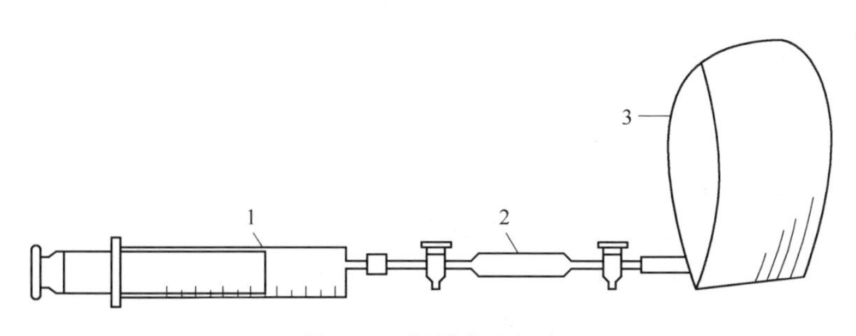

图 3-13　塑料袋配气法

1—注射器；2—气体定量管；3—塑料袋

这种配气法的优点，一是配气量大小不受容器容积的限制，另一是取气使用时，塑料袋因内外压力不同而收缩，无再次进气的问题，因而袋内剩余气体的浓度不变。

(3) 配气瓶配气法

① 常压配气　将 20L 玻璃瓶洗净、烘干，精确标定容积后，将瓶内抽成负压，用净化空气冲洗几次，再排净抽成负压，注入原料气或原料液，充净化空气至大气压力，充分摇动混匀。

当用挥发液体配气时，应取一支带细长毛细管的薄壁玻璃小安瓿瓶，洗净、烘干、称重，再稍加热，立即将安瓿瓶毛细管插入挥发液体中，则挥发液体被吸入安瓿瓶，取出并迅速熔封毛细管口，冷却，称重后放入配气瓶内。将配气瓶内抽成负压，摇动打破安瓿瓶，则液体挥发；向配气瓶充入净化空气至大气压力、混匀。所配标准气浓度按下式计算：

$$c=\frac{22.4\left(1+\frac{t}{273}\right)\frac{W_2-W_1}{M}b}{V_c}\times10^6$$

式中　c——所配标准气体浓度，10^{-6}；

W_1、W_2——空安瓿瓶和加挥发性液体后的安瓿瓶重，g；

b——挥发性液体纯度，%；

M——挥发性液体的相对分子质量；

V_c——配气瓶的容积，L；

t——配气时气体的温度，℃。

如果已知易挥发性液体的密度，可用注射器取定量液体注入抽成真空的配气瓶中，待液体挥发后，再充入净化空气至大气压力，混匀，按下式计算所配气体浓度：

$$c=\frac{22.4\left(1+\frac{t}{273}\right)\frac{\rho V_i}{M}b}{V_c}\times10^6$$

式中　ρ——挥发液体的密度，g/mL；

V_i——所取挥发液体体积，mL；

其他项含意同前式。

② 正压配气法　所配标准气略高于一个大气压。配气时，将瓶中气体抽出，用净化空气冲洗三次，充入近于大气压力的净化空气，再用注射器注入所需体积的原料气，继续向配气瓶内充入净化空气达一定压力（如绝对压力133kPa），放置1h后即可使用。所配标准气浓度按下式计算：

$$c=\frac{V_i b P_0}{V_c(P_0+P')}\times10^3$$

式中　c——所配标准气浓度，$\times10^{-6}$；

V_i——注入原料气体积，mL；

b——原料气纯度，%；

P_0——大气压力，kPa；

P'——所配标准气压力（由U形压力计mmHg换算为kPa）；

V_c——配气瓶容积，L。

3.3.2.2　动态配气

动态配气法，是使已知浓度的原料气与稀释气按恒定比例连续不断地进入混合器中进行混合，从而可以连续不断地配制并供给一定浓度的标准气，两股气流的流量比即稀释倍数，根据稀释倍数计算出标准气的浓度。动态配气法不但能提供大量标准气，而且可通过调节原料气和稀释气的流量比获得所需浓度的标准气，尤其适用于配制低浓度的标准气。

(1) 连续稀释法　将原料气以恒定小流量送入混合器，被较大量的净化空气稀释，以得到指定浓度的标准气。

(2) 负压喷射法　负压喷射配气原理是当稀释气流F以Q（L/min）的速度进入固定喷管A，再从狭窄的喷口处向外放空时，造成毛细管B的左端压力P'低于P_0，此时B管处于负压状态。容器D内压力为大气压，装有已知浓度c_0的原料气，通过毛细管R与B管相连。由于B管两端有压力差，使原料气以Q_0（mL/min）的速度从容器D经毛细管R从B管左端喷出，混合于稀释气流中，经充分混合，配成一定浓度的标准气，见图3-14。

(3) 渗透管法　渗透管是动态配气法所用的一种原料气气源，主要由装原料液的小容器

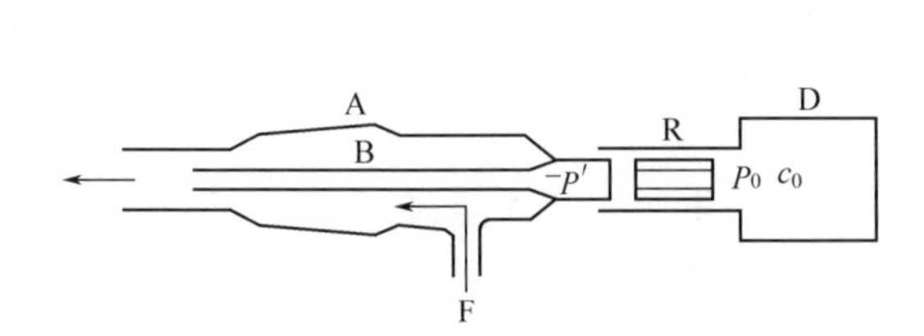

图 3-14　负压喷射法配气原理

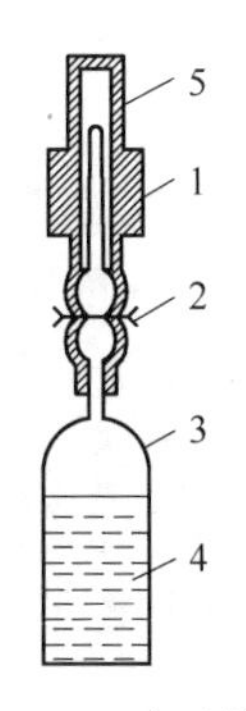

图 3-15　渗透管法

1—聚四氟乙烯塑料帽；2—加固环；3—玻璃小安瓿瓶；4—SO_2 液体；5—薄壁渗透面

和渗透膜组成。图 3-15 为 SO_2 渗透管的结构。其塑料帽薄壁部分是渗透面，气体分子在其蒸气压力作用下，通过渗透面向外扩散。在给定渗透管情况下，通过改变原料液温度，即改变饱和蒸气压，或者改变稀释气体的流量，可以配制不同浓度的标准气。

渗透管法对于配制低浓度的标准气是一种较精确的方法，凡是易挥发的液体和能被冷冻或压缩成液态的气体都可以用该方法配制标准气，还可以将互不反应的不同组分的渗透管放在同一气体发生器中配制多组分混合标准气。

动态配气方法还有气体扩散法、饱和蒸气压法、电解法等。

3.4　颗粒物的测定

3.4.1　总悬浮颗粒物

总悬浮颗粒物（TSP）的测定是指一定体积的空气通过已恒重的滤膜，空气中的悬浮颗粒物被阻留在滤膜上，根据采样前后滤膜质量之差及采样体积，计算出 TSP 的质量浓度。滤膜经处理后，可进行化学组分分析。

根据采样流量不同，分为大流量采样法和中流量采样法。大流量采样（1.1～1.7m^3/min），使用大流量采样器连续采样 24h，按下式计算 TSP 浓度：

$$c_{TSP}=\frac{W}{Q_n t}$$

式中　c_{TSP}——TSP 浓度，mg/m^3；

W——阻留在滤膜上的 TSP 质量，mg；

Q_n——标准状态下的采样流量，m^3/min；

t——采样时间，min。

按照技术规范要求，采样器在使用期内，每月应用孔板校准器或标准流量计对采样器流量进行校准。

3.4.2　可吸入颗粒物（飘尘）

粒径小于 10μm 的颗粒物，称为可吸入颗粒物或飘尘，常用 PM_{10} 符号表示。测定飘尘的方法有重量法、压电晶体振荡法、β 射线吸收法及光散射法等。

（1）重量法　根据采样流量不同，分为大流量采样重量法和小流量采样重量法。

大流量法使用带有 10μm 以上颗粒物切割器的大流量采样器采样。根据采样前后滤膜质量之差及采样体积，即可计算出飘尘的浓度。使用时，应注意定期清扫切割器内的颗粒物；采样时必须将采样头及入口各部件旋紧，以免空气从旁侧进入采样器造成测定误差。

小流量法使用小流量采样器。使一定体积的空气通过配有分离和捕集装置的采样器，首先将粒径大于 10μm 的颗粒物阻留在撞击挡板的入口挡板外，飘尘则通过入口挡板被捕集在预先恒重的玻璃纤维滤膜上，根据采样前后的滤膜质量及采样体积计算飘尘的浓度，用 mg/m^3 表示。滤膜还可供进行化学组分分析。

（2）压电晶体振荡法　这种方法以石英谐振器为测定飘尘的传感器，其工作原理示于图 3-16。气样经粒子切割器剔除粒径大于 10μm 的颗粒物，小于 10μm 的飘尘进入测量气室。测量气室内有高压放电针、石英谐振器及电极构成的静电采样器，气样中的飘尘因高压电晕放电作用而带上负电荷，继之在带正电的石英谐振器电极表面放电并沉积，除尘后的气样流经参比室内的石英谐振器排出。因参比石英谐振器没有集尘作用，当没有气样进入仪器时，两谐振器固有振荡频率相同（$f_{\mathrm{I}}=f_{\mathrm{II}}$），无信号送入电子处理系统，数显屏幕上显示零。当有气样进入仪器时，则测量石英谐振器因集尘而质量增加，使其振荡频率（f_{I}）降低，两振荡器频率之差（Δf）经信号处理系统转换成飘尘浓度并在数显屏幕上显示，从而换算得知飘尘浓度。

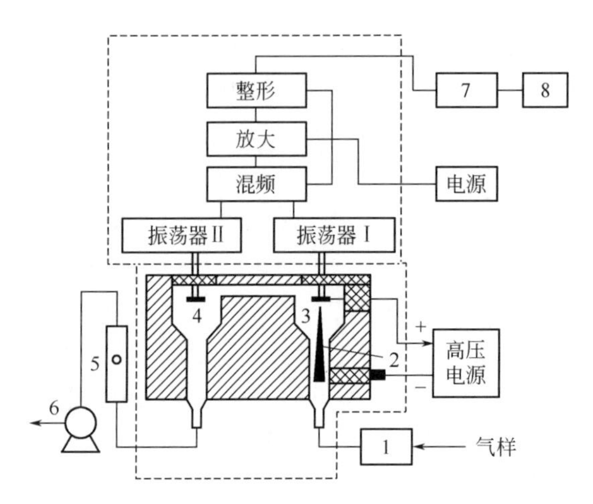

图 3-16　石英晶体飘尘测定仪工作原理

1—大粒子切割机；2—放电针；3—测量石英谐振器；4—参比石英谐振器；5—流量计；6—抽气泵；7—浓度计算器；8—显示器

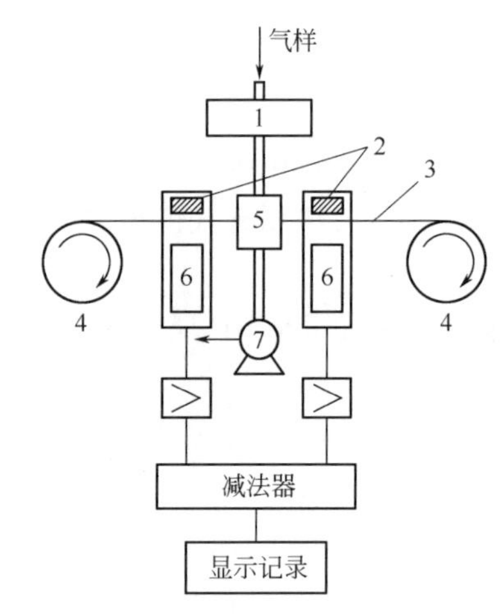

图 3-17　β 射线飘尘测定仪工作原理

1—大粒子切割器；2—射线源；3—玻璃纤维滤带；4—滚筒；5—集尘器；6—检测器（计数管）；7—抽气泵

（3）β 射线吸收法　该测量方法的原理基于 β 射线通过特定物质后，其强度衰减程度与所透过的物质质量有关，而与物质的物理、化学性质无关。β 射线飘尘测定仪的工作原理如图 3-17 所示。它是通过测定清洁滤带（未采尘）和采尘滤带（已采尘）对 β 射线吸收程度的差异来测定采尘量的。

假设同强度的 β 射线分别穿过清洁滤带和采尘滤带后的强度为 N_0（计数）和 N（计数），则二者关系为：

$$N=N_0^{-K\cdot\Delta M}$$

式中　K——质量吸收系数，cm^2/mg；

ΔM——滤带单位面积上尘的质量，mg/cm^2。

设滤带采尘部分的面积为 S，采气体积为 V，则大气中含尘浓度 c 为：

$$c=\frac{\Delta MS}{V}=\frac{S}{VK}\ln\frac{N_0}{N}$$

因此，当仪器工作条件选定后，气样含尘浓度只决定于β射线穿过清洁滤带和采尘滤带后的两次计数值。

β射线源可用^{14}C、^{60}Co等；检测器采用计数管，对放射性脉冲进行计数，反映β射线的强度。

(4) 颗粒物分布　飘尘粒径分布有两种表示方法，一种是不同粒径的数目分布，另一种是不同粒径的质量浓度分布。前者用光散射式粒子计数器测定，后者用根据撞击捕集原理制成的采样器分级捕集不同粒径范围的颗粒物，再用重量法测定。这种方法设备较简单，应用比较广泛，所用采样器称多级喷射撞击式或安德森采样器。

3.4.3　自然降尘

自然降尘简称降尘，是指大气中自然降落于地面上的颗粒物，是大气污染的参考性指标。其粒径多在 10μm 以上。

测定降尘时，在集尘器中注入少量水，使其不被大风吹起，采样结束后，剔除集尘器中的异物，其余部分定量转移至 1000mL 烧杯中，加热蒸发浓缩至 10～20mL 后，再转移至已恒重的坩埚中，用水冲洗黏附在烧杯壁上的尘粒，并入坩埚中，在电热板上蒸干后，于(105±5)℃烘箱内烘至恒重，根据质量差计算降尘量。

3.5　主要气态污染物的测定方法

3.5.1　二氧化硫

二氧化硫是主要大气污染物之一，为大气环境污染例行监测的必测项目。测定SO_2常用的方法有分光光度法、紫外荧光法、电导法、库仑滴定法、火焰光度法等。

3.5.1.1　四氯汞钾溶液吸收-盐酸副玫瑰苯胺分光光度法

该方法是国内外广泛采用的测定环境空气中SO_2的方法，具有灵敏度高、选择性好等优点，但吸收液毒性较大。

(1) 原理　用氯化钾和氯化汞配制成的四氯汞钾吸收液吸收气样中的二氧化硫，生成稳定的二氯亚硫酸盐络合物，该络合物再与甲醛和盐酸副玫瑰苯胺作用，生成紫色络合物，其颜色深浅与SO_2含量成正比，用分光光度法测定。反应式如下：

$$HgCl_2 + 2KCl = K_2[HgCl_4]$$

$$[HgCl_4]^{2-} + SO_2 + H_2O = [HgCl_2SO_3]^{2-} + 2HCl$$

$$[HgCl_2SO_3]^{2-} + HCHO + 2H^+ = HgCl_2 + HOCH_2SO_3H$$

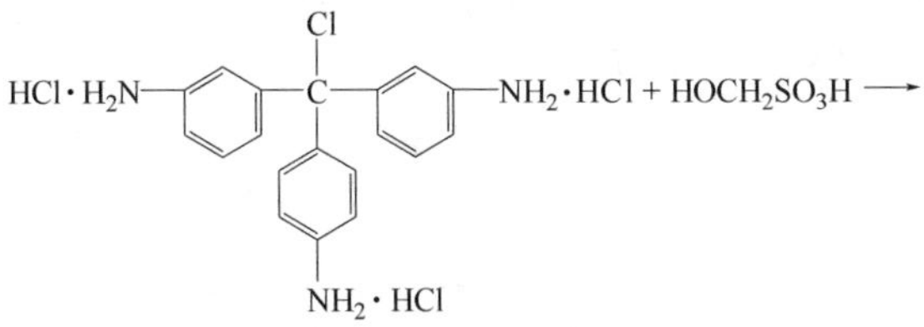

Cl
HCl·H₂N—C—NH₂·HCl + HOCH₂SO₃H ⟶
NH₂·HCl

（盐酸副玫瑰苯胺，俗称品红）

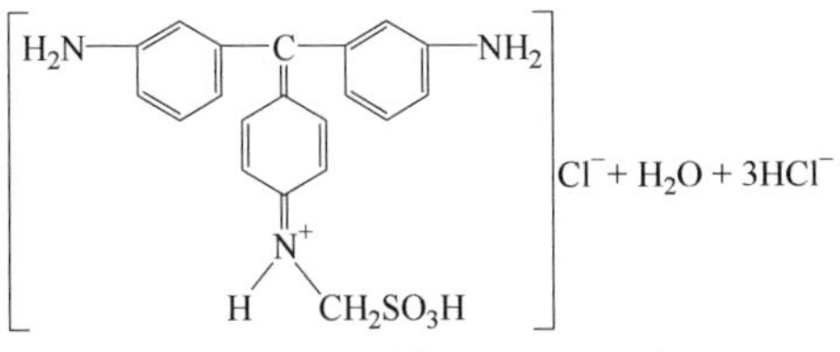

H₂N—C—NH₂
N⁺
H　CH₂SO₃H
Cl⁻ + H₂O + 3HCl⁻

（紫色络合物）

（2）采样　采样时间为30min或60min时，用10mL吸收液，流量为0.5L/min。测定24h平均浓度时，用50mL吸收液，流量为0.2L/min，在10～16℃下恒温采样。若样品采集后不能当天测定，应在冰箱内保存。在采样、运输和储存过程中，要避免日光直接照射。

（3）测定　显色pH值为1.5～1.7，显色后溶液呈红紫色，灵敏度高（摩尔吸光系数为4.77×10^4），最大吸收波长在548nm处，试剂空白值较高，最低检出限为0.75μg/25mL；当采样体积为30L时，最低检出浓度为0.025mg/m³。

本法测定要点：先用亚硫酸钠标准溶液配制标准色列。在最大吸收波长处以蒸馏水为参比测定吸光度，用经试剂空白修正后的吸光度对SO_2含量绘制标准曲线。然后，以同样方法测定显色后的样品溶液，经试剂空白修正后，按下式计算样气中SO_2的含量c：

$$c=\frac{W}{V_n}\times\frac{V_1}{V_2}$$

式中　c——SO_2浓度，mg/m³；

W——测定时所取样品溶液中SO_2含量，μg，由标准曲线查知；

V_1——样品溶液总体积，mL；

V_2——测定时所取样品溶液体积，mL；

V_n——标准状态下的采样体积，L。

本法测定时须注意：温度、酸度、显色时间等因素会影响显色反应；标准溶液和试样溶液操作条件应保持一致；氮氧化物、臭氧及锰、铁、铬等离子对测定有干扰；采样后放置20min，臭氧可自行分解；加入磷酸和乙二胺四乙酸二钠盐可消除或减小某些金属离子的干扰。

四氯汞钾吸收液有剧毒，改进方法是使用甲醛缓冲溶液吸收-盐酸副玫瑰苯胺分光光度法测定SO_2。该方法原理基于：气样中的SO_2被甲醛缓冲溶液吸收后，生成稳定的羟基甲磺酸加成化合物，加入氢氧化钠溶液使加成化合物分解，释放出SO_2与盐酸副玫瑰苯胺反应，生成紫红色络合物，其最大吸收波长为577nm，用分光光度法测定。该方法最低检出限为0.20μg/10mL；当用10mL吸收液采气10L时，最低检出浓度为0.020mg/m³。用50mL吸收液，24h采气样300L，取出10mL样品溶液测定时，最低检测浓度为0.003mg/m³。主要干扰物为氮氧化物、臭氧及某些种金属元素。加入氨磺酸钠可消除氮氧化物的干扰；采样后放置一段时间臭氧可自行分解；加入磷酸及环已二胺四乙酸二钠盐可以消除或减少某些金属离子的干扰。

3.5.1.2　钍试剂分光光度法

该方法所用吸收液无毒，样品采集后相当稳定，但灵敏度较低，所需采样体积大，适合于测定SO_2日平均浓度。它与四氯汞钾溶液吸收-盐酸副玫瑰苯胺分光光度法都被国际标准化组织（ISO）规定为测定SO_2标准方法。

（1）原理　大气中的SO_2用过氧化氢溶液吸收并氧化为硫酸。硫酸根离子与过量的高氯酸钡反应，生成硫酸钡沉淀，剩余钡离子与钍试剂作用生成钍试剂-钡络合物（紫红色）。根据颜色深浅，间接进行定量测定。其反应过程如下：

$$SO_2+H_2O_2 = H_2SO_4$$

$$Ba^{2+}+SO_4^{2-} = BaSO_4\downarrow$$

$$Ba^{2+}(\text{剩余})+\text{钍试剂}\longrightarrow\text{钍试剂-钡络合物}$$

有色络合物最大吸收波长为520nm。该方法最低检出限为0.4μg/mL；当用50mL吸收液采样2m³时，最低检出浓度为0.01mg/m³。

（2）测定

① 标准曲线的绘制：吸取不同量硫酸标准溶液，各加入一定量高氯酸钡-乙醇溶液，再

加钍试剂溶液显色，得到标准色列。以蒸馏水代替标准溶液，用同法配制试剂空白溶液，于520nm处，以水作参比，测其吸光度并调至0.700。于相同波长处，以试剂空白溶液作参比，测定标准色列的吸光度，以吸光度对SO_2浓度绘制标准曲线。

② 将采样后的吸收液定容（同标准色列定容体积），按照上述方法测定吸光度，从标准曲线上查知相当SO_2浓度c_0，按下式计算大气中的SO_2浓度c：

$$c=\frac{c_0V_t}{V_n}$$

式中　c——大气中SO_2浓度，mg/m^3；

V_t——样品溶液总体积，mL；

V_n——标准状态下的采样体积，L。

测定时应注意：滤膜应每天更换，以防尘埃中重金属元素的干扰；高氯酸钡-乙醇溶液及钍试剂溶液的加入量必须准确；钍试剂能与多种金属离子（如钙、镁、铁、铝等）络合，采样装置前应安装颗粒物过滤器。

3.5.1.3　荧光法

荧光法测定大气中的SO_2，具有选择性好、不消耗化学试剂、适用于连续自动监测等特点，已被世界卫生组织在全球监测系统中采用，目前广泛用于大气环境地面自动监测系统中。

测定原理：大气样品在波长190～230nm紫外线照射下，SO_2吸收紫外线而被激发至激发态，即

$$SO_2+h\nu_1 \longrightarrow SO_2^*$$

激发态SO_2^*不稳定，瞬间返回基态，发射出波峰为330nm的荧光，即

$$SO_2^* \longrightarrow SO_2+h\nu_2$$

发射荧光强度和SO_2浓度成正比，用光电倍增管及电子测量系统测量荧光强度，即可得知大气中SO_2的浓度。

荧光法测定SO_2的主要干扰物质是水分和芳香烃化合物。水的影响一方面是由于SO_2可溶于水造成损失，另一方面由于SO_2遇水产生荧光猝灭而造成负误差，可用半透膜渗透法或反应室加热法除去水的干扰。芳香烃化合物在190～230nm紫外线激发下也能发射荧光造成正误差，可用装有特殊吸附剂的过滤器预先除去。

3.5.1.4　其他监测方法

(1) 恒电流库仑滴定法　在电解池（也是采样的吸收管）中，装有0.3mol/L碱性碘化钾溶液和三个电极：铂丝阳极、铂网阴极、活性炭参比电极。若将一恒流电源加于两电解电极上，则电流从阳极流入，经阴极和参比电极流出。因参比电极通过负载电阻和阴极连接，故阴极电位是参比电极电位和负载上的电压降之和。此时两电极上的反应为：

阳极　$$3I^- \longrightarrow I_3^- +2e$$

阴极　$$I_3^- +2e \longrightarrow 3I^-$$

如果进入库仑池的气样中不含SO_2，库仑池又无其他反应，则阳极氧化的碘离子和阴极还原的碘离子相等，即阳极电流等于阴极电流，参比电极无电流输出。如果气样中含SO_2，则与溶液中的碘发生下列反应：

$$SO_2+I_2+2H_2O \longrightarrow SO_4^{2-}+2I^-+4H^+$$

由于该反应的发生，降低了流入阴极的电解液中I_2的浓度，使阴极电流下降。为维持电极间氧化还原平衡，降低的电流将由参比电极流出：

$$C_{(氧化态)}+ne \longrightarrow C_{(还原态)}$$

气样中 SO_2 含量越大，碘消耗量越多，导致阴极电流减小而通过参比电极流出的电流越大。当气样以固定流速连续地通入库仑池时，则参比电极电流和 SO_2 量间的关系如下：

$$P=\frac{I_R M}{96500n}=0.000332I_R$$

式中 P——每秒进入库仑池的 SO_2 量，μg/s；

I_R——参比电极电流，μA；

M——SO_2 相对分子质量；

n——参加反应的每个 SO_2 分子的电子变化数。

若通入库仑池的气样流量为 F（L/min）；气样中 SO_2 浓度为 c（μg/L），则每秒进入库仑池的 SO_2 量为：

$$P=\frac{cF}{60}$$

$$c=\frac{0.000332I_R\times 60}{F}\approx\frac{0.002I_R}{F}$$

（2）溶液电导法　用酸性过氧化氢溶液吸收气样中的二氧化硫，生成硫酸：

$$SO_2+H_2O_2 \longrightarrow H_2SO_4 \rightleftharpoons 2H^+ + SO_4^{2-}$$

通过测量吸收液吸收 SO_2 前后电导率的变化，得知气样中 SO_2 的浓度。

电导式 SO_2 自动监测仪有间歇式和连续式两种类型。间歇式测量结果为采样时段的平均浓度；连续式测量结果为不同时间的瞬时值。电导测量法的仪器结构比较简单，但易受温度变化、共存气体（如 CO_2、NO_2、NH_3、H_2S 等）的干扰，并需定期补充吸收液。

3.5.2　二氧化氮

大气中的氮氧化物有 NO、NO_2、N_2O_3、N_3O_4 和 N_2O_5 等多种形式。大气中的氮氧化物主要以一氧化氮（NO）和二氧化氮（NO_2）形式存在。它们主要来源于化石燃料高温燃烧和硝酸、化肥等生产排放的废气，以及汽车排放气。

NO 为无色、无臭、微溶于水的气体，在大气中易被氧化为 NO_2。NO_2 为棕红色气体，具有强刺激性臭味，是引起支气管炎等呼吸道疾病的有害物质。常用的测定方法有盐酸萘乙二胺分光光度法、化学发光法及恒电流库仑滴定法等。

3.5.2.1　盐酸萘乙二胺分光光度法

该方法中，采样和显色同时进行，操作简便，灵敏度高，是国内外普遍采用的方法。

（1）原理　用冰乙酸、对氨基苯磺酸和盐酸萘乙二胺配成吸收液采样，大气中的 NO_2 被吸收转变成亚硝酸和硝酸，在冰乙酸存在的情况下，亚硝酸与对氨基苯磺酸发生重氮化反应，然后再与盐酸萘乙二胺偶合，生成玫瑰红色偶氮染料，其颜色深浅与气样中 NO_2 浓度成正比，因此，可在波长 540nm 下用分光光度法进行测定。吸收及显色反应如下：

$$2NO_2+H_2O = HNO_2+HNO_3$$

$$HO_3S-C_6H_4-NH_2 + HNO_2 + CH_3COOH \longrightarrow [HO_3S-C_6H_4-N^+\equiv N]CH_3COO^- + 2H_2O$$

$$[HO_3S-C_6H_4-N^+\equiv N]CH_3COO^- + C_{10}H_7-NH-CH_2-CH_2-NH_2\cdot 2HCl \longrightarrow$$

$$HO_3S-C_6H_4-N=N-C_{10}H_6-NH-CH_2-CH_2-NH_2 + CH_3COOH + 2HCl$$

（玫瑰红色偶氮染料）

NO 不与吸收液发生反应，测定氮氧化物（NO_x）总量时，必须先使气样通过三氧化二铬-沙子氧化管，将 NO 氧化成 NO_2 后，再通入吸收液进行吸收和显色。由此可见，不通过三氧化铬-沙子氧化管，测得的是 NO_2 含量；通过氧化管，测得的是 NO_x 总量，二者之差即为 NO 的含量。

用吸收液吸收大气中的 NO_2，并不是 100%的生成亚硝酸，还有一部分生成硝酸。用标准 NO_2 气体实验证明，转换系数为 0.76，因此在计算结果时需除以该系数。

（2）测定

① 标准曲线的绘制　用亚硝酸钠标准溶液配制系列标准溶液，各加入等量吸收液显色、定容，制成标准色列，于 540nm 处测其吸光度及试剂空白溶液的吸光度，以经试剂空白修正后的标准色列的吸光度对亚硝酸根含量绘制标准曲线，或计算出单位吸光度相应的 NO_2 质量。

② 试样溶液的测定　按照绘制标准曲线的条件和方法测定采样后的样品溶液吸光度，按下式计算气样中 NO_2 的含量 c：

$$c=\frac{(A-A_0)B_s}{0.76V_n}$$

式中　c——NO_2 浓度，mg/m^3；

A——试样溶液的吸光度；

A_0——试剂空白溶液的吸光度；

V_n——换算至标准状态下的采样体积，L；

B_s——单位吸光度相应的 NO_2 质量，μg。

采用该方法进行测定时应注意：吸收液应为无色，如显微红色，说明已被亚硝酸根污染，应检查试剂和蒸馏水的质量；吸收液长时间暴露在空气中或受日光照射，也会显色，使空白值增高，应密闭避光保存；氧化管适于相对湿度 30%～70%条件下使用，应经常注意是否吸湿引起板结或变成绿色而失效。

3.5.2.2　化学发光法

（1）原理　某些化合物分子吸收化学能后，被激发到激发态，再由激发态返回至基态时，以一定波长的光量子的形式释放出能量，这种化学反应称为化学发光反应。利用测量化学发光强度对物质进行定量分析测定的方法称为化学发光分析法。

NO_x 可利用下列几种化学发光反应测定。

① $NO+O_3 \longrightarrow NO_2^* + O_2$

$NO_2^* \longrightarrow NO_2 + h\nu$

该反应的发射光谱在 600～3200nm 范围内，最大发射波长为 1200nm。

② $NO_2+O \longrightarrow NO+O_2$

$O+NO+M \longrightarrow NO_2^* + M$

$NO_2^* \longrightarrow NO_2 + h\nu$

该反应发射光谱在 400～1400nm 范围内，峰值波长为 600nm。

③ $NO_2+H \longrightarrow NO+OH$

$NO+H+M \longrightarrow HNO^* + M$

$HNO^* \longrightarrow HNO + h\nu$

该反应发射光谱范围为 600～700nm。

④ $NO_2 + h\nu \longrightarrow NO+O$

$$O+NO+M \longrightarrow NO_2^* + M$$

$$NO_2^* \longrightarrow NO_2 + h\nu$$

该反应发射光谱范围为 400～1400nm。

在第一种发光反应中，以 O_3 为反应剂；在第二、三种反应中，需要用 O 原子或 H 原子；第四种反应需要特殊光源照射。鉴于臭氧容易制备，使用方便，故目前广泛利用第一种发光反应测定大气中的 NO_x。反应产物的发光强度可用下式表示：

$$I = k\frac{[NO][O_3]}{[M]}$$

式中 I ——发光强度；

$[NO]$、$[O_3]$ ——NO 和 O_3 的浓度；

$[M]$ ——参与反应的第三种物质浓度，该反应用空气；

k ——与化学发光反应温度有关的常数。

O_3 是过量的，M 也是恒定的，所以发光强度与 NO 浓度成正比，这是定量分析的依据。在测定 NO_x 总浓度时，需预先将 NO_2 转换为 NO。

(2) 化学发光 NO_x 监测仪　以 O_3 为反应剂的氮氧化物监测仪可以测定大气中 NO、NO_2 及其总浓度。化学发光 NO_x 监测仪工作原理如图 3-18 所示。

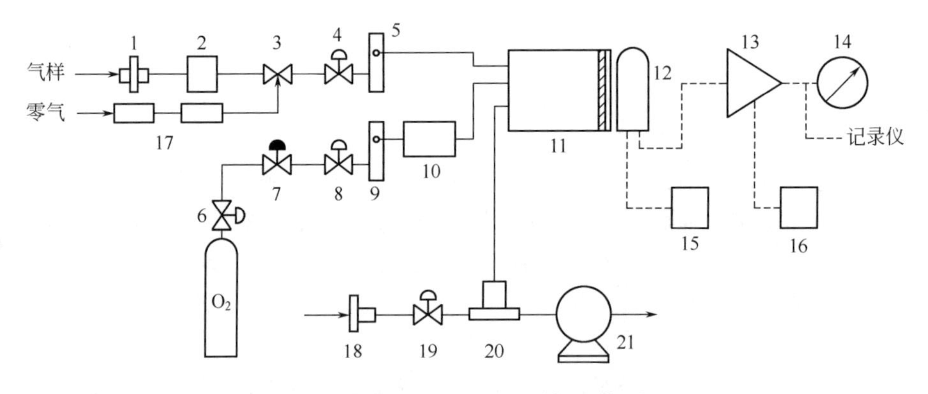

图 3-18　化学发光 NO_x 监测仪工作原理

1、18—尘埃过滤器；2—$NO_2 \rightarrow NO$ 转换器；3、7—电磁阀；4、6、19—针形阀；5、9—流量计；8—膜片阀；10—O_3 发生器；11—反应室及滤光片；12—光电倍增管；13—放大器；14—指示表；15—高压电源；16—稳压电源；17—零气处理装置；20—三通管；21—抽气泵

气路分为两部分，一是 O_3 发生气路，即氧气经电磁阀、膜片阀、流量计进入 O_3 发生器，在紫外线照射或无声放电等作用下，产生 O_3，送入反应室；二是气样经尘埃过滤器进入转换器，将 NO_2 转换成 NO，再通过三通电磁阀、流量计到达反应室。气样中的 NO 与 O_3 在反应室中发生化学发光反应，产生的光量子经反应室端面上的滤光片获得特征波长光射到光电倍增管上，将光信号转换成与气样中 NO_2 浓度成正比的电信号，经放大和信号处理后，记录仪表显示和记录测定结果。反应后的气体由泵抽出排放。还可以通过三通电磁阀抽入零气校正仪器的零点。

切换 NO_2 转换器可以分别测出 NO_2 和 NO 含量。

3.5.2.3　原电池库仑滴定法

库仑池中有两个电极，一是活性炭阳极，二是铂网阴极，池内充 0.1mol/L 磷酸盐缓冲溶液（pH=7）和 0.3mol/L 碘化钾溶液。当进入库仑池的气样中含有 NO_2 时，则与电解液中的I^-反应，将其氧化成I_2，而生成的I_2又立即在铂网阴极上还原为I^-，便产生微小电流。如果电流效率达 100%，则在一定条件下，微电流大小与气样中NO_2浓度成正比，故可根据法拉第电解定律将产生的电流换算成NO_2的浓度，直接进行显示和记录。测定总氮氧化物时，需先让气样通过三氧化铬氧化管，将 NO 氧化成NO_2。

该方法的缺点是NO_2流经水溶液时发生歧化反应，造成电流损失，使测得的电流仅为理论值的 70%～80%。此外，这种仪器的维护量较大，连续运行能力差，使应用受到限制。

3.5.3　一氧化碳

一氧化碳（CO）是大气中主要污染物之一，主要来自石油、煤炭燃烧不充分和汽车尾气；一些自然灾害如火山爆发、森林火灾等也是来源之一。测定大气中 CO 的方法有非分散红外吸收法、气相色谱法、定电位电解法、间接冷原子吸收法等。

3.5.3.1　非分散红外吸收法

（1）原理　当 CO、CO_2等气态分子受到红外线（1～25μm）照射时，将吸收各自特征波长的红外线，引起分子振动能级和转动能级的跃迁，产生振动-转动吸收光谱，即红外吸收光谱。在一定气态物质浓度范围内，吸收光谱的峰值（吸光度）与气态物质浓度之间的关系符合朗伯-比尔定律，因此，测其吸光度即可确定气态物质的浓度。

CO 的红外吸收峰在 4.5μm 附近，CO_2在 4.3μm 附近，水蒸气在 3μm 和 6μm 附近。因为空气中CO_2和水蒸气的浓度远大于 CO 的浓度，故干扰 CO 的测定。在测定前用制冷或通过干燥剂的方法可除去水蒸气；用窄带光学滤光片或气体滤波室将红外辐射限制在 CO 吸收的窄带光范围内，可消除CO_2的干扰。

（2）非分散红外吸收法 CO 监测仪　非分散红外吸收法 CO 监测仪的工作原理示于图 3-19。从红外光源发射出能量相等的两束平行光，被同步电机 M 带动的切光片交替切断。然后，一路通过滤波室（内充 CO 和水蒸气，用以消除干扰光）、参比室（内充不吸收红外线的气体，如氮气）射入检测室，这束光称为参比光束，其光强度不变。另一束光称为测量光束，通过滤波室、测量室射入检测室。由于测量室内有气样通过，则气样中的 CO 吸收了部分特征波长的红外线，使射入检测室的光束强度减弱，且 CO 含量越高，光强减弱越多。由于射入检测室的参比光束强度大于测量光束强度，使两室中气体的温度产生差异，导致下室中的气体膨胀压力大于上室，使金属薄膜偏向固定金属片一方，从而改变了电容器两极间的距离，也就改变了电容量，由其变化值即可得出气样中 CO 的浓度值。采用电子技术将电容量变化转变成电流变化，经放大及信号处理后，由指示表和记录仪显示和记录测量结果。

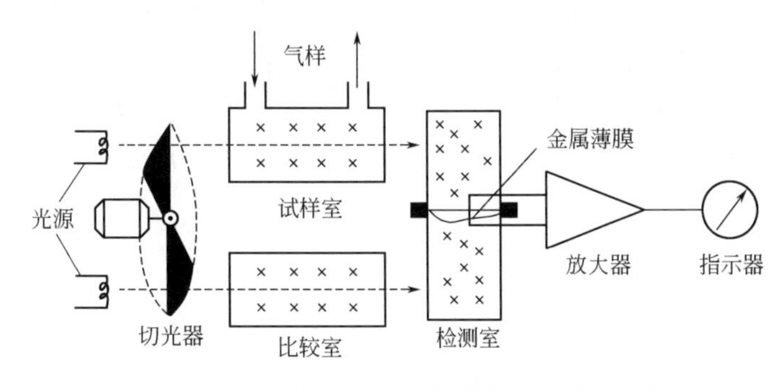

图 3-19　非分散红外吸收法测定 CO 装置原理

测量时，先通入纯氮气进行零点校正，再用标准 CO 气体校正，最后通入气样，便可直接显示、记录气样中 CO 浓度 c，以 ppm（10^{-6}）计。按下式将其换算成标准状态下的质量浓度（mg/m^3）：

$$CO(mg/m^3)=1.25c$$

式中　1.25——标准状态下由 ppm 换算成 mg/m^3 的换算系数。

3.5.3.2　气相色谱法

将 CO 在氢气流中催化还原成甲烷，再用氢火焰检测器检测，此法有较高的灵敏度，同时还能检测 CO_2 和甲烷。

测定时，先在预定实验条件下用定量管加入各组分的标准气样，测其峰高，按下式算定量校正值：

$$K=\frac{c_s}{h_s}$$

式中　K——定量校正值，表示每毫米峰高代表的 CO（或 CH_4、CO_2）浓度，mg/m^3；

c_s——标准气样中 CO（或 CH_4、CO_2）浓度，mg/m^3；

h_s——标准气样中 CO（或 CH_4、CO_2）峰高，mm。

在与测定标准气同样条件下测定气样，测量各组分的峰高（h_x），按下式计算 CO（或 CH_4、CO_2）的浓度（c_x）：

$$c_x=h_xK$$

为保证催化剂的活性，在测定之前，转化炉应在 360℃下通气 8h；氢气和氮气的纯度应高于 99.9%。当进样量为 2mL 时，对 CO 的检测限为 0.2mg/m^3。

3.5.3.3　汞置换法

汞置换法也称间接冷原子吸收法。该方法基于气样中的 CO 与活性氧化汞在 180～200℃发生反应，置换出汞蒸气，带入冷原子吸收测汞仪测定汞的含量，再换算成 CO 浓度。置换反应式如下：

$$CO(气)+HgO(固)\xrightarrow{180\sim200℃}Hg(蒸气)+CO_2(气)$$

汞置换法测定 CO 的工作流程为：空气经灰尘过滤器、活性炭管、分子筛管及硫酸亚汞硅胶管等净化装置除去尘埃、水蒸气、二氧化硫、丙酮、甲醛、乙烯、乙炔等干扰物质后，通过流量计、六通阀，由定量管取样送入氧化汞反应室，被 CO 置换出的汞蒸气随气流进入测量室，吸收低压汞灯发射的 253.7nm 紫外线，通过测量吸光度实现对 CO 的定量测定。测量后的气体经碘-活性炭吸附管由抽气泵抽出排放。

空气中的甲烷和氢在净化过程中不能除去，和 CO 一起进入反应室。其中，CH_4 在这种条件下不与氧化汞发生反应，而 H_2 则与之反应，干扰测定，可在仪器调零时消除。校正零点时，将霍加特氧化管串入气路，将空气中的 CO 氧化为 CO_2 后作为零气。

测定时，先将适宜浓度（c_s）的 CO 标准气由定量管进样，测量吸收峰高（h_s）或吸光度（A_s），再用定量管进入气样，测其峰高（h_x）或吸光度（A_x），按下式计算气样中 CO 的浓度（c_x）：

$$c_x=\frac{c_s}{h_s}h_x$$

该方法检出限为 0.04mg/m^3。

3.5.4　臭氧

臭氧是强氧化剂之一，它是空气中的氧在太阳紫外线的照射下或受雷击形成的。臭氧具有强烈的刺激性，在紫外线的作用下，参与烃类和 NO_2 的光化学反应。同时，臭氧又是高空大气的正常组分，能强烈吸收紫外线，保护人和生物免受太阳紫外线的危害，但是，O_3

超过一定浓度，对人体和某些植物生长会产生一定危害。近地面层空气中可测到0.04～0.1mg/m³的O_3。

目前测定空气中O_3广泛采用的方法有硼酸碘化钾分光光度法、靛蓝二磺酸钠分光光度法、化学发光法和紫外线吸收法。其中，化学发光法和紫外线吸收法多用于自动监测。

（1）硼酸碘化钾分光光度法　该方法为用含有硫代硫酸钠的硼酸碘化钾溶液作吸收液采样，空气中的O_3等氧化剂氧化碘离子为碘分子，而碘分子又立即被硫代硫酸钠还原，剩余硫代硫酸钠加入过量碘标准溶液氧化，剩余碘于352nm处以水为参比测定吸光度。同时采集零气（除去O_3的空气），并准确加入与采集大气样品相同量的碘标准溶液，氧化剩余的硫代硫酸钠，于352nm处测定剩余碘的吸光度，则气样中剩余碘的吸光度减去零气样剩余碘的吸光度即为气样中O_3氧化碘化钾生成碘的吸光度。根据标准曲线建立回归方程式，按下式计算气样中O_3的浓度：

$$O_3(\mathrm{mg/L})=\frac{f[(A_1-A_2)-a]}{bV_n}$$

式中　A_1——总氧化剂样品溶液的吸光度；

A_2——零气样品溶液的吸光度；

f——样品溶液最后体积与系列标准溶液体积之比；

a——回归方程式的截距；

b——回归方程式的斜率，吸光度/μgO_3；

V_n——标准状态下的采样体积，L。

SO_2、H_2S等还原性气体干扰测定，采样时应串接三氧化铬管消除。在氧化管和吸收管之间串接O_3过滤器（装有粉状二氧化锰与玻璃纤维滤膜碎片的均匀混合物）同步采集空气样品即为零气样品。采集效率受温度影响，实验表明，25℃时采样效率可达100%，30℃时达96.8%。还应注意，样品吸收液和试剂溶液都应放在暗处保存。

本方法检出限为0.019mg/L（按与吸光度0.01相对应的O_3浓度计）；当采样30L时，最低检测浓度为0.006mg/m³。

（2）靛蓝二磺酸钠分光光度法　用含有靛蓝二磺酸钠的磷酸盐缓冲溶液作吸收液采集空气样品，则空气中的O_3与蓝色的靛蓝二磺酸钠发生等物质的量反应，生成靛红二磺酸钠，使之褪色，于610nm波长处测其吸光度，用标准曲线法定量。

NO_2产生正干扰，SO_2、H_2S、PAN、HF含量分别高于750μg/m³、110μg/m³、1800μg/m³、2.5μg/m³时也干扰O_3的测定，可根据具体情况采取消除或修正措施。

当采样5～30L时，方法适用浓度范围为0.030～1.200mg/m³。

3.5.5 氟化物

空气中的气态氟化物主要是氟化氢，也可能有少量氟化硅（SiF_4）和氟化碳（CF_4）。含氟粉尘主要是含冰晶石（Na_3AlF_6）、萤石（CaF_2）、氟化铝（AlF_3）、氟化钠（NaF）及磷灰石［$3Ca_3(PO_4)\cdot CaF_2$］等。氟化物污染主要来源于铝厂、冰晶石和磷肥厂，以及用硫酸处理萤石及制造和使用氟化物、氢氟酸等部门排放或逸散的气体和粉尘。氟化物属高毒类物质，由呼吸道进入人体，会引起黏膜刺激、中毒等症状，并能影响各组织和器官的正常生理功能，对于植物的生长也会产生危害，因此，人们已利用某些敏感植物监测空气中的氟化物。

测定空气中氟化物的方法有分光光度法、离子选择电极法等。离子选择电极法具有简便、准确、灵敏和选择性好等优点，是目前广泛采用的方法。

(1) 滤膜采样——离子选择电极法　用在滤膜夹中装有磷酸氢二钾溶液浸渍的玻璃纤维滤膜或碳酸氢钠-甘油溶液浸渍的玻璃纤维滤膜的采样器采样，则空气中的气态氟化物被吸收固定，尘态氟化物同时被阻留在滤膜上。采样后的滤膜用水或酸浸取后，用氟离子选择电极法测定。

如需要分别测定气态、尘态氟化物时，第一层采样膜用孔径0.8μm经柠檬酸溶液浸渍的纤维素酯微孔膜先阻留尘态氟化物，第二、第三层用磷酸氢二钾浸渍过的玻璃纤维滤膜采集气态氟化物。用水浸取滤膜，测定水溶性氟化物；用盐酸溶液浸取，测定酸溶性氟化物；用水蒸气热解法处理采样膜，可测定总氟化物。采样滤膜均应分张测定。

另取未采样的浸取吸收液的滤膜3～4张，按照采样滤膜的测定方法测定空白值（取平均值），按下式计算氟化物的含量：

$$\text{氟化物}(\mathrm{F,mg/m^3})=\frac{W_1+W_2-2W_0}{V_n}$$

式中　W_1——上层浸渍膜样品中的氟含量，μg；

W_2——下层浸渍膜样品中的氟含量，μg；

W_0——空白浸渍膜样品中的氟含量，μg/张；

V_n——标准状况下的采样体积，L。

分别采集尘态、气态氟化物样品时，第一层采样膜经酸浸取后，测得结果为尘态氟化物浓度，计算式如下：

$$\text{酸溶性尘态氟化物}(\mathrm{F,mg/m^3})=\frac{W_3-W_0}{V_n}$$

式中　W_3——第一层采样膜中的氟含量，μg；

W_0——采尘空白膜中平均氟含量，μg。

(2) 石灰滤纸采样——氟离子选择电极法　用浸渍氢氧化钙溶液的滤纸采样，则空气中的氟化物与氢氧化钙反应而被固定，用总离子强度调节剂浸取后，以离子选择电极法测定。

该方法将浸渍吸收液的滤纸自然暴露于空气中采样，对比前一种方法，不需要抽气动力，并且由于采样时间长（7d到1个月），测定结果能较好地反映空气中氟化物平均污染水平。按下式计算氟化物含量：

$$\text{氟化物}[\mathrm{F},\mu\mathrm{g}/(100\mathrm{cm}^2\cdot\mathrm{d})]=\frac{W-W_0}{Sn}\times100$$

式中　W——采样滤纸中氟含量，μg；

W_0——空白石灰滤纸中平均氟含量，μg/张；

S——采样滤纸暴露在空气中的面积，cm^2；

n——样品滤纸采样天数，准确至0.1d。

3.5.6 硫酸盐化速率

硫酸盐化速率是指大气中含硫污染物（如 SO_2、H_2S、H_2SO_4 蒸气）演变为硫酸雾和硫酸盐雾的速度。其测定方法有二氧化铅-重量法、碱片-重量法、碱片-铬酸钡分光光度法、碱片-离子色谱法。

3.5.6.1 二氧化铅-重量法

(1) 原理　大气中的 SO_2、硫酸雾、H_2S 等与二氧化铅反应生成硫酸铅，用碳酸钠溶液处理，使硫酸铅转化为碳酸铅，释放出硫酸根离子，再加入 $BaCl_2$ 溶液，生成 $BaSO_4$ 沉淀，用重量法测定，结果以每日在 $100cm^2$ 二氧化铅面积上所含 SO_3 的质量表示。最低检出浓度为0.05mg/($100cm^2$·d)。吸收反应式如下：

$$SO_2 + PbO_2 \longrightarrow PbSO_4$$
$$H_2S + PbO_2 \longrightarrow PbO + H_2O + S$$
$$PbO_2 + S + O_2 \longrightarrow PbSO_4$$

（2）测定

① PbO_2 采样管制备　在素瓷管上涂一层黄蓍胶乙醇溶液，将适当大小的湿纱布平整地绕贴在素瓷管上，再均匀地刷上一层黄蓍胶乙醇溶液，除去气泡，自然晾至近干后，将 PbO_2 与黄蓍胶乙醇溶液研磨制成的糊状物均匀地涂在纱布上，涂布面积约 $100cm^2$，晾干，移入干燥器存放。

② 采样　将 PbO_2 采样管固定在百叶箱中，在采样点上放置1个月。注意不要靠近烟囱等污染源；收样时，将 PbO_2 采样管放入密闭容器中。

③ 测定　准确测量 PbO_2 涂层的面积，将采样管放入烧杯中，用碳酸钠溶液淋湿涂层，用镊子取下纱布，并用碳酸钠溶液冲净瓷管，取出。搅拌洗涤液，盖好，放置2～3h或过夜。将烧杯在沸水浴上加热至近沸，保持30min，稍冷，用倾斜法过滤并洗涤，获得样品滤液。在滤液中加甲基橙指示剂，滴加盐酸至呈红色并稍过量。在沸水浴上加热，驱尽 CO_2，滴加 $BaCl_2$ 溶液至沉淀完全，再加热30min，冷却，放置2h后，用恒重的G4玻璃砂芯坩埚抽气过滤，洗涤至滤液中无氯离子为止。将坩埚于105℃烘箱中烘至恒重。同时，将两支保存在干燥器内的空白采样管按同法操作，测其空白值，按下式计算测定结果：

$$c=\frac{(W_s-W_0)}{Sn}\times\frac{M_{SO_3}}{M_{BaSO_4}}\times100$$

式中　c——硫酸盐化速率，$mg/(100cm^2 \cdot d)$；

W_s——样品管测得 $BaSO_4$ 的质量，mg；

W_0——空白管测得 $BaSO_4$ 的质量，mg；

S——采样管上 PbO_2 涂层面积，cm^2；

n——采样天数，准确至0.1d；

$\frac{M_{SO_3}}{M_{BaSO_4}}$——$SO_3$ 与 $BaSO_4$ 相对分子质量之比，为0.343。

影响该方法测定结果的因素有：PbO_2 的粒度、纯度和表面活性度；PbO_2 涂层厚度和表面湿度；含硫污染物的浓度及种类；采样期间的风速、风向及空气温度、湿度等。

3.5.6.2　碱片-重量法

将用碳酸钾溶液浸渍的玻璃纤维滤膜暴露于大气中，碳酸钾与空气中的 SO_2 等反应生成硫酸盐，加入 $BaCl_2$ 溶液将其转化为 $BaSO_4$ 沉淀，用重量法测定。测定结果表示方法同二氧化铅法，最低检出浓度为 $0.05mg/(100cm^2 \cdot d)$。

测定时，先制备碱片并烘干，放入塑料皿（滤膜毛面向上，用塑料垫圈压好边缘），携至现场采样点，固定在特制的塑料皿支架上，采样1个月。将采样后的碱片置于烧杯内，加盐酸使 CO_2 完全逸出，捣碎碱片并加热至近沸，用定量滤纸过滤，即得到样品溶液，加入 $BaCl_2$ 溶液，获得 $BaSO_4$ 沉淀，烘干、称重，计算方法同二氧化铅法。

3.5.6.3　碱片-铬酸钡分光光度法

采样方法同碱片-重量法。在弱酸性溶液中，采样碱片中的硫酸根离子与铬酸钡悬浊液发生下列交换反应：

$$SO_4^{2-} + BaCrO_4 \longrightarrow BaSO_4 \downarrow + CrO_4^{2-}$$

在氨-乙醇溶液（降低硫酸钡和铬酸钡的溶解度）中，分离除去硫酸钡及过量铬酸钡，反应释放出的黄色铬酸根离子浓度与硫酸根浓度成正比，故可根据颜色深浅，用分光光度法间接测定硫酸根的浓度。在可见光区，其最大吸收波长为420nm；在紫外线区，最大吸收波长为372nm。

3.5.7 总挥发性有机物

总挥发性有机物是指室温下饱和蒸气压超过133.32Pa的有机物，如苯、卤代烃等。总挥发性有机物是人们关注的室内空气污染的主要污染物，具有毒性和刺激性，有的还有致癌作用。其主要来自燃料的燃烧、烹调油烟和装饰材料、家具、日用生活化学品释放的蒸气，以及室外污染空气的扩散。

测定总挥发性有机物通常采用气相色谱法。将采样吸附管加热，解析挥发性有机物，待测样品随惰性载气进入毛细管气相色谱仪。用保留时间定性，峰高或峰面积定量。

空气样品中待测样组分的浓度按下式计算：

$$c=\frac{F-B}{V_n}\times 10^3$$

式中　c——空气样品中待测组分的浓度，$\mu g/m^3$；

F——样品管中组分的质量，μg；

B——空白管中组分的质量，μg；

V_n——标准状态下的采样体积，L。

要测定总挥发性有机物，则应对色谱图中保留时间在正己烷和正十六烷之间的所有化合物进行分析，对尽可能多的挥发性有机物定量，至少应对10个最高峰进行定量，最后一起列出这些化合物的名称和浓度。计算已鉴定和定量的挥发性有机物的浓度 S_{id}，用甲苯的响应系数计算未鉴定的挥发性有机物的浓度 S_{un}，则

$$总挥发性有机物=S_{id}+S_{un}$$

3.5.8 氨气

(1) 纳氏试剂分光光度法　以稀硫酸溶液吸收氨，以氨离子形式与纳氏试剂反应生成黄棕色的络合物，该络合物的色度与氨的含量成正比，在420nm波长处进行分光光度法测定。在吸收液为50mL，采样体积10L时，测定范围为0.5～800mg/m³，最低检出限为0.25mg/m³。

用一个内装50mL吸收液的冲击式气体吸收瓶或大型多孔玻璃板吸收瓶，以0.5～1.0L/min的流量，采气5～10min。采集好的样品，尽快分析。在2～5℃冷藏，可储存一周。

样品中含有的三价铁离子、硫化物会干扰测定。三价铁离子等金属离子的干扰可以加入酒石酸消除；硫化物则可以通过加入盐酸消除。

(2) 次氯酸钠-水杨酸分光光度法　氨被稀硫酸吸收液吸收后，生成硫酸铵。在亚硝基铁氰化钠存在的情况下，氨离子、水杨酸和次氯酸钠反应生成蓝色化合物，根据颜色深浅，用分光光度计在697nm波长处进行测定。

采样系统由内装玻璃棉的双球玻璃、吸收管、流量计和抽气泵组成，吸收瓶内装有10mL硫酸吸收液，以1～5L/min的流量采气1～4min。采样时应注意在恶臭源下风向，捕集恶臭感觉最强烈时的样品。

样品采集后应尽快分析，以防止吸收空气中的氨。若不能立即分析，可在2～5℃冷藏，可储存1周。

3.5.9　汞

汞是一种普遍存在的有毒物质，具有较大的挥发性，属极度危害污染物。它来源于汞矿开采和冶炼、某些仪表制造、有机合成化工等生产过程排放和逸散的废气和粉尘。大气中汞的测定方法有吸光光度法、冷原子吸收分光光度法、冷原子荧光分光光度法、中子活化法等。其中，冷原子吸收分光光度法和冷原子荧光分光光度法应用比较广泛。

(1) 巯基棉富集-冷原子荧光分光光度法　在微酸性介质中，用巯基棉富集大气中的汞及其化合物，固定反应如下：

$$Hg^{2+}+2H—SR \rightleftharpoons Hg\begin{matrix} / SR \\ \\ \backslash SR \end{matrix} +2H^{+}$$

$$CH_3HgCl+H—SR \rightleftharpoons CH_3Hg—SR+HCl$$

采样后，用4.0mol/L盐酸-氯化钠饱和溶液解吸汞及其化合物，经氯化亚锡还原为金属汞，用冷原子荧光测汞仪测定总汞的浓度。当采样15L时，方法最低检出浓度为$6.6\times10^{-6}mg/m^3$。

采样管为一内装巯基棉的石英玻璃管，巯基棉由脱脂棉浸泡于硫代乙醇酸、乙酸酐及硫酸混合液中一定时间，经水洗至中性、抽滤、烘干制得。

该方法可分别测定无机汞、有机汞及总汞，灵敏度高，但操作较复杂，对试剂纯度要求严格。

(2) 金膜富集-冷原子吸收分光光度法　采用金膜微粒富集管在常温下富集大气中的微量汞蒸气，生成金汞齐，再加热释放出汞，被载气带入冷原子吸收测汞仪，根据汞蒸气对253.7nm光吸收大小，用标准曲线法进行定量。该方法只能测定汞蒸气。

3.5.10　甲醛

(1) 酚试剂比色法　甲醛与酚试剂反应生成嗪，在高铁离子存在下，嗪与酚试剂的氧化产物反应生成蓝绿色化合物，根据颜色深浅，用分光光度法测定。该方法检出限为0.15μg/5mL（按与吸光度0.02相对应的甲醛含量计），当采样体积为10mL时，最低检出浓度为0.01mg/L。

采样时，用一个内装5.00mL吸收液的气泡吸收管，以0.5L/min流量，采气10L。采样完毕后，将吸收液移入比色皿中，测定其甲醛的含量。

则空气中甲醛的浓度由下式计算：

$$c=\frac{W}{V_n}$$

式中　c——空气中甲醛的浓度，mg/m^3；

W——样品中甲醛的含量，μg；

V_n——标准状态下采样体积，L。

注意事项：绘制标准曲线时与样品测定时的温差不应超过2℃；标定甲醛时，在摇动下逐滴加入NaOH溶液，至颜色明显减褪，再摇片刻，褪至淡黄色，放置后褪至无色。若碱量加入过多，则5mL（1+5）盐酸溶液不足以使溶液酸化；有SO_2共存时，会使结果偏低，则可通过带有硫酸锰滤纸的过滤器，排除干扰。

(2) 乙酰丙酮分光光度法　该方法的原理是，甲醛吸收于水中，在铵盐存在的情况下，与乙酰丙酮作用生成黄色的3,5-二乙酰基-1,4-二氢卢剔啶，根据颜色深浅，用分光光度法测定。该方法在酚大于甲醛1500倍，乙醛大于甲醛300倍时不干扰。该方法检出限为

0.25μg/5mL，当采样体积为30L时，最低检出浓度为0.008mg/m³。

采样后，吸收液在室温下放置2h，再将样品移入比色皿中进行测定。

(3) 恒定电位电解法　含甲醛的空气扩散流经传感器，进入电解槽，被电解液吸收，在恒电位工作电极上发生氧化还原反应，反应式如下：

工作电极　$HCHO+H_2O \longrightarrow CO_2+4H^++4e$

辅助电极　$O_2+4H^++4e \longrightarrow 2H_2O$

总反应　$HCHO+O_2 \longrightarrow CO_2+H_2O$

与此同时产生对应的极限扩散电流，其大小与CO_2浓度成正比，即

$$I=\frac{ZFSD}{\xi}\times c$$

在工作条件下，电子转移数Z、法拉第常数F、反应面积S、扩散常数D、扩散层厚度ξ均为常数。因此，测得电极间电流I即可获得CO_2的扩散浓度c。颗粒物及水蒸气的干扰可以通过过滤器除去。

(4) 气体检测管法　气体检测管法是一种应用范围较为广泛的快速测定方法。该方法采用检测管装置测定各种有害物质，装置包括检测管、预处理管、采样器及其他部件。

气体检测管是一种填充显色指示粉的玻璃管，管外印有刻度，管内的指示粉用吸附了显色剂的载体制成。当被测空气通过检测管时，被检测物质与指示粉迅速发生反应，被检测物质浓度的高低，将导致指示粉产生相应的变色长度。根据指示粉颜色变化及长度对有害物质进行快速的定性和定量分析。

甲醛检测管的反应原理是，甲醛与盐酸羟胺反应生成氯化氢使指示剂变色。颜色变化：黄色→桃红色。

该方法的特点是：简便，容易掌握，操作要求低；测定迅速，在几分钟内可测定出环境中有害物质的浓度；采气量小，一般采样体积在几十毫升到几升。检测范围有$(0.01\sim0.48)\times10^{-6}mg/m^3$，$(0.1\sim4)\times10^{-6}mg/m^3$两种。

注意事项：检测管与采样器连接时，应注意检测管所标明的箭头指示方向；在作业现场存有干扰气体时，应使用相应的预处理管，并注意适当的连接方法；在使用现场的温度超过规定的温度范围时，应用温度校正表对测量值进行校正。

3.6 大气降水监测

大气降水监测的目的是了解在降雨（雪）过程中通过大气中沉降到地球表面的沉降物的主要组成、性质及有关组分的含量，为分析大气污染状况和提出控制污染途径、方法提供基础资料和依据。

3.6.1 布设采样点的原则

降水采样点的设置数目应视区域具体情况而定。我国技术规范中规定，人口50万以上的城市布三个采样点，50万以下的城市布两个点，一般县城可设一个采样点。采样点位置要兼顾城市、农村或清洁对照区。

采样点的设置位置应考虑区域的环境特点，如地形、气象、工农业分布等。采样点应尽可能避开排放酸、碱物质和粉尘的局地污染源、主要街道交通污染源，四周应无遮挡雨、雪的高大树木或建筑物。

3.6.2 样品的采集

(1) 采样器　采集雨水使用聚乙烯塑料桶或玻璃缸，其上口直径为20cm，高为20cm，

也可采用自动采样器，采集雪水用上口径为40cm以上的聚乙烯塑料容器。图3-20是一种分段连续自动采集雨水的采样器。将足够数量的容积相同的采水瓶并行排列，当第一个瓶子装满后，则自动关闭，雨水继续流入第二、第三个瓶子等。例如，在一次性降雨中，每1mm降雨量收集100mL雨水，共收集三瓶，以后的雨水再收集在一起。

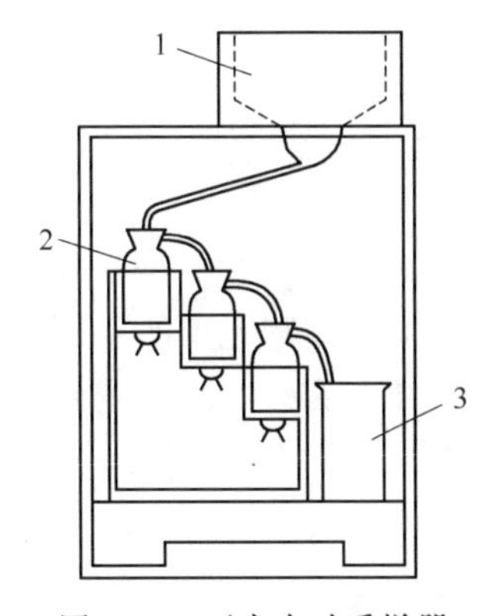

图3-20 雨水自动采样器

1—接收器；2—采样瓶；3—烧杯

(2) 采样方法

① 每次降雨（雪）开始，立即将清洁的采样器放置在预定的采样点支架上，采集全过程（开始到结束）雨（雪）样。如遇连续几天降雨（雪），则每天上午8时开始，连续采集24h为一次样。

② 采样器应高于基础面1.2m以上。

③ 样品采集后，应贴上标签，编好号，记录采样地点、日期、采样起止时间、雨量等。降雨起止时间、降雨量、降雨强度等可使用自动雨量计测量。

(3) 水样的保存　由于降水中含有尘埃颗粒物、微生物等微粒，所以除用于测定pH值和电导率的降水样无需过滤外，测定金属和非金属离子的水样均需用孔径0.45μm的滤膜过滤。

降水中的化学组分含量一般都很低，易发生物理变化、化学变化和生物作用，故采样后应尽快测定，如需要保存，一般不主张添加保存剂，而应在密封后放于冰箱中。

3.6.3 降水中组分的测定

应根据监测目的确定监测项目。我国环境监测技术规范中对大气降水例行监测有明确的规定。pH值、电导率、K^+、Na^+、Ca^{2+}、Mg^{2+}、SO_4^{2-}、NH_4^+、NO_3^-、Cl^-，每月测定不少于一次，每月选一个或几个随机降水样品分析上述十个项目。

降水的测定方法与“水和废水监测”中对应项目的测定方法相同，在此仅做简单介绍。

(1) pH值的测定　pH值测定是酸雨调查最重要的项目。清洁的雨水一般pH值为5.6，雨水的pH值小于该值时即为酸雨。常用测定方法为pH玻璃电极法。

(2) 电导率的测定　雨水的电导率大体上与降水中所含离子的浓度成正比，测定雨水的电导率能够快速地推测雨水中溶解物质的总量。一般用电导率仪或电导仪测定。

(3) 硫酸根的测定　降水中的SO_4^{2-}主要来自气溶胶和颗粒物中可溶性硫酸盐及气态SO_2经催化氧化形成的硫酸雾，其一般浓度范围为几个mg/L到100mg/L。该指标用于反映大气被含硫化合物污染的状况。其测定方法有铬酸钡-二苯碳酰二肼分光光度法、硫酸钡比浊法、离子色谱法等。

(4) 硝酸根的测定　大气中NO_2和颗粒物中的可溶性硝酸盐进入降水中形成NO_3^-，其浓度一般在几个毫克每升以内，出现数十毫克每升的情况较少。该指标可反映大气被氮氧化物污染的状况，氮氧化物也是导致降水pH值降低的因素之一。测定方法有镉柱还原-偶氮染料分光光度法、紫外分光光度法及离子色谱法等。

(5) 氯离子的测定　氯离子是衡量大气中因氯化氢导致降水pH值降低的标志，也是判断海盐粒子影响的标志，其浓度一般在几个毫克每升，但有时高达几十毫克每升。测定方法有硫氰酸汞-高铁分光光度法、离子色谱法等。离子色谱法可以同时测定降水中的F^-、Cl^-、NO_3^-、SO_4^{2-}等。

(6) 铵离子的测定　大气中的氨进入降水中形成铵离子，它们能中和酸雾，对抑制酸雨是有利的。然而，其随降水进入河流、湖泊后，会导致水富营养化。大气中氨的浓度冬天较低、夏天较高，一般在几毫克每升。其常用测定方法为钠氏试剂分光光度法或次氯酸钠-水杨酸分光光度法。

(7) 钾、钠、钙、镁等离子的测定　降水中 K^+、Na^+ 的浓度一般在几毫克每升，常用空气-乙炔（贫焰）原子吸收分光光度法测定。

Ca^{2+} 是降水中的主要阳离子之一，其浓度一般在几毫克每升至数十毫克每升，它对降水中的酸性物质起着重要的中和作用。测定方法有原子吸收分光光度法、络合滴定法、偶氮氯膦Ⅲ分光光度法等。

Mg^{2+} 在降水中的含量一般在几毫克每升以下，常用原子吸收分光光度法测定。

3.7 污染源监测

空气污染源包括固定污染源和流动污染源。对污染源进行监测的目的是检查污染源排放废气中的有害物质是否符合排放标准的要求；评价净化装置的性能和运行情况及污染防治措施的效果；为大气质量管理与评价提供依据。

污染源监测的内容包括：排放废气中有害物质的浓度（mg/m^3）；有害物质的排放量（kg/h）；废气排放量（m^3/h）。在有害物质排放浓度和废气排放量的计算中，都采用现行监测方法中推荐的标准状态（温度为0℃，大气压力为101.3kPa或760mmHg柱）下的干气体表示。

污染源监测要求生产设备处于正常运转状态下进行；根据生产过程所引起的排放情况的变化特点和周期进行系统监测；测定工业锅炉烟尘浓度时，应稳定运转，并不低于额定负荷的85%。

3.7.1 固定污染源监测

3.7.1.1 采样点数目

烟道内同一断面上各点的气流速度和烟尘浓度分布通常是不均匀的，因此，必须按照一定原则进行多点采样。采样点的位置和数目主要根据烟道断面的形状、尺寸大小和流速分布情况确定。

(1) 圆形烟道　在选定的采样断面上设两个相互垂直的采样孔。按照图3-21所示的方法将烟道断面分成一定数量的等面积同心圆环，沿着两个采样孔中心线设四个采样点。若采

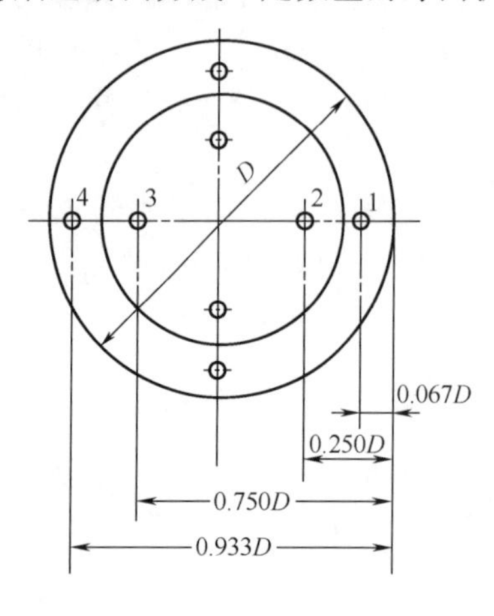

图3-21　圆形烟道采样点分布

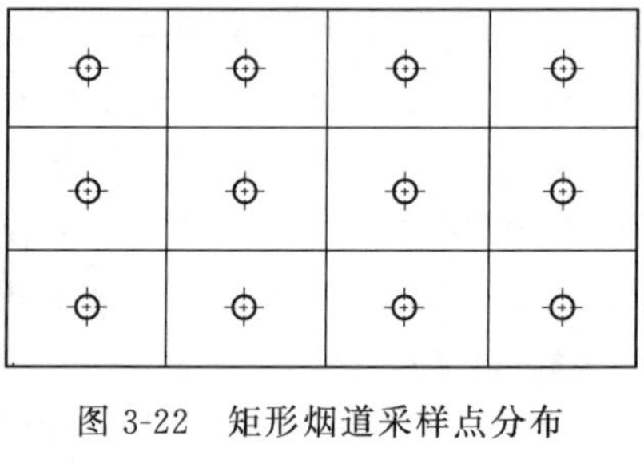

图3-22　矩形烟道采样点分布

样断面上气流速度较均匀，可设一个采样孔，采样点数减半。当烟道直径小于 0.3m，且流速均匀时，可在烟道中心设一个采样点。

(2) 矩形（或方形）烟道　将烟道断面分成一定数目的等面积矩形小块，各小块中心即为采样点位置，见图 3-22。

(3) 拱形烟道　因这种烟道的上部为半圆形，下部为矩形，故可分别按圆形和矩形烟道的布点方法确定采样点的位置及数目，见图 3-23。

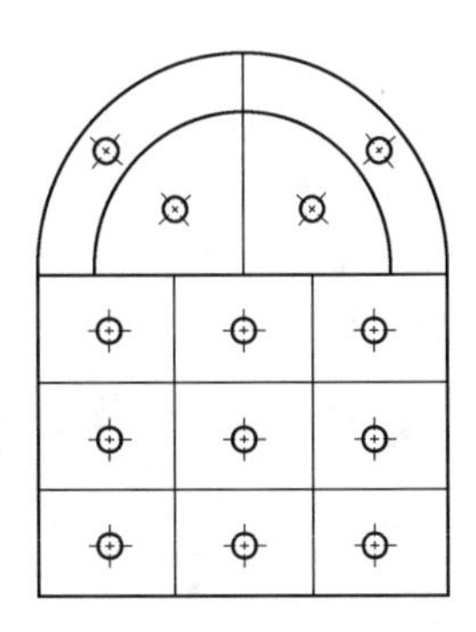

图 3-23　拱形烟道采样点分布

当水平烟道内有积灰时，应将积灰部分的面积从断面内扣除，按有效面积设置采样点。

在能满足测压管和采样管达到各采样点位置的情况下，要尽可能地少开采样孔。一般开两个互成 90°的孔，最多开四个。采样孔的直径应不小于 75mm。当采集有毒或高温烟气，且采样点处烟气呈正压时，采样孔应设置防喷装置。

3.7.1.2　基本状态参数的测定

(1) 温度的测量　对于直径小、温度不高的烟道，可使用长杆水银温度计。对于直径大、温度高的烟道，则要用热电偶测温毫伏计测量。根据所测温度的高低，应选用不同材料的热电偶。测量 800℃以下的烟气可选用镍铬-康铜热电偶；测量 1300℃以下烟气选用镍铬-镍铝热电偶；测量 1600℃以下的烟气则需用铂-铂铑热电偶。

(2) 压力的测量　烟气的压力分为全压（P_t）、静压（P_s）和动压（P_v）。静压是单位体积气体所具有的势能，表现为气体在各个方向上作用于器壁的压力。动压是单位体积气体具有的动能，是使气体流动的压力。全压是气体在管道中流动具有的总能量。在管道中任意一点上，三者的关系为：$P_t=P_s+P_v$。测量烟气压力常用测压管和压力计。

① 测压管　常用的测压管有两种，即标准皮托管和 S 型皮托管。

标准皮托管的结构见图 3-24。它是一根弯成 90°的双层同心圆管，其开口端与内管相通，用来测量全压；在靠近管头的外管壁上开有一圈小孔，用来测量静压。标准皮托管具有较高的测量精度，其校正系数近似等于 1，但测孔很小，如果烟气中烟尘浓度大，易被堵塞，因此只适用于含尘量少的烟气，或用作其他测压管的校正。

S 型皮托管由两根相同的金属管并联组成（见图 3-25），其测量端有两个大小相等、方向相反的开口，测量烟气压力时，一个开口面向气流，接受气流的全压，另一个开口背向气流，接受气流的静压。由于气体绕流的影响，测得的静压比实际值小，因此，在使用前必须用标准皮托管进行校正。其开口较大，可用于测烟尘含量较高的烟气。

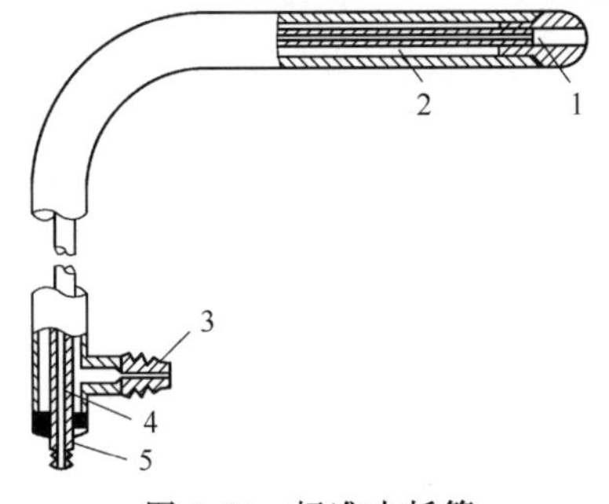

图 3-24　标准皮托管

1—全压测孔；2—静压测孔；3—静压管接口；4—全压管；5—全压管接口

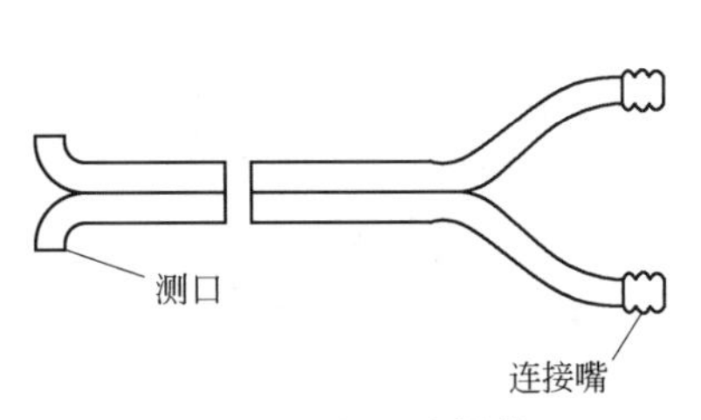

图 3-25　S 型皮托管

② 压力计　常用的压力计有U形压力计和倾斜式微压计。

U形压力计较为常见，是一个内装工作液体的U形玻璃管。常用的工作液体有乙醇、水、汞，根据被测烟气的压力范围而定。压力（P）用下式计算：

$$P=\rho gh$$

式中　P——压力，Pa；

ρ——工作液体的密度，kg/m^3；

g——重力加速度，m/s^2；

h——两液面高度差，m。

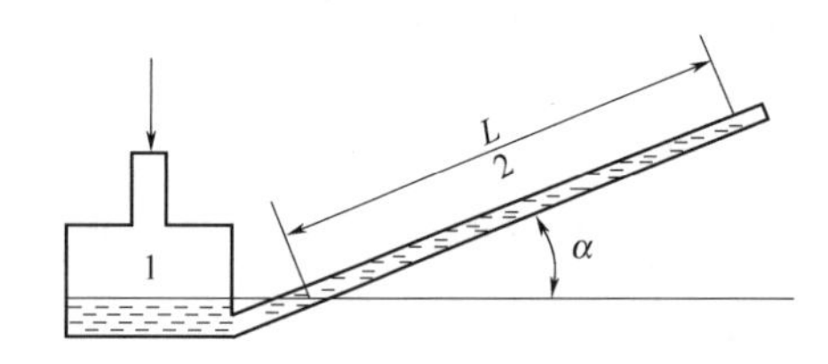

图 3-26　倾斜式微压计

1—容器；2—玻璃管

U形压力计的误差可达1～2mmH$_2$O（1mmH$_2$O=9.80665Pa），故不适宜测量微小压力。

倾斜式微压计构造如图3-26所示。由一截面积（F）较大的容器和一截面积（f）很小的玻璃斜管组成，内装工作溶液，玻璃管上的刻度表示压力读数。测压时，将微压计容器开口与测压系统中压力较高的一端相连，斜管与压力较低的一端相连，作用在两个液面上的压力差使液柱沿斜管上升，压力（P）按下式计算：

$$K=\left(\sin\alpha+\frac{f}{F}\right)\rho g$$

$$P=LK$$

式中　L——斜管内液柱长度，m；

α——斜管与水平面夹角，(°)；

f——斜管截面积，mm^2；

F——容器截面积，mm^2；

ρ——工作液密度，kg/m^3，常用乙醇（$\rho=0.81kg/m^3$）；

K——修正系数，以mmH$_2$O表示压力的压力计的修正系数一般为0.1、0.2、0.3、0.6等，用于测量150mmH$_2$O以下的压力。

（3）流速和流量的计算　在测出烟气的温度、压力等参数后，按下式计算各测点的烟气流速（v_s）：

$$v_s=K_p\sqrt{\frac{2P_v}{\rho}}$$

或

$$v_s=K_p\sqrt{2P_v}\sqrt{\frac{R_sT_s}{B_s}}$$

式中　v_s——烟气流速，m/s；

K_p——皮托管校正系数；

P_v——烟气动压，Pa；

ρ——烟气密度，kg/m^3；

R_s——烟气气体常数，J/(kg·K)；

T_s——烟气绝对温度，K；

B_s——烟气绝对压力，Pa。

测量状态下的烟气流量按下式计算：

$$Q_s=3600\,\bar{v}_sS$$

式中　Q_s——烟气流量，m^3/h；

S——测点烟道横截面面积，m^2；

$\overline{v}_s$——烟气平均流速，m/s。

标准状态下干烟气流量按下式计算：

$$Q_{nd}=Q_s(1-X_{sw})\frac{B_a+P_s}{101325}\times\frac{273}{273+t_s}$$

式中　Q_{nd}——标准状态下干烟气流量，m^3/h；

P_s——烟气静压，Pa；

B_a——大气压力，Pa；

X_{sw}——烟气含湿量体积百分数，%。

当压力以 mmHg 为单位代入上式时，公式形式不变。

3.7.1.3　含湿量的测定

与大气相比，烟气中的水蒸气含量较高，变化范围较大，为便于比较，监测方法规定以除去水蒸气后标准状态下的干烟气为基准表示烟气中有害物质的测定结果。含湿量的测定方法有重量法、冷凝法、干湿球法等。

（1）重量法　一定体积的烟气，通过装有吸收剂的吸收管，吸收管增加的重量即为所采烟气中的水蒸气质量。其测定装置如图 3-27 所示。

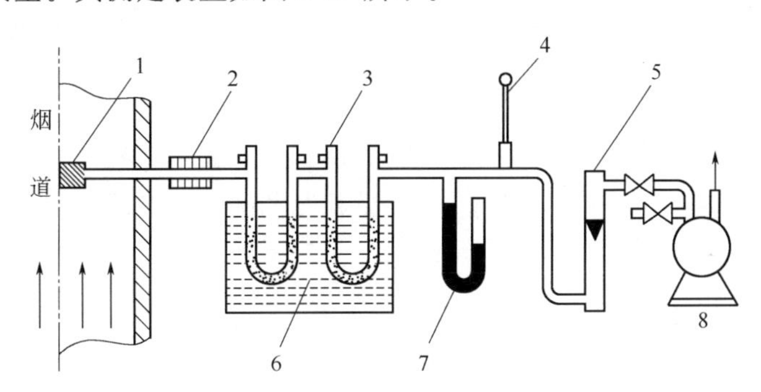

图 3-27　含湿量的测定装置

1—过滤器；2—保温或加热器；3—吸湿管；4—温度计；5—流量计；6—冷却器；7—压力计；8—抽气泵

装置所带的过滤器可防止烟尘进入采样管；保温或加热装置可防止水蒸气冷凝，U 形吸湿管由硬质玻璃制成，常用的吸湿剂有氯化钙、氧化钙、硅胶、氧化铝、五氧化二磷、过氯酸镁等。

烟气中的含湿量按下式计算：

$$X_w=\frac{1.24G_w}{V_d\frac{273}{273+t_r}\times\frac{P_A+P_r}{101.3}+1.24G_w}\times100\%$$

式中　X_w——烟气中水蒸气的体积百分含量，%；

G_w——吸湿管采样后的增重，g；

V_d——测量状态下抽取干烟气体积，L；

t_r——流量计前烟气温度，℃；

P_A——大气压力，kPa；

P_r——流量计前烟气表压，kPa；

1.24——标准状态下1g水蒸气的体积，L。

（2）冷凝法　一定体积的烟气，通过冷凝器，根据获得的冷凝水量和从冷凝器排出的烟气中的饱和水蒸气量计算烟气的含湿量。含湿量可按下式计算：

$$X_w=\frac{1.24G_w+V_s\dfrac{P_z}{P_A+P_r}\times\dfrac{273}{273+t_r}\times\dfrac{P_A+P_r}{101.3}}{1.24G_w+V_s\dfrac{273}{273+t_r}\times\dfrac{P_A+P_r}{101.3}}\times100\%$$

式中　G_w——冷凝器中的冷凝水量，g；

V_s——测量状态下抽取烟气的体积，L；

P_z——冷凝器出口烟气中饱和水蒸气压，kPa（可根据冷凝器出口气体温度 t_r，从“不同温度下水的饱和蒸气压”的表中查知）。

（3）干湿球温度计法　烟气以一定流速通过干湿球温度计，根据干湿球温度计读数及有关压力计算烟气含湿量。

3.7.1.4　烟尘浓度的测定

抽取一定体积的烟气通过已知质量的捕尘装置，根据捕尘装置采样前后的质量差和采样体积，计算烟尘的浓度。

（1）采样方法　烟气的采样包括移动采样与定点采样两类。移动采样是指为测定烟道断面上烟气中烟尘的平均浓度，用同一个尘粒捕集器在已确定的各采样点上移动采样，各点的采样时间相同，这是目前普遍采用的方法；定点采样是指为了解烟道内烟尘的分布状况和确定烟尘的平均浓度，分别在断面的每个采样点采样，即每个采样点采集一个样品。具体的采样方法如下。

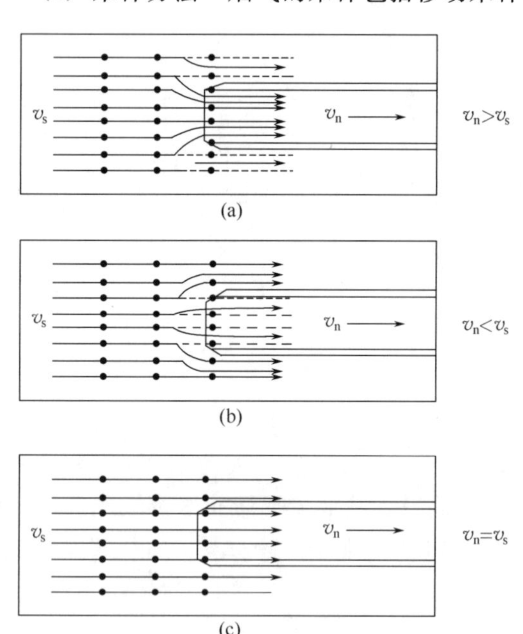

图3-28　不同采样速度时尘粒的运动状况

① 等速采样法　测定烟气烟尘浓度必须采用等速采样法，即烟气进入采样嘴的速度应与采样点烟气流速相等。采样速度大于或小于采样点烟气流速都将造成测定误差。图3-28为不同采样速度下尘粒运动状况。当采样速度（v_n）大于采样点的烟气流速（v_s）时，由于气体分子的惯性比尘粒惯性小，易改变方向，所以采样嘴边缘以外的部分气流被抽入采样嘴，而其中的尘粒则按原方向前进，不进入采样嘴，从而导致测量结果偏低；当采样速度（v_n）小于采样点烟气流速（v_s）时，情况正好相反，使测定结果偏高；只有 $v_n=v_s$ 时，气体和尘粒才会按照它们在采样点的实际比例进入采样嘴，采集的烟气样品中烟尘浓度才会与烟气实际浓度相同。

② 预测流量法　在采样前先测出采样点的烟气温度、压力、含湿量，计算出烟气流速，再结合采样嘴直径计算出等速采样条件下各采样点的采样流量。在流量计前装有冷凝器和干燥器的等速采样流量按下式计算：

$$Q_r'=0.043d^2v_s\left(\frac{P_A+P_s}{T_s}\right)\left[\frac{T_r}{R_{sd}(P_A+P_r)}\right]^{\frac{1}{2}}(1-X_w)$$

式中　Q'_r——等速采样所需转子流量计指示流量，L/min；

d——采样嘴内径，mm；

v_s——采样点烟气流速，m/s；

P_A——大气压力，Pa；

P_r——转子流量计前烟气的表压，Pa；

T_s——采样点烟气的温度，K；

T_r——流量计前烟气的温度，K；

R_{sd}——干烟气的气体常数，J/(kg·K)；

X_w——烟气含湿量，%（体积分数）。

当干烟气组分和干空气近似时，上式简化为：

$$Q'_r=0.00254d^2v_s\left(\frac{P_A+P_s}{T_s}\right)\left(\frac{T_r}{P_A+P_r}\right)^{\frac{1}{2}}(1-X_w)$$

由于预测流量法测定烟气流速与采样不是同时进行，故仅适用烟气流速比较稳定的污染源。

③ 平行采样法　将 S 型皮托管和采样管固定在一起插入采样点处，当与皮托管相连的微压计指示出动压后，利用预先绘制的皮托管动压和等速采样流量关系计算图立即算出等速采样流量，及时调整流速进行采样。平行采样法中，测定流速和采样几乎同时进行，减小了由于烟气流速改变而带来的采样误差。

（2）含尘浓度计算

① 按重量测定法要求，计算滤筒采样前后质量之差 G（烟尘质量）。

② 计算出标准状态下的采样体积，在采样装置的流量计前装有冷凝器和干燥器的情况下，按下式计算：

$$V_{nd}=0.003Q'_r\tau\sqrt{\frac{R_{sd}(P_A+P_r)}{T_r}}$$

当干烟气的组成与干空气近似时，V_{nd}计算式可简化为：

$$V_{nd}=0.050Q'_r\tau\sqrt{\frac{P_A+P_r}{T_r}}$$

式中　V_{nd}——标准状态下干烟气的采样体积，L；

Q'_r——等速采样流量应达到的读数，L/min；

τ——采样时间，min。

（3）烟尘浓度的计算　根据采样方法不同，移动采样和定点采样计算分别按下列公式计算：

移动采样时

$$c=\frac{G}{V_{nd}}\times10^6$$

式中　c——烟气中烟尘浓度，mg/m³；

G——测得烟尘质量，g；

V_{nd}——标准状态下干烟气的采样体积，L。

定点采样时

$$\bar{c}=\frac{c_1v_1S_1+c_2v_2S_2+\cdots+c_nv_nS_n}{v_1S_1+v_2S_2+\cdots+v_nS_n}$$

式中　$\bar{c}$——烟气中烟尘平均浓度，mg/m³；

$v_1, v_2, \cdots, v_n$——各采样点烟气流速，m/s；

$c_1, c_2, \cdots, c_n$——各采样点烟气中烟尘浓度，mg/m³；

$S_1, S_2, \cdots, S_n$——各采样点所代表的截面积，m²。

3.7.1.5 烟气组分的测定

烟气组分包括主要气体组分和微量有害气体组分。主要气体组分为氮、氧、二氧化碳和水蒸气等。测定这些组分的目的是考察燃料燃烧情况和为烟尘测定提供计算烟气气体常数的数据。有害组分为一氧化碳、氮氧化物、硫氧化物和硫化氢等。

(1) 烟气样品的采集　由于气态和蒸气态物质分子在烟道内分布比较均匀，只要在靠近烟道中心的任何一点都可采集到具有代表性的气样。其一般采样装置见于图 3-29。

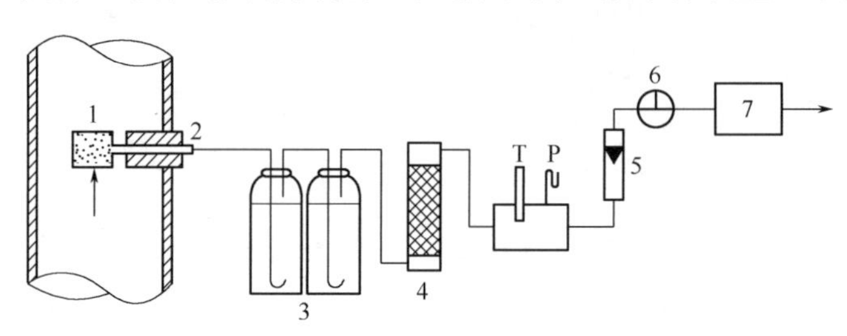

图 3-29　吸收法采样装置

1—滤料；2—加热（或保温）采样导管；3—吸收瓶；4—干燥器；5—流量计；6—调节三通；7—抽气泵；T—温度计；P—压力表

烟气采样装置与大气采样装置基本相同；不同之处是因为烟气温度高、湿度大，烟尘及有害气体浓度大并具有腐蚀性，故在采样管头部装有烟尘过滤器（滤料），采样管需要加热或保温，以防止水蒸气冷凝而引起被测组分损失。采样管多采用不锈钢材料制作。

(2) 烟气有害组分的测定　测定烟尘和气体中有害组分的总量，应在烟气采样系统中串接捕集气态组分的吸收瓶，然后将二者合并，经处理制备成样品溶液测定。

表 3-4 列出了烟气中有害组分的常用测定方法。为了快速、准确地测定烟气中气体组分，推荐使用仪器分析方法。

3.7.2 流动污染源监测

汽车尾气是石油体系燃料在内燃机内燃烧后的产物，含有 NO_x、碳氢化合物、CO 等有害组分。汽车尾气中污染物的含量与其行驶状态有关，空转、加速、匀速、减速等行驶状态下尾气中的污染物含量均应测定。

(1) 汽车怠速 CO、烃类化合物的测定　一般采用非色散红外气体分析仪对其进行测定，可直接显示 CO 和烃类化合物的测定结果。测定时，先将汽车发动机由怠速加速至中等转速，维持 5s 以上，再降至怠速状态，插入取样管（深度不少于 300mm）测定，读取最大指示值。若为多个排气管，应取各排气管测定值的算术平均值。

(2) 汽油车尾气中 NO_x 的测定　在汽车尾气排气管处用取样管将废气引出（用采样泵），经冰浴（冷凝除水）、玻璃棉过滤器（除油尘），抽取到 100mL 注射器中，然后将抽取的气样经氧化管注入冰乙酸-对氨基苯磺酸-盐酸萘乙二胺吸收显色液，显色后用分光光度法测定，测定方法同大气中 NO_x 的测定。

(3) 尾气烟度的测定　汽车柴油机或柴油车排出的黑烟含有多种颗粒物，其组分复杂，有碳、氧、氢、灰分和多环芳烃化合物等。

烟度的含义是使一定体积的排气透过一定面积的滤纸后，滤纸被染黑的程度，用波许单位（R_b）表示。当一定体积的尾气通过一定面积的白色滤纸时，排气中的炭粒就附着在滤纸上，将滤纸染黑，然后用光电测量装置测量染黑滤纸的吸光度，以吸光度大小表示烟度大小。规定洁白滤纸的烟度为零，全黑滤纸的烟度为 10。滤纸式烟度计烟度刻度计算式为：

表 3-4　烟气中有害组分测定方法

组　分	测 定 方 法	测 定 范 围
一氧化碳	奥氏气体分析器吸收法 红外线气体分析法 检气管法	>0.5%(体积分数) $0\sim1000\times10^{-6}$ >20mg/m^3
二氧化硫	碘量法 甲醛缓冲溶液吸收-盐酸副玫瑰苯胺分光光度法 定电位电解法	140～5700mg/m^3 2.5～500mg/m^3 5～2000mg/m^3
氮氧化物	中和滴定法 二磺酸酚分光光度法 盐酸萘乙二胺分光光度法	>2000mg/m^3 20～2000mg/m^3 2500mg/m^3
硫化氢	碘量法(用于仅含 H_2S 的废气) 亚甲基蓝分光光度法	>3mg/m^3 0.01～10mg/m^3
二硫化碳	碘量法 乙二胺分光光度法	>30mg/m^3 3～60mg/m^3
汞	冷原子吸收分光光度法 双硫腙分光光度法	0.01～30mg/m^3 0.01～100mg/m^3
氯	碘量法 甲基橙分光光度法	>35mg/m^3 3～200mg/m^3
氯化氢	硝酸银容量法 硫氰酸汞分光光度法 离子色谱法	>40mg/m^3 0.5～65mg/m^3 25～1000mg/m^3
氰化氢	异烟酸-吡唑啉酮分光光度法	0.05～100mg/m^3
光气	碘量法 紫外分光光度法	50～2500mg/m^3 0.5～50mg/m^3
苯(苯系物等)	气相色谱法	4～1000mg/m^3
挥发酚	4-氨基安替比林分光光度法	0.5～50mg/m^3
有机硫化物(硫醇、硫醚)	气相色谱法	硫醇类:2～300mg/m^3 硫醚类:1～200mg/m^3
氟化物	硝酸钍容量法 离子选择电极法 氟试剂分光光度法	>1% 1～1000mg/m^3 0.1～50mg/m^3
沥青烟	紫外分光光度法	5～700mg/m^3
硫酸雾	偶氮胂Ⅲ容量法 铬酸钡分光光度法 离子色谱法	>60mg/m^3 5～120mg/m^3 0.3～500mg/m^3
铬酸雾	二苯碳酰二肼分光光度法	2～100mg/m^3
铅	原子吸收分光光度法 双硫腙分光光度法 络合滴定法	0.05～50mg/m^3 0.01～25mg/m^3 >20mg/m^3
铍	羊毛铬花菁 R 分光光度法 铍试剂Ⅲ分光光度法 原子吸收分光光度法(石墨炉法)	0.01～20mg/m^3 0.01～10mg/m^3 0.003～3μg/m^3

$$R_b=10\times\left(1-\frac{I}{I_0}\right)$$

式中　R_b——波许烟度单位；

I——被测烟样滤纸反射光强度；

I_0——洁白滤纸反射光强度。

烟度可用波许烟度计直接测定。

3.8 室内空气质量监测

3.8.1 室内空气质量

目前，室内环境污染已经成为人们热切关注的问题，许多的研究表明，越来越多的疾病引发于室内污染。

室内空气质量（IAQ），是指室内空气中与人体健康有关的物理、化学、生物和放射性参数。它包括室内空气的温度、湿度、空气洁净度和新风量等状况。

我国的《室内空气质量标准》（GB/T 18883—2002）于 2003 年 3 月 1 日正式实施，这是由国家质量监督检验检疫总局、原国家环保总局、卫生部制定的，见附录。

3.8.2 室内空气质量监测

3.8.2.1 新风量的测定

（1）定义　新风量是指在门窗关闭的状态下，单位时间内由空调系统通道、房间的缝隙进入室内的空气总量，单位：m^3/h。空气交换率（air change rate）：单位时间（h）内由室外进入到室内的空气总量与该室室内空气总量之比，单位：h^{-1}。示踪气体（tracer gas）：在空气运动的研究中，一种能与空气混合，而且本身不发生任何改变，并在很低的浓度时就能被测出的气体总称。

（2）原理　采用示踪气体浓度衰减法测定新风量。在待测室内通入适量示踪气体，由于室内、外的空气交换，示踪气体的浓度呈指数衰减，根据浓度随时间的变化值，计算出室内的新风量。

（3）室内空气总量的测定　用尺测量并计算出室内容积 V_1（m^3），用尺测量并计算出室内物品（桌、沙发、柜、床、箱等）总体积 V_2（m^3），计算室内空气容积 V：

$$V=V_1-V_2$$

（4）采样与测定　关闭门窗，在室内通入适量的示踪气体后，将气源移至室外，同时用摇摆扇搅动空气 3～5min，使示踪气体分布均匀，再按对角线或梅花式布点采集空气样品，同时在现场测定并记录。计算空气交换率用平均法或回归方程法。

① 平均法　当浓度均匀时采样，测定开始时示踪气体的浓度 c_0，间隔 15min 或 30min 后再采样，测定示踪气体最终浓度 c_1，前后浓度自然对数差除以测定时间，即为平均空气交换率。

② 回归方程法　当浓度均匀时，在 30min 内按一定的时间间隔测量示踪气体浓度，测量频次不少于 5 次。以浓度的自然对数对应时间作图。用最小二乘法进行回归计算。回归方程式中的斜率即为空气交换率。

（5）结果计算　平均法计算平均空气交换率：

$$A=[\ln c_0-\ln c_1]/t$$

式中　A——平均空气交换率，h^{-1}；

c_0——测量开始时示踪气体浓度，mg/m^3；

c_1——时间为 t 时示踪气体浓度，mg/m^3；

t——测定时间，h。

回归方程法计算空气交换率：

$$\ln c_1 = \ln c_0 - At$$
$$(Y = a - bx)$$

式中　c_1——时间为 t 时的示踪气体浓度，mg/m³，$\ln c_1$ 相当于 Y；

A——空气交换率，h^{-1}，相当于 $-b$，即斜率；

c_0——测量开始时示踪气体浓度，mg/m³，($\ln c_0$ 相当于截距 a)；

t——测定时间，h。

新风量的计算：

$$Q = AV$$

式中　Q——新风量，m³/h；

A——空气交换率，h^{-1}；

V——室内空气容积，m³。

注意：若示踪气体本底浓度不为 0 时，则公式中的 c_1、c_0 需减去本底浓度后再取自然对数进行计算。

3.8.2.2　污染物的测定

室内污染物监测的采样点的数量根据室内面积大小和现场情况而确定，一般 50m² 以下的房间设 1～3 个点，50～100m² 的房间设 3～5 个点，100m² 以上的房间至少设 5 个点，对角线或梅花式布点。

采样时应避开通风道和通风口，离墙壁距离应大于 1m；采样点离地面高度 0.8～1.5m。

评价居室时应在人们正常活动情况下采样，至少监测 1d，每日早晨和傍晚采样，早晨不开窗通风；评价办公建筑物时应选择在无人活动情况下采样，至少监测一天，一天两次，不开门窗。室内空气污染物浓度与对外门窗关闭时间密切相关，对外门窗关闭时间越长，室内污染物浓度越高。氡的检测应在对外门窗关闭 24h 以后进行，其他几项污染物都规定在充分通风后，关闭对外门窗 1h 后进行。这是考虑了污染物的积累过程和人体正常工作生活的实际规定的。另外，采用集中空调的建筑工程应在空调正常运转的情况下取样检测。

3.9　空气污染的生物监测

空气中的污染物多种多样，可以利用指示植物或指示动物监测，直接反映其危害和对空气污染程度。

3.9.1　植物在污染环境中的受害症状

大气污染物通过叶面上进行气体交换的气孔或孔隙进入植物体内，侵袭细胞组织，并发生一系列生化反应，从而使植物组织遭受破坏，呈现受害症状。表 3-5 列举了一些植物受害后较典型的症状。

表 3-5　各种污染物质对植物叶片的危害症状

污染物质	被害症状			
	尖端、周缘变色	叶脉间斑点	表面上斑点	叶面光泽化银灰色或青铜色
HF	++	+		
Cl_2	++	+	+	
O_3		+	++	
PAN		+		++
SO_2		++	+	(++有时出现)
硫酸烟雾	+	+	++	(++有时出现)

(1) SO_2 污染的危害症状　当植物被 SO_2 污染时，被害症状多发生在生理功能旺盛的叶片上。老叶和幼叶受害较轻，只在 SO_2 浓度高时，才出现被害症状。针叶树受害后，首先是针叶尖端发黄变褐，逐渐向下扩展，直至余叶枯死。SO_2 危害出现的伤斑与健康组织之间的界限明显。SO_2 危害禾本科植物时，如果 SO_2 浓度较高，叶片则表现为淡绿或灰绿、萎蔫，有白色点状斑，严重时叶尖弯曲；浓度较低时，叶片出现褐色条斑，呈擦伤状，叶尖呈褐色，但不卷曲。SO_2 对果树产生危害时，叶片多呈白色或褐色。

硫酸雾危害症状则为叶片边缘光滑。受害较轻时，叶面上呈现分散的浅黄色透光斑点；受害严重时则成孔洞。圆点或孔洞大小不一，直径多在 1mm 左右。

(2) NO_x 污染的危害症状　NO_x 对植物构成危害的浓度要大于 SO_2 等污染物。一般 NO_x 浓度很少能直接危害植物，但它往往与 O_3 或 SO_2 混合在一起危害植物。首先在叶片上出现密集的深绿色水浸蚀斑痕，随后这种斑痕逐渐变成淡黄色或青铜色。损伤部位主要出现在较大的叶脉之间，但也会沿叶缘发展。

(3) 氟化物污染的危害症状　一般植物对氟化物气体很敏感，其危害特点是先在植物的特定部位呈现伤斑。一开始这些部位发生萎黄，然后颜色转深形成棕色斑块。在发生萎黄的组织与正常组织之间有一条明显分界线，随着受害程度的加重，黄斑向叶片中部及靠近叶柄部分发展，最后，使叶片大部分枯黄，仅叶主脉下部及叶柄附近仍保持绿色。

(4) 其他污染物的危害症状　除了上述污染物外，O_3、过氧乙酰硝酸酯（PAN)、乙烯（C_2H_4）等也会对植物产生伤害。

植物受到 O_3 伤害后，初始症状是叶面上出现分布较均匀、细密的点状斑，呈棕色或褐色；随着时间的延长，逐渐脱色，变成黄褐色或灰白色，并连成一片，变成大片的块斑。

PAN 伤害植物的早期症状是在叶背面上出现水渍状斑或亮斑，继之气孔附近的海绵组织细胞被破坏并为气窝取代，结果呈现银灰色、褐色。受害部分还会出现许多“伤带”。

C_2H_4 会影响植物的生长及花和果实的发育，并且加速植物组织的老化。

3.9.2　大气污染指示植物的选择

大气污染指示植物是指一些能反映生长的环境中某些元素或物理化学特性的植物，如唐菖蒲、刺槐和悬铃木。

指示植物在受到污染物的侵袭后，应有明显的显示，包括明显的伤害症状、生长和形态的变化、果实或种子的变化及生产力或产量的变化等。

3.9.3　监测方法

(1) 盆栽植物监测法　先将指示植物在没有污染的环境中盆栽培植，待生长到适宜大小时，移至监测点，观测它们的受害症状和程度。

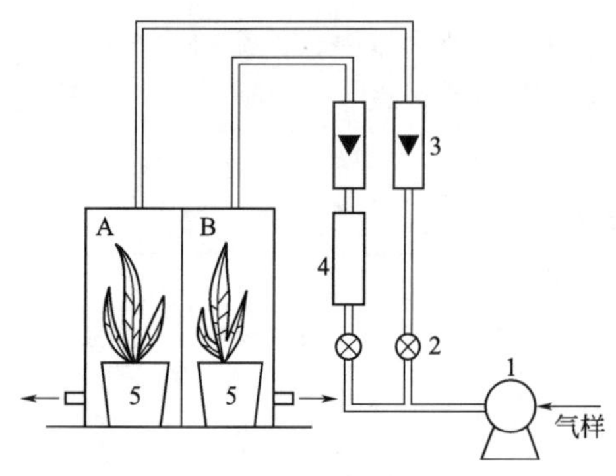

图 3-30　植物监测器

1—气泵；2—针形阀；3—流量计；4—活性炭净化器；5—盆栽指示植物

利用植物监测器（见图 3-30）可准确计算空气流量，进而可估算空气中的污染物浓度。该监测器由 A、B 两室组成，A 室为测量室，B 室为对照室。将同样大小的指示植物分别放入两室，用气泵将污染空气以相同流量分别打入 A、B 室的导管，并在通往 B 室的管路中串接一活性炭净化器，以获得净化空气，待通入足够量的污染空气后，即可根据 A 室内指示植物出现的受害症状和预先确定的与污染物浓度的相关关系估算空气中的污染物浓度。

(2) 现场调查法　现场调查法是选择监测区

域现有植物作为大气污染的指示植物。该方法需先通过调查和试验，确定现场生长的植物对有害气体的抗性等级，将其分为敏感植物、抗性中等植物和抗性较强植物三类。如果敏感植物叶部出现受害症状，表明大气已受到轻度污染；如果抗性中等的植物出现部分受害症状，表明大气已受到中度污染；当抗性中等植物出现明显受害症状，有些抗性较强的植物也出现部分受害症状时，则表明已造成严重污染。同时，根据植物叶片呈现的受害症状和受害面积百分数，可以判断主要污染物和污染程度。

（3）染色体微核技术　微核技术监测环境的指标主要是微核率。当植物受到污染物诱变物质影响时，细胞内正在分裂的染色体会发生损伤，甚至断裂，断裂的染色体碎片一般会重新在染色体上愈合，但有时则不能愈合，而成为独立的染色体片段，形成包膜，变成微小的球体，这就是微核。一般来说，污染中诱变物质越多，产生的微核越多。用出现微核的多少，即可确定环境的污染水平和生物机体受伤害的程度。对植物花序或根尖部分制片检查，通过压片法进行镜检与空白对比分析微核率，以此指数大小来划分污染程度。

$$微核率=(微核总数/四分体总数)\times 100\%$$

$$污染指数=微核实测值/微核标准值$$

（4）其他监测法　还可以用生产力测定法、指示植物中污染物含量测定法等来监测大气污染。生产力测定法是利用测定指示植物在污染的大气环境中进行光合作用等生理指标的变化来反映污染状况，如植物进行光合作用产生氧的能力测定、叶绿素a的测定等。植物中污染物含量的测定是利用理化监测方法测定植物所吸收积累的污染物的量来判断污染情况。

复习题

1. 简述大气污染源的分类。
2. 简要说明制订大气环境污染监测方案的程序和主要内容。
3. 举例说明怎样根据监测目的和监测区域的实际情况选择布点方法。
4. 大气样品的采集方法有哪些？
5. 直接采样法和富集采样法各适用于什么情况？怎样提高溶液吸收法的富集效率？选择吸收液的原则是什么？
6. 填充柱阻留法和滤料阻挡法各适用于采集何种污染物质？其富集原理有什么不同？
7. 在环境监测中，标准气体有何作用？静态配气法和动态配气法的原理是什么？各有何优缺点？
8. 大气颗粒物的测定项目主要有哪些？
9. 怎样用重量法测定大气中总悬浮颗粒物和飘尘？为提高测定准确度，应该注意控制哪些因素？
10. 测定气态污染物 SO_2 的常用方法有哪些？其原理分别是什么？应注意控制哪些因素？
11. 简要说明盐酸萘乙二胺分光光度法测定大气中 NO_x 的原理和测定过程，分析影响测定准确度的因素。
12. 简述化学发光法 NO_x 测定仪测定大气中 NO_x 的流程及其测定原理。
13. 用方块示意图说明非色散红外吸收CO分析仪的基本组成部分及用于测定大气中CO的原理。
14. 什么是硫酸盐化速率？其测定方法有哪些？原理分别是什么？
15. 什么是总挥发性有机物？如何测定？
16. 纳氏试剂分光光度法测定氨气的原理是什么？主要干扰因子是什么？如何消除？
17. 如何测定空气中甲醛的含量？

18. 为什么要进行降水监测？一般测定哪些项目？为什么测定这些项目？

19. 以方块图示意重量法测定烟气含湿量的原理，简述计算其体积百分含量的方法。

20. 烟气采样装置和大气采样装置有何不同？为什么？

21. 对汽车和柴油机车尾气主要测定哪些有害物质？其测定方法原理是什么？

22. 什么是室内空气质量？室内空气污染物包括哪些，其来源是什么？

23. 新风量的含义是什么？如何测定新风量？

24. 室内空气采样过程中应注意什么？

25. 如何利用植物监测大气污染？举两个实例说明之。这种方法有何优点和局限性？

26. 已知环境温度为20℃，气压为101.0kPa，采样流量和采样时间分别为：(1) 100L/min和6h；(2) 0.40L/min和20min。试计算标准状态（0℃，101.3kPa）下的采样体积（单位分别以m^3和L表示）。

27. 用容积为20L的配气瓶进行常压配气，如果SO_2原料气的纯度为50%（体积分数），欲配制50×10^{-6}（ppm）的SO_2标准气，需要加入多少原料气？

28. 某监测点的环境温度为18℃，气压为101.0kPa，以0.50L/min流量采集空气中二氧化硫，采集30min。已知测定样品溶液的吸光度为0.254，试剂空白吸光度为0.034，二氧化硫校准曲线回归方程斜率为0.0776，截距为−0.001。计算该监测点标准状态（0℃，101.3kPa）下二氧化硫的浓度（mg/m^3）。

29. 设某烟道断面面积为1.5m^2，测得烟气平均流速为16.6m/s，烟气温度为127℃，烟气静压为−1333Pa，大气压力为100658Pa，烟气中水蒸气体积分数为20%，求标准状态下的烟气流量。

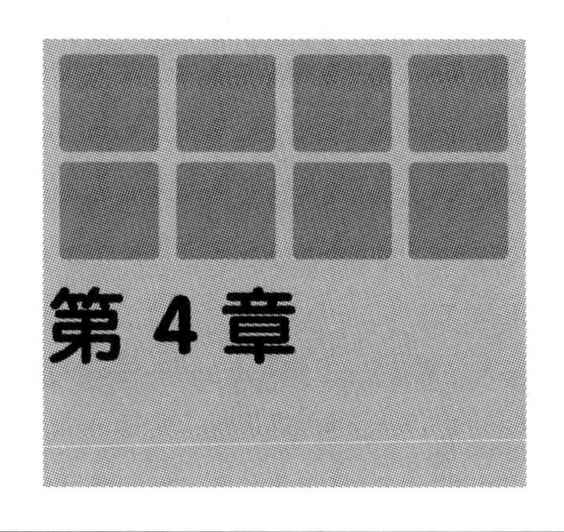

第4章 土壤、生物体和固体废物污染监测

在自然界中，土壤、生物体和固体废物中有害物质的来源、成分、含量可能差异很大，但在监测方法上有很多相似之处。如它们中的有害物质的分析方法和原理与水体、大气中有害物质的分析方法和原理基本上都是一样的，样品的前处理也基本上都包括分解或消解、提取、分离与富集等，目的都是把固体样品转化成可测溶液。三种环境介质的污染监测不同之处在于样品的采集、制备以及预处理中的一些细节问题以及固体废物污染监测所特有的一些项目。本章将着重介绍这些有差别的内容。

4.1 土壤污染监测

污染物进入土壤后造成的危害可以分为两种情况：一是直接危害农作物生长，造成减产；二是被农作物吸收积累，通过食物链影响整个生态系统，或者污染物由土壤转入水体或大气，使土壤成为二次污染源。所以，土壤污染监测是非常必要且重要的。我们可以利用监测数据判断污染现状，预估污染发展进程和趋势，并加以防治。

4.1.1 土壤污染

4.1.1.1 土壤污染的含义

污染物进入土壤，并在其中不断积累，引起土壤组成、结构和功能的改变，从而影响植物的生长与发育，以致在植物体内积累，使作物产量、质量下降，最终影响人体健康；或者说环境污染物过量地输入土壤，使土壤的正常功能受到影响，土壤中所生长的植物和微生物受到危害，并使植物体中的污染物含量超过食品卫生标准。

4.1.1.2 污染物与污染源

（1）污染物　土壤中的污染物种类是多种多样的，它们由于人为原因或者自然原因进入土壤。这些污染物包括重金属如镉、汞、铅、砷等，非金属如氰化物、氟化物以及过量的营养元素等，有机污染物如酚、农药等以及病原微生物等。

（2）污染源　土壤污染源主要有以下几个方面。

① 水，主要指灌溉水、降水。酸性降水、污水灌溉都可能造成土壤污染。

② 气，指大气中的一些污染物质随颗粒物沉降或随降水进入土壤，如铅、氟等。

③ 农业污染源，包括农药、化肥等。农药、化肥本身以及其中含有的有毒成分，进入土壤后分解、转化而成的一些物质都可能对土壤造成污染。

④ 固体废物等，生活垃圾、工业固体废物等堆积在土壤上，其中的病原微生物、有机和无机污染物会因雨水冲淋浸泡等进入土壤。

另外，一些天然污染源也可能引起土壤污染。在自然界中某些元素的富集地带或矿床周围这些元素的含量往往超出一般土壤的含量范围，火山喷发、地震等自然灾害也会造成土壤污染。

4.1.2 土壤样品的采集与制备

4.1.2.1 调查

为了使所采集的样品具有代表性，使监测结果能表征土壤污染的实际情况，监测前首先应进行污染源、污染物的传播途径、作物生长情况、自然条件等调查研究，搞清污染土壤的范围、面积，为采样点的合理布局打基础。

4.1.2.2 样品的采集

样品的采集一定要保证样品具有代表性。

由于土壤具有不均一特性，所以采样时很易产生误差，通常取若干点，组成多点混合样品，混合样品组成的点越多，其代表性越强。另外因土壤污染具有时空特性，应注意采样时间、采样区域范围、采样深度等。

（1）布点方法

① 当污染源为大气点污染源时，可参照大气污染监测中有关布点内容。如：当主导风向明显时采用扇形布点法，以点源在地面射影为圆点向下风向画扇形，射线与弧交点作为采样点；如果主导风向不明显，则用同心圆布点法。以排放源在地面射影为圆心做同心圆，射线与弧交点作为采样点。

② 当污染源为面源污染（非点源污染）时，一般采用网格布点法。

a. 对角线布点法［见图 4-1(a)］：该法适用于面积小、地势平坦的受污水灌溉的田块。布点方法是由田块进水口向对角线引一斜线，将此对角线三等分，取它们的中央点作为采样点。但由于地形等其他情况，也可适当增加采样点。

b. 梅花形布点法［见图 4-1(b)］：该法适用于面积较小、地势平坦、土壤较均匀的田块，中心点设在两对角线相交处，一般设 5～10 个采样点。

c. 棋盘式布点法［见图 4-1(c)］：适宜于中等面积、地势平坦、地形开阔，但土壤较不均匀的田块，一般设 10 个以上采样点。此法也适用于受固体废物污染的土壤，因为固体废物分布不均匀，应设 20 个以上采样点。

d. 蛇形布点法［见图 4-1(d)］：这种布点方法适用于面积较大、地势不很平坦、土壤不够均匀的田块。布设采样点数目较多。

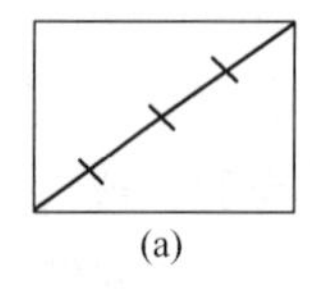
(a)

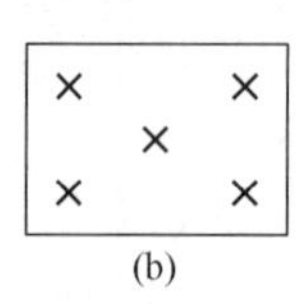
(b)

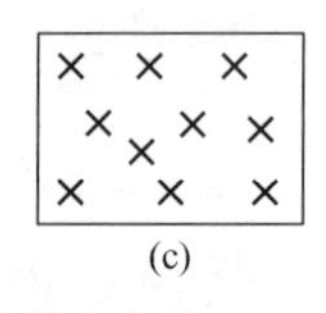
(c)

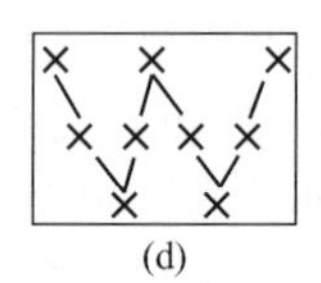
(d)

图 4-1 土壤采样布点法

（2）采样深度 采样深度依监测目的确定，如果只是一般了解土壤的污染状况，只需采集表层土 0～20cm 即可。但如果需要了解土壤污染深度，或者想研究污染物在土壤中的垂直分布与淋失迁移情况，则需分层采样。如 0～20cm、20～40cm、40～60cm 分层取样。分层采样可以采用土钻，也可挖剖面采样。采样时应由下层向上层逐层采集。首先挖一个 1m×1.5m 左右的长方形土坑，深度达潜水区（约 2m）或视情况而定。然后根据土壤剖面的颜色、结构、质地等情况划分土层。在各层内分别用小铲切取一片片土壤，根据监测目的，可取分层试样或混合体。用于重金属项目分析的样品，需将接触金属采样器的土壤弃去。

(3) 采样时间　为了了解土壤污染状况，可随时采集样品进行测定。但有些时候则需根据监测目的与实际情况而定。

① 若污染源为大气，则污染情况易受空气湿度、降水等影响，其危害有显著的季节性，所以应考虑季节采样。

② 如果污染源为肥料、农药，则应于施肥与洒药前后选择适当的时间采样。

③ 如果污染源为灌溉，则应在灌溉前后采样。

(4) 采样量　一般 1～2kg 即可，对多点采集的混合样品，可反复按四分法弃取，最后装入塑料袋或布袋内带回实验室。

(5) 采样工具

① 土钻，适合于多点混合样的采集。

② 小土铲，用于挖坑取样。

③ 取样筒（金属或塑料制作）。

(6) 注意事项

① 采样点不能设在田边、沟边、路边或堆肥边。

② 测定金属不能用金属器皿，一般用塑料、木竹器皿。

③ 如果挖剖面分层采样，应从下而上采集。

④ 采样记录，标签用铅笔注明样品名称、采样人、时间、地点、深度、环境特征等，袋内外各一张。

4.1.2.3　土壤样品的制备与储存

一些易变、易挥发项目需要使用新鲜土壤样品。这些项目包括：游离挥发酚、三氯乙醛、硫化物、低价铁、氨氮、硝氮、有机磷农药等，这些项目在风干的过程中会发生较大的变化。

因风干土样比较容易混合均匀，重复性、准确性比较好，为了样品的保存与测定工作的方便，除以上需要新鲜样品测定的项目外通常将样品做风干处理。

(1) 风干　在风干室将土样放置于风干盘中，摊成 2～3cm 的薄层，适时地压碎、翻动，拣出碎石、砂砾、植物残体。

(2) 样品粗磨　在磨样室将风干的样品倒在有机玻璃板上，用木槌敲打，用木棒、有机玻璃棒再次压碎，拣出杂质，混匀，并用四分法取压碎样，过孔径 2mm（20 目）尼龙筛。过筛后的样品全部置于无色聚乙烯薄膜上，并充分搅拌混匀，再采用四分法取其两份，一份交样品库存放，另一份作样品的细磨用。粗磨样可直接用于土壤 pH、阳离子交换量、元素有效态含量等项目的分析。

(3) 细磨样品　用于细磨的样品再用四分法分成两份，一份研磨到全部过孔径 0.25mm（60 目）筛，用于农药或土壤有机质、土壤全氮量等项目分析；另一份研磨到全部过孔径 0.15mm（100 目）筛，用于土壤元素全量分析。

(4) 样品分装　研磨混匀后的样品，分别装于样品袋或样品瓶，填写土壤标签一式两份，瓶内或袋内一份，瓶外或袋外贴一份。

(5) 注意事项　制样过程中采样时的土壤标签与土壤始终放在一起，严禁错混，样品名称和编码始终不变。

制样工具每处理一份样后擦抹（洗）干净，严防交叉污染。

分析挥发性、半挥发性有机物或可萃取有机物无需上述制样过程，用新鲜样品按特定的方法进行样品前处理。

（6）样品保存　按样品名称、编号和粒径分类保存。

① 新鲜样品的保存　对于易分解或易挥发等不稳定组分的样品要采取低温保存的运输方法，并尽快送到实验室分析测试。测试项目需要新鲜样品的土样，采集后用可密封的聚乙烯或玻璃容器在4℃以下避光保存，样品要充满容器。避免用含有待测组分或对测试有干扰的材料制成的容器盛装保存样品，测定有机污染物用的土壤样品要选用玻璃容器保存。具体保存条件见表4-1。

② 预留样品　预留样品在样品库造册保存。

③ 分析取用后的剩余样品　分析取用后的剩余样品，待测定全部完成数据报出后，也移交样品库保存。

④ 保存时间　分析取用后的剩余样品一般保留半年，预留样品一般保留2年。特殊、珍稀、仲裁、有争议样品一般要永久保存。

新鲜土样保存时间见表4-1。

表4-1　新鲜样品的保存条件和保存时间

测试项目	容器材质	温度/℃	可保存时间/d	备注
金属(汞和六价铬除外)	聚乙烯、玻璃	<4	180	
汞	玻璃	<4	28	
砷	聚乙烯、玻璃	<4	180	
六价铬	聚乙烯、玻璃	<4	1	
氰化物	聚乙烯、玻璃	<4	2	
挥发性有机物	玻璃(棕色)	<4	7	采样瓶装满装实并密封
半挥发性有机物	玻璃(棕色)	<4	10	采样瓶装满装实并密封
难挥发性有机物	玻璃(棕色)	<4	14	

⑤ 样品库要求　保持干燥、通风、无阳光直射、无污染；要定期清理样品，防止霉变、鼠害及标签脱落。样品入库、领用和清理均需记录。

土壤污染常规监测制样过程如图4-2所示。

4.1.3　土壤样品的预处理

由于分析的成分和选用的方法不同，所要求的预处理方法也不同。一些核技术分析方法如X射线荧光分析法、中子活化法、同位素示踪法等可用制备的固体样品直接测定。但经常用的诸如原子吸收法、色谱法、普通的分光光度法、滴定法等却需要将固体样品转化为溶液进行分析。

土壤中成分的测定，包括全量成分及有效成分或某种形态（水溶态、交换态等）的测定。一般无机成分全量成分测定时的预处理称为消解或消化处理，某种形态或有机成分测定的预处理称为提取。

4.1.3.1　样品的消解

（1）土壤样品的熔融消解法　此方法的原理是将熔剂、助熔剂、土壤放在合适的容器里加热至高温，破坏硅酸盐及有机碳，使样品熔融，熔块经水或酸溶解后制成待测液。

常用的熔剂包括碱熔剂和酸熔剂。碱熔剂有Na_2CO_3（熔点815℃）、NaOH（熔点320℃）、Na_2O（熔点415℃）等，酸熔剂有焦硫酸、五氧化二钒、硼酸、硼砂等。采用的容器材料有石英、瓷、铂金、铁、聚四氟乙烯等。

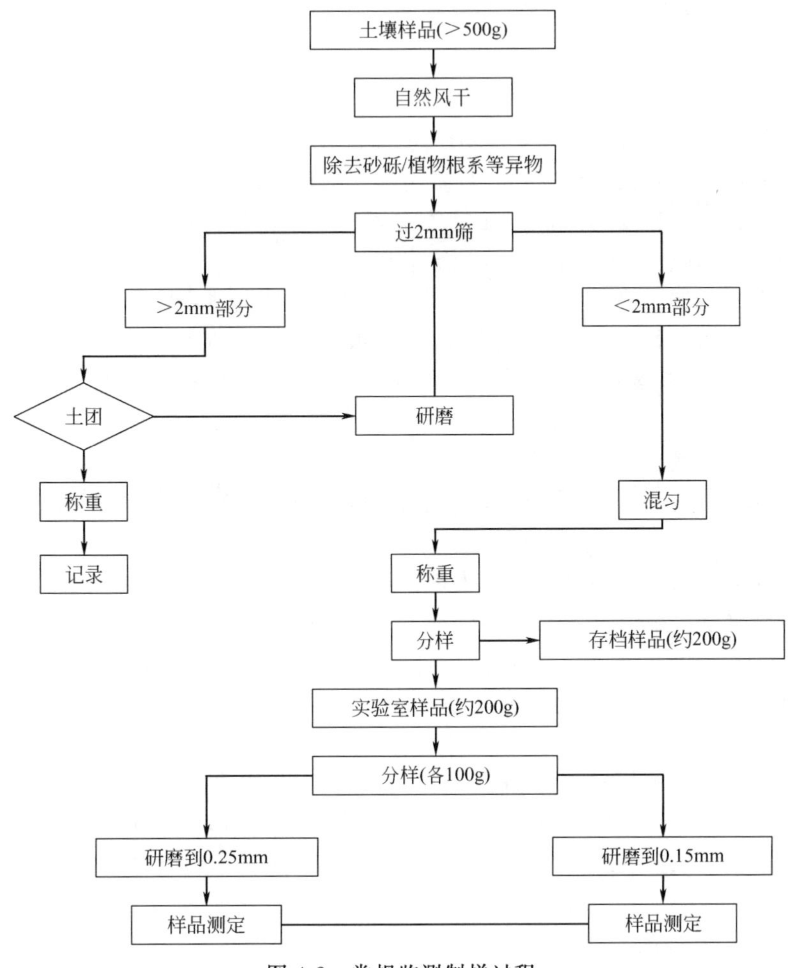

图 4-2　常规监测制样过程

(2) 土壤样品的酸消解法　此方法的原理是将酸与土样加热消化，破坏土壤有机质，溶解固体物质，将待测成分变成可测态。常用容器有细颈烧瓶、长颈烧瓶、聚四氟乙烯瓶、增压溶样器。

消解时常用的酸及其性质见表 4-2。

表 4-2　常用酸及其性质

酸	沸点	性　质
H_2SO_4	338℃	$H_2SO_4 \longrightarrow H_2O+SO_2+[O]$，[O]具强氧化性
HCl	108℃	Cl^- 有络合作用，使消解更易
HF	120℃	能破坏土壤中的硅酸盐，生成 SiF_4 等，但沸点太低，故常与 H_2SO_4 混合用
$HClO_4$	203℃	加热时释放出强氧化性物质，是一种强氧化剂，也是一种强酸，可很好地破坏土壤有机质，但消解植物样品时形成一种不稳定的酯，易爆炸
H_3PO_4	213℃	加热失水形成焦磷酸，H_3PO_4 对铬铁矿具有特殊的分解能力，可以络合 Fe^{3+} 等干扰物质，从而利于消化液光度测定
HNO_3	121℃	在加热或见光时分解释出 O_2，能促进矿物与有机物的氧化分解，但因沸点低，常和其他酸混用

因为单一酸消解效果欠佳，所以经常用混合酸，如：王水 [HCl∶HNO_3＝3∶1（体积比）]，H_2SO_4-HNO_3（先加 HNO_3，再加 H_2SO_4，否则易喷溅引起损失），$HClO_4$-HNO_3

（氧化性强，先用 HNO_3 处理至一定温度加再 $HClO_4$，防崩沸爆炸），$HCl-HNO_3-HClO_4-HF$ 等。

4.1.3.2　样品的提取

（1）水浸提法（水溶态的提取）　如测定土壤中水溶性有机质、CO_3^{2-}、Ca^{2+}、Mg^{2+}、总碱度、pH 等采用此预处理方法。定期监测水浸提液可掌握土壤 pH、含盐量等动态，以判断土壤质量及其对农作物的适应情况及危害等。具体操作：称 50.00g 土样至三角瓶，加 250mL 无 CO_2 水，振荡提取，过滤，滤液备用。

（2）土壤中有效态污染物的提取　所谓“有效态”是指植物能直接吸收利用的部分，一般指水溶性、可交换性的形态。为了制定限定性指标值，建立起相互比较的统一标准基础，对样品的粒径，提取剂成分和 pH，提取剂和样品的数量、提取时间、提取温度须特别注意。

提取效率影响因素有以下几点。

① 粒径　粒径越小，提取量越高，越细，越有利于混合均匀，从而可取少量样品代表整体。然而有效成分的提取，需保持接近原样的状态，即倾向于不要磨得太细，从而只能以提高称样量来保证样品的代表性。所以出现了样品粒度与称样量在体现样品代表性方面的匹配问题。一般测全量，取 0.25mm 粒径，1.5～2g（0.5～1g，含量高），测有效态取 2mm 粒径，5～20g。

② 提取剂的成分　提取剂的成分决定能提取什么物质，提取某物质的某种形态。经常用的提取剂有水、盐溶液、酸、EDTA、DTPA 等。

③ 提取剂的 pH　成分相同而 pH 不同的提取剂，其提取量有很大的出入，这是因为大多数化学物质的溶解都随 pH 值而变化，如 pH＝7.0 的 1mol/L KCl 可提取盐基成分，而 pH＝5.5～6.0 的 1mol/L KCl 可提取盐基成分和交换性 Al^{3+}，所以，对提取剂规定明确的 pH 是必要的。

④ 提取剂体积与样品质量比　比值越高，提取量也越高。若比值一定，样量与提取剂的用量越大，提取量也越高，因为土粒与提取剂间的相互作用概率是因样量的增大而呈指数上升，而不是呈比例上升的。

⑤ 提取时间　提取量随时间的增长而增长，直至达到平衡点，提取时，被提取物质与土壤样品处于解吸-吸附的作用过程中，两种作用速率相等时即达到平衡。

⑥ 提取温度　不论是溶解-沉淀、吸附-解吸、氧化-还原、分解-化合，一般都是温度升高 10℃而反应速度增大 2～4 倍。一般都规定为室温，即 20～25℃。

（3）土壤中有机污染物的提取　土壤中的有机污染物要用有机溶剂来提取，如丙酮、氯仿、石油醚、乙醇、乙醚等。根据污染物的极性选择有机溶剂，如有机氯农药选择非极性溶剂，如正己烷、苯等，当样品含水量少时也可选用丙酮、石油醚等；有机磷农药选择强极性有机溶剂，如氯仿、丙酮、二氯甲烷等。

一般通过长时间的振荡浸渍或用索氏抽提来提取。

污染物的分离与浓缩可参照水体和生物体污染监测有关章节。

4.1.4　土壤含水量测定及分析结果的表示

在土壤监测工作中，不论是采用新鲜样品，还是风干样品，都必须测定其含水量。因为土壤中污染物含量的表示是以烘干土为基准计算的，即 mg/kg 烘干土。

测定土壤含水量时，一般称取 5.00～10.00g 土壤至称量瓶或铝盒内，在（105±2)℃条件下烘至恒重。结果有两种表示方式：

$$水分(烘干基)=\frac{烘前重-烘干重}{烘干重}\times 100\%$$

$$水分(分析基)=\frac{烘前重-烘干重}{烘前重}\times 100\%$$

一般按照第二种方法计算含水量。

4.1.5 土壤污染物的测定

4.1.5.1 土壤污染物的分析方法

我国土壤环境监测技术规范（HJ/T 166—2004）提出了三种分析方法。

第一方法：标准方法，即仲裁方法，按土壤环境质量标准中选配的分析方法。

第二方法：由权威部门规定或推荐的方法。

第三方法：根据各地实情，自选等效方法，但应做标准样品验证或比对实验，其检出限、准确度、精密度不低于相应的通用方法要求水平或待测物准确定量的要求。

土壤监测项目与分析方法汇总见表4-3。

表4-3 土壤监测项目与分析方法

监测项目	推荐方法	等效方法
砷	COL	HG-AAS、HG-AFS、XRF
镉	GF-AAS	POL、ICP-MS
钴	AAS	GF-AAS、ICP-AES、ICP-MS
铬	AAS	GF-AAS、ICP-AES、XRF、ICP-MS
铜	AAS	GF-AAS、ICP-AES、XRF、ICP-MS
氟	ISE	
汞	HG-AAS	HG-AFS
锰	AAS	ICP-AES、INAA、ICP-MS
镍	AAS	GF-AAS、XRF、ICP-AES、ICP-MS
铅	GF-AAS	ICP-MS、XRF
硒	HG-AAS	HG-AFS、DAN荧光、GC
钒	COL	ICP-AES、XRF、INAA、ICP-MS
锌	AAS	ICP-AES、XRF、INAA、ICP-MS
硫	COL	ICP-AES、ICP-MS
pH	ISE	
有机质	VOL	
PCBs、PAHs	LC、GC	
阳离子交换量	VOL	
VOC	GC、GC-MS	
TVOC	GC、GC-MS	
除草剂和杀虫剂类	GC、GC-MS、LC	
POPs	GC、GC-MS、LC、LC-MS	

注：ICP-AES：电感耦合等离子体发射光谱法；XRF：X射线荧光光谱分析；AAS：火焰原子吸收分光光度法；GF-AAS：石墨炉原子吸收分光光度法；HG-AAS：氢化物发生原子吸收法；HG-AFS：氢化物发生原子荧光法；POL：催化极谱法；ISE：离子选择性电极；VOL：容量法；INAA：中子活化分析法；GC：气相色谱法；LC：液相色谱法；GC-MS：气相色谱-质谱联用法；COL：分光比色法；LC-MS：液相色谱-质谱联用法；ICP-MS：等离子体-质谱联用法。

4.1.5.2 土壤污染物的测定范例

(1) 土壤中重金属的测定（Cd、Zn、Cu、Pb、Mn、Ni等）

① 总量测定

a. 预处理。一般采用酸消化法进行预处理，可选用 $HCl-HNO_3-HF$、王水-$HClO_4$ 等复合酸消解方法，消化完全后过滤，定容待测。

b. 测定。重金属的测定可以选用火焰原子吸收分光光度法（AAS）、电感耦合等离子体发射光谱法（ICP-AES）或ICP-MS、双硫腙分光光度法以及其他可见分光光度法等方法测定。

② 有效态测定

a. 提取处理。碱性、石灰性土壤用DTPA浸提液提取。浸提液的成分为0.005mol/L DTPA、0.01mol/L $CaCl_2$、0.1mol/L TEA（三乙醇胺）。

酸性土壤用0.1mol/L HCl提取。

b. 测定。同总量测定。

（2）土壤中有机磷农药的测定

① 土样的提取及净化 准确称取土样20g置于300mL具塞锥形瓶中，加水，使加入的水量与20g样品中水分含量之和为20mL，摇匀后静置10min，加100mL含20%水分的丙酮浸泡6～8h后，振荡1h将提取液倒入铺有两层滤纸及一薄层助滤剂的布氏漏斗减压抽滤，取80mL滤液（相当于2/3样品），移入分液漏斗中。加入10～15mL（用0.5mol/L的KOH溶液调pH值为4.5～5.0）的凝结液和1g助滤剂，振摇20次，静置3min，过滤入另一500mL的分液漏斗中，加入3g的氯化钠，分别用50mL、50mL、30mL二氯甲烷萃取三次，合并有机相。经过装有无水硫酸钠和1g助滤剂的筒形漏斗过滤并脱水，收集滤液于250mL平底烧瓶中，加0.5mL乙酸乙酯，先用旋转蒸发器浓缩至10mL，移入K-D浓缩器浓缩到1mL，在室温下用氮气吹至近干，用丙酮定容至5mL，供色谱测定。10种有机磷农药的气相色谱图见图4-3。

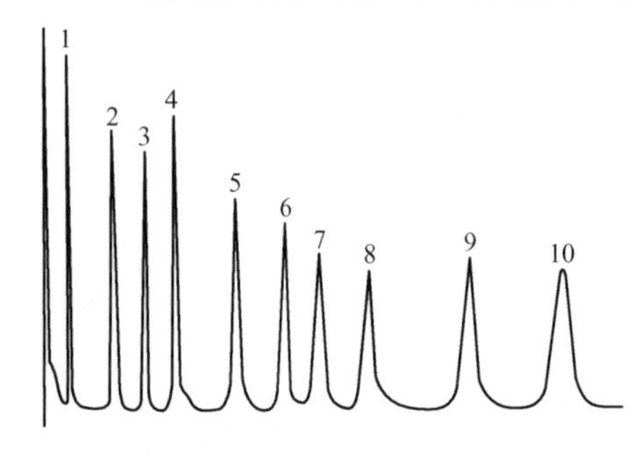

图4-3 10种有机磷农药的气相色谱图

1—速灭磷；2—甲拌磷；3—二嗪磷；4—异稻瘟净；5—甲基对硫磷；6—杀螟硫磷；7—溴硫磷；8—水胺硫磷；9—稻丰散；10—杀扑磷

② 气相色谱测定 色谱柱：5%OV-17/Chrom Q 80～100目；进样口温度：230℃；柱温：200℃；检测器温度：250℃；载气流速：36～40mL/min；氢气流速：4.5～6.0mL/min；空气流速：60～80mL/min；进样量：3～6μL。

本方法对土壤有机磷农药的最低检测浓度为0.0001～0.0029mg/kg。本方法仪器的最低检测限低于10^{-11}g。

4.2 生物体污染监测

生物是环境的要素之一。由于生物的生存与大气、水体、土壤等环境要素息息相关，生物在从这些环境要素中摄取营养物质和水分的同时，也摄入了环境污染物质并在体内蓄积，因此，生物体监测的结果可在一定程度上反映生物体对环境污染物的吸收、排泄和积累情况，也从一个侧面反映与生物生存相关的大气污染、水体污染以及土壤污染的程度。

生物体污染监测采用物理、化学方法，通过对生物体内所含环境污染物的分析，对环境质量进行监测。它与以生物学、生态学方法对环境质量进行跟踪性检测的“生物监测”不同，前者的监测重点是生物体内环境污染物，而后者则是利用生物个体、种群或群落的状况和变化及其对环境污染或变化所产生的反应阐明环境污染状况。

4.2.1　生物体污染

4.2.1.1　生物体污染的概念

污染物质通过不同途径在生物体内积累的数量超过正常含量并足以影响人体健康或影响动、植物生活时就称为生物体污染。

4.2.1.2　污染途径

生物体受污染的途径主要有表面附着、生物吸收和生物积累三种形式。

（1）表面附着　表面附着是指污染物以物理的方式黏附在植物表面的现象。例如施用的农药部分黏附在植物表面，脂溶性或内吸传导性的农药可渗入作物表面蜡质层或组织内部，被吸收、疏导分布到植株汁液中。

表面附着量的大小与植物的表面积大小、表面形状、表面性质及污染物的性质、状态等有关。表面积大、表面粗糙、有绒毛的植物其附着量较大，黏度大、粉状的污染物在植物上的附着量亦较大。

（2）生物吸收　大气、水体和土壤中的污染物，可经生物体各器官的主动吸收和被动吸收进入生物体。

植物吸收污染物包括由气孔吸收气态污染物，例如植物叶面的气孔能不断地吸收空气中极微量的氟等，吸收的氟随蒸腾流转移到叶尖和叶缘，并在那里积累至一定浓度后造成植物组织的坏死。植物也可由根吸收土壤、土液中的污染物。植物根系从土壤或水体中吸收营养物质和水分的同时也吸收其中的污染物，其吸收量的大小与污染物的性质及含量、土壤性质和植物品种等因素有关。例如用含镉污水灌溉水稻，水稻将从根部吸收镉，并在水稻的各个部位积累，造成水稻的镉污染。

主动吸收即代谢吸收，是指植物细胞利用其特有的代谢作用所产生的能量而进行的吸收作用。细胞利用这种吸收能把浓度差逆向的外界物质引入细胞内。被动吸收即物理吸收，这种吸收依靠外液与原生质的浓度差，通过溶质的扩散作用而实现吸收过程，其吸收量的大小与污染物性质及含量大小，以及植物与污染物接触时间的长短等因素有关。

动物吸收污染物主要指由呼吸道吸收气态污染物、小颗粒物，由消化道吸收食物和饮水中污染物，由皮肤吸收一些脂溶性有毒物。

呼吸道吸收的污染物，通过肺泡直接进入动物体内大循环；消化道吸收的污染物通过小肠吸收（吸收的程度与污染物的性质有关），经肝脏再进入大循环；经皮肤吸收的污染物可直接进入血液循环；另外，由呼吸道吸入并沉积在呼吸道表面上的有害物质，也可以咽到消化道，再被吸收进入机体。

（3）生物积累　生物积累作用亦称生物浓缩作用，它是指生物（包括微生物）通过食物链进行传递和富集污染物的一种方式。生物体内浓度与环境中浓度之比称为浓缩系数。

污染物在食物链的每次传递中都可能得到一次浓缩，甚至可以达到产生中毒作用的程度。人处于食物链的末端，若长期食用污染环境中的生物体，则可能由于污染物在体内长期富集浓缩而引起慢性中毒。震惊世界的环境公害事件之一——日本熊本县“水俣病”，就是因为水俣湾当地的居民较长时间内食用了被周围石油化工厂排放的含汞污染废水污染了的鱼、虾、贝类等水生生物，造成大量居民中枢神经中毒，甚至死亡，这是由含汞废水进入食物链而造成的对人体的严重毒害事件。

生物浓缩在生物污染中尤其是对高等动物的污染有其特殊意义。某些有毒物质即使在环境中是极微量的，对人类也可能有潜在的危害。浓缩系数与环境中元素或物质的种类和浓度有关，而且与元素价态、物质结构形式、溶解度、生物种类、生物器官、各生物生长阶段的生理特性和外界环境条件等有关。

4.2.1.3 污染物质在生物体内的分布

污染物质在生物体内的分布与生物种类、组织部位有关。

在植物体内，污染物从根吸收时，一般污染物含量为根＞茎＞叶＞穗＞壳＞种子；从叶面吸收时，一般污染物含量为叶＞茎＞根。

在动物体内，污染物主要通过血液和淋巴分布到全身，按毒物性质和进入的动物组织类型的不同，大体有下列几种分布规律：

① 能溶解于体液的物质在体内均匀分布，如钠、钾、氯、氟等；

② 蓄积于肝或其他网状内皮系统，如镧、锑、钍等三价和四价阳离子；

③ 对某一种器官具有特殊亲和性，如碘对甲状腺，汞、钠对肾脏等；

④ 与骨具有亲和性的物质，如二价阳离子铅、钙、钡等；

⑤ 脂溶性物质与脂肪组织乳糜微粒具有亲和性，如有机氯蓄积于脂肪中。

以上五种分布类型之间又是彼此交叉，比较复杂。往往一种污染物对某一种器官有特殊亲和作用，但同时也分布于其他器官。例如，铅离子除分布在骨骼中外，也分布于肝、肾中；砷除分布于肾、肝、骨骼外，也分布于皮肤、毛发、指甲中。另外，同一种元素可能因其价态或存在形态不同而在体内蓄积的部位也有所不同。例如，水溶性汞离子很少进入脑组织，但烷基汞呈脂溶性，能通过脑屏障进入脑组织。再如进入体内的四乙基铅，最初在脑、肝中分布较多，但经分解转变成为无机铅后，则铅主要分布在骨骼、肝、肾中。

4.2.2 生物样品的采集和制备

生物体中的污染物，一般来说都是极微量的。为了使分析结果能正确反映研究对象中所含污染物的实际情况，除全部分析工作要求精密、准确外，正确地采集具有代表性的样品，选择适宜的样品处理方法也是极为重要的环节。

4.2.2.1 植物样品的采集

(1) 调查　采样前必须对监测对象的有关污染情况、污染物的性质及各种环境因素等进行调查研究，收集有关资料，确定采样区及代表性小区，选定采样植株数、采样部位、采样量等。

(2) 采集

① 工具与用具　包括剪刀、铲、锄、布袋或聚乙烯袋、标签、记录本、铅笔等。

② 采集方法　在采样小区内以对角线五点采样或平行间隔采样法（见图 4-4），采集 5～10 点混合成一个代表样品。

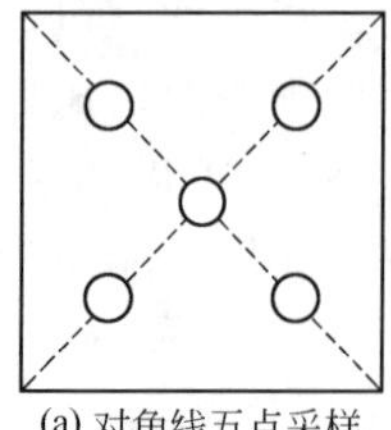

(a) 对角线五点采样

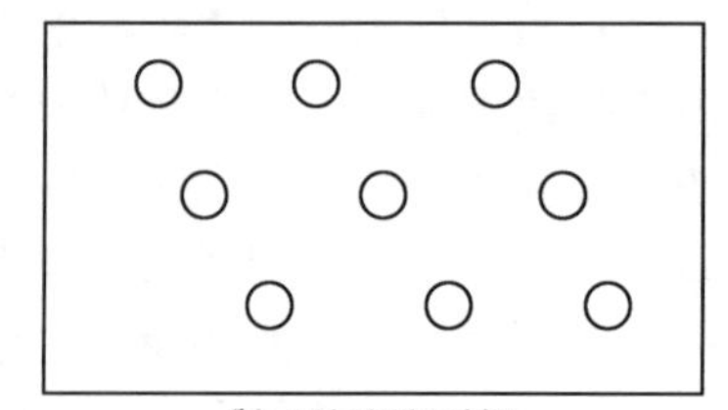

(b) 平行间隔采样

图 4-4　植物样品采集

采集植物样品时应该注意以下几个方面。

a. 代表性。即采集能代表一定范围污染情况的植株为样品。这就要求对污染源的分布、污染类型、植物的特征、地形地貌、灌溉出入口等因素进行综合考虑，选择合适的地段作为采样区，再在采样区内划分若干小区，采用适宜的方法布点，确定代表性的植株。采集作物或蔬菜时，不要采集田埂、地边及距田埂地边 2m 范围以内的植株。

b. 典型性。即采集的植株部位要能充分反映所要了解的情况，不同部位不要混合（根据监测目的分别采集植物的不同部位）。

c. 适时性。指在植物不同生长发育阶段或施药、施肥前后适时采样监测，以掌握不同时期的污染状况和对植物生长的影响。生长期不同，抗性、污染物的含量差异可能很大。

d. 适量。保证样品制备后至少有 50g 的干样品，一般新鲜样品应比干样品多 10 倍左右。

e. 其他。如采集果实时应注意树龄、树形、生长势、果实着生率及着生方向、着生位等。

(3) 不同样品处理

① 根　应尽量保持根系的完整，不要损伤根毛。将土弄掉，用清洁水冲洗干净（不能浸泡），吸水纸吸干。

② 蔬菜　一般整株采集，用湿纱布包好，放在塑料袋或布袋中。

③ 水生植物　如浮萍、藻类等一般整株采集，清水冲洗干净，记录水质、生长面积。

如要进行新鲜样品分析，则在采样后要用清洁、潮湿的纱布包住或装入塑料袋中，以免水分蒸发而萎蔫。

(4) 制备　样品带回实验室后，如用新鲜样品进行测定，应立即处理和分析。当天不能分析完的样品，可暂时保存在冰箱内。如用干样品进行测定，则需将样品干燥、粉碎过筛。

① 测易变项目（农药、氰化物、亚硝酸等）以及植物的营养成分或品质成分（维生素、氨基酸、植物碱等）时，需采用新鲜样品进行分析。新鲜植物样品的制备一般按以下步骤进行操作。

a. 将样品用清水、去离子水洗净，晾干或擦干。

b. 将晾干的新鲜样品切碎、混合均匀，称取 100g 于电动组织捣碎机中，加与样品等量的蒸馏水或去离子水或按要求加一定量的提取剂，捣碎 1～2min，制成匀浆。对含水量大的样品可不加水，如熟透的西红柿；对含水量少的可加二倍于样品的水。

c. 对于含纤维多或较硬的样品，如禾本科植物的根、茎秆、叶子等，可用不锈钢刀或剪刀切（剪）成小片或小块，混匀后在研钵内研磨。

② 同土壤样品一样，因风干植物样品比较容易储存，且混合均匀，重复性、准确性比较好，所以为了测定工作的方便，除了需要新鲜样品测定的项目外通常将样品做风干处理。风干植物样品的制备过程如下。

a. 洗净晾干（或烘干）。将新鲜样品用清水洗干净后剪碎放在干燥通风处风干，也可放在 40～60℃鼓风干燥箱中烘干，以免发霉腐烂，并减少化学和生物变化。

b. 样品的粉碎。将风干或烘干的样品用剪刀剪碎，放入电动粉碎机粉碎。谷类作物的种子如稻谷等，应先脱壳再粉碎。

c. 过筛。一般要求通过 1mm 筛孔，有的分析项目要求通过 0.25mm 筛孔。制备好的样品储存于磨口玻璃广口瓶或聚乙烯广口瓶中备用。

在样品制备过程中应该注意，如若测定重金属，尽量避免相关金属器械的使用，如采用玻璃研钵破碎，聚乙烯瓶保存等。

4.2.2.2　动物样品的采集和制备

在环境毒理学研究或食品安全检测等工作中常需要采集动物样品。根据监测对象及监测目的，动物的尿液、血液、粪便、毛发、组织器官等均可作为检测样品。

（1）尿液　绝大多数毒物及其代谢产物主要由肾脏经膀胱、尿道和尿液一起排出，故尿检在医学临床试验中应用较为广泛。如测定尿中的铅、镉、锰等，应收集 24h 或 8h 尿，或早晨一次收集。

（2）血液　检验血液中的金属毒物（如血铅、汞）、非金属毒物（氟化物、酚等），对判断动物的受危害情况有一定的意义。近十几年多有依据血铅检测而反映出因工业废气而造成的污染事件。一般用注射器抽取 10mL 血液放入试管中备用，必要时需加抗凝剂如二溴酸盐。

（3）毛发和指甲　有些毒物如砷、锰、有机汞等蓄积在指甲和毛发中的时间较长，故在与污染物脱离接触或停止摄入污染食品后，血液和尿液中毒物量已下降，而毛发和指甲中的毒物检验，仍有一定的价值。一般采集距头皮 2.5cm 内的发样，清洗干净晾干后备用。

（4）组织和脏器　组织和脏器在食品安全，环境污染物在机体内的分布、蓄积，毒性试验等方面的调查与研究上有一定意义。采集组织和脏器样品后，应于组织捣碎机中捣碎、混匀，制成匀浆样品备用。

4.2.2.3　水产样品的采集和制备

水产品如鱼、虾、贝、蟹等是人们餐桌上常见的食物，同时它们也是水体污染物质通过食物链进入人体的途径之一。

采集水产样品一定要注意监测区域，样品个体大小、品种等因素。一般采集产量高、分布范围广的产品，所采品种尽可能齐全，以较客观地反映水产品的被污染水平。从食品安全角度出发，一般只取可食部分测定。对于鱼类，大的个体可取 3～5 条（每条可取对称一侧的可食部分），小的个体可取 10～30 条，洗净后取可食部分切碎、捣匀备用。对于虾蟹类，去头、壳、肠腺等，取可食部分捣碎制成混合样。对于贝类或甲壳类，洗净沥干后去壳，取可食部分组成混合样，捣碎备用。海藻类如海带等，洗净，沿中间筋线剪开取半，剪碎、混匀，按四分法缩分至所需数量（一般保证至少有 10g 以上的干样）。

在采集动物样品时一定要注意做好完整记录，如样品名称、种类、数量、取样部位、取样时间、地点、采样人等，采样量尽量多些，采集或制备后若不能立即处理应该及时冷藏或冷冻保存。

4.2.2.4　分析结果的表示和样品含水量的测定

为了便于比较各种样品中某一成分含量的高低，大多植物体中污染物质含量的分析结果常以干重为基础表示（mg/kg 烘干）。因此，对植物样品进行测定时需要测定样品的含水量。对于含水量高的蔬菜、水果、动物组织，则用鲜重表示计算结果（mg/kg 鲜样）。

含水量测定可参照土壤监测有关章节。

4.2.3　生物样品的预处理

在测定生物样品中无机污染物时，必须将生物样品中所含的有机物质破坏分解以消除其干扰，另外生物样品中所含有的被测物质含量可能非常低，所以在分析测定之前常需进行预处理，即样品消解，对待测组分进行富集和分离，或对干扰组分进行掩蔽等。

4.2.3.1　灰化处理

在分析生物样品中微（痕）量无机物时，为提高检测的精度和灵敏度而破坏其中的有机物所采用的方法，其中有湿灰化法与干灰化法。

（1）湿灰化法　也称湿法氧化、消解、消化法。将一种或多种酸与生物样品共煮，有机物分解为 CO_2 和 H_2O，有时需加入氧化剂或催化剂。常用三角瓶等玻璃、聚四氟乙烯器皿。

常用酸有 HNO_3-H_2SO_4、HNO_3-$HClO_4$、H_2SO_4-H_2O_2、H_2SO_4-HNO_3-$KMnO_4$ 等。

(2) 干灰化法

① 高温电炉法　将样品放入合适的坩埚，首先低温碳化（200～250℃），然后于马弗炉中高温灰化，用稀酸溶解灰分，过滤，定容备用。有时需加灰化剂或固定剂。

② 低温灰化法　原理是用激发态氧在低温下氧化有机物来测定生物材料中易挥发元素，如 Se、Hg、As、F 等。

③ 氧瓶燃烧法　样品包在无灰滤纸中，安放在磨口瓶塞的铂丝上，点燃，放入三角瓶内（已充氧并有合适的吸收液），用于测定易挥发物质如氟、汞、硫等。

④ 氧弹法　将样品研成粉末，压成片，放于钢弹内，充氧至一定压力，用电火花引发样品燃烧。机理同氧瓶燃烧法类似。

测定生物样品中的无机污染物时富集和净化的方法可参照水体污染监测有关章节。

4.2.3.2 提取、浓缩和净化

测定生物样品中的有机污染物时，首先需把有机污染物从样品中提取出来，提取效率的好坏直接影响到分析结果准确性。另外，杂质的存在会干扰或阻碍分析，故需经过净化，同时，为满足分析方法灵敏度的需要，需进行必要的浓缩。因此，提取、浓缩、净化是有机污染物分析中十分重要的环节。

(1) 提取　提取方法应根据样品的性质、待测物的物化性质及其存在形态、数量以及分析测定方法等来选定，以达到完全提取出样品中待测组分的目的。常用方法有以下几种。

① 振荡提取　切碎或粉碎的样品加适当提取剂→振荡提取（0.5～1h）→过滤出溶剂→重复提取→合并提取液→净化→分析。该法适用于蔬菜、水果、谷物等样品。

② 组织捣碎提取　样品切碎→组织捣碎机（加合适提取剂）→捣碎→过滤→有机物滤渣重复提取→合并提取液→净化→分析。该法适用于动植物鲜样组织有机物提取。

③ 索氏提取　索氏提取器又称脂肪提取器，是提取有机物的高效仪器。该法适合于生物或土壤样品中脂肪或农药残留等的分析。

④ 直接球磨提取　将样品在球磨机中直接磨碎提取，效率高，回收率及重现性都较好。该法适用于作物和土壤中的有机氯、有机磷农药的提取分析。

选择提取剂时应注意以下几点：

① 纯度高，需达色谱纯；

② 遵从极性相似相溶原理，极性小的物质用极性小的溶剂提取，极性大的物质用极性大的溶剂提取；

③ 沸点在 45～80℃之间为宜，太低易挥发，太高不易浓缩；

④ 毒性、价格等因素，尽量选取毒性小、价格低廉的溶剂。

(2) 浓缩　一般情况下待测物在提取液中浓度很低，需经过浓缩后才能进行检测。常用方法有以下几种。

① 蒸馏与减压蒸馏　适用于低沸点提取剂的浓缩，对于易分解物质浓缩用减压蒸馏。

② K-D浓缩器　简单高效，广泛应用于农药残留量分析中，但较费时。

③ 旋转蒸发器　速度快，是目前应用最广泛的方法。

④ 气流吹蒸浓缩　气体（N_2 或空气）通过易挥发性提取剂，将提取剂带走，使待测物浓缩（气体不与测定物反应，且待测物沸点不能太低，否则被气体带走）。

(3) 净化

① 柱层析法　将有机污染物和杂质一起通过一支适宜的吸附柱，使它们吸附在有表面

活性的吸附剂上，然后用适当的淋洗剂（其极性应稍强于提取剂）进行淋洗，此时，农药等有机污染物一般被淋洗出来，而脂肪、蜡质、色素等杂质仍留在吸附柱上，从而达到分离、净化的目的。

② 液-液分配法　以分配定律为基础，即利用有机组分在不同溶剂中分配系数的差异使待测物与杂质得以分离。

p 值的概念：某一有机污染物在体积相等的两种互不相溶的溶剂中分配达到平衡时，于非极性溶剂中所占的分数为 p 值，在极性溶剂中所占的分数为 q 值。分配系数 $K=p/q$。

p 值越小，存在于极性溶剂中的有机污染物越多，越有利于用极性溶剂从非极性溶剂中提取有机污染物，这是选择溶剂体系的依据。

外界条件不变时，在固定的溶剂对中，p 是一个常数，p 受温度影响，一般温度升高 p 增大，但变化幅度不大。

③ 磺化法　用浓 H_2SO_4 处理提取液，H_2SO_4 与杂质起反应，而与要测定的物质不反应，磺化产物多为强极性，从而和有机污染物分离（此法常用于有机氯农药的净化，对易被酸分解或起反应的有机磷农药、氨基甲酸酯类则不适用）。

④ 低温冷冻法　低温下，动植物组织中的脂肪从丙酮溶液中沉淀析出，而农药则留在冷的丙酮溶液中，经过滤达到分离净化。此法优点：有机化合物在净化过程中不起变化，效果好，回收率也较高。

⑤ 吹蒸法（汽提法）　用气体将溶解在溶液中的挥发性待测物质分离出来，此法适用于一些易挥发农药和挥发油的净化。

⑥ 液上空间法　此法是根据气液平衡的原理结合气相色谱发展起来的一种新技术，适用于土壤或植物样品中挥发性组分或异味组分的分离测定。

总之，方法多样，且各有优缺点，需根据样品与待测物性质选择。

4.2.4　生物样品中污染物测定实例简介

4.2.4.1　生物样品中多氯联苯（PCB）的测定

（1）提取　样品用正己烷提取（根据样品性质可用组织捣碎等提取方法），提取液中含PCB、脂肪、有机氯农药等。加热除去正己烷，残留物为以上三者的混合物。

（2）净化

① 皂化脱脂　加氢氧化钾的乙醇溶液，在沸水浴上回流加热皂化，再用正己烷萃取，除掉脂肪。皂化萃取液含多氯联苯和有机氯农药。

② 多氯联苯与有机氯农药分离　用硅胶柱层析法，有机氯农药吸附在柱上，使多氯联苯与有机氯农药分离。

（3）浓缩　此步骤需在皂化脱脂后进行。可用旋转蒸发器浓缩，浓缩至 5mL 后进入硅胶层析柱使多氯联苯与有机氯农药分离。

（4）测定　用带有电子捕获器的气相色谱仪测定。

4.2.4.2　生物样品中重金属的测定（Cu、Zn、Pb、Cr、Ni 等）

（1）灰化

① 湿灰化法　样品加混合酸如硝酸-高氯酸加热消化，待消解完全，过滤备用。

② 干灰化法　样品置于石英或瓷坩埚内，于马弗炉内先低温碳化（200℃），后于 400～700℃灰化 12～18h，残渣用稀酸溶解，过滤备用。

（2）测定　可采用火焰原子吸收分光光度法（AAS）、电感耦合等离子体发射光谱法（ICP-AES）等。

4.3 固体废物监测

4.3.1 有害固体废物的定义和鉴别

美国资源保护回收法（RCRA）定义有害固体废物为废弃的、可能含有有毒有害物质的固体、污泥、液体和被包裹的气体。一般来说，固体废物（solid waste）是指在生产、生活和其他活动中产生的丧失原有利用价值或者虽未丧失利用价值但被抛弃或放弃的固态、半固态和置于容器中的气态、液态物质以及法律、行政法规规定纳入固体废物管理的物品、物质。危险废物（hazardous waste）是指列入国家危险废物名录或者根据国家规定的危险废物鉴别标准和鉴别方法认定的具有腐蚀性、毒性、易燃性、反应性和感染性等一种或一种以上危险特性，以及不排除具有以上危险特性的固体废物。

固体废物的分类方法很多。按形状可分为固体和半固体；按来源可分为工业固体废物、农业固体废物、生活垃圾、矿业固体废物等；按化学性质可分为有机废物和无机废物。

固体废物有害特性的定义及鉴别标准可归纳如下。

（1）急性毒性　能引起实验动物（大鼠或小鼠）在 48h 内死亡半数以上者，并按照有关实验方法，进行半数致死量（LD_{50}）实验，评定其毒性大小。

（2）易燃性　含闪点低于 60℃的液体；经摩擦、吸湿或自发变化具有着火倾向的固体；着火时燃烧剧烈而持续，以至在管理期间会引起危险的废物。

（3）腐蚀性　加水浸出液或含水废物本身的 pH≤2 或 pH≥12.5；或 55℃以下时，对钢制品的腐蚀深度大于 0.64cm/a。

（4）反应性　具有下列特性之一者：

① 不稳定，在无爆震时就很容易发生剧烈变化；

② 和水剧烈反应；

③ 能和水形成爆炸性混合物；

④ 和水混合会产生毒性气体、蒸气或烟雾；

⑤ 在有引发源或加热时能爆震或爆炸；

⑥ 根据其他法规规定的爆炸品。

（5）放射性　含有放射性同位素量超过最大允许浓度。

（6）浸出毒性　按规定方法进行浸取，浸出液中有一种或一种以上有害成分的浓度超过标准值，中国危险废物浸出毒性鉴别标准见附录。

（7）其他有害特性　包括水生生物毒性、遗传变异性、刺激性、传染性等。

4.3.2 样品的采集与制备

4.3.2.1 调查

为了使采集的样品具有代表性，在采样之前需要调查废物来源、废物类型、排放数量、堆积历史、危害程度及综合利用等情况，采集生活垃圾则应了解居民情况、生活水平、燃料结构等，然后根据采样目的和要求，进行采样方案设计。

4.3.2.2 采样

（1）采样工具　常用的采样工具有铁锹和铁铲（适用于散装堆积的块、粒状废物）、长铲式和套装式采样器（适用于装在桶、箱、槽、罐或堆存于池内含水量较高的废物或粉状废物）、勺式采样器（适用于传送带或管道输送的废物）、采样瓶和采样管（适用于液态废物）等。

（2）份样数与份样量　由一批废物中的一个点或一个部位取出一定量的样品为一个份样。每个份样应采集的最小质量即份样量。份样数根据废物的批量大小来确定，份样量与样品的粒度、采样工具容量有关，参见表 4-4 和表 4-5。

表 4-4　批量大小与最少份样数

批量大小(液体：m^3，固体：t)	最少份样个数	批量大小(液体：m^3，固体：t)	最少份样个数
＜5	5	500～1000	25
5～50	10	1000～5000	30
50～100	15	＞5000	35
100～500	20		

表 4-5　份样量和采样铲容量

最大粒度/mm	最小份样质量/kg	采样铲容量/mL
＞150	30	
100～150	15	16000
50～100	5	7000
40～50	3	1700
20～40	2	800
10～20	1	300
＜10	0.5	125

需要注意的是液态的废物份样量不小于 100mL（采样瓶）。

（3）采样方法

① 现场采样　根据批量的大小及相应的份样数确定采样间隔进行间隔采样。

采样间隔≤批量(t)/规定的份样数

② 固废堆采样　采用分层多点采样法（0.5m 厚，间隔 2m），参见图 4-5。

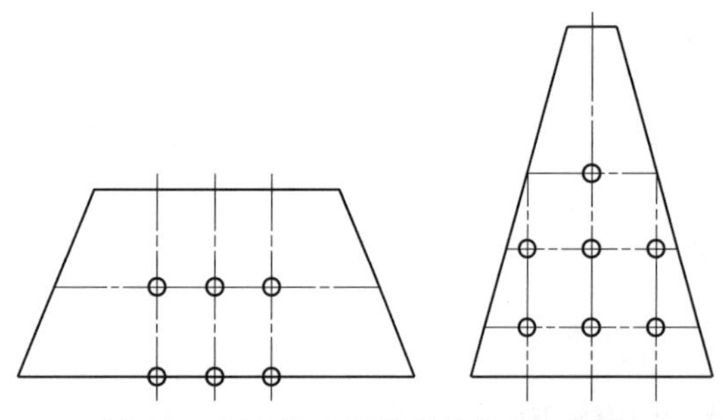

图 4-5　固废堆中采样点的分布示意图

4.3.2.3　样品的制备

固体废物样品的制备同土壤样品相似，易变项目用鲜样测定，其他用干样测定。

将所采样品均匀平铺在洁净、干燥、通风的房间自然干燥。当房间内有多个样品时，可用大张干净滤纸盖在搪瓷盘表面，以避免样品受外界环境污染和交叉污染。

（1）粉碎　经破碎和研磨以减小样品的粒度：粉碎可用机械或手工完成。将干燥后的样品根据其硬度和粒径的大小，采用适宜的粉碎机械，分段粉碎至所要求的粒度。（见图 4-6）。

（2）筛分　使样品保证 95％以上处于某一粒度范围：根据样品的最大粒径选择相应的筛号，分阶段筛出全部粉碎样品。筛上部分应全部返回粉碎工序重新粉碎，不得随意丢弃。

（3）混合　使样品达到均匀：混合均匀的方法有堆锥法、环锥法、掀角法和机械拌匀法等，使过筛的样品充分混合。

（4）缩分　将样品缩分，以减少样品的质量：根据制样粒度，使用缩分公式求出保证样品具有代表性前提下应保留的最小质量。采用圆锥四分法进行缩分。

圆锥四分法：即将样品置于洁净、平整的板面（聚乙烯板、木板等）上，堆成圆锥形，将圆锥尖顶压平，用十字分样板自上压下，分成四等份，保留任意对角的两等份，重复上述操作至达到所需分析试样的最小质量。

另外，生活垃圾样品需事先分拣，按成分分类，并记录下各类成分的比例或质量，见表 4-6。

4.3.2.4　监测结果表示与水分测定

称取样品 20g 左右，测定无机物时可在 105℃下干燥，恒重，测定水分含量。

测定样品中的有机物时应于 60℃下干燥 24h，确定水分含量。

固体废物测定结果以干样品计算，当污染物含量小于 0.1%时以 mg/kg 表示；含量大于 0.1%时以百分含量表示，并说明是水溶性或总量。

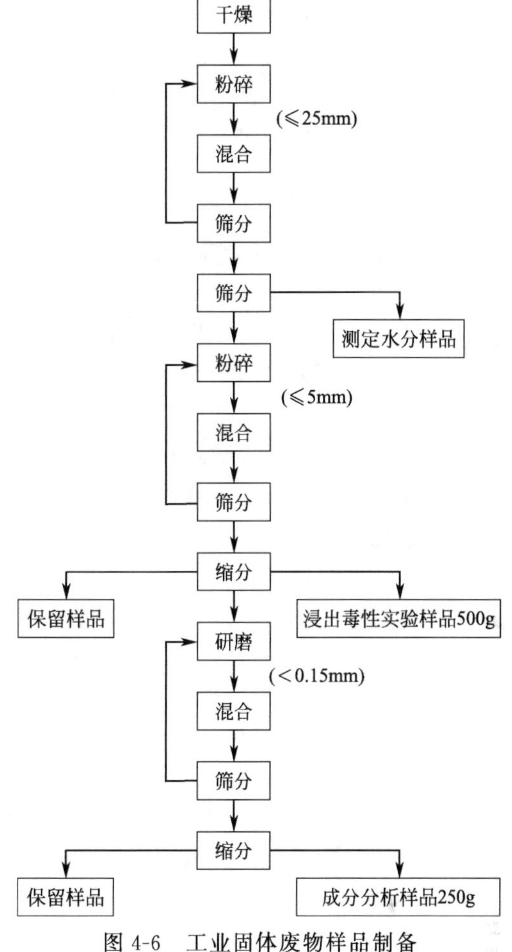

图 4-6　工业固体废物样品制备

4.3.3　有害特性的监测方法

4.3.3.1　急性毒性

急性毒性的初筛试验可简便地鉴别危险废物并表达其综合急性毒性。具体可参照《危险废物鉴别标准——急性毒性的初筛》(GB 5085.2—2007)。

将样品和水按 1∶1 比例放入磨口三角瓶中，振摇 3min，浸泡 24h，过滤，滤液备用。

分别取 0.5mL、4.8mL 滤液，对 10 只小（大）白鼠一次性灌胃，记录 48h 内死亡数。

表 4-6　垃圾成分分类

有机物		无机物		可回收物						
动物	植物	灰土	砖瓦陶瓷	纸类	塑料橡胶	纺织物	玻璃	金属	木竹	其他

本试验需注意：①白鼠健康活泼，实验前 8～12h 及观察期间禁食；②用 9 号或 12 号针头，去针尖，磨光，弯曲，从口腔插入 2.5～4.0cm 即可到达胃部。

4.3.3.2　易燃性

液态状废物和在常温下呈固态而在稍高温度下成流态状的废物，可通过测定闪点鉴别其易燃性。闪点（flash point）是指标准大气压下，液体表面上释放出的易燃蒸气和周围空气混合后，可以被火焰或电火花点燃的最低温度。

一般采用闭口闪点测定仪法（参见 GB 5085.4—2007）。测定步骤：按方法要求将试样加热至一定温度，每升高 1℃点火一次，试样上方刚出现蓝色火焰时的温度即为闪点。

注意：①平行性测定差值不超过 5℃；②对污泥状样品，取上层及均匀样分别测定，以低者计。

4.3.3.3　腐蚀性

通常以 pH 反映腐蚀性（参照 GB 5085.1—2007）。pH 测定采用 pH 计。

（1）含水量高、呈流态状的废物　直接测定。

（2）黏稠状废物　离心、过滤后测定液体的 pH。

（3）固体状废物　取 50g 样品加 250mL 水，密闭室温振荡 30min，静置，测上清液。

测定时需注意：①平行性测定差值不得大于 0.15；②不均匀固体废物可多点测定，以一范围表示。

4.3.3.4　反应性

对于较高温度下仍呈固态的废物，可用反应性鉴别。方法如下（参见 GB 5085.5—2007）。

（1）撞击感度测定　确定样品对机械撞击作用的敏感程度，用立式落锤仪进行测定。

（2）摩擦感度测定　确定样品对摩擦作用的敏感程度，用摆式摩擦仪进行测定。

（3）差热分析测定　确定样品的热不稳定性，用差热分析仪测定。

（4）火焰感度测定　确定样品对火焰的敏感程度，用火焰感度仪测定。

（5）爆炸点测定　确定样品对热作用的敏感度，用爆炸点测定仪测定。

4.3.3.5　遇水反应性

指与水发生剧烈反应，或形成可爆炸性混合物或产生有毒有害气体。可通过测定反应产生的热量和测定反应所生成的气体等方法来进行鉴别。

（1）温升实验　用半导体温度计测定固-液界面的温度变化。

（2）有害气体实验　于密闭容器内振荡，抽取上部气体测定，参见图 4-7。

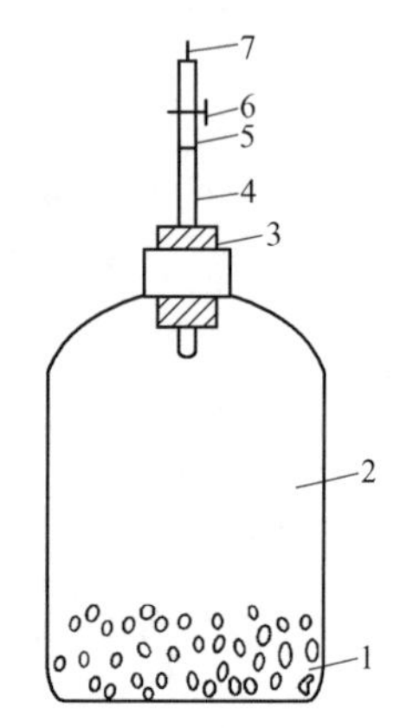

图 4-7　固体废物反应器示意图

1—固体废物；2—250mL 塑料瓶；3—橡皮塞；4—玻璃管；5—乳胶管；6—止水夹；7—气体抽气口

4.3.3.6　浸出毒性（参见 GB 5085.3—2007）

水平振荡法：100g 试样加 1L 水，调节 pH 至 5.8～6.3，于 2L 玻璃或塑料瓶室温水平振荡（110±10 次/min，振幅 40mm）8h，静置 16h，0.45μm 滤膜过滤，测定过滤液。

翻转法：取 70g 干基试样与 700mL 去离子水于 1L 具塞广口聚乙烯瓶中，室温下以（30±2）r/min 的速度在翻转式搅拌机翻转 18h，静置 30min，0.45μm 滤膜过滤，测定过滤液。

4.3.4　固体废物中有害物质的测定方法

除了以上所述有害特性，固体废物中有害物质也经常需要测定，测定方法可参阅土壤、生物体等样品中有害物质的测定。如样品的前处理也包括分解（消解）、提取、分离与富集等方面，目的是使待测物转为可测态，最后的测定方法同前面章节。

除了对确定废物中某种有害物质含量分析外，现实工作中可能还会遇到没有任何来源信息与标记的固体废物的分析。对于这类未知样品，首先需对待测物进行现场评估，尽可能收集、了解废物的特征与性质，然后采集样品按下面步骤进行分析。

① 简单的分析筛选包括水溶性实验、闪点实验、挥发性实验等；

② 对含水样品测 pH；

③ 若样品为碱性，用火焰光度法测定 K、Na 等，对周围气体检测 NH_3；

④ 若样品为酸性，测定 Cl^-、SO_4^{2-}、CH_3COO^-、PO_4^{3-} 等阴离子；

⑤ 对有机物样品可做些功能团的定性实验，如羟基、酮基等；

⑥ 最后进行金属分析。

未知样品的分析过程如图 4-8 所示。

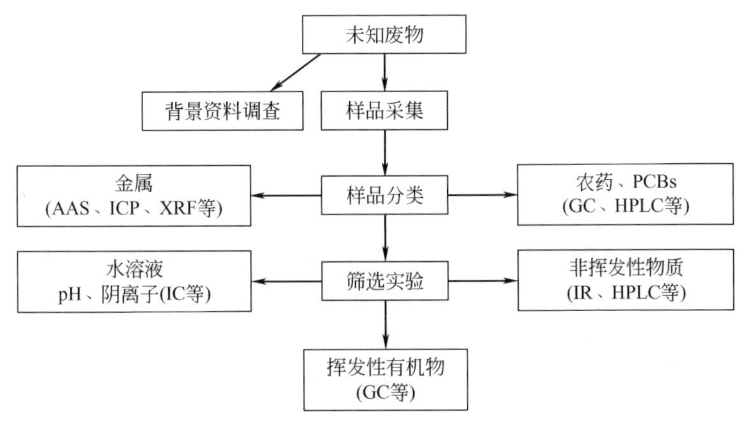

图 4-8 未知样品的分析过程图

4.3.5 城镇生活垃圾监测

生活垃圾包括厨房类（亦称厨余垃圾）、废品类和建筑及灰土类等，主要来源于厨房、家庭或单位废弃、庭院街道清扫、建筑施工等。目前，国内外广泛采用的城市生活垃圾处理方式主要有卫生填埋、焚烧、堆肥和再生利用等，处理方法的选择决定于生活垃圾的特性及环境、经济状况等，不同处理方法的监测重点和项目也不同。例如焚烧，垃圾的热值是决定性参数；堆肥需测定生物降解度、堆肥的腐熟程度等；填埋则主要监测渗滤液等。

4.3.5.1 生活垃圾特性分析

(1) 垃圾的粒度分级　采用筛分法，将一系列不同筛目的筛子按规格序列由小到大排列，将试样放入第一个筛子，连续摇动 15min，再转到下一号筛子，也摇动 15min，依次直到最后然后计算每一粒度微粒所占的百分比。如果需要在试样干燥后再称量，则需在 70℃的温度下烘干 24h，然后再在干燥器中冷却后筛分。

(2) 淀粉的测定　垃圾在堆肥处理过程中，需借助淀粉量分析来鉴定堆肥的腐熟程度。其原理是利用垃圾在堆肥过程中形成的淀粉碘化络合物的颜色变化与堆肥降解度的关系。当堆肥降解尚未结束时，淀粉碘化络合物呈蓝色；降解结束即呈黄色。堆肥颜色的变化过程是深蓝→浅蓝→灰→绿→黄。

(3) 生物降解度的测定　垃圾中含有大量天然的和人工合成的有机物质，有的容易生物降解，有的难以生物降解。目前，通常采用 COD 实验方法，其原理类似于水体中 COD 的测定。

分析步骤是：①称取 0.5g 已烘干磨碎试样于 500mL 锥形瓶中；②准确量取 20mL 2mol/L 重铬酸钾溶液加入试样瓶中并充分混合；③用另一支量筒量取 20mL 硫酸加到试样瓶中；④在室温下将这一混合物放置 12h 且不断摇动；⑤加入大约 15mL 蒸馏水；⑥再依次加入 10mL 磷酸、0.2g 氟化钠和 30 滴二苯胺指示剂，每加入一种试剂后必须混合；⑦用标准硫酸亚铁铵溶液滴定，在滴定过程中颜色的变化是从棕绿→绿蓝→蓝→绿，在等当点时出现的是纯绿色；⑧用同样的方法在不放试样的情况下做空白实验；⑨如果加入指示剂时已出现绿色，则实验必须重做，必须再加 30mL 重铬酸钾溶液。

生物降解物质的计算：

$$\mathrm{BDM}=(V_2-V_1)\times V\times C\times 1.28/V_2$$

式中　BDM——生物降解度；

V_1——试样滴定体积，mL；

V_2——空白实验滴定体积，mL；

V——重铬酸钾的体积，mL；

C——重铬酸钾的浓度；

1.28——折合系数。

(4) 热值的测定　由于焚烧是一种可以同时并快速实现垃圾无害化、稳定化、减量化、资源化的处理技术，焚烧已经成为城市生活垃圾处理的重要方法。

热值是废物焚烧处理的重要指标，分高热值和低热值。垃圾中可燃物燃烧产生的热值为高热值。垃圾中含有的不可燃物质（如水和不可燃惰性物质），在燃烧过程中消耗热量，当燃烧升温时，不可燃惰性物质吸收热量而升温；水吸收热量后汽化，以蒸汽形式挥发。高热值减去不可燃惰性物质吸收的热量和水汽化所吸收的热量，即为低热值。显然，低热值更接近实际情况，在实际工作中意义更大。

两者换算公式为：

$$LHV=HHV\left[\frac{100-(I+W)}{100-W_L}\right]\times 5.85W$$

式中　LHV——低热值，kJ/kg；

HHV——高热值，kJ/kg；

I——不可燃惰性物质含量，%；

W——垃圾的表面湿度，%；

W_L——剩余的和吸湿性的湿度，%。

热值的测定可以用量热计法或热耗法。测定废物热值的主要困难是要了解废物的比热值，因为垃圾组分变化范围大，各种组分比热差异很大，所以测定某一垃圾的比热是一复杂过程，而对组分比较简单的（例如含油污泥等）就比较容易测定。

4.3.5.2　渗沥水分析

渗沥水中的水量主要来源于降水，是填埋处理中最主要的污染源。正规设计的垃圾堆场通常设有渗沥水渠道和集水井，采集比较方便。由于不同国家、不同地区、不同季节的生活垃圾组分变化很大，并且随着填埋时间的不同，渗沥水组分和浓度也会变化，因此，它具有与一般生活污水不同的特点。

① 成分的不稳定性　主要取决于垃圾的组成。

② 浓度的可变性　主要取决于填埋时间。

③ 组成的特殊性　垃圾中存在的物质，渗沥水中不一定存在，一般废水中有的它也不一定有。例如，在一般生活污水中，有机物质主要是蛋白质（40%～60%）、碳水化合物（25%～50%）以及脂肪、油类（10%），但在渗沥水中几乎不含油类，因为生活垃圾具有吸收和保持油类的能力，在数量上至少达到 2.5g/kg 干废物。此外，渗沥水中几乎没有氰化物、金属铬和金属汞等水质必测项目。

渗沥水的分析项目包括：色度、总固体、总溶解性固体与总悬浮性固体、硫酸盐、氨态氮、凯氏氮、氯化物、总磷、pH 值、BOD、COD、钾、钠、细菌总数、总大肠菌数等，测定方法基本上参照水质测定方法。

4.3.5.3　有害气体分析

(1) 焚烧废气　在垃圾焚烧处理方法中主要监测对象为燃烧废气。监测方法见表 4-7（参见生活垃圾焚烧污染控制标准 GWKB 3—2000）。也可用在线连续自动分析系统（CEMS），分析项目为烟粉尘、SO_2、NO_x、CO 等。

表4-7　焚烧炉大气污染物监测方法

序号	项目	监 测 方 法	序号	项目	监 测 方 法
1	烟尘	重量法	6	氯化氢	硫氰酸汞分光光度法
2	烟气黑度	林格曼烟度法	7	汞	冷原子吸收分光光度法
3	一氧化碳	非色散红外吸收法	8	镉	原子吸收分光光度法
4	氮氧化物	紫外分光光度法	9	铅	原子吸收分光光度法
5	二氧化硫	甲醛吸收-副玫瑰苯胺分光光度法	10	二噁英类	色谱-质谱联用法

(2) 填埋气体　填埋气体主要包括甲烷、二氧化碳、氢气、VOCs等，可用在线连续自动分析系统，也可手动或自动采样，实验室分析。

4.3.5.4　渗沥试验

拟议中的废物堆场对地下水和周围环境产生的可能影响可采用渗沥试验法确定。工业固体废物的渗沥模型如图4-9所示。

固体废物先经粉碎后，通过0.5mm孔径筛，然后装入玻璃柱内，在上面玻璃瓶中加入雨水或蒸馏水以一定的速度通过管柱下端的玻璃棉流入锥形瓶内，每隔一定时间测定渗析液中有害物质的含量，然后画出时间-渗沥水中有害物浓度曲线。这一试验对研究废物堆场对周围环境影响有一定作用。淋溶量根据当地平均降水量和柱口直径确定。

有研究者根据工业固体废物的渗沥模型制作了生活垃圾渗沥柱，用以研究生活垃圾渗沥水的产生过程和组成变化以及未来规划设计的天然垃圾堆场对环境的影响，见图4-10。

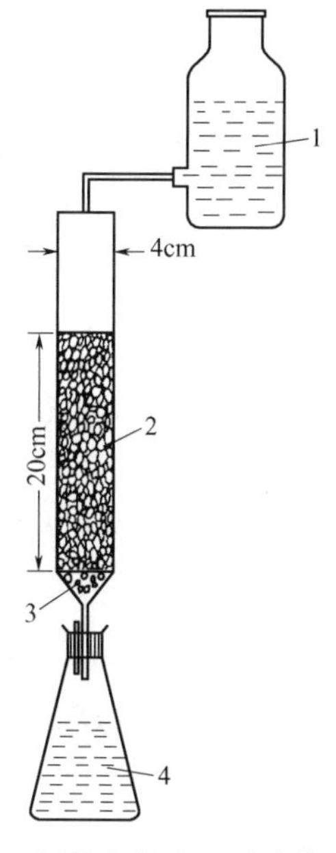

图4-9　固体废物渗沥试验模型装置

1—雨水或蒸馏水；2—固体废物；3—玻璃棉；4—渗漏液

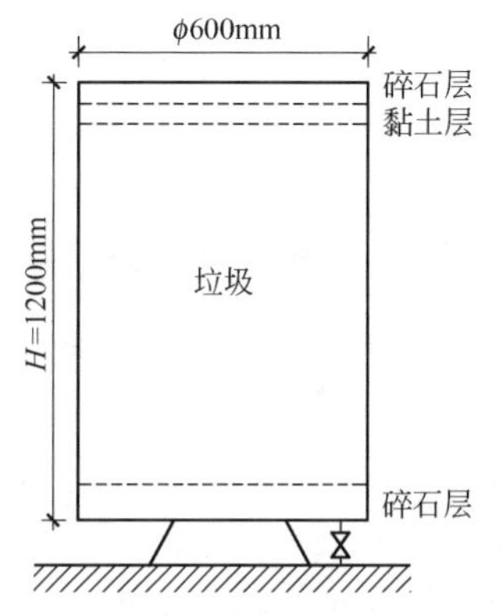

图4-10　生活垃圾渗沥柱示意图

4.3.6　固体的直接分析技术

在对固态环境样品进行分析时，很多情况下都是先对样品进行预处理，然后进一步分析测定。但也有些直接分析技术，可以用制备的风干样品或者生物样品的活体直接测定，如中子活化分析法、X射线荧光光谱分析法、同位素示踪法、发射光谱法等。

（1）中子活化分析技术　中子活化分析（NAA）是一种核分析方法。常用反应堆作为活化源，以一定能量和流强的中子轰击试样，发生核反应，然后测定生成的放射性核素在衰变时放出的缓慢辐射或者测定核反应中放出的瞬间辐射。通过测定射线能量和半衰期进行定性鉴定；通过测定射线强度，可做定量分析。应用得最多的是反应堆热中子活化分析，具有中子通量大，均匀性和稳定性好，对多数元素核反应活化截面大，核反应较单纯，主要是（n，γ）反应等特点。

中子活化分析技术有着精确度高、特异性强、取样量少、可做多元素分析等特点，适用于对周期表中大多数元素做 10^{-6}、10^{-9}（甚至 10^{-12}）级的痕量分析。科学工作者们把中子活化分析运用到与人类生存和发展息息相关的各个领域：如利用中子活化分析方法研究元素在土壤中的含量分布、变化规律；以发现与矿有关的地球化学异常来找矿是近几年来发展出的新方法；大气环境研究中，测定大气气溶胶的组分，分析其中几十种微量元素的含量，研究大气污染问题及其治理；宇宙化学研究中，分析地质界线中元素变化规律及宇宙尘、外来陨石的化学成分，推断地球灾变的成因；地质学的研究中，分析岩石和矿物中的微量元素，探寻岩石和矿床的来源及成因；生命科学中，分析微量元素与人体各种疾病之间的关系，找到防病抗病的有效方法（可以进行活体分析，对受试者做无伤害的示踪试验等）。

（2）X 射线荧光光谱分析法（XRF）　其是利用初级 X 射线光子或其他微观粒子激发待测物质中的原子，使之产生荧光（次级 X 射线）而进行物质成分分析的方法。当原子受到 X 射线光子（初级 X 射线）或其他微观粒子的激发使原子内层电子电离而出现空位，原子内层电子重新配位，较外层的电子跃迁到内层电子空位，并同时放射出次级 X 射线光子，此即 X 射线荧光。较外层电子跃迁到内层电子空位所释放的能量等于两电子能级的能量差，因此，不同元素 X 射线荧光的波长是不同的。

根据色散方式不同，X 射线荧光分析仪相应分为波长色散型（WD-XRF）和能量色散型（ED-XRF）。

X 射线荧光光谱分析应用广泛，在探测月球过程中发挥重要作用，在执行 RoHS 指令过程中也正发挥着重要作用。RoHS 是由欧盟立法制定的一项强制性标准，它的全称是《关于限制在电子电器设备中使用某些有害成分的指令》。该标准的限制项目有铅、汞、镉、六价铬、多溴联苯和多溴联苯醚共 6 项，有商品便携式 XRF 测试仪专门用来测定 RoHS 指令中的重金属指标。

4.3.7　底泥和活性污泥的分析

4.3.7.1　活性污泥性质的分析

（1）污泥沉降比（SV）　污泥沉降比（SV）是指曝气池混合液沉淀 30min 后，沉淀污泥与混合液之体积比（%）。因为活性污泥在沉淀 30min 后一般可接近它的最大密度，所以以 30min 作为测定沉降比的标准时间。

污泥体积是衡量活性污泥含量的基本指标，在污泥不膨胀的前提下，一般控制在 SV＝15%～30%即可用于生产。

将已成熟的活性污泥混合液摇匀，倒入 100mL 量筒内，满至 100mL 刻度。静置 0.5h 后记下污泥体积，即为污泥沉降比（污泥体积）的百分数。

（2）污泥浓度（MLSS）　污泥浓度系指曝气池中单位体积混合液所含悬浮固体的质量。很明显，污泥浓度的大小间接地反映混合液中所含微生物的量。为了保证曝气池的净化效率，必须在池内维持一定量的污泥浓度。其测定方法为：将一滤纸放入称量瓶中，放入烘箱，110℃烘至恒重，放入干燥器冷却后连同称量瓶一起称重，记录。取出滤纸放入漏斗中，将测完污泥体积的量筒内的混合液摇匀，取出 50mL，倒入漏斗中进行过滤。过滤可采用自然过滤或抽滤。过滤完毕，取出滤纸，放入原称量瓶内，在烘箱内 110℃烘干至恒重，同样放入干燥器内冷却，称重，记录。用过滤后质量减去过滤前质量，代入下式计算污泥浓度。

$$\text{MLSS}(\text{g/L})=\frac{(g_2-g_1)\times 1000}{V}$$

式中　g_2——过滤后称量瓶共重，g；

g_1——过滤前称量瓶共重，g；

V——过滤液体体积，mL

（3）污泥灰分　污泥灰分是衡量污泥中非生物部分含量多少的指标。灰分越高非生物部分比例越大。

将以上测过污泥浓度含有干污泥的滤纸，放入已知恒重的瓷坩埚内。先在电炉上加热碳化，再放入马弗炉内 600℃温度下灼烧 40min。然后取出放入干燥器，冷却称重，代入下式，计算污泥灰分。

$$\text{污泥灰分}=\frac{\text{灰分质量}}{\text{污泥干重}}\times 100\%$$

（4）污泥体积指数（SI）　污泥体积指数即指 1g 干污泥在 100mL 量筒中经 30min 沉淀后所占的体积，简称污泥指数。它是衡量污泥是否膨胀的重要指标。污泥指数过低，说明泥粒细小、紧密，无机物多，缺乏活性和吸附性能；指数过高，说明污泥将要膨胀或已膨胀，污泥不易沉降，影响对污水的处理效果。

污泥指数=(混合液污泥沉降比×10)/混合液污泥浓度

（5）生物相的观察

① 微型动物观察　用滴管吸取活性污泥少许，滴一滴到载玻片上（切勿过多）；盖上盖玻片，用吸水纸吸干盖玻片四周多余的水分，将玻片固定到显微镜上进行观察，先用低倍镜观察，当发现目标后再用高倍镜进行观察，如果目标运动性较大，不易捕捉，可以在载玻片与盖玻片之间放入一层很薄的脱脂棉花，以阻滞目标的运动，帮助看清目标。

② 钟形虫的观察　钟形虫属单细胞原生动物，它的主要特征是：虫体呈现寺庙里的铜钟状，观察钟形虫的外形，口围区结构明显，当活动旺盛时，纤毛摆动剧烈。

根据钟形虫存在形态的不同又可将其分为钟虫、等枝虫、盖纤虫等各种虫类，钟虫以单个虫体形式存在，而其他几种钟形虫则以多个虫体通过尾柄连接在一起的形式存在，钟形虫一般通过尾柄固定在污泥上进行生长活动，但在不良环境条件下，可出现游泳体、胞囊等形式，在观察过程中注意观察钟形虫的各个种类，以及几种不同的存在形式。

③ 轮虫的观察　轮虫属于多细胞后生动物，它的主要特征是：头冠部位上有两个轮盘，两个轮盘之间有一吻伸出，吻上往往长有一对眼点，尾端变细，上面长有趾，进行运动。

④ 微生物的观察

a. 菌胶团由大量的、种类繁多的微生物聚集而成，主要观察菌胶团的大小、颜色。一般说来，菌胶团以大片为好，有助于吸附和沉降，菌胶团的形状各种各样，但看上去生长旺盛、向外延伸有力的才是结构较好的菌胶团。菌胶团的颜色随水质的情况不同而不同，一般呈淡黄色为好，说明其菌龄较短，代谢旺盛，如果呈现出深灰色则说明菌胶团已老化。

b. 丝状菌的观察。丝状菌属较高等的细菌，也可把它们归属于放线菌类，在活性污泥中常可见丝状菌穿插于菌胶团之间，常见的丝状菌有硫丝细菌和球衣细菌。

c. 霉菌的观察。霉菌在生物膜上出现较多，挑取生物膜少许涂于载玻片上，滴上一滴水，盖上盖玻片进行观察。霉菌的菌丝体较粗，易观察。主要观察霉菌的分枝或不分枝、分隔或不分隔等情况，有时还可见到细胞核。

⑤ 藻类的观察

a. 衣藻的观察。衣藻为单细胞藻类，在处理生活污水过程中常有发现，衣藻其个体呈现椭圆形，前端一般有两根鞭毛划动，看不清楚时可用墨汁衬托，体内大部分被杯形叶绿体所占；其中有一个较大的淀粉核。前端的细胞壁上有一眼点，鞭毛基部可发现两个伸缩泡，从伸缩泡往下，颜色较浅的原生质中有一细胞核。

b. 颤藻为丝状，由短圆柱形细胞连接而成，呈绿色，细胞间明显分隔，无分支。往往可以看见丝体有前后移动和摆动的情况。颤藻在生物上和曝气池上常可发现。

4.3.7.2 底泥和活性污泥中污染物的分析

大量研究表明，在外污染源被切断和治理后，底泥中的污染物会缓慢地以低浓度方式不断释放进入水体，底泥会成为影响和制约上覆水质的主要二次污染源。因此，对底泥的污染控制技术研究就变得十分重要。

底泥采样一般同上覆水体样品采集同时进行。采样器有抓斗型（grab samplers），用于采集表面泥样；柱状采样器（core samplers），用于各指标垂直变化的研究。水体较浅时也可使用铁锹等工具。

底泥和活性污泥样品采集后的处理及测定可参照土壤样品。

复习题

1. 土壤污染监测中哪些项目必须进行样品的消解？哪些项目只能做部分的或连续的提取分析？
2. 在测定样品中有机污染物时常采用哪些净化和浓缩方法？
3. 分解生物样品的湿灰化和干灰化方法有哪些异同点？
4. 在固体废物样品采集和制备过程中应注意哪些问题？
5. 固体废物的有害物质分析与土壤、生物污染监测有哪些异同点？

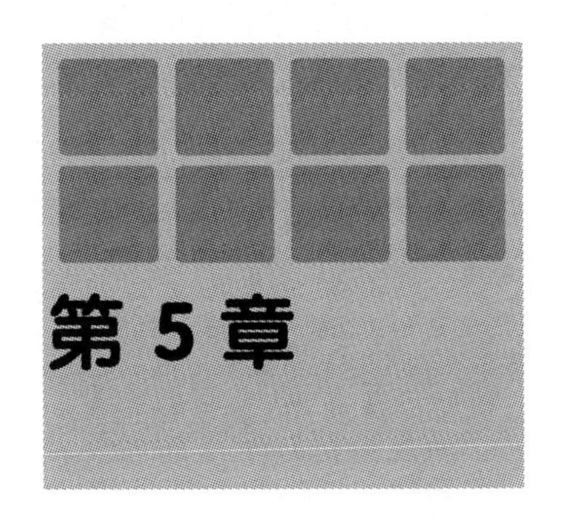

第5章 物理性污染监测

根据污染源的性质，通常可以把污染分为化学性、物理性与生物性污染三大类，由化学物质引起的，称为化学性污染；生物性污染包括微生物、寄生虫、昆虫及病毒的污染；物理性污染（或称能量污染）通常包括噪声、放射性、电磁辐射以及光、热污染等。本章主要介绍噪声、放射性污染的监测方法。

5.1 噪声污染监测

噪声污染与前面所介绍的水污染、空气污染、固体废物污染等一样是当今主要的环境污染之一。一般情况下它并不致命，且与声源同时产生同时消失，噪声源分布很广，较难集中处理。由于噪声渗透到人们生产和生活的各个领域，且能够直接感觉到它的干扰，所以噪声往往是受到抱怨最多的环境污染。

人们通常把生活和工作所不需要的声音叫噪声，噪声的判断还与人们的主观感觉和心理因素有关，也可以把一切不希望存在的干扰声都叫噪声。噪声可能是由自然现象所产生的，也可能是由人类活动所造成的，它可以是杂乱无章的声音，也可以是和谐的乐音，只要它超过了人们生产与生活所允许的声音程度都可以称为噪声，所以在某些情况或某些情绪条件下音乐也可能是噪声。

噪声的主要危害是：干扰语言交流、干扰人们的工作和休息、影响睡眠、诱发某些疾病，强噪声还会影响设备的正常运转和损坏建筑结构。噪声会使人听力损失，这种损失是累积性的，在强噪声下工作一天，只要噪声不是过强（大于100dB），事后只产生暂时性的听力损失，经过休息可以恢复；但长期在强噪声下工作，每天虽可以恢复，但经过一段时间后，就会产生永久性的听力损失，过强的噪声还能造成人体的其他伤害，如孕妇在强噪声环境下工作，可能会造成胎儿的畸形。

环境噪声的来源主要有四种：一是交通噪声，包括汽车、火车和飞机所产生的噪声；二是工业噪声，如鼓风机、汽轮机、织布机和冲床等所产生的噪声；三是建筑施工噪声，如打桩机、挖土机和混凝土搅拌机等发出的声音；四是社会生活噪声，如高音喇叭、收录机等发出的过强声音。

5.1.1 与噪声相关的物理量

（1）声音　物体在空气中振动，使周围空气发生疏密交替变化并向外传递，且这种振动频率在20～20000Hz之间，人耳可以感觉，称为可听声，简称声音。频率低于20Hz的叫次声，高于20000Hz的叫超声，它们作用到人的听觉器官时不引起声音的感觉，所以不能听到。

（2）声功率（W）与声功率级（L_w） 声功率是指单位时间内，声波通过垂直于传播方向某指定面积的声能量，单位为 W。

$$L_w=10\lg(W/W_0)$$

式中 L_w——声功率级，dB；

W——声功率，W；

W_0——基准声功率，为 10^{-12}W。

（3）声强（I）与声强级（L_I） 声强是指单位时间内，声波通过垂直于声波传播方向单位面积的声能量，单位为 W/m^2。

$$L_I=10(\lg I/I_0)$$

式中 L_I——声强级，dB；

I——声强，W/m^2；

I_0——基准声强，为 $10^{-12}W/m^2$。

（4）声压（p）与声压级（L_p） 声压是由于声波的存在而引起的压力增值，单位为 Pa。声波是空气分子有指向、有节律的运动，声波在空气中传播时形成压缩和稀疏的交替变化，所以压力增值是正负交替的。但通常讲的声压是取均方根值，叫有效声压，因此实际上总是正值。对于球面波和平面波，声压与声强的关系是：

$$I=p^2/(\rho c)$$

式中 ρ——空气密度，kg/m^3；

c——声速。

在标准大气压与 20℃时，$\rho c=415N\cdot s/m^3$，称为空气对声波的特性阻抗。

$$L_p=10\lg(p^2/p_0^2)=20\lg(p/p_0)$$

式中 L_p——声压级，dB；

p——声压，Pa；

p_0——基准声压，为 2×10^{-5}Pa，该值是对 1000Hz 声音人耳刚能听到的最低声压。

（5）分贝 人们日常生活中遇到的声音，如以声压值表示，由于变化范围非常大，可达 6 个数量级以上，同时由于人体听觉对声信号强弱刺激反应不是线性的，而是成对数比例关系的，所以采用分贝来表示声音强弱。

所谓分贝是指两个相同的物理量（例如 A_1 和 A_0）之比取以 10 为底的对数并乘以 10（或 20）。分贝符号为“dB”，它是无量纲的，在噪声测量中是很重要的参量。

$$N=10\lg(A_1/A_0)$$

式中 A_0——基准量（或参考量）；

A_1——被量度量。

（6）响度（N）和响度级（L_N） 响度是人耳判别声音由轻到响的强度等级概念，它不仅取决于声音的强度（如声压级），还与它的频率及波形有关，一般来说两个声压相等而频率不相同的纯音听起来是不一样响的。响度的单位叫“宋”（sone），1sone 的定义为声压级为 40dB，频率为 1000Hz，且来自听者正前方的平面波形的强度。如果另一个声音听起来比这个声音大 n 倍，那该声音的响度为 n sone。

响度级的概念也是建立在两个声音的主观比较上的，定义 1000Hz 纯音声压级的分贝值为响度级的数值，任何其他频率的声音，当调节 1000Hz 纯音的强度使之与这声音一样响时，则这 1000Hz 纯音的声压级分贝值就定为这一声音的响度级值，其单位为“方”（phon）。利用与基准声音比较的方法，可以得到人耳听觉频率范围内一系列响度相等的声压级与频率的关系曲线，即等响曲线，该曲线为国际标准化组织所采用，所以又称 ISO 等响曲线。

响度与响度级的关系是根据大量实验得出的，响度级每改变 10phon，响度加倍或减半。它们的关系可用下列数学式表示：

$$L_N = 40 + 33\lg N$$

例如：响度级 40phon 时响度为 1sone；当响度级为 50phon 时响度为 2sone；反之，当响度级为 30phon 时响度为 0.5sone；以此类推。

(7) 计权声级　前面所讨论的响度概念是指纯音（或狭频带信号）的声压级和主观听觉之间的关系，但实际上声源所发射的声音几乎都包含很广的频率范围。为了能用仪器直接反映人的主观响度感觉的评价量，有关人员在噪声测量仪器——声级计中设计了一种特殊的滤波器，叫计权网络。通过计权网络测得的声压级，已不再是客观物理量的声压级，而叫计权声压级或计权声级，简称声级。通用的有 A、B、C 和 D 计权声级。

A 计权声级是模拟人耳对 55dB 以下低强度噪声的频率特性；B 计权声级是模拟 55～85dB 的中等强度噪声的频率特性；C 计权声级是模拟高强度噪声的频率特性；D 计权声级是对噪声参量的模拟，专用于飞机噪声的测量。计权网络是一种特殊滤波器，当含有各种频率的声波通过时，它对不同频率成分的衰减是不一样的。A、B、C 计权网络的主要差别是在于对低频成分衰减程度，A 衰减最多，B 其次，C 最少。实践表明，A 计权声级表征人耳主观听觉较好，故目前 B 和 C 计权声级很少使用。A 计权声级以 L_{PA} 或 L_A 表示，其单位用 dB（A）表示。

(8) 等效连续声级（L_{eq}）　A 计权声级能够较好地反映人耳对噪声的强度与频率的主观感觉，因此对一个连续的稳态噪声，它是一种较好的评价方法，但对一个起伏的或不连续的噪声，A 计权声级就显得不合适了，如交通噪声随车辆流量和种类而变化等。因此，有人提出用噪声能量按时间平均方法来评价噪声对人的影响，即等效连续声级，符号“L_{eq}”或“$L_{Aeq,T}$”。它是一个能量平均声级反映在声级不稳定的情况下人实际所接受的噪声能量的大小，它是一个用来表达随时间变化的噪声的等效量。

等效连续声级常用累积百分声级 L_{10}、L_{50} 和 L_{90} 来表示。其计算方法有两种：一种是在正态概率纸上画出累积分布曲线，然后从图中求得；另一种简便方法是将测定的一组数据（如 100 个），从大到小排列，第 10 个数据即为 L_{10}，第 50 个数据为 L_{50}，第 90 个数据即为 L_{90}。目前大多数声级计都有自动计算并显示功能，不需手工计算。

(9) 噪声污染级（L_{NP}）　实践表明，许多非稳态噪声所引起人的烦恼程度比等能量的稳态噪声要大，并且与噪声暴露的变化率和平均强度有关。经实践证明，在等效连续声级的基础上加上一项表示噪声变化幅度的量，更能反映实际污染程度，用这种噪声污染级评价航空或道路的交通噪声比较恰当。故噪声污染级（L_{NP}）公式为：

$$L_{NP} = L_{eq} + K\sigma$$

式中　K——常数，对交通和飞机噪声取 2.56；

　　σ——测定过程中瞬时声级的标准偏差。

对于许多重要的公共噪声，噪声污染级也可写成：

$$L_{NP} = L_{eq} + d$$

或

$$L_{NP} = L_{50} + d^2/60 + d$$

$$d = L_{10} - L_{90}$$

(10) 昼夜等效声级（L_{dn}）　考虑到夜间噪声具有更大的烦扰程度，故提出一个新的评价指标——昼夜等效声级（也称日夜平均声级），符号“L_{dn}”。它表示社会噪声一昼夜间的变化情况，表达式为：

$$L_{dn}=10\lg\{[16\times10^{0.1L_d}+8\times10^{0.1(L_n+10)}]/24\}$$

式中　L_d——白天的等效声级，时间是从6:00～22:00，共16个小时；

L_n——夜间的等效声级，时间是从22:00至第二天的6:00，共8个小时。

为了表明夜间噪声对人的烦扰更大，故计算夜间等效声级这一项时应加上10dB的计权。昼间和夜间的时间，可依地区和季节不同而稍有变更。

为了表征噪声的物理量和主观听觉的关系，除了上述评价指标外，还有语言干扰级(SIL)、感觉噪声级（PNL)、交通噪声指数（TNI）和噪声次数指数（NNI）等。

（11）噪声的叠加和相减　两个以上独立声源作用于某一点，产生噪声的叠加。声能量是可以代数相加的，如两个声源的声功率分别为W_1和W_2，那么总声功率$W_{总}=W_1+W_2$；如这两个声源在某点的声强为I_1和I_2时，叠加后的总声强$I_{总}=I_1+I_2$。但声压不能直接相加。如两个声源的声压分别为p_1和p_2，则总声压级：

$$L_p=10\lg[(p_1{}^2+p_2{}^2)/p_0^2]=10\lg(10^{L_{p1}/10}+10^{L_{p2}/10})$$

如$L_{p1}=L_{p2}$，即两个声源的声压级相等，则总声压级：

$$L_p=L_{p1}+10\lg2\approx L_{p1}+3(\text{dB})$$

即作用于某一点的两个声源声压级相等，其合成的总声压级比一个声源的声压级增加3dB。

当声压级不相等时，按上式计算较麻烦，可以查两噪声源的叠加曲线（见图5-1）来计算，总声压级$L_{p总}=L_{p1}+\Delta L_p$。通常两个噪声相加，其声压级的叠加增量不会超过3dB；而两个声压级相差10dB以上时，叠加增量可忽略不计。掌握了两个声源的叠加，就可以推广到多声源的叠加，只需逐次两两叠加即可，而与叠加次序无关。应该指出的是根据波的叠加原理，若是两个相同频率的单频声源叠加，会产生干涉现象，即需考虑叠加点各自的相位，不过这种情况在环境噪声中几乎不会遇到。

噪声测量中经常碰到如何扣除背景噪声问题，这就是噪声相减的问题。通常是指噪声源的声级比背景噪声高，但由于后者的存在使测量读数增高，需要减去背景噪声（L_{p1}），扣除值可以通过查背景噪声修正曲线得到，见图5-2。

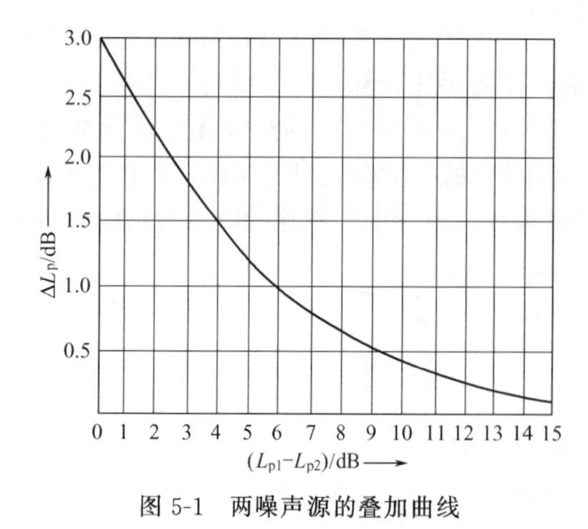

图5-1　两噪声源的叠加曲线

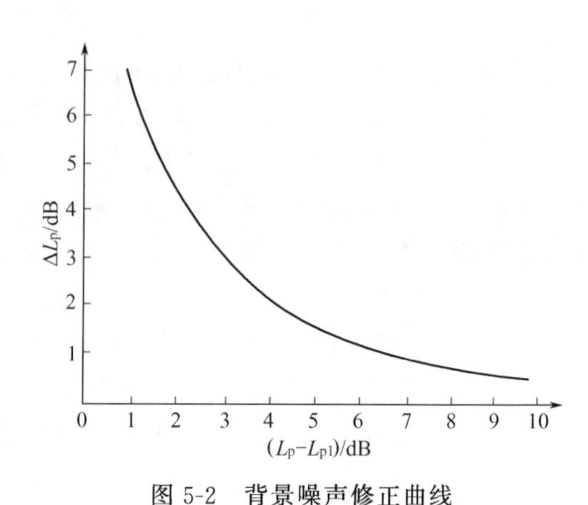

图5-2　背景噪声修正曲线

5.1.2　噪声测量仪器

噪声测量仪器的测量内容有噪声的强度，主要是声场中的声压，关于声强、声功率的直接测量较麻烦，故较少直接测量，只在研究中使用。噪声测量仪器主要有：声级计、声级频谱仪、记录仪、录音机和实时分析仪器等。本部分主要介绍最常用的声级计。

声级计又叫噪声计，是一种按照一定的频率计权和时间计权测量声音的声压级和声级的仪器，是声学测量中最常用的基本仪器。它在把声信号转换成电信号时，可以模拟人耳对声波反应速度的时间特性，对高低频有不同灵敏度的频率特性以及不同响度时改变频率特性的强度特性。因此，声级计是一种主观性的电子仪器，不同于电压表等客观电子仪表。

声级计可用于环境噪声、机器噪声、交通噪声以及其他各种噪声的测量，也可用于电声学、建筑声学等测量。为了使世界各国生产的声级计的测量结果可以互相比较，国际电工委员会（IEC）制定了声级计的有关标准，并推荐各国采用。国际电工委员会制定的《声级计》国际标准几经修改，目前使用的是 2002 年发布的 IEC 61672—2002《声级计》国际标准。我国根据该标准制定了 JJG 188—2002《声级计检定规程》。

（1）声级计的工作原理　声级计的工作原理如图 5-3 所示。声压由传声器膜片接受后，将声压信号转换成电信号，经前置放大器做阻抗变换后送到输入衰减器，由于表头指示范围一般只有 20dB，而声音范围变化可高达 140dB，甚至更高，所以必须使用衰减器来衰减较强的信号。再由输入放大器进行定量放大，放大后的信号由计权网络进行计权。它的设计是模拟人耳对不同频率有不同灵敏度的听觉响应，在计权网络处可外接滤波器，这样可做频谱分析。输出的信号由输出衰减器减到额定值，随即送到输出放大器放大，使信号达到相应的功率输出。输出信号经 RMS 检波后送出有效值电压，推动电表或数字显示器显示所测的声压级分贝值。

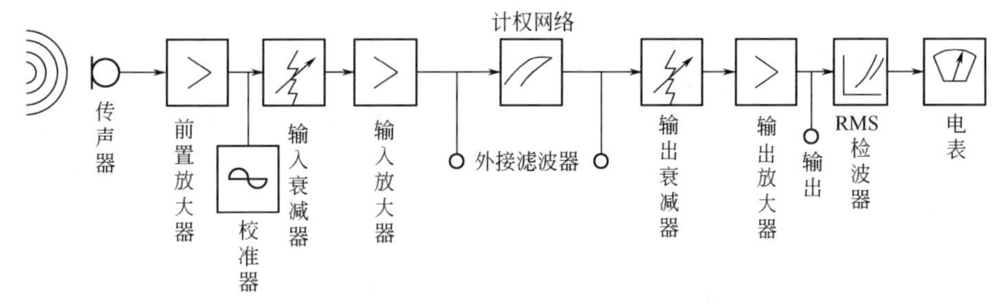

图 5-3　声级计工作原理图

（2）声级计的分类　按其精度将声级计分为 0、1、2 和 3 型。不同类型的声级计的各种性能指标具有同样的中心值，仅仅是容许误差不同，而且随着级别数字的增大，容许误差放宽。按体积大小可分为台式声级计、便携式声级计和袖珍式声级计。按其指示方式可分为模拟指示声级计和数字指示声级计。根据 IEC651 标准和国家标准，各种类型声级计在参考频率、参考声压级和基准温湿度等条件下，测量的准确度（不考虑测量的不确定度）见表 5-1。

表 5-1　不同类型声级计测量准确度　　单位：dB

声级计类型	0 型	1 型	2 型	3 型
准确度	±0.4	±0.7	±1.0	±1.5

精密声级计配用倍频程滤波器可对噪声进行频谱分析。

仪器上有阻尼开关能反映人耳听觉动态特性，快挡“F”用于测量起伏不大的稳定噪声；如噪声起伏超过 4dB 可利用慢挡“S”，有的仪器还有读取脉冲噪声的“脉冲”挡。现

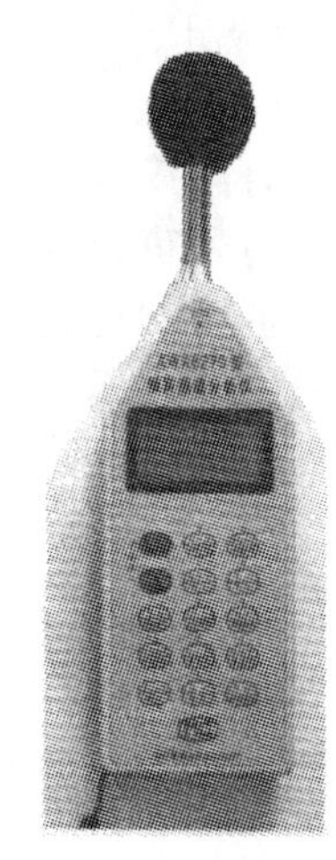

图 5-4　AWA6270 噪声频谱分析仪

在使用的声级计一般具有自动加权处理数据的功能，图 5-4 是目前常用的声级计的外形图。

5.1.3　噪声污染监测方法

关于噪声的测量方法，目前国际标准化组织和各国都有测量规范，除了一般方法外，对许多机器设备、车辆、船舶和城市环境等均有相应的测量方法。

5.1.3.1　声环境功能区监测方法

（1）声环境功能区分类　按区域的使用功能特点和环境质量要求，声环境功能区分为以下五种类型。

0 类声环境功能区：指康复疗养区等特别需要安静的区域。

1 类声环境功能区：指以居民住宅、医疗卫生、文化教育、科研设计、行政办公为主要功能，需要保持安静的区域。

2 类声环境功能区：指以商业金融、集市贸易为主要功能，或者居住、商业、工业混杂，需要维持住宅安静的区域。

3 类声环境功能区：指以工业生产、仓储物流为主要功能，需要防止工业噪声对周围环境产生严重影响的区域。

4 类声环境功能区：指交通干线两侧一定距离之内，需要防止交通噪声对周围环境产生严重影响的区域，包括 4a 类和 4b 类两种类型。4a 类为高速公路、一级公路、二级公路、城市快速路、城市主干路、城市次干路、城市轨道交通（地面段）、内河航道两侧区域；4b 类为铁路干线两侧区域。

乡村声环境功能的确定：乡村区域一般不划分声环境功能区，根据环境管理的需要，县级以上人民政府环境保护行政主管部门可按以下要求确定乡村区域适用的声环境质量要求。位于乡村的康复疗养区执行 0 类声环境功能区要求；村庄原则上执行 1 类声环境功能区要求，工业活动较多的村庄以及有交通干线经过的村庄（指执行 4 类声环境功能区要求以外的地区）可局部或全部执行 2 类声环境功能区要求；集镇执行 2 类声环境功能区要求；独立于村庄、集镇之外的工业、仓储集中区执行 3 类声环境功能区要求；位于交通干线两侧一定距离（参考 GB/T 15190 第 8.3 条规定）内的噪声敏感建筑物执行 4 类声环境功能区要求。

（2）环境噪声监测的要求

① 测量仪器　测量仪器为积分平均声级计或环境噪声自动监测仪器，其性能需符合 GB 3785 和 GB/T 17181 的规定，并定期校验。测量前后使用声校准器校准测量仪器的示值偏差不得大于 0.5dB，否则测量无效。声校准器应满足 GB/T 15173 对 1 级或 2 级声校准器的要求。测量时传声器应加防风罩。

② 测点选择　根据监测对象和目的，可选择以下三种测点条件（指传声器所置位置）进行环境噪声的测量。

a. 一般户外。距离任何反射物（地面除外）至少 3.5m 外测量，距离地面高度 1.2m 以上。必要时可置于高层建筑上，以扩大监测受声范围。使用监测车辆测量，传声器应固定在车顶部 1.2m 高度处。

b. 噪声敏感建筑物户外。在噪声敏感建筑物外，距墙壁或窗户 1m 处，距地面高度 1.2m 以上。

c. 噪声敏感建筑物室内。距离墙面和其他反射面至少 1m，距窗约 1.5m 处，距地面 1.2～1.5m 高。

③ 气象条件　测量应在无雨雪、无雷电天气，风速 5m/s 以下时进行。

(3) 声环境功能区监测方法

① 定点监测法　选择能反映各类功能区声环境质量特征的监测点 1 个至若干个，进行长期定点监测，每次测量的位置、高度应保持不变。对于 0、1、2、3 类声环境功能区，该监测点应为户外长期稳定、距地面高度为声场空间垂直分布的可能最大值处，其位置应能避开反射面和附近的固定噪声源；4 类声环境功能区监测点设于 4 类区内第一排噪声敏感建筑物户外交通噪声空间垂直分布的可能最大值处。

全国重点环保城市以及其他有条件的城市和地区宜设置环境噪声自动监测系统，进行不同声环境功能区监测点的连续自动监测。

声环境功能区监测每次至少进行一昼夜 24h 的连续监测，得出每小时及白天、夜间的等效声级 L_{eq}、L_d、L_n 和最大声级 L_{max}。用于噪声分析目的，可适当增加监测项目，如累积百分声级 L_{10}、L_{50}、L_{90} 等。监测应避开节假日和非正常工作日。

各监测点位测量结果独立评价，以白天等效声级 L_d 和夜间等效声级 L_n 作为评价各监测点位声环境质量是否达标的基本依据。一个功能区设有多个测点的，应按点次分别统计昼间、夜间的达标率。

② 普查监测法

a. 0～3 类声环境功能区普查监测。将要普查监测的某一声环境功能区划分成多个等大的正方格，网络要完全覆盖住被普查的区域，且有效网格总数应多于 100 个；测点应设在每一个网格的中心，测点条件为一般户外条件，监测分别在白天工作时间和夜间 22:00～24:00（时间不足可顺延）进行。在上述测量时间内，每次每个测点测量 10min 的等效声级 L_{eq}，同时记录噪声主要来源。监测应避开节假日和非正常工作日。将全部网格中心测点测得的 10min 的等效声级 L_{eq} 做算术平均运算，所得到的平均值代表某一声环境功能区的总体环境噪声水平，并计算标准偏差。根据每个网格中心的噪声值及对应的网格面积，统计不同噪声影响水平下的面积百分比，以及白天、夜间的达标面积比例，有条件可估算受影响人口。

b. 4 类声环境功能区普查监测。以自然路场、站场、河段等为基础，考虑交通运行特征和两侧噪声敏感建筑物分布情况，划分典型路段（包括河段）。在每个典型路段对应的 4 类区边界上（指 4 类区内无噪声敏感建筑物存在时）或第一排噪声敏感建筑物户外（指 4 类区内有噪声敏感建筑物存在时）选择 1 个测点进行噪声监测。这些测点应与站、场、码头、岔路口、河流汇入口等相隔一定的距离，避开这些地点的噪声干扰。监测分昼、夜两个时段进行，分别测量规定时间内的等效声级 L_{eq} 和交通流量，如铁路、城市轨道交通线路（地面段），应同时测量最大声级 L_{max}，对道路交通噪声应同时测量累积百分声级 L_{10}、L_{50}、L_{90}。根据交通类型的差异，规定的测量时间如下。

铁路、城市轨道交通（地面段）、内河航道两侧：昼、夜各测量不低于平均运行密度的 1h 值，若城市轨道交通（地面段）的运行车次密集，测量时间可缩短至 20min。

高速公路、一级公路、二级公路、城市快速路、城市主干路、城市次干路两侧：昼、夜各测量不低于平均运行密度的 20min 值。

监测应避开节假日和非正常工作日。

将某条交通干线各典型路段测得的噪声值，按路段长度进行加权算术平均，以此得出某条交通干线两侧 4 类声环境功能区的环境噪声平均值；也可对某一区域内的所有铁路、确定为交通干线的道路、城市轨道交通（地面段）、内河航道按前述方法进行长度加权统计，得出针对某一区域某一交通类型的环境噪声平均值；根据每个典型路段的噪声值及对应的路段长度，统计不同噪声影响水平下的路段百分比，以及白天、夜间的达标路段比例，有条件可估算受影响人口；对某条交通干线或某一区域某一交通类型采取抽样测量的，应统计抽样路段比例。

（4）噪声敏感建筑物监测方法　监测点一般位于噪声敏感建筑物户外。不得不在噪声敏感建筑物室内监测时，应在门窗全打开状况下进行室内噪声测量，并采用较该噪声敏感建筑物所在声环境功能区对应环境噪声限值低 10dB(A) 的值作为评价依据。

对敏感建筑物的环境噪声监测应在周围环境噪声源正常工作条件下测量，视噪声源的运行工况，分昼、夜两个时段连续进行。根据环境噪声源的特征，可优化测量时间。

① 受固定噪声源的噪声影响　稳态噪声测量 1min 的等效声级 L_{eq}；非稳态噪声测量整个正常工作时间（或代表性时段）的等效声级 L_{eq}。

② 受交通噪声源的噪声影响　对于铁路、城市轨道交通（地面段）、内河航道，昼、夜各测量不低于平均运行密度的 1h 等效声级 L_{eq}，若城市轨道交通（地面段）的运行车次密集，测量时间可缩短至 20min。对于道路交通，昼、夜各测量不低于平均运行密度的 20min 等效声级 L_{eq}。

③ 受突发噪声的影响　以上监测对象夜间存在突发噪声的，应同时监测测量时段内的最大声级 L_{max}。

以白天、夜间环境噪声源正常工作时段的 L_{eq} 和夜间突发噪声 L_{max} 作为评价噪声敏感建筑物户外（或室内）环境噪声水平是否符合所处声环境功能区的环境质量要求的依据。

5.1.3.2　工业企业厂界噪声监测方法

（1）测量仪器　测量仪器为积分平均声级计或环境噪声自动监测仪，其性能应不低于 GB 3785 和 GB/T 17181 对 2 型仪器的要求。测量 35dB 以下的噪声应使用 1 型声级计，且测量范围应满足所测量噪声的需要。校准所用仪器应符合 GB/T 15173 对 1 级或 2 级声校准器的要求。当需要进行噪声的频谱分析时，仪器性能应符合 GB/T 3241 中对滤波器的要求。

测量仪器和校准仪器应定期检定合格，并在有效使用期限内使用；每次测量前、后必须在测量现场进行声学校准，其前、后校准示值偏差不得大于 0.5dB，否则测量结果无效。测量时传声器加防风罩，测量仪器时间计权特性设为“F”挡，采样时间间隔不大于 1s。

（2）测量条件

① 气象条件　测量应在无雨雪、无雷电天气，风速为 5m/s 以下时进行。不得不在特殊气象条件下测量时，应采取必要措施保证测量准确性，同时注明当时所采取的措施及气象情况。

② 测量工况　测量应在被测声源正常工作时间进行，同时注明当时的工况。

（3）测点位置

① 测点布设　根据工业企业声源、周围噪声敏感建筑物的布局以及毗邻的区域类别，在工业企业厂界布设多个测点，其中包括距噪声敏感建筑物较近以及受被测声源影响大的位置。

② 测点位置一般规定　一般情况下，测点选在工业企业厂界外 1m、高度 1.2m 以上。

③ 测点位置其他规定　当厂界有围墙且周围有受影响的噪声敏感建筑物时，测点应选在厂界外 1m、高于围墙 0.5m 以上的位置；当厂界无法测量到声源的实际排放状况时（如声源位于高空、厂界设有声屏障等），应按测点位置一般规定设置测点，同时在受影响的噪声敏感建筑物户外 1m 处另设测点；室内噪声测量，室内测量点位设在距任一反射面至少 0.5m 以上、距地面 1.2m 高度处，在受噪声影响方向的窗户开启状态下测量；固定设备结

构传声至噪声敏感建筑物室内，在噪声敏感建筑物室内测量时，测点应距任一反射面至少 0.5m 以上、距地面 1.2m、距外窗 1m 以上，窗户关闭状态下测量。被测房间内的其他可能干扰测量的声源（如电视机、空调机、排气扇以及镇流器较响的日光灯、运转时出声的时针）应关闭。

(4) 测量时段　分别在白天、夜间两个时段测量。夜间有频发、偶发噪声影响时同时测量最大声级。被测声源是稳态噪声，采用 1min 的等效声级。被测声源是非稳态噪声，测量被测声源有代表性时段的等效声级，必要时测量被测声源整个正常工作时段的等效声级。

(5) 背景噪声测量

① 测量环境　不受被测声源影响且其他声环境与测量被测声源时保持一致。

② 测量时段　与被测声源测量的时间长度相同。

(6) 测量结果修正　噪声测量值与背景噪声值相差大于 10dB(A) 时，噪声测量值不做修正；噪声测量值与背景噪声值相差在 3～10dB(A) 之间时，噪声测量值与背景噪声值的差值取整后，按修正表中的数值进行修正；噪声测量值与背景噪声值相差小于 3dB(A) 时，应在采取措施降低背景噪声后，视情况按前面两条的规定执行，仍无法满足这两条要求的，应按环境噪声监测技术规范的有关规定执行。

(7) 结果评价　各个测点的测量结果应单独评价。同一测点每天的测量结果按白天、夜间进行评价。最大声级 L_{max} 直接评价。

5.1.3.3　社会生活环境噪声监测方法

(1) 测量仪器　测量仪器为积分平均声级计或环境噪声自动监测仪，其性能应不低于 GB 3785 和 GB/T 17181 对 2 型仪器的要求。测量 35dB 以下的噪声应使用 1 型声级计，且测量范围应满足所测量噪声的需要。校准所用仪器应符合 GB/T 15173 对 1 级或 2 级声校准器的要求。当需要进行噪声的频谱分析时，仪器性能应符合 GB/T 3241 中对滤波器的要求。

测量仪器和校准仪器应定期检定合格，并在有效使用期限内使用；每次测量前、后必须在测量现场进行声学校准，其前、后校准示值偏差不得大于 0.5dB，否则测量结果无效。测量时传声器加防风罩，测量仪器时间计权特性设为“F”挡，采样时间间隔不大于 1s。

(2) 测量条件

① 气象条件　测量应在无雨雪、无雷电天气，风速为 5m/s 以下时进行。不得不在特殊气象条件下测量时，应采取必要措施保证测量准确性，同时注明当时所采取的措施及气象情况。

② 测量工况　测量应在被测声源正常工作时间进行，同时注明当时的工况。

(3) 测点位置

① 测点布设　根据社会生活噪声排放源、周围噪声敏感建筑物的布局以及毗邻的区域类别，在社会生活噪声排放源边界布设多个测点，其中包括距噪声敏感建筑物较近以及受被测声源影响大的位置。

② 测点位置一般规定　一般情况下，测点选在社会生活噪声排放源边界外 1m、高度 1.2m 以上。

③ 测点位置其他规定　当边界有围墙且周围有受影响的噪声敏感建筑物时，测点应选在边界外 1m、高于围墙 0.5m 以上的位置；当边界无法测量到声源的实际排放状况时（如声源位于高空、厂界设有声屏障等），应按测点位置一般规定设置测点，同时在受影响的噪声敏感建筑物户外 1m 处另设测点；室内噪声测量，室内测量点位设在距任一反射面至少 0.5m 以上、距地面 1.2m 高度处，在受噪声影响方向的窗户开启状态下测量；社会生活噪

声排放源的固定设备结构传声至噪声敏感建筑物室内，在噪声敏感建筑物室内测量时，测点应距任一反射面至少0.5m以上、距地面1.2m、距外窗1m以上，在窗户关闭状态下测量。被测房间内的其他可能干扰测量的声源（如电视机、空调机、排气扇以及镇流器较响的日光灯、运转时出声的时针）应关闭。

(4) 测量时段　分别在白天、夜间两个时段测量。夜间有频发、偶发噪声影响时同时测量最大声级。被测声源是稳态噪声，采用1min的等效声级。被测声源是非稳态噪声，测量被测声源有代表性时段的等效声级，必要时测量被测声源整个正常工作时段的等效声级。

(5) 背景噪声测量

① 测量环境　不受被测声源影响且其他声环境与测量被测声源时保持一致。

② 测量时段　与被测声源测量的时间长度相同。

(6) 测量结果修正　噪声测量值与背景噪声值相差大于10dB(A)时，噪声测量值不做修正；噪声测量值与背景噪声值相差在3～10dB(A)之间时，噪声测量值与背景噪声值的差值取整后，按修正表中的数值进行修正；噪声测量值与背景噪声值相差小于3dB(A)时，应采取措施降低背景噪声后，视情况按前面两条的规定执行，仍无法满足这两类要求的，应按环境噪声监测技术规范的有关规定执行。

(7) 结果评价　各个测点的测量结果应单独评价。同一测点每天的测量结果按白天、夜间进行评价。最大声级L_{max}直接评价。

5.1.3.4 建筑施工场界噪声监测方法

可根据城市建设部门提供的建筑方案和其他与施工现场情况有关的数据确定建筑施工场地边界线，并应在测量表中标出边界线与噪声敏感区域之间的距离；根据被测建筑施工场地的建筑作业方位和活动形式，确定噪声敏感建筑或区域的方位，并在建筑施工场地边界线上选择离敏感建筑物或区域最近的点作为测点。由于敏感建筑物方位不同，对于一个建筑施工场地，可同时有几个测点。

采用环境噪声自动监测仪进行测量时，仪器动态特性为“快”响应，采样时间间隔不大于1s。白天以20min的等效A声级表征该点的昼间噪声值，夜间以8h的平均等效A声级表征该点的夜间噪声值。测量期间，各施工机械应处于正常运行状态，并应包括不断进入或离开场地的车辆，例如卡车、施工机械车辆、搅拌机等以及在施工场地上运转的车辆，这些都属于施工场地范围以内的建筑施工活动。背景噪声应比测量噪声低10dB(A)以上，若测量值与背景噪声值相差小于10dB(A)，按《建筑施工场界噪声测量方法》(GB 12524—90)所列的修正表进行修正。在测量报告中应包括以下内容：建筑施工场地及边界线示意图；敏感建筑物的方位、距离及相应边界线处测点；各测点的等效连续A声级L_{eq}。

5.1.3.5 机场周围飞机噪声监测方法

在规定的测量条件下（无雪、无雨，地面上10m高处风速不大于5m/s，30%≤相对湿度≤90%，传声器离地面1.2m）用2型声级计或机场噪声监测系统进行测量。机场周围飞机噪声测量方法（GB 9661—88）包括精密测量和简易测量。精密测量是通过声级计将飞机噪声信号送到测量录音机记录在磁带上，然后在实验室按原速回放录音信号并对信号进行频谱分析。简易测量是只需经频率计权的测量。

5.1.4 噪声标准

噪声对人的影响与声源的物理特性、暴露时间和个体差异等因素有关。所以噪声标准的制定须在大量实验基础上进行统计分析，主要考虑因素是保护听力、噪声对人体健康的影响、人们对噪声的主观烦恼度和目前的经济、技术条件等方面，对不同的场所和时间分别加以限制。环境噪声标准制定的依据是环境基本噪声，各国大多参考 ISO 推荐的基数。我国目前执行的环境噪声标准见附录。

5.1.5 振动及测量方法

物体围绕平衡位置做往复运动叫振动。振动是噪声产生的原因，机械设备产生的噪声有两种传播方式：一种是以空气为介质向外传播，称为空气声；另一种是声源直接激发固体构件振动，这种振动以弹性波的形式在基础、地板、墙壁中传播，并在传播中向外辐射噪声，称为固体声。振动能传播固体声而造成噪声危害；同时振动本身能使机械设备、建筑结构受到破坏，人的身体受到损伤。振动测量在工业上也有很多应用，如检测地下管道泄漏等。

振动测量和噪声测量有关，部分仪器可通用。只要将噪声测量系统中声音传感器换成振动传感器，将声音计权网络换成振动计权网络，就成为振动测量系统。但振动频率往往低于噪声的声频率。人感觉振动以振动加速度表示，一般人的可感振动加速度为 $0.03m/s^2$，而感觉难受的振动加速度为 $0.5m/s^2$，不能容忍的振动加速度为 $5m/s^2$。人的可感振动频率最高为 1000Hz，但仅对 100Hz 以下振动才较敏感，而最敏感的振动频率是与人体共振频率数值相等或相近时。人体共振频率在直立时为 4～10Hz，俯卧时为 3～5Hz。

5.1.5.1　城市区域环境振动标准

城市区域环境振动标准（GB 10070—88）规定了城市区域环境振动的标准值及适用地带范围和监测方法。

(1) 适用地带范围的划定

① 特殊住宅区　是指特别需要安宁的住宅区。

② 居民、文教区　是指纯居民区和文教、机关区。

③ 混合区　是指一般商业与居民混合区。

④ 商业中心区　是指商业集中的繁华地区。

⑤ 工业集中区　是指在一个城市或区域内规划明确的工业区。

⑥ 交通干线道路两侧　是指车流量每小时 100 辆以上的道路两侧。

⑦ 铁路干线两侧　是指距每日车流量不少于 20 列的铁道外轨 30m 外的两侧的住宅区。

标准适用的地带范围由地方人民政府划定；标准白天、夜间的时间由当地人民政府按当地习惯和季节变化划定。

(2) 监测方法

① 测量点的布设　测量点在建筑物室外 0.5m 以内振动敏感处，必要时测量点置于建筑物室内地面中央。

② 计算方法　铅垂向 Z 振级的测量及评价量的计算方法，在下面做详细的说明。

5.1.5.2　城市区域环境振动测量方法

(1) 名词术语

① 振动加速度级（VAL）　加速度与基准加速度之比以 10 为底的对数乘以 20，记为 VAL，单位为 dB。用公式表示为：

$$VAL=20\lg(a/a_0)$$

式中　a——振动加速度有效值，m/s^2；

a_0——基准加速度，$a_0=10^{-6}m/s^2$。

② 振动级（VL）　按 ISO 2631/1—1985 规定的全身振动不同频率计权因子修正后得到的振动加速度级，简称振级，记为 VL，单位为 dB。

③ Z振级（VL_Z） 按ISO 2631/1—1985规定的全身振动Z计权因子修正后得到的振动加速度级，记为VL_Z，单位为dB。

④ 累积百分Z振级（VL_{Zn}） 在规定的测量时间T内，有N%时间的Z振级超过某一VL_Z值，这个VL_Z值叫做累积百分Z振级，记为VL_{Zn}，单位为dB。

⑤ 稳态振动 观测时间内振级变化不大的环境振动。

⑥ 冲击振动 具有突发性振级变化的环境振动。

⑦ 无规振动 未来任何时刻不能预先确定振级的环境振动。

(2) 测量仪器 用于测量环境振动的仪器，其性能必须符合ISO/DP 8041—1984有关条款的规定。测量系统每年至少送计量部门校准一次。

(3) 测量量及读值方法

① 测量量 为铅垂向Z振级。

② 读数方法和评价量

a. 计权常数。本测量方法采用的仪器时间计权常数为1s。

b. 稳态振动。每个测点测量一次，取5s内的平均示数作为评价量。

c. 冲击振动。取每次冲击过程中的最大示数为评价量。对于重复出现的冲击振动，以10次读数的算术平均值为评价量。

d. 无规振动。每个测点等间隔地读取瞬时示数，采样间隔不大于5s，连续测量时间不少于1000s，以测量数据的VL_{Z10}值为评价量。

e. 铁路振动。读取每次列车通过过程中的最大示数，每个测点连续测量20次列车，以20次读数的算术平均值为评价量。

(4) 测量位置及拾振器的安装

① 测量位置 测点置于各类区域建筑物室外0.5m以内振动敏感处。必要时，测点置于建筑物室内地面中央。

② 拾振器的安装 确保拾振器平稳地安放在平坦、坚实的地面上，避免置于如地毯、草地、沙地或雪地等松软的地面上。拾振器的灵敏度主轴方向应与测量方向一致。

(5) 测量条件 测量时振源应处于正常工作状态；应避免足以影响环境振动测量值的其他环境因素，如剧烈的温度梯度变化、强电磁场、强风、地震或其他非振动污染源引起的干扰。

(6) 测量数据记录和处理 环境振动测量按待测振源的类别，选择对应表格逐项记录。测量交通振动，必要时应记录车流量。

5.2 放射性污染监测

环境放射性监测是环境保护工作中的一项重要任务，尤其在当今世界，原子能工业迅速发展，核事故屡有发生，放射性物质在医学、国防、航天、科研、民用等领域的应用不断扩大，有可能使环境中的放射性水平高于天然本底值，甚至超过规定标准，构成放射性污染，危害人体和生物，为此有必要对环境中的放射性物质进行经常性的检测和监督。

5.2.1 与放射性相关的物理量

5.2.1.1 放射性

(1) 放射性核衰变 原子是由原子核和围绕原子核按一定能级运行的电子所组成的。原子核由质子和中子组成，它们又称为核子。有些原子核是不稳定的，能自发地改变核结构，这种现象称核衰变。在核衰变过程中总是放射出具有一定动能的带电或不带电的粒子，即 α、β 和 γ 射线，这种现象称为放射性。

天然不稳定核素能自发放出射线，称为“天然放射性”；通过核反应由人工制造出来的核素的放射性称为“人工放射性”。决定放射性核素性质的基本要素是放射性衰变类型、放射性活度和半衰期。

（2）放射性衰变类型

① α 衰变　α 衰变是不稳定重核（一般原子序数大于 82）自发放出 ^4He 核（α 粒子）的过程。如 ^{226}Ra 的 α 衰变可写成：

$$^{226}Ra \longrightarrow {}^{222}Rn + {}^4He$$

不同核素所放出的 α 粒子的动能不等，一般在 2～8MeV 范围内。α 粒子的质量大，速度小，照射物质时易使其原子、分子发生电离或激发，但穿透能力小，只能穿透皮肤的角质层。

② β 衰变　β 衰变是放射性核素放射 β 粒子（即快速电子）的过程，它是原子核内质子和中子发生互变的结果。β 衰变可分为负 β 衰变、正 β 衰变和电子捕获三种类型。

③ γ 衰变　γ 射线是原子核从较高能级跃迁到较低能级或者基态时所放射的电磁辐射。这种跃迁对原子核的原子序数和原子质量数都没有影响，所以称为同质异能跃迁。某些不稳定的核素经过 α 或 β 衰变后仍处于高能状态，很快（约 10^{-13}s）再放射出 γ 射线而达稳定态。

γ 射线是一种波长很短的电磁波（约为 0.007～0.1nm），故穿透能力极强，它与物质作用时产生光电效应、康普顿效应、电子对生成效应等。

（3）放射性活度和半衰期

① 放射性活度（强度）　放射性活度系指单位时间内发生核衰变的数目。可表示为：

$$A = -\mathrm{d}N/\mathrm{d}t = \lambda N$$

式中　A——放射性活度，s^{-1}，活度单位的专门名称为贝可（Bq），$1Bq=1s^{-1}$；

N——某时刻的核素数；

t——时间，s；

λ——衰变常数，表示放射性核素在单位时间内的衰变概率。

② 半衰期　放射性核素因衰变而减少到原来的一半时所需的时间称为半衰期（$T_{1/2}$）。衰变常数（λ）与半衰期有下列关系：

$$T_{1/2} = 0.693/\lambda$$

半衰期是放射性核素的基本特性之一，不同核素 $T_{1/2}$ 不同。

5.2.1.2　照射量和剂量

（1）照射量　照射量被定义为：

$$X = \mathrm{d}Q/\mathrm{d}m$$

式中　$\mathrm{d}Q$——γ 或 X 射线在空气中完全被阻止时，引起质量为 $\mathrm{d}m$ 的某一体积单元的空气电离所产生的带电粒子（正的或负的）的总电量值，C；

X——照射量，它的 SI 单位为 C/kg。与它暂时并用的专用单位是伦琴（R）（非法定计量单位），简称伦，$1R=2.58\times10^{-4}C/kg$。

伦琴这一单位仅适用于 γ 或 X 射线透过空气介质的情况，不能用于其他类型的辐射和介质。

（2）吸收剂量　它用于表示在电离辐射与物质发生相互作用时单位质量的物质吸收电离

辐射能量大小。其定义用下式表示：

$$D=\mathrm{d}E_{\mathrm{D}}/\mathrm{d}m$$

式中　D——吸收剂量；

$\mathrm{d}E_{\mathrm{D}}$——电离辐射给予质量为 $\mathrm{d}m$ 的物质的平均能量。

吸收剂量的 SI 单位为 J/kg，单位的专门名称为戈瑞（Gy），简称戈，1Gy=1J/kg。与戈瑞暂时并用的专门单位是拉德（rad）（非法定计量单位），$1\mathrm{rad}=10^{-2}\mathrm{Gy}$。吸收剂量单位可适用于内照射和外照射，已广泛应用于放射生物学、辐射化学、辐射防护等学科，在射线治疗疾病、防御射线有害作用等方面具有实用意义。

（3）剂量当量　剂量当量（H）定义为：在生物机体组织内所考虑的一个体积单元上吸收剂量、品质因素和所用修正因素的乘积，即：

$$H=DQN$$

式中　D——吸收剂量，Gy；

Q——品质因素，其值决定于导致电离粒子的初始动能、种类及照射类型等；

N——所有其他修正因素的乘积。

剂量当量（H）的 SI 单位为 J/kg，单位的专门名称为希沃特（Sv），1Sv=1J/kg。与希沃特暂时并用的专门单位是雷姆（rem）（非法定计量单位），$1\mathrm{rem}=10^{-2}\mathrm{Sv}$。

应用剂量当量来描述人体所受各种电离辐射的危害程度，可以表达不同种类的射线在不同能量及不同照射条件下所引起生物效应的差异。在计算剂量当量时，也就必须预先指定这些条件。对 β 粒子或 γ 射线来说，以 rem 为单位的剂量当量和以 rad 为单位的剂量在数值上是相等的。单位时间内的剂量当量称为剂量当量率，其单位为 Sv/s 或 rem/s。

5.2.2　放射性检测仪器

放射性检测仪器种类多，需根据监测目的、试样形态、射线类型、强度及能量等因素进行选择。放射性检测仪器检测放射性的基本原理基于射线与物质间相互作用所产生的各种效应，包括电离、发光、热效应、化学效应和能产生次级粒子的核反应等。最常用的检测器有三类，即电离型检测器、闪烁检测器和半导体检测器。

（1）电离型检测器　电离型检测器是利用射线通过气体介质时，使气体发生电离的原理制成的探测器。应用气体电离原理的检测器有电流电离室、正比计数管和盖革计数管（GM管）三种。电流电离室是测量由于电离作用而产生的电流电离，适用于测量强放射性；正比计数管和盖革计数管则是测量由每一入射粒子引起电离作用而产生的脉冲式电压变化，从而对入射粒子逐个计数，适于测量弱放射性。以上三种检测器之所以有不同的工作状态和不同的功能，主要是因为对它们施加的工作电压不同，从而引起电离过程不同。

（2）闪烁检测器　闪烁检测器是利用射线与物质作用发生闪光的仪器。它具有一个受带电粒子作用后其内部原子或分子被激发而发射光子的闪烁体。当射线照在闪烁体上时，便发射出荧光光子，并且利用光导和反光材料等将大部分光子收集在光电倍增管的光阴极上。光子在灵敏阴极上打出光电子，经过倍增放大后在阳极上产生电压脉冲，此脉冲还是很小的，需再经电子线路放大和处理后记录下来。

闪烁体的材料可用 ZnS、NaI、蒽等无机和有机物质。探测 α 粒子时，通常用 ZnS 粉末；探测 γ 射线时，可选用密度大、能量转化率高、可做成体积较大并且透明的 NaI 晶体；蒽等有机材料发光持续时间短，可用于高速计数和测量短寿命核素的半衰期。

闪烁检测器以其高灵敏度和高计数率的优点而被用于测量 α、β、γ 辐射强度。由于它对不同能量的射线具有很高的分辨率，所以可用测量能谱的方法鉴别放射性核素。这种仪器还可以测量照射量和吸收剂量。

(3) 半导体检测器　半导体检测器的工作原理与电离型检测器相似，但其检测元件是固态半导体。当放射性粒子射入这种元件后，产生电子-空穴对，电子和空穴受外加电场的作用，分别向两极运动，并被电极所收集，从而产生脉冲电流，再经放大后，由多道分析器或计数器记录。

半导体检测器可用作测量 α、β 和 γ 辐射。与前两类检测器相比，在半导体元件中产生电子-空穴对所需能量要小得多，例如对硅型半导体是 3.6eV，对锗型半导体是 2.8eV，而对 NaI 闪烁检测器来说，从其中发出一个光电子平均需能量为 3000eV，也就是说，在同样外加能量下，半导体中生成电子-空穴对数比闪烁检测器中生成的光电子数多近 1000 倍。因此，前者输出脉冲电流大小的统计涨落比较小，对外来射线有很好的分辨率，适于做能谱分析。其缺点是由于制造工艺等方面的原因，检测灵敏区范围较小。但因为元件体积很小，较容易实现对组织中某点进行吸收剂量测定。

硅半导体检测器可用于 α 计数和测定 α 能谱及 β 能谱。对 γ 射线一般采用锗半导体作检测元件，因为它的原子序数较大，对 γ 射线吸收效果更好。

5.2.3　放射性监测

5.2.3.1　监测对象及内容

放射性监测按照监测对象可分为：①现场监测，即对放射性物质生产或应用单位内部工作区域所做的监测；②个人剂量监测，即对放射性专业工作人员或公众做内照射和外照射的剂量监测；③环境监测，即对放射性生产和应用单位外部环境，包括空气、水体、土壤、生物、固体废物等所做的监测。

在环境监测中，主要测定的放射性核素为：①α 放射性核素，即 ^{239}Pu、^{226}Ra、^{224}Ra、^{222}Rn、^{210}Po、^{222}Th、^{234}U 和 ^{235}U；②β 放射性核素，即 ^{3}H、^{90}Sr、^{89}Sr、^{134}Cs、^{137}Cs、^{131}I、^{60}Co。这些核素在环境中出现的可能性较大，其毒性也较大。

对放射性核素具体测量的内容有：①放射源强度、半衰期、射线种类及能量；②环境和人体中放射性物质含量、放射性强度、空间照射量或电离辐射剂量。

5.2.3.2　放射性监测方法

环境放射性监测方法有定期监测和连续监测。定期监测的一般步骤是采样、样品预处理、样品总放射性或放射性核素的测定；连续监测是在现场安装放射性自动监测仪器，实现采样、预处理和测定自动化。

对环境样品进行放射性测量和对非放射性环境样品监测过程一样，也是经过样品采集、样品前处理和选择适宜方法、仪器测定三个过程。

(1) 样品采集

① 放射性沉降物的采集　沉降物包括干沉降物和湿沉降物，主要来源于大气层核爆炸所产生的放射性尘埃，小部分来源于人工放射性微粒。

对于放射性干沉降物样品可用水盘法、黏纸法、高罐法采集。水盘法是用不锈钢或聚乙烯塑料制圆形水盘采集沉降物，盘内装有适量稀酸，沉降物过少的地区再酌加数毫克硝酸锶或氯化锶载体。将水盘置于采样点暴露 24h，应始终保持盘底有水。采集的样品经浓缩、灰化等处理后，做总 β 放射性测量。黏纸法系用涂一层黏性油（松香加蓖麻油等）的滤纸贴在圆形盘底部（涂油面向外），放在采样点暴露 24h，然后再将黏纸灰化，进行总 β 放射性测量。也可以用蘸有三氯甲烷等有机溶剂的滤纸擦拭落有沉降物的刚性固体表面（如道路、门窗等），以采集沉降物。高罐法系用一不锈钢或聚乙烯圆柱形罐暴露于空气中采集沉降物。

因罐壁高，故不必放水，可用于长时间收集沉降物。

湿沉降物系指随雨（雪）降落的沉降物。其采集方法除上述方法以外，常用一种能同时对雨水中核素进行浓集的采样器。这种采样器由一个承接漏斗和一根离子交换柱组成。交换柱上下层分别装有阳离子交换树脂和阴离子交换树脂，欲收集核素被离子交换树脂吸附浓集后，再进行洗脱，收集洗脱液进一步做放射性核素分离。也可以将树脂从柱中取出，经烘干、灰化后制成干样品做总β放射性测量。

② 放射性气溶胶的采集　放射性气溶胶包括核爆炸产生的裂变产物，各种来源于人工放射性物质以及氡、钍射气的衰变子体等天然放射性物质。这种样品的采集常用滤料阻留采样法，其原理与大气中颗粒物的采集相同。

对于其他类型如水体、土壤、生物样品的采集、制备和保存方法与非放射性样品所用的方法类同。

（2）样品预处理　对样品进行预处理的目的是将样品处理成适于测量的状态，将样品的欲测核素转变成适于测量的形态并进行浓集，以及去除干扰核素。常用的样品预处理方法有衰变法、有机溶剂溶解法、蒸馏法、灰化法、溶剂萃取法、离子交换法、共沉淀法、电化学法等。

衰变法是样品采集后，将其放置一段时间，让样品中一些短寿命的非欲测核素衰变除去，然后再进行放射性测量。如测定大气中气溶胶的总α和总β放射性时常用这种方法，即用过滤法采样后，放置4～5h，使短寿命的氡、钍子体衰变除去。

共沉淀法是指用一般化学沉淀法分离环境样品中放射性核素，因核素含量很低，达不到溶度积，故不能达到分离目的，但如果加入毫克数量级与欲分离放射性核素性质相近的非放射性元素载体，则由于两者之间发生同晶共沉淀或吸附共沉淀作用，载体将放射性核素载带下来，达到分离和富集的目的。如用^{59}Co作载体共沉淀^{60}Co，则发生同晶共沉淀；用新沉淀出来的水合二氧化锰作载体沉淀水样中的钚，则两者间发生吸附共沉淀。这种分离富集方法具有简便、实验条件容易满足等优点。

灰化法是指对蒸干的水样或固体样品，可在瓷坩埚内于500℃马弗炉中灰化，冷却后称重，再转入测量盘中铺成薄层检测其放射性。

电化学法是通过电解将放射性核素沉积在阴极上，或以氧化物形式沉积在阳极上。如Ag^{+}、Bi^{2+}、Pb^{2+}等可以金属形式沉积在阴极；Pb^{2+}、Co^{2+}可以氧化物的形式沉积在阳极。其优点是分离核素的纯度高。如果使放射性核素沉积在惰性金属片电极上，可直接进行放射性测量；如将其沉积在惰性金属丝电极上，可先将沉积物溶出，再制备成样品源。

环境样品经上述方法分解和对欲测放射性核素分离、浓集、纯化后，有的已成为可供放射性测量的样品源，有的尚需用蒸发、悬浮、过滤等方法将其制备成适于测量要求状态（液态、气态、固态）的样品源。蒸发系指将样品溶液移入测量盘或承托片上，在红外灯下徐徐蒸干，制成固态薄层样品源；悬浮系将沉淀形式的样品用水或适当的有机溶剂进行混悬，再移入测量盘用红外灯徐徐蒸干，过滤是将待测沉淀抽滤到已称重的滤纸上，用有机溶剂洗涤后，将沉淀连同滤纸一起移入测量盘中，置于干燥器内干燥后进行测量。还可以用电解法制备无载体的α或β辐射体的样品源；用活性炭等吸附剂浓集放射性惰性气体，再进行热解吸并将其导入电离室或正比计数管等探测器内测量；将低能β辐射体的液体试样与液体闪烁剂混合制成液体源，置于闪烁瓶中测量等。

（3）环境中放射性监测

① 水样的总α放射性活度的测定　水体中常见辐射α粒子的核素有^{226}Ra、^{222}Rn及其衰变产物等。目前公认的水样总α放射性安全浓度是0.1Bq/L，当大于此值时，就应对放射α

粒子的核素进行鉴定和测量，确定主要的放射性核素，判断水质污染情况。

测定水样总 α 放射性活度的方法是：取一定体积水样，过滤除去固体物质，滤液加硫酸酸化，蒸发至干，在不超过 350℃温度下灰化。将灰化后的样品移入测量盘中并铺成均匀薄层，用闪烁检测器测量。在测量样品之前，先测量空测量盘的本底值和已知活度的标准样品。测定标准样品（标准源）的目的是确定检测器的计数效率，以计算样品源的相对放射性活度，即比放射性活度。标准源最好是欲测核素，并且两者强度相差不大。如果没有相同核素的标准源，可选用放射同一种粒子而能量相近的其他核素。测量总 α 放射性活度的标准源常选择硝酸铀酰。水样的总 α 比放射性活度（Q_α）用下式计算：

$$Q_\alpha=(n_c-n_b)/(n_s V)$$

式中　Q_α——比放射性活度，Bq/L；

V——所取水样体积，L；

n_b——空测量盘的本底计数率，计数/min；

n_s——根据标准源的活度计数率计算出的检测器的计数率，计数/(Bq·min)；

n_c——用闪烁检测器测量水样得到的计数率，计数/min。

② 水样的总 β 放射性活度测量　水样总 β 放射性活度测量步骤基本上与总 α 放射性活度测量相同，但检测器用低本底的盖革计数管，且以含 ^{40}K 的化合物作标准源。

水样中的 β 射线常来自 ^{40}K、^{90}Sr、^{129}I 等核素的衰变，其目前公认的安全水平为 1Bq/L。^{40}K 标准源可用天然钾的化合物（如氯化钾或碳酸钾）制备。天然钾化合物中含 0.0119% 的 ^{40}K，比放射性活度约为 1×10^7 Bq/g，发射率为 28.3β 粒子/(g·s) 和 3.3γ 射线/(g·s)。用 KCl 制备标准源的方法是：取经研细过筛的分析纯 KCl 试剂于 120～130℃烘干 2h，置于干燥器内冷却。准确称取与样品源同样质量的 KCl 标准源，在测量盘中铺成中等厚度层，用计数管测定。

③ 土壤中总 α、β 放射性活度的测量　土壤中 α、β 总放射性活度的测量方法是：在采样点选定的范围内，沿直线每隔一定距离采集一份土壤样品，共采集 4～5 份。采样时用取土器或小刀取 $10\times10cm^2$、深 1cm 的表土。除去土壤中的石块、草类等杂物，在实验室内晾干或烘干，移至干净的平板上压碎，铺成 1～2cm 厚方块，用四分法反复缩分，直到剩余 200～300g 土样，再于 500℃灼烧，待冷却后研细、过筛备用。称取适量制备好的土样放于测量盘中，铺成均匀的样品层，用相应的探测器分别测量 α 和 β 比放射性活度（测 β 放射性的样品层应厚于测 α 放射性的样品层）。α 比放射性活度（Q_α）和 β 比放射性活度（Q_β）分别用以下两式计算：

$$Q_\alpha=(n_c-n_b)\times10^6/(60\varepsilon slF)$$

$$Q_\beta=1.48\times10^4 n_\beta/n_{KCl}$$

式中　Q_α——α 比放射性活度，Bq/kg 干土；

Q_β——β 比放射性活度，Bq/kg 干土；

n_c——样品 α 放射性总计数率，计数/min；

n_b——本底计数率，计数/min；

ε——检测器计数率，计数/(Bq·min)；

s——样品面积，cm^2；

F——自吸收校正因子，对较厚的样品一般取 0.5；

l——样品厚度，mg/cm^2；

n_β——样品 β 放射性总计数率，计数/min；

n_{KCl}——氯化钾标准源的计数率，计数/min；

1.48×10^4——1kg 氯化钾所含^{40}K 的β放射性的贝可数。

（4）个人外照射剂量监测　个人外照射剂量用佩戴在身体适当部位的个人剂量计测量，这是一种小型、轻便、容易使用的仪器。常用的个人剂量计有袖珍电离室、胶片剂量计、热释光体和荧光玻璃。

5.2.4 环境中氡浓度的测定方法

氡是自然界无处不在的一种放射性气体，是一种重要的致癌物质。氡及其子体来源于地壳岩石和土壤的放射性元素的衰变。它们可以在空气中“飘悠”（室内和室外），也可以不同程度地溶解在各种类型的水中。总之，氡在人类生活环境中“无孔不入”，到处都有，浓度高低分布又极不均衡。氡是一种有害的物质，特别是当浓度高时，对人类的危害很大，又由于无色、无味，不易被人察觉，常常被忽视。

人类受电离辐射损伤的最早记录，要算高浓度氡及其子体辐射下的矿工肺癌。如今，氡能够诱发肺癌在全世界已得到公认。世界卫生组织国际癌症研究中心证实，氡是19种最重要致肺癌物质之一。最近的研究结果表明，除了肺癌外，全球骨髓性白血病患者中，有25%与氡的辐射有关。还有胃癌、皮肤癌以及出现在儿童中的某些癌症，都与氡暴露密切相关。

一般建筑物和非铀矿山，都有氡及其子体产生，并能对人类造成危害。有材料报道，在瑞典和挪威的一些居民住房中，氡浓度比大气中氡浓度高千倍。美国和英国等国也有类似的报道。许多国家的调查发现，一些居室中氡的浓度很高，并严重危害人体健康。在高本底辐射区，建筑物和房间若采用镭含量丰富的建筑材料，室内氡的污染问题将更加突出，更加普遍。正因为如此，在全世界无论是发展中国家，还是发达国家，对于室内氡的辐射及引起健康危害问题越来越关注。室内氡问题已成为评价人类受到自然和人工放射性辐射的一个新的方面。

氡及其子体的测定方法有数十种之多，但可以分为两大类，即瞬时测量和累积测量。根据其应用对象，又可以分为土壤中氡测定、空气中氡测定和水中氡测定。不论何种测定，它们的应用原理是一样的，只是采用的方法和技术有所不同。在室内氡环境问题研究中，涉及最多的是室内空气中的氡及其子体浓度测定。空气中氡浓度的测定方法分传统的有源式瞬时氡测量和现代无源式累积型氡探测。

5.2.4.1 标准源与标定

空气中氡浓度测定方法绝大多数为相对测定，所以首先必须对测氡系统装置进行标定，确定测量系统的读数与氡浓度的关系。

（1）标准源　要对测量系统进行标定，首先要有确定氡浓度数据的标准源。目前采用的标准源有以下三种。

① 液体标准源　常见的液态氡标准源是由镭盐溶液制成，保存在特制的玻璃管中，镭衰变释放的氡气，在玻璃管中积累，达到平衡状态后，氡气的浓度为一定值，用来标定仪器。溶液中镭含量一般为10^{-8}～10^{-11}g。

② 固体镭标准源　由于液体状态的镭标准源携带不便等原因，在一些国家中逐步采用固体镭盐作为氡标准源。例如，加拿大生产了两种较为轻便的标准源：Rn150型氡气标准源和1025型氡气和钍射气标准源。其中Rn150型源的外形呈圆筒状，内封两个独立的固体镭源，A源和B源。A源的氡活度为4440±56Bq，用于标定氡测量系统；B源能提供的总氡量为3.7Bq/(min·L)，用于标定过滤器型的环境监测仪器。又如，美国制成的标定射气仪的装置，内封有3.7×10^6Bq、3.7×10^5Bq、3.7×10^4Bq和3.7×10^3Bq四种不同活度的镭

作为氡气源。

③ 氡室　由于液体状氡标准源和固体状氡标准源都存在不能准确地标定 20 世纪 70 年代后期发展起来的累积氡法测量系统，也不能同时标定多台仪器等缺点，80 年代以来，国内外已生产了第三代的氡气标准源——氡室，作为综合性的标定装置。氡室是一种四周密封多层状的室体，其体积可以为 1～20m^3，可以更大或更小，室内放置镭盐或沥青铀矿，作为氡气源。氡气源分设若干档次的标准氡浓度，根据标定系统需要，可选择使用其中某一档次的标准氡浓度。氡室的出现不仅可以快速而有效地标定常规氡气仪，而且能有效地标定各种累积氡测量系统。用氡室标定各种氡的探测器，可使其灵敏度有一个统一的衡量标准，便于对比各种测氡系统的测量结果，以及达到测量数据的一致性。

(2) 氡探测器的标定　氡气测量系统或称氡探测器（含瞬时测量和累积测量）的标定，是将已知浓度的氡气引入装探测器的容器内（如闪烁室、电离室、活性炭吸附器等），然后按一定规则进行测量，求出测量系统的读数与氡浓度之间的关系，即标定系数，或称换算系数、刻度系数、校正系数等。已知浓度的氡气，可以由液体氡标准源、固体氡标准源或氡室给出。标定的方法总体上说，有循环法、真空法、自由扩散法、综合性的氡室标定法。

循环法一般用于野外工作标定常规氡测量仪器；真空法大都用于室内分析仪器和测水中氡的仪器的标定；自由扩散法一般用于积分氡气测量系统的标定。氡引入闪烁室（或电离室等）后，除本身放出 α 粒子外，它产生的子体^{218}Po（RaA）、^{214}Po（RaC）也放出 α 粒子。由 α 粒子引起 ZnS 荧光体，单位时间内的闪光数目将随着时间增加而增加。因此，探测器标定时取得的标定系数是相应于一定条件下的标定系数，标定的条件改变（例如鼓气循环的时间不同，以及鼓气后选择测定时间不同）得到的标定系数也会有变化。至于真空法和自由扩散法的标定系数，则主要同闪烁的抽真空程度和自由扩散的时间有关。

① 循环法　循环法标定氡探测器，实质上是将已知氡源和探测器的容器，通过橡皮管或其他对氡吸附少的管子连接起来，尔后通过连接在上面的鼓气装置（如双链球）进行鼓气，使整个密封系统达到氡的均匀分布，然后进行多次测量，最后按相应公式计算标定系数。循环法标定，既可采用液体镭源也可采用固体镭源或氡室。

② 真空法　真空法标定氡探测器，实质上是将欲标定的装探测器的容器（如闪烁室或电离室）抽真空，尔后将其接到氡源，将已知浓度的氡吸入容器后，进行多次测量，最后按公式计算标定系数。

③ 自由扩散法（也称累积法）　自由扩散法标定氡探测器（一般指累积氡法，如径迹法、热释光法、活性炭法、液闪法和聚集器法等），实质是将装有相应的探测器的容器一起放入氡源（一般采用氡室）中若干时间，让氡室中的氡逐步地自由扩散到探测器中，然后进行数分钟的测量，并取其平均值，最后按有关公式计算其标定系数的一种方法。

④ 综合性的氡室标定法　氡室是 20 世纪七八十年代发展起来的第三代标定氡探测器的最新氡源，它既可完成循环法和真空法的功能，又能完成自由扩散法的功能（这是液体镭源和固体镭源所无法完成的），因而氡室是一种能进行综合标定的装置。

我国从 1985 年开始研究氡室，并于 1987 年底研制成功我国第一种氡室，其型号为 8505-I 型。该氡室的容量为 1000L 双层结构，具有对多种测定氡浓度系统的标定功能。

5.2.4.2　有源式瞬时氡测量

有源式瞬时氡测量主要有电离室法、闪烁室法、双滤膜法和气球法等。

电离室法也叫静电计法，是测氡最经典的方法。电离室法测氡的原理是基于射线对空气的电离作用和带电导体在电场中的运动。氡气体进入电离室后，氡及其子体放出的射线使空气电离，产生正负离子。其电离电流主要是^{222}Rn、^{218}Po、^{214}Po的α粒子对空气作用的结果。电离室的中央电极积累了一定量的正电荷，当与静电计的中央石英丝接触后使其带电，成为带电导体。在外电场作用下，石英丝由于洛伦兹力的作用发生偏转，其偏转的速度与其上的电荷量成正比，也就是与氡的浓度成正比。测出偏转的速度可知道氡的浓度。电离室法测氡的范围是$4\times10^{1}\sim4\times10^{4}Bq/m^{3}$，因为室内氡浓度通常低于此值，所以其不适用于在室内环境测量氡。

闪烁室法测氡是美国阿贡国立实验室络卡斯发明的，比起静电计法，有明显的长处，该方法建立后，又经过了十余年的不断改进和提高。其方法原理为氡进入闪烁室后，氡及其子体发射的α粒子使闪烁室壁的ZnS（Ag）产生闪光，光电倍增管把这种光信号变成电脉冲，经电子学线路把电脉冲放大，最后记录下来。单位时间内的脉冲数与氡浓度成正比，从而可确定氡浓度。闪烁室法仍然属于相对测量，因而要进行刻度。测氡灵敏度为$3.7\times10^{2}Bq/m^{3}$。

双滤膜法20世纪70年代在美国流行，1972年托马斯对其进行了理论推导，使此方法在理论上达到了比较完善的程度。其方法原理是双滤膜管在抽气过程中，入口滤膜滤掉滤气中已有的氡子体，纯氡在通过双滤膜管的过程中，又生成新的子体（主要是^{218}Po），其中的一部分为出口滤膜所收集。由于氡子体的增长遵守固有的积累、衰变规律，所以通过测出口滤膜上的α放射性活度就可以确定氡浓度。

气球法是我国科技人员建立的测氡方法，由于具有简便、迅速、灵敏度高等优点，在矿山和环境测氡中得到了广泛的应用。其工作原理与双滤膜法相同，只不过是将双滤膜管换成了气球，入口和出口为同一通路。抽气泵开动后，入口滤膜滤掉空气中已有的氡子体，纯氡进入气球后又产生新的子体，排气过程中，新生子体的一部分为出口滤膜所收集，测出其上面的α放射性活度就可以确定氡浓度。

5.2.4.3 无源式累积型氡探测

现代无源式累积型氡探测，主要使用固体状态核径迹探测器（SSNTD）、热释光探测器（TLD）和活性炭探测器等。环境氡污染研究所针对的是氡与人体健康的关系，它所关心的是氡的剂量学问题，即要求了解居民受氡及其子体的辐射剂量当量是否已经超过了允许的安全限值，是否已累积到了致癌剂量。由于瞬时法测定不能反映环境中氡浓度变化较大的特点，不能很好地反映出平均浓度。在环境研究中，采用累积法测氡，更符合其研究的目的。

由于无源被动型累积探测器模拟了人在环境中长期受辐射的实况，几个月连续受辐射，其平均值可信而且易于换算成剂量，故较实用。所以小型、廉价、操作简便的无源式被动型累积探测器今后将是大规模采用的主要氡探测器类型。目前常用的无源式被动型累积测定方法有热释光法、活性炭法、径迹蚀刻法等。

（1）热释光法　热释光法测量有三种，即α热释光法、γ热释光法和天然热释光法。前两种方法的基本原理是利用对α辐射和γ辐射灵敏的剂量探测器累积测量α辐射和γ辐射的热释光效应；后一种方法是利用天然矿物在天然环境下经受各种辐射作用的热释光效应。α热释光法是累积测氡法的一种变种，γ热释光法则是γ法的一种变种，而天然热释光法则属于地质和找矿的研究方法。在环境氡研究中，只用到α热释光法。

α热释光法的基础是，利用对α辐射灵敏的材料，如LiF等制成的有一定厚度（$76\times10^{-6}m$或$13.4mg/cm^{2}$）和形状的探测器，在待测环境按一定测网布置探测器。约30d后将探测器取出，在室内加热条件下用仪器测量探测器释放出的，与被测α放射性活度成正比的热释光。α 热释光法是利用一定的热释光材料，以在 α 辐射作用下的内部变化和在加热条件下释放的光能为基础。热释光材料（探测器）是具有陷阱和发光中心的磷光体，其底部是价带，完全聚集着电子，其顶部为导带，该带在正常条件下是空的，其能级为 10eV。当电离辐射（如 α 粒子）进入磷光体时，大量电子被激发到导带能级。被激发的电子的数量与 α 粒子所损失的能量成正比。虽然被激发的这些电子大多数几乎立即又回到价带，但仍有一定数量的电子被不定期地保留在陷阱内。陷阱是由晶体缺陷或杂质造成的。这些陷阱接近于或正好在导带之下的能级。陷阱中保留的电子数与磷光体所吸收的总辐射剂量成正比。为了测量磷光体吸收的辐射剂量值，必须使磷光体加热到一定温度，足够的热能使被捕集的电子（即保留在陷阱中的电子）升高到导带，然后再回到基态的价带，并释放出能量。当磷光体的发光中心发生能量释放时，便会放出可见光。放出的总光量与磷光体原来吸收的辐射能量成正比。放置一定时间后，用热释光剂量仪测量探测器，得到的计数正比于氡的积分浓度。由放置时间即可求出在某段时间间隔内氡的平均浓度，此法属于相对测量，要通过实验求出装置的刻度系数。

（2）活性炭法　我国目前常用于环境氡浓度测定的活性炭法，有活性炭滤纸法和活性炭盒法。

活性炭滤纸法是一种新的快速测氡方法，是核工业总公司湖南第六研究所研制建立的。该法灵敏度为 7.4×10^{-2}Bq/m^{3}，可在 10min 内给出结果。

活性炭盒法也是被动式采样，能测量出采样期间内平均氡浓度。采样器是用塑料或金属制成的，直径 6～10cm，高 3～5cm，内装 25～100g 活性炭，盒的敞开面用滤膜封住，固定活性炭且允许氡进入。氡扩散进炭床内便被活性炭吸附，同时衰变，新生子体便沉淀在活性炭内。用 γ 谱仪测量活性炭盒的氡子体特征 γ 射线峰或峰群强度，根据特征峰的面积计算出氡浓度。

（3）径迹蚀刻法　固体核径迹探测器（SSNTD）技术，目前已广泛地应用于核子学、固体物理学、地质学、化学、宇宙射线物理学、考古学、地质年代学、天文物理学以及辐射安全防护剂量学等领域。固体核径迹探测器测定氡是一种累积的氡气测量方法，可长时间（3～4 个月，甚至 1 年）地累积测量，从而可提高灵敏度和均化外来干扰因素。径迹探测器又是一种无源的探测器，因而它既降低了成本，又保证了质量，即不存在由于仪器的不稳而导致的误差。径迹蚀刻法能同时测氡、氡的短寿命子体、氡的长寿命子体以及三者衰变释放出来的 α 粒子，具有很高的灵敏度。固体核径迹探测器是通过测量径迹密度来确定氡浓度的，适合于大规模环境氡本底调查，目前广泛用于人类生存环境中氡的调查。

它的工作原理是进入扩散盒内的氡气及它进入盒内后蜕变产生的子体，都能放出 α 粒子，对探测器片形成辐射。由于电离作用产生的 β 电子二次电离，切断了 α 粒子沿途经过物质的化学键，引起了探测器片的辐射损伤径迹。探测器在特定的温度、浓度和一定时间下的碱液中蚀刻，经水漂洗后在显微镜下进行径迹计数，每单位面积径迹计数与氡累积浓度成正比。

氡及其子体发射的 α 粒子轰击探测器时，便产生亚微观型损伤径迹。而这一辐射损伤在其射程的终端处最显著。用化学或电化学蚀刻的方法将有径迹部分同无径迹的基底材料分开，扩大损伤径迹，然后用光学显微镜或火花计数器读出径迹密度，从而可确定氡浓度。

复习题

1. 环境噪声有哪些？
2. 环境噪声监测的基本任务是什么？

3. 什么叫计权声级？它在噪声测量中有何作用？

4. 噪声相加和相减应如何进行？

5. 使用声级计的步骤是什么？应注意什么？

6. 三个声源作用于某一点的声压级分别为65dB、68dB和71dB，求同时作用于这一点的总声压级为多少？

7. 放射性核衰变有哪几种形式？各有什么特征？

8. 什么是放射性活度、半衰期、照射量和剂量？它们的单位及其物理意义是什么？

9. 造成环境放射性污染的原因有哪些？放射性污染对人体产生哪些危害作用？

10. 空气中氡浓度的测定有哪些方法？

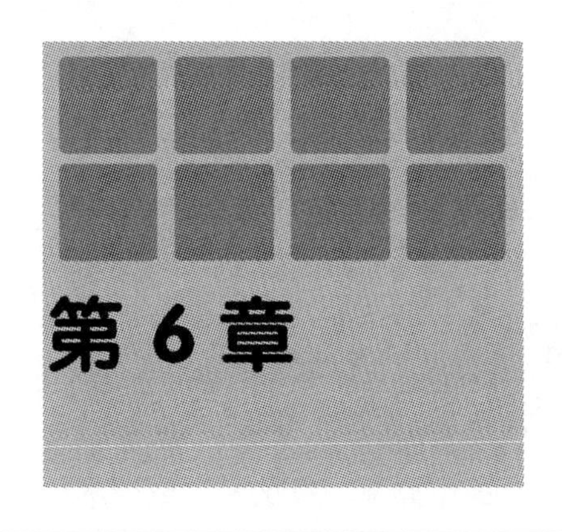

第6章 环境监测质量保证

环境监测对象成分复杂，时间、空间分布广，且随机多变，不易准确测量。如果没有一个科学的环境监测质量保证程序，由于人员的技术水平、仪器设备、地域等差异，难免出现调查资料相互矛盾、数据不能利用的现象，造成大量人力、物力和财力的浪费。

环境监测质量保证是环境监测中十分重要的技术工作和管理工作。质量保证和质量控制是一种保证监测数据准确可靠的方法，也是科学管理实验室和监测系统的有效措施，它可以保证数据质量，使环境监测建立在可靠的基础之上。

环境监测质量保证是整个监测过程的全面质量管理，包括制订计划；根据需要和可能确定监测指标及数据的质量要求；规定相应的分析监测系统。其内容包括采样，储存，运输，样品预处理，实验室供应，仪器设备、器皿的选择和校准，试剂、溶剂和基准物质的选用，统一测量方法，质量控制程序，数据的记录和整理，各类人员的要求和技术培训，实验室的清洁和安全以及编写有关的文件、指南和手册等。

环境监测质量控制是环境监测质量保证的一个部分，它包括实验室内部质量控制和外部质量控制两个部分。实验室内部质量控制是实验室自我控制质量的常规程序，它能反映分析质量稳定性如何，以便及时发现分析中异常情况，随时采取相应的校正措施。其内容包括空白实验、校准曲线核查、仪器设备的定期校正、平行样分析、加标样分析、密码样品分析和编制质量控制图等；外部质量控制通常是由中心监测站或其他有经验人员来执行，以便对数据质量进行独立评价，各实验室可以从中发现所存在的系统误差等问题，以便及时校正、提高监测质量。常用的方法有分析标准样品以进行实验室之间的评价和分析测量系统的现场评价等。

6.1 环境监测实验室基础

要使监测质量达到规定水平，必须要有合格的实验室和合格的分析操作人员，即包括仪器的正确使用和定期校正；玻璃仪器的选用和校正；化学试剂和溶剂的选用；溶液的配制和标定、试剂的提纯；实验室的清洁度和安全工作；分析人员的操作技术等。

6.1.1 实验用水

水是最常用的溶剂，配制试剂、标准物质、洗涤均需大量使用。它对分析质量有着广泛和根本的影响，对于不同用途需要不同质量的水。纯水的分级见表6-1。

(1) 蒸馏水　蒸馏水的质量因蒸馏器的材料与结构而异，水中常含有可溶性气体和挥发性物质。金属蒸馏器内壁为纯铜、黄铜、青铜，也有镀纯锡的，所获得的蒸馏水含有微量金

表 6-1　纯水分级表

级别	电阻率(25℃)/(MΩ·cm)	制水设备	用　　途
特	>16	混合床离子交换柱，亚沸蒸馏器，高纯水纯水器	配制标准水样
1	10～16	混合床离子交换柱，石英蒸馏器	配制分析超痕量(μg/L 级)物质用的试液
2	2～10	双级复合床或混合床离子交换柱	配制分析痕量(μg/L～mg/L 级)物质用的试液
3	0.5～2	单级复合床离子交换柱	配制分析 mg/L 级以上含量物质用的试液
4	<0.5	金属或玻璃蒸馏器	配制测定有机物(如 COD、BOD_5 等)用的试液

属杂质，电阻率小于 0.1MΩ·cm（25℃），只适用于清洗容器和配制一般试液；玻璃蒸馏器由含低碱高硅硼酸盐的“硬质玻璃”制成，经蒸馏所得的水中含痕量金属，还可能有微量玻璃溶出物如硼、砷等，其电阻率约 0.5MΩ·cm，适用于配制一般定量分析试液，不宜用于配制分析重金属或痕量非金属试液；石英蒸馏器含二氧化硅 99.9%以上，所得蒸馏水仅含痕量金属杂质，不含玻璃溶出物，电阻率约为 2～3MΩ·cm，特别适用于配制对痕量非金属进行分析的试液；亚沸蒸馏器是由石英制成的自动补液蒸馏装置，所得蒸馏水几乎不含金属杂质（超痕量），所得纯水的电阻率高达 16MΩ·cm 以上，适用于配制除可溶性气体和挥发性物质以外的各种物质的痕量分析用试液。

（2）去离子水　去离子水是用阳离子交换树脂和阴离子交换树脂以一定形式组合进行水处理而得到的。去离子水含金属杂质极少，适于配制痕量金属分析用的试液。因它含有微量树脂浸出物和树脂崩解微粒，所以不适于配制有机分析试液。

（3）特殊要求的纯水　在分析某些指标时，分析过程中所用的纯水中这些指标的含量应愈低愈好，这就是有某些特殊要求的纯水。

① 无氯水　加入亚硫酸钠等还原剂将水中余氯还原为氯离子，以联邻甲苯胺检查不显黄色，用附有缓冲球的全玻璃蒸馏器进行蒸馏制得。

② 无氨水　加入硫酸至 pH<2，使水中各种形态的氨或胺均转变成不挥发的盐类，收集馏出液即得，但应注意避免实验室空气中存在的氨重新污染。

③ 无二氧化碳水　常用的无二氧化碳水有两种制备方法：煮沸法与曝气法。煮沸法是将蒸馏水或去离子水煮沸至少 10min，或使水量蒸发 10%以上，加盖放冷即得；曝气法是用惰性气体或纯氮通入蒸馏水或去离子水至饱和即得。制得的无二氧化碳水应储于附有碱石灰管的橡皮塞盖严的瓶中。

④ 无铅水　用氢型强酸性阳离子交换树脂处理原水即得。所用储水器事先应用稀硝酸溶液浸泡过夜，再用无铅水洗净。

⑤ 无砷水　一般蒸馏水和去离子水均能达到基本无砷的要求。应避免使用软质玻璃制成的蒸馏器、储水瓶和树脂管。进行痕量砷分析时，必须使用石英蒸馏器、石英储水瓶、聚乙烯的树脂管。

⑥ 无酚水　无酚水通常采用加碱蒸馏法制得，即加氢氧化钠至水的 pH 值>11，使水中的酚生成不挥发的酚钠后蒸馏即得；也可同时加入少量高锰酸钾溶液至水呈深红色后进行蒸馏。

⑦ 不含有机物的蒸馏水　加入少量高锰酸钾碱性溶液，使水呈紫红色，进行蒸馏制得。若蒸馏过程中红色褪去应补加高锰酸钾。

6.1.2 试剂与试液

实验室中所用试剂、试液应根据实际需要合理选用，按所需浓度和需要量正确配制。试剂和配好的试液需按规定要求妥善保存，注意空气、温度、光、杂质等影响。另外，要注意保存时间，一般浓溶液稳定性好，保存时间长，稀溶液稳定性较差，保存时间较短。配制溶液均需注明配制日期和配制人员，以备查核追溯。

一般化学试剂分为三级。一级试剂即优级纯（GR），用于精密的分析工作，在环境分析中用于配制标准溶液；二级试剂即分析纯（AR），常用于配制定量分析中的普通试液，如无注明，环境监测中所用试剂均为二级或二级以上；三级试剂即化学纯（CP），只能用于配制半定量、定性分析中试液和清洁液等。质量高于一级品的高纯试剂（超纯试剂）目前国际上也无统一的规定，常以“9”的数目表示产品的纯度。其他表示方法还有：高纯物质（EP）；基准试剂；色谱纯试剂等。

6.1.3　实验室的环境条件

实验室空气中如含有固体与液体的气溶胶或污染的气体，对痕量分析和超痕量分析会导致较大的误差，因此痕量或超痕量分析以及某些高灵敏的仪器，应在超净实验室中进行或使用。没有超净实验室条件的可采取相应措施，如样品的预处理、蒸干、消化等操作应在通风柜内进行，并与一般的实验室、仪器室分开。

6.2　环境监测数据处理

数据处理就是将所测得的原始数据如吸光度、峰高、积分面积等，经过数学公式的推导或按一定的计算程序经微机处理，得到所测物质的含量。为了评价测定数值的准确性和分析方法的可靠性，需要按一定的程序进行运算，用一些常用的数理概念如标准偏差、变异系数、相关系数、回收率等来表达其准确性和可靠性，为此有必要就数理统计中误差的概念及其处理数据的基本方法做一些简单的介绍。

6.2.1　基本概念

6.2.1.1　精密度、准确度和误差

（1）精密度　精密度是指用特定的分析程序在受控条件下，重复分析均一样品所得测定值的一致程度，它反映分析方法或测量系统所存在的随机误差的大小。极差、平均偏差、相对平均偏差、标准偏差和相对标准偏差都可用来表示精密度大小，较常用的是标准偏差。

在讨论精密度时常常要遇到如下一些术语。

平行性：平行性系指在同一实验室中，当分析人员、分析设备和分析时间都相同时，用同一分析方法对同一样品进行双份或多份平行样测定的结果之间的符合程度。

重复性：重复性系指在同一实验室内，当分析人员、分析设备和分析时间三因素中至少有一项不相同时，用同一分析方法对同一样品进行两次或两次以上独立测定的结果之间的符合程度。

再现性：再现性系指在不同实验室（分析人员、分析设备、分析时间都不相同），用同一分析方法对同一样品进行多次测定的结果之间的符合程度。通常室内精密度是指平行性和重复性的总和；而室间精密度（即再现性）通常用分析标准溶液的方法来确定。

（2）准确度　准确度表示用一个特定的分析程序所获得的分析结果（单次测定值和重复测定值的均值）与假定的或公认的真实值之间的符合程度。准确度用绝对误差和相对误差表示。

评价准确度的方法有两种：第一种是用某一方法分析标准物质，根据其结果确定准确度；第二种是“加标回收法”，即在样品中加入标准物质，测定其回收率，以确定准确度，

多次回收实验还可发现方法的系统误差，这是目前常用而方便的方法，其计算式是：

$$回收率=\frac{加标试样测定值-试样测定值}{加标量}\times100\%$$

所以，通常加入标准物质的量应与待测物质的浓度水平接近，因为加入标准物质量的多少对回收率有影响。

(3) 误差　任何测量都是由测量者取部分物质作为样品，利用其中被测组分的某种物理、化学性质，如质量、体积、吸光度、pH值等，通过某种仪器进行的。其中人、样品及仪器是测量的三个主要组成部分，而这三个方面都会有不准确的地方，从而给测量值带来所谓测量误差。不同的人、不同的取样和样品组成、不同的测量方法，以及不同的仪器可以给测量结果带来不同的误差。误差是客观必然存在的，任何测量都不可能绝对准确。在一定条件下，测量结果只能接近真实值而不是达到真实值。

① 绝对误差和相对误差　测量值中的误差，可用两种方法来表示：一个是绝对误差，另一个是相对误差。绝对误差是测量值与真实值之差。若以 x 代表测量值，μ 代表真值，则绝对误差 δ 为：

$$\delta=x-\mu$$

绝对误差是以测量值的单位为单位，可以是正值，也可以是负值。测量值越接近真实值，绝对误差越小；反之越大。

为了反映误差在测量结果中所占的比例，分析工作者更常使用相对误差。相对误差指绝对误差与真值之比，以下式表示：

$$相对误差=\frac{x-\mu}{\mu}\times100\%$$

如果不知道真值，那么测量误差用偏差表示。偏差是测量值与平均值之差。

$$d=x-\overline{x}$$

$$相对偏差=\frac{d}{\overline{x}}$$

式中　x——测量值；

$\overline{x}$——平均测量值；

d——偏差。

② 系统误差和偶然误差　系统误差也叫可定误差，它是由某种确定的原因引起的，一般有固定的方向（正或负）和大小，重复测定时重复出现。

根据系统误差的来源，可分为方法误差、仪器或试剂误差及操作误差三种。

偶然误差或称随机误差和不可定误差，它是由于偶然的原因（常是测量条件，如实验室温度湿度等，有变动而未能得到控制）所引起的，其大小和正负都不固定。

系统误差能用校正值的方法予以消除，偶然误差通过增加测量次数加以减小。

③ 标准偏差和相对标准偏差　为了突出较大偏差存在的影响，常使用标准偏差（S）及相对标准偏差来表示。相对标准偏差又名变异系数，用 c_v 表示。

$$S=\sqrt{\frac{\sum_{i=1}^{n}(x_i-\overline{x})^2}{n-1}}$$

$$c_v\ \frac{S}{\overline{x}}\times100\%=\frac{\sqrt{\frac{\sum_{i=1}^{n}(x_i-\overline{x})^2}{n-1}}}{\overline{x}}\times100\%$$

式中　x_i——测量值；

$\bar{x}$——n 次测量的平均值；

n——测量次数。

④ 误差的传递　定量分析的结果，通常不是只由一步测定直接得到的，而是由许多步测定通过计算确定的。这中间每一步测定都可能有误差，这些误差最后都要引入分析结果。因此，我们必须了解每步测定误差是如何影响计算结果的。这便是误差的传递问题。

系统误差的传递：如果定量分析中各步测定的误差是可定的，那么误差传递的规律可以概括为两条：a. 和、差的绝对误差等于各测定值绝对误差的和、差；b. 积、商的相对误差等于各测定值相对误差的和、差。

偶然误差的传递：如果各步测定的误差是不可定的，我们无法知道它们的正负和大小，不知道它们的确切值，也就无法知道它们对计算结果的确定影响，不过我们可以对它的影响进行推断和估计。

极值误差法：是一种估计方法，它认为每步测定所处的情况都是最为不利的，即各步测定值的误差都是它们的可能最大值，而且其正负都是对计算结果产生方向相同的影响。这样计算出的结果误差当然是最大的，故称极值误差。这种估计方法，称为极值误差法。

标准偏差法：我们虽然不知道每个测定中不可定误差的确切值，但却知道它是最符合统计学规律的。因此，产生另一种不可定误差的估计方法，叫做标准偏差法，它是按照不可定误差的传递规律计算的。只要测定次数足够多，能够算出测定的标准偏差，就能用本法计算。这个规律可以概括为两条：a. 和、差的标准偏差的平方等于各测定值标准偏差的平方和；b. 积、商的相对标准偏差的平方等于各测定值相对标准偏差的平方和。

6.2.1.2　概率和正态分布

正态分布就是通常所谓的高斯分布，在分析监测中，偶然误差一般可按正态分布规律进行处理。正态分布曲线呈对称钟形，两头小，中间大。分布曲线有最高点，通常就是总体平均值 μ 的坐标。分布曲线以 μ 值的横坐标为中心，对称地向两边快速单调下降。这种正态分布曲线清楚地反映出偶然误差的规律性：正误差和负误差出现的概率相等，呈对称形式；小误差出现的概率大，大误差出现的概率小，出现很大误差的概率极小。正态分布曲线用 $N(\mu, \sigma^2)$ 表示，通常只要知道总体平均值 μ 和标准偏差 σ 就可以将正态分布曲线确定下来，$N(\mu, \sigma^2)$ 正态分布曲线随 μ 及 σ 的不同而不同，应用起来不太方便，通常将横坐标改为以 μ 值为单位表示：

$$\mu=\frac{x-\mu}{\sigma}$$

即曲线的横坐标是以标准偏差 σ 为单位的 $(x-\mu)$ 的值，纵坐标通常为相对频数或概率密度。用 μ 和概率密度表示的正态分布曲线称为标准正态分布曲线，以 $N(0, 1)$ 表示。对于不同总体平均值 μ 及不同标准偏差 σ 的测量值，标准正态分布曲线都是适用的。

根据概率统计学原理，可推导出正态分布曲线的数学表达式为：

$$y=\frac{1}{\sigma\sqrt{2\pi}}e^{-\frac{(x-\mu)2}{2\sigma 2}}$$

式中　y——概率密度；

μ——总体平均值；

σ——标准偏差，它就是总体平均值 μ 到曲线拐点间的距离。

根据该公式可见：

① $x=\mu$ 时，y 值最大，此即分布曲线的最高点。这一现象体现了测量值的集中趋势，

即大多数测量集中在算术平均值的附近，或者说，算术平均值是最可信赖值或最佳值，它能很好地反映测量值的集中趋势。

② 根据公式，得到 $x=\mu$ 时的概率密度为：

$$y=\frac{1}{\sigma\sqrt{2\pi}}$$

概率密度乘上 dx，就是测量值落在该 dx 范围内的概率，可见 σ 越大，测量值落在 μ 附近的概率越小。这意味着测量的精密度越差时，测量值的分布就越分散，正态分布曲线也就越平坦。反之，σ 越小，测量值的分散程度越小，正态分布曲线也就越尖锐。μ 和 σ 它们是正态分布的两个基本参数，μ 反映测量值分布的集中趋势，σ 反映测量值分布的分散程度。

③ 曲线以 $x=\mu$ 这一直线为其对称轴，这一情况说明正误差和负误差出现的概率相等。

④ 当 x 趋向于 $-\infty$ 或 $+\infty$ 时，曲线以 x 轴为渐近线，这一情况说明小误差出现的概率大，大误差出现的概率小，出现很大误差的概率极小，趋近于零。

⑤ 正态分布曲线与横坐标 $-\infty$ 或 $+\infty$ 之间所夹的总面积，代表所有测量值出现的概率的总和，其值应为1，即概率 P 为：

$$P=\int_{-\infty}^{+\infty}\frac{1}{\sigma\sqrt{2\pi}}e^{-\frac{(x-\mu)2}{2\sigma2}}dx=1$$

因此，某一范围内的测量值出现的概率，就等于其所占面积除以总面积。对于标准正态分布曲线，μ 值不同时所占面积已用积分的方法求得，并制成各种形式的概率积分表以供查用。

6.2.1.3 灵敏度、检出限、测定限与校准曲线

（1）灵敏度　分析方法的灵敏度是指该方法对单位浓度或单位量的待测物质的变化所引起的响应量变化的程度，它可以用仪器的响应量或其他指示量与对应的待测物质的浓度或量之比来描述，因此常用标准曲线的斜率来度量灵敏度，灵敏度因实验条件而变。标准曲线的直线部分以下式表示：

$$A=kC+a$$

式中　A——仪器的响应量；

C——待测物质的浓度；

a——校准曲线的截距；

k——方法的灵敏度，k 值大，说明方法灵敏度高。

原子吸收分光光度法，国际理论与应用化学联合会（IUPAC）建议将以浓度表示的“1%吸收灵敏度”叫做特征浓度，而将以绝对量表示的“1%吸收灵敏度”称为特征量。特征浓度或特征量越小，方法的灵敏度越高。

（2）检出限

① 检出限的概念　它的含义是指分析方法在确定的实验条件下可以检测的分析物最低浓度或含量。若被测分析物在分析试样中的含量高于方法的检出限，则它可以被检出；反之，则不能被检出。

1975年，国际理论与应用化学联合会（IUPAC）通过了关于检出限的规定，按照这一规定，方法的检出限是指能以适当的置信度被检出的分析物最低浓度或含量。换言之，检出限可定义为产生可分辨的最低信号所需要的分析物浓度值。检出限有两种表示方式，即绝对检出限（以分析物的质量 μg、ng、pg 表示）和相对检出限（以分析物的浓度 μg/mL、ng/mL、pg/mL 表示）。计算检出限的公式是：

$$X_L=\overline{X}_B+3S_B$$

式中　X_L——检出限；

$\overline{X}_B$——平均空白值；

S_B——空白值的标准偏差。

根据上述定义可知，检出限包括了以下两层基本含义：a. 表明了所测定的分析信号能够可靠地与背景信号相区别；b. 指明了测量数据值的可信程度。

了解某一分析方法的检出限的意义如下：a. 可以作为选择分析方法的一个准则，尽管它不是唯一的；b. 用于确定分析物在试样中是否存在。若分析物所产生的信号值大于或等于空白信号的 3 倍标准偏差，就可以断定分析物能以一定的置信度被检出，反之则不能被检出，但不能说，分析物在试样中不存在。

② 检出限的确定　空白值等于 0 时：a. 测量背景 10 次以上，求出背景测量值的标准偏差 σ_b；b. 将 σ_b 乘以三倍；c. 在分析物工作曲线上（强度对浓度）求出与 $3\sigma_b$ 相对应的浓度 X_b，即为方法的检出限。

空白值不等于 0 时：a. 测量背景 10 次以上，求出空白测量值的标准偏差 $\sigma_{空白}$；b. 将 $\sigma_{空白}$ 乘以三倍；c. 在工作曲线上求出 $3\sigma_{空白}$ 相对应的浓度值；d. 将测得的浓度值加上空白值即得该方法的检出限。

求近似检出限：假定某一分析方法，取分析物信号接近（或略高于）试剂空白信号的一个已知浓度（C），用该法连续测定 11 次以上，求得该浓度分析信号的平均值（$\overline{X}$）及标准偏差 s，则方法的近似检出限可用下式简便地求出：

$$X_L = \frac{3s}{\overline{X}} \times C$$

以上方法适用于确定任一光电检测方法的检出限。

(3) 测定限　测定限分为测定下限和测定上限。测定下限是指在测定误差能满足预定要求的前提下，用特定方法能够准确地定量测定待测物质的最小浓度或量；测定上限是指在测定误差能满足预定要求的前提下，用特定方法能够准确地定量测定待测物质的最大浓度或量。最佳测定范围又叫有效测定范围，系指在测定误差能满足预定要求的前提下，特定方法的测定下限到测定上限之间的浓度范围。方法适用范围是指某一特定方法检测下限至检测上限之间的浓度范围，显然最佳测定范围应小于方法适用范围。

(4) 定量限　定量限是指样品中被测组分能被定量测定的最低浓度或最低量，其测定结果应具有一定的准确度和精密度。杂质和降解产物用定量方法测定时，应确定方法的定量限。常用信噪比确定定量限，一般以信噪比为 10∶1 时相应的浓度或注入仪器的量来确定定量限。

(5) 空白实验　空白实验又叫空白测定，是指用蒸馏水代替试样的测定。其所加试剂和操作步骤与实验测定完全相同。空白实验应与试样测定同时进行，试样分析时仪器的响应值不仅是试样中待测物质的分析响应值，还包括所有其他因素，如试剂中的杂质、环境及操作过程中沾污等的响应值，这些因素是经常变化的，为了了解它们对试样测定的综合影响，在每次测定时，均应做空白实验，空白实验所得的响应值称为空白实验值。对实验用水应有一定要求，即其中待测物质浓度应低于方法的检出限。当空白实验值偏高时，应全面检查空白实验用水、试剂、量器和容器是否沾污、仪器的性能以及环境状况等。

(6) 校准曲线　校准曲线是用于描述待测物质的浓度或量与相应的测量仪器的响应量或其他指示量之间的定量关系的曲线。监测中常用校准曲线的直线部分。某一方法的校准曲线的直线部分所对应的待测物质浓度（或量）的变化范围，称为该方法的线性范围。

6.2.2 可疑值的舍弃

在实验中，得到一组数据之后，往往有个别数据与其他数据相差较远，这一数据称为可疑值，又称异常值或极端值。可疑值是保留还是舍去，应按一定的统计学方法进行处理。统计学处理可疑值的方法常用的有 $4\bar{d}$法、格鲁布斯（Grubbs）法和 Q 检验法。

（1）$4\bar{d}$法　用 $4\bar{d}$法判断可疑值的取舍时，首先求出可疑值除外的其余数据的平均值$\bar{x}$和平均偏差$\bar{d}$，然后将可疑值与平均值进行比较，如绝对差值大于 $4\bar{d}$，则可疑值舍去，否则保留。很明显，这样处理问题是存在较大误差的，但是，由于这种方法比较简单，不必查表，故至今仍为人们所采用。显然，这种方法只能应用于处理一些要求不高的实验数据。

例 6-1：测定某药物中钴的含量（10^{-6}），得结果如下：1.25、1.26、1.30、1.40。试问 1.40 这个数据应否保留？

解：首先不计可疑值 1.40，求得其余数据的平均值$\bar{x}$和平均偏差$\bar{d}$为：

$$\bar{x}=1.27 \qquad \bar{d}=0.02$$

可疑值与平均值的差的绝对值为：$|1.40-1.27|=0.13>4\bar{d}\ (0.08)$

故 1.40 这一数据应舍去。

（2）格鲁布斯（Grubbs）法　此法适用于检验多组测量值均值的一致性和剔除多组测量值中的离群均值；也可用于检验一组测量值的一致性和剔除一组测量值中的离群值。

用格鲁布斯法判断可疑值时，首先计算出该组数据的平均值及标准偏差，再根据统计量 T 进行判断。统计量 T 与可疑值、平均值 $\bar{x}$ 及标准偏差 s 有关。

设 x_1 是可疑值，则 $T=\dfrac{\bar{x}-x_1}{s}$；

设 x_n 是可疑值，则 $T=\dfrac{x_n-\bar{x}}{s}$。

如果 T 值很大，说明可疑值与平均值相差很大，有可能要舍去。T 值要多大才能确定该可疑值应舍去呢？这要看我们对置信度的要求如何。统计学家已制定了临界 $T_{\alpha,n}$表，见表 6-2。如果 $T\geqslant T_{\alpha,n}$，则可疑值应舍去；否则应保留。α 为显著性水平，n 为实验数据数目。

表 6-2　格鲁布斯检验临界值（$T_{\alpha,n}$）表

n	显著性水平		n	显著性水平	
	0.05	0.01		0.05	0.01
3	1.153	1.155	15	2.409	2.705
4	1.463	1.492	16	2.443	2.747
5	1.672	1.749	17	2.475	2.785
6	1.822	1.944	18	2.504	2.821
7	1.938	2.097	19	2.532	2.854
8	2.032	2.221	20	2.557	2.884
9	2.110	2.322	21	2.580	2.912
10	2.176	2.410	22	2.603	2.939
11	2.234	2.485	23	2.624	2.963
12	2.285	2.050	24	2.644	2.987
13	2.331	2.607	25	2.633	3.009
14	2.371	2.695			

格鲁布斯法最大的优点，是在判断可疑值的过程中，将正态分布中的两个最重要的样本

参数 $\overline{x}$ 与 s 引入进来，故方法的准确性较好。这种方法的缺点是需要计算 $\overline{x}$ 与 s，稍显麻烦。

例 6-2：10 个实验室分析同一样品，各实验室 5 次测定的平均值按从小到大顺序排列为：4.41、4.49、4.50、4.51、4.64、4.75、4.81、4.95、5.01、5.39，检验最大均值 5.39 是否为离群均值？

解：$\overline{x}=4.476$，$s=0.305$，$\chi_{max}=5.39$

则统计量：$T=\dfrac{x_{max}-\overline{x}}{s}=2.11$

当 $n=10$，给定显著性水平 $\alpha=0.05$ 时，查表 6-2 得临界值 $T_{0.05}=2.176$。

因 $T<T_{0.05}$，故 5.39 为正常均值，即均值为 5.39 的一组测定值为正常数据。

(3) 狄克逊（Dixon）检验法（Q 检验法）　此法适用于一组测量值的一致性检验和剔除离群值，本法中对最小可疑值和最大可疑值进行检验的公式因样本的容量（n）不同而异（见表 6-3）。

设一组数据，按从小到大顺序排列为：$x_1, x_2, \cdots, x_{n-1}, x_n$。$x_1$ 和 x_n 分别为最小可疑值和最大可疑值。

表 6-3　狄克逊检验统计量 Q 计算公式

n 值范围	可疑数据为最小值 x_1 时	可疑数据为最大值 x_n 时	n 值范围	可疑数据为最小值 x_1 时	可疑数据为最大值 x_n 时
3～7	$Q=\dfrac{x_2-x_1}{x_n-x_1}$	$Q=\dfrac{x_n-x_{n-1}}{x_n-x_1}$	11～13	$Q=\dfrac{x_3-x_1}{x_{n-1}-x_1}$	$Q=\dfrac{x_n-x_{n-2}}{x_n-x_2}$
8～10	$Q=\dfrac{x_2-x_1}{x_{n-1}-x_1}$	$Q=\dfrac{x_n-x_{n-1}}{x_n-x_2}$	14～25	$Q=\dfrac{x_3-x_1}{x_{n-2}-x_1}$	$Q=\dfrac{x_n-x_{n-2}}{x_n-x_3}$

设 x_n 为可疑值，则根据统计量 Q 进行判断，确定其取舍。统计学家已经计算出不同置信度时的 Q 值并列成表（见表 6-4）。然后将 Q 值与表中的值进行比较，确定其取舍。若 $Q\leqslant Q_{0.05}$ 则可疑值为正常值；若 $Q_{0.05}<Q\leqslant Q_{0.01}$ 则可疑值为偏离值；若 $Q>Q_{0.01}$ 则可疑值为离群值。

表 6-4　狄克逊检验临界值（Q_α）表

n	显著性水平(α)		n	显著性水平(α)	
	0.05	0.01		0.05	0.01
3	0.941	0.988	15	0.525	0.616
4	0.765	0.889	16	0.507	0.595
5	0.642	0.780	17	0.490	0.577
6	0.560	0.698	18	0.475	0.561
7	0.507	0.637	19	0.462	0.547
8	0.554	0.683	20	0.450	0.535
9	0.512	0.635	21	0.440	0.524
10	0.477	0.597	22	0.430	0.514
11	0.576	0.679	23	0.421	0.505
12	0.546	0.642	24	0.413	0.497
13	0.521	0.615	25	0.406	0.489
14	0.546	0.641			

例 6-3：一组测量值按从小到大顺序排列为：14.65、14.90、14.91、14.92、14.95、14.96、15.00、15.01、15.01、15.02。检验最小值 14.65 和最大值 15.02 是否为离群值？

解：检验最小值 $x_1=14.65$，$n=10$，$x_2=14.90$，$x_{n-1}=15.01$。

$$Q=\frac{x_2-x_1}{x_{n-1}-x_1}=0.69$$

查表 6-4，当 $n=10$，给定显著性水平 $\alpha=0.01$ 时，$Q_{0.01}=0.597$。

$Q>Q_{0.01}$，故最小值 14.65 为离群值，应予以剔除。

检验最大值 $x_n=15.02$。

$$Q=\frac{x_n-x_{n-1}}{x_n-x_2}=0.083$$

查表 6-4 可知，$Q_{0.05}=0.477$。

$Q<Q_{0.05}$，故最大值 15.02 为正常值。

应该强调的是，可疑值的取舍是一项十分重要的工作。在实验过程中得到一组数据后，如果不能确定个别异常值确系由于“过失”引起的，我们就不能轻易地去掉这些数据，而是要用上述统计检验方法进行判断之后，才能确定其取舍。在这一步工作完成后，我们就可以计算该组数据的平均值、标准偏差以及进行其他有关数理统计工作。

6.2.3 有效数字及运算规则

（1）有效数字　在实验中，对于任一物理量的确定，其准确度都是有一定限度的。例如读取滴定管上的刻度，前三位数字都是很准确的，第四位数字因为没有刻度，是估计出来的，所以稍有差别。这第四位数字不甚准确，称为可疑数字，但它并不是臆造的，所以记录时应该保留它。这四位数字都是有效数字。有效数字中，只有最后一位数字是不甚确定的，其他各数字都是确定的。具体来说，有效数字就是实际上能测到的数字。

（2）数字修约规则　在处理数据过程中，涉及的各测量值的有效数字位数可能不同，因此需要按下面所述的计算规则，确定各测量值的有效数字位数。各测量值的有效数字位数确定之后，就要将它后面多余的数字舍弃。舍弃多余数字的过程称为“数字修约”过程，它所遵循的规则称为“数字修约规则”。过去，人们习惯采用四舍五入规则，现在则通行“四舍六入五成双”规则。修约数字时只允许对原测量值一次修约到所需要的位数，不能分次修约。

（3）计算规则　几个数据相加或相减时，它们的和或差只能保留一位可疑数字，即有效数字位数的保留，应以小数点后位数最小的数字为根据。

（4）分析检测中记录数据及计算分析结果的基本规则

① 记录测定结果时，只应保留一位可疑数字。由于测量仪器不同，测量误差可能不同，因此应根据具体实验情况，正确记录测量数据。

② 有效数字位数确定以后，按“四舍六入五成双”规则，弃去各数中多余的数字。

③ 几个数相加减时，以绝对误差最大的数为标准，使所得数只有一个可疑数字。几个数相乘除时，一般以有效数字位数最小的数为标准，弃去过多的数字，然后进行乘除。在计算过程中，为了提高计算结果的可靠性，可以暂时多保留一位数字，但在得到最后结果时，一定要注意弃去多余的数字。

④ 对于高含量组分（>10%）的测定，一般要求分析结果有四位有效数字；对于中含量组分（1%～10%），一般要求三位有效数字；对于微量组分（<1%），一般只要求两位有效数字。

⑤ 在计算中，当涉及各种常数时，一般视为准确的，不考虑其有效数字的位数。

⑥ 在有些计算过程中，常遇到 pH＝4 等这样的数值，有效数字位数未明确指出，通常只好认为它们是准确的，不考虑其有效数字的位数。又如 pH＝11.20 换算成 H^+ 浓度时，应为 $[H^+]=6.3\times10^{-12}$ mol/L，有效数字的位数为 2 位，而不是 4 位。

6.2.4 监测结果的表述与统计检验

6.2.4.1 监测结果的表述

对样品的某指标测定结果，其表达方式有以下几种。

(1) 用算术平均值 ($\overline{x}$) 代表集中趋势　测定过程中排除系统误差和过失误差后，只存在随机误差，根据正态分布的原理，当测定次数无限多 ($n\rightarrow\infty$) 时的总体均值 (μ) 应与真值很接近，但实际只能测定有限次数。因此样本的算术平均值是代表集中趋势表达监测结果的最常用方式。

(2) 用算术平均值和标准偏差表示测定结果的精密度 ($\overline{x}\pm s$)　算术平均值代表集中趋势，标准偏差表示离散程度。算术平均值代表性的大小与标准偏差的大小有关。即标准偏差越大，算术平均值代表性越小，反之亦然，故监测结果常以 ($\overline{x}\pm s$) 表示。

(3) 用 ($\overline{x}\pm s$，c_v) 表示结果　标准偏差大小还与所测均值水平或测量单位有关。不同水平或单位的测定结果之间，其标准偏差是无法进行比较的；而变异系数是相对值，故可在一定范围内用来比较不同水平或单位测定结果之间的变异程度。

(4) 用均值的置信区间表示结果　当根据一组数目不多的实验数据求得$\overline{x}$及 s 后，再根据所要求的置信度及自由度，由表 6-5 查得 $t_{\alpha,f}$ 值，然后按下式计算均值的置信区间：

$$\mu=\overline{x}\pm\frac{t_{\alpha,f}s}{\sqrt{n}}$$

表 6-5　$t_{\alpha,f}$ 值表（双边）

f	置信度 P，显著性水平 α		
	$P=0.90$ $\alpha=0.10$	$P=0.95$ $\alpha=0.05$	$P=0.99$ $\alpha=0.01$
1	6.31	12.71	63.66
2	2.92	4.30	9.92
3	2.35	3.18	5.84
4	2.13	2.78	4.60
5	2.02	2.57	4.03
6	1.94	2.45	3.71
7	1.90	2.36	3.50
8	1.86	2.31	3.36
9	1.83	2.26	3.25
10	1.81	2.23	3.17
20	1.72	2.09	2.84
∞	1.64	1.96	2.58

例 6-4：钢中铬的百分含量 5 次测定结果是：1.12%、1.15%、1.11%、1.16%和 1.12%。求置信度为 95%时平均结果的置信区间。

解：$\overline{x}=1.13\%$，$s=0.022\%$，$f=n-1=5-1=4$

查表 6-5，当 $P=0.95$、$f=4$ 时，$t_{0.05,4}=2.78$。

均值的置信区间为：

$$\mu=\overline{x}\pm\frac{t_{\alpha,f}s}{\sqrt{n}}=1.13\pm\frac{2.78\times0.022}{\sqrt{5}}=1.13\pm0.027\ (\%)$$

6.2.4.2 测定结果的统计检验

在环境监测中，对测定结果往往需要进行统计检验，通常用两均数差别的显著性检验（t 检验）与方差分析。

（1）t 检验 相同的试样由不同的分析人员或不同的分析方法所测得的均值之间存在差异；在分析环境标准物质时，对标准样的实际测定均值与其保证值之间的差异，可用计算 t 值和查 t 值表的方法来判断两均值之差属于抽样误差的概率有多大，即对这些差异进行“显著性检验”，简称“t 检验”。当抽样误差的概率较大时，两均数的差异很可能是抽样误差所致，亦即两均值的差别无显著性意义；如其概率很小，即此差别属于抽样误差的可能性很小，因而差别有显著意义。t 检验判断的通则是：

当 $t<t_{0.05,f}$，即 $P>0.05$，差别无显著意义；

当 $t_{0.05,f}\leqslant t<t_{0.01,f}$，即 $0.01<P\leqslant 0.05$，差别有显著意义；

当 $t\geqslant t_{0.01,f}$，即 $P\leqslant 0.01$，差别有非常显著意义。

例 6-5：某含铁标准物质，已知铁的保证值为 1.06%，对其 10 次测定的平均值为 1.054%，标准偏差为 0.009。检验测定结果与保证值之间有无显著性差异。

解：$\mu=1.06\%$　　$\bar{x}=1.054\%$　　$n=10$

$f=10-1=9$　　$s=0.009\%$

$s_{x}=\dfrac{s}{\sqrt{n}}$　　$t=-2.11$　　$|t|=2.11$

查 $t_{0.05,9}=2.26$

$|t|=2.11<2.26=t_{0.05,9}$　　$P>0.05$

即差别无显著性意义，测定正常。

（2）两总体方差齐性的 F 检验法 比较不同条件下（不同时间、地点、分析方法和人员等）两组测量数据是否有相同的精密度，也就是要比较两个总体的方差是否相等，可用 F 检验法检验之。

需计算统计量　　$F=\dfrac{S_2^2}{S_1^2}$　$(S_2>S_1, f_1=n_1-1, f_2=n_2-1)$

若 $F\geqslant F_{\alpha(f_2,f_1)}$ 则显著，即两个总体的方差有显著差异，方差不齐性。

若 $F<F_{\alpha(f_2,f_1)}$ 则不显著，即两个总体的方差无显著差异，方差齐性。

例 6-6：两实验室用同一方法测试同种样品，计算得 A 实验室 $n_1=7$，$S_1=0.35$mg/kg；B 实验室 $n_2=8$，$S_2=0.57$mg/kg，问两实验室是否有相同的精密度？

解：$S_1^2=0.1225$，$S_2^2=0.3249$

$f_1=7-1=6$，$f_2=8-1=7$

$$F=\frac{S_2^2}{S_1^2}=\frac{0.3249}{0.1225}=2.65$$

给定显著性水平 $\alpha=0.05$，查 F 表，$F_{0.05(7,6)}=3.87$

结论：$F=2.65<F_{0.05(7,6)}=3.87$，所以不显著，即两个实验室具有相同的精密度。

（3）方差分析 方差分析是分析试验数据和测量数据的一种常用的统计方法。环境监测是一个复杂的过程，各种因素的改变都可能对测定结果产生不同程度的影响。方差分析就是通过分析数据，弄清和研究对象有关的各个因素对该对象是否存在影响以及影响的程度和性质。在实验室的质量控制、协作试验、方法标准化以及标准物质的制备工作中，都经常采用方差分析。

① 方差分析中的基本概念

a. 单因素试验和多因素试验。一项试验中只有一种可改变的因素叫单因素试验；具有两种以上可改变因素的试验称多因素试验。

b. 水平。因素在试验中所处的状态称水平。如比较三种不同类型的仪器是否存在差异，该因素有三个水平。在数理统计中，通常用 a、b 等表示因素 A、B 等的水平数。

c. 总变差及总差方和。在一项试验中，全部试验数据往往参差不齐，这一总的差异称为总变差。总变差可以用总差方和（S_T）来表示。S_T 可分解为随机作用差方和与水平间差方和。

d. 随机作用差方和。产生总变差的原因中，部分原因是试验过程中各种随机因素的干扰与测量中随机误差的影响，表现为同一水平内试验数据的差异，这种差异用随机作用差方和（S_E）表示。在实际问题中 S_E 常代之以具体名称，如平行测定差方和、组内差方和、批内差方和、室内差方和等。

e. 水平间差方和。产生总变差的另一部分原因是来自试验过程中不同因素以及因素所处的不同水平的影响，表现为不同水平试验数据均值之间的差异，这种差异用各因素的水平间差方和 S_A、S_B、$S_{A\times B}$等表示，在实际问题中常代之以具体名称，如重复测定差方和、组间差方和、批间差方和、室间差方和等。

f. 交互作用。在多因素试验中，不仅各个因素在起作用，而且各因素间有时能联合起来起作用，这种作用称为交互作用。如因素 A 与 B 的交互作用表示为 A×B。

② 方差分析的基本思想

a. 将 S_T 分解为 S_E 和各因素的水平间差方和，并分别给予数量化的表示：

$$S_T=S_A+S_B+S_{A\times B}+\cdots+S_E$$

b. 用水平间差方和的均方（如 V_A）与随机作用差方和（S_E）的均方（V_E）在给定的显著性水平（α）下进行 F 检验，若二者相差不大，表明该因素影响不显著，即该因素各水平无显著差异，若两者相差很大，表明该因素影响显著，即该因素各水平有显著差异。

③ 方差分析的方法步骤

a. 建立假设 H_0。相应的因素以及交互作用对试验结果无显著影响，即各因素不同水平试验数据总体均值相等。

b. 选取统计量并明确其分布。

c. 给定显著性水平 α。

d. 查出临界值 F_α。

e. 列表计算有关的统计量

f. 根据方差分析表做方差分析。

g. 如有必要，对有关参数做进一步估算。

在实际工作中，只需进行上述步骤中的 a、e、f 即可，因 c、d 的内容已包括在步骤 f 中。为了简化计算，在方差分析中采用编码公式对原始数据（x）做适当变换：

$$x=c(x-x_0)$$

通常，x_0 取接近原始数据平均值的某个值，c 的取值应使 x 为某个整数。原始数据（x）可由编码数据经译码公式译出：

$$x=c^{-1}x+x_0$$

④ 应用方差分析的条件　方差分析要求试验数据（原始数据或编码数据）必须具备下列条件：

a. 同一水平的数据应遵从正态分布。

b. 各水平试验数据的总体方差都相等，尽管各总体方差通常是未知的。这一条非常重要，因为在一些要求较精密的试验中（如误差分析和标准制定），通常要用样本方差检验总体方差的一致性。

环境监测中经常遇到这样的问题，由于某种因素的改变而产生不同组间的数据的差异，通过分析不同组数据之间的差异，可以推断产生差异原因的影响是否很显著。例如，时间、地点、方法、人员、实验室的改变是否导致了不同数据组之间的明显差异。

在一项试验中，全部试验数据之间的差异（分散性）可以用总差方和（S_T）来表示。S_T 可以分解为组内差方和（S_E）和组间差方和（S_L）。S_E 是 S_T 中来源于组内数据分散的部分，它往往反映了各种随机因素对组内数据的影响；S_L 是 S_T 中来源于组间数据分散的部分，表现为不同组数据均值之间的差异，反映了所研究因素对组间数据的影响。方差分析就是将 S_T 分解为 S_E 和 S_L，然后以组间均方与组内均方进行 F 检验，若检验结果显著，则表明因素对分组的影响是显著的。

例 6-7：分发统一的含铜 0.100mg/L 的样品到 6 个实验室（$l=6$），下表为各实验室 5 次（$n=5$）测定值，试分析不同实验室之间是否存在显著差异。

实验室号 \ 实验次数	1	2	3	4	5	$\overline{x}_i$	s_i
1	0.098	0.099	0.098	0.100	0.099	0.0988	0.00084
2	0.099	0.101	0.099	0.098	0.097	0.0988	0.00148
3	0.101	0.101	0.104	0.101	0.102	0.1018	0.00130
4	0.100	0.100	0.097	0.097	0.095	0.0978	0.00217
5	0.098	0.098	0.102	0.100	0.100	0.0996	0.00167
6	0.098	0.094	0.098	0.098	0.098	0.0972	0.00179

解：① 分别计算组内（6 个实验室内部）数据的平均值（$\overline{x}_i$）和标准偏差（s_i）；

② 计算各组平均值的标准偏差（s'_1）和各组方差的和（s'_2）：

$$s'_1=\sqrt{\frac{\sum_{i=1}^{l}(\overline{x}_i-\overline{\overline{x}})^2}{l-1}}=\sqrt{\frac{\sum_{i=1}^{6}(\overline{x}_i-\overline{\overline{x}})^2}{6-1}}=0.00161$$

$$s'_2=\sum_{i=1}^{l}s_i^2=1.53\times10^{-5}$$

③ 计算组内差方和（S_E）、组间差方和（S_L）及总差方和（S_T）：

$$S_L=(l-1)ns_1{}^2=(6-1)\times5\times0.00161^2=6.48\times10^{-5}$$

$$S_E=(n-1)s_2=(5-1)\times1.53\times10^{-5}=6.12\times10^{-5}$$

$$S_T=S_L+S_E=6.48\times10^{-5}+6.12\times10^{-5}=1.26\times10^{-4}$$

④ 根据方差分析表做方差分析：

方差来源	差方和	自由度	均方	F	临界值 $F_{\alpha(f_L,f_E)}$	统计推断
组间(L)	$S_L=6.48\times10^{-5}$	$f_L=l-1=5$	$V_L=S_L/f_L=1.30\times10^{-5}$	$V_L/V_E=51$	$F_{0.01(5,24)}=39$	$F>F_{\alpha(f_L,f_E)}$ 组间影响显著
组内(E)	$S_E=6.12\times10^{-5}$	$f_E=l(n-1)=24$	$V_E=S_E/f_E=2.55\times10^{-5}$			
总和(T)	$S_T=1.26\times10^{-4}$					

方差分析表明各实验室间存在着非常显著的差异。

6.3 环境监测质量保证体系

环境监测质量保证是整个监测过程的全面质量管理，环境监测质量控制是环境监测质量保证的一部分，它包括实验室内部质量控制和外部质量控制两个部分。

6.3.1 实验室的管理及岗位责任制

监测质量的保证是以一系列完善的管理制度为基础的，严格执行科学的管理制度是监测质量的重要保证。

(1) 对监测分析人员的要求

① 环境监测分析人员应具有一定的专业文化水平，经培训、考试合格方能承担监测分析工作。

② 熟练地掌握本岗位要求的监测分析技术，对承担的监测项目要做到理解原理、操作正确、严守规程，确保在分析测试过程中达到各种质量控制的要求。

③ 认真做好分析测试前的各项技术准备工作，实验用水、试剂、标准溶液、器皿、仪器等均应符合要求，方能进行分析测试。

④ 负责填报监测分析结果，做到书写清晰、记录完整、校对严格、实事求是。

⑤ 及时地完成分析测试后的实验室清理工作，做到现场环境整洁，工作交接清楚，做好安全检查。

⑥ 树立高尚的科研和实验道德，热爱本职工作，钻研科学技术，培养科学作风，谦虚谨慎，遵守劳动纪律，搞好团结协作。

(2) 对监测质量保证人员的要求　环境监测实验室内要指定专人负责监测质量保证工作。监测质量保证人员应熟悉质量保证的内容、程序和方法，了解监测环节中的技术关键，具有有关的数理统计知识，协助实验室的技术负责人进行以下各项工作。

① 负责监督和检查环境监测质量保证各项内容的实施情况。

② 按隶属关系定期组织实验室内及实验室间分析质量控制工作。

③ 组织有关的技术培训和技术交流，帮助解决有关质量保证方面的技术问题。

(3) 实验室安全制度

① 实验室内需设各种必备的安全设施（通风橱、防尘罩、排气管道及消防灭火器材等），并应定期检查，保证随时可供使用。使用电、气、水、火时，应按有关使用规则进行操作，保证安全。

② 实验室内各种仪器、器皿应有规定的放置处所，不得任意堆放，以免错拿错用，造成事故。

③ 进入实验室应严格遵守实验室规章制度，尤其是使用易燃、易爆和剧毒试剂时，必须遵照有关规定进行操作。实验室内不得吸烟、会客、喧哗、吃零食或私用电器等。

④ 下班时要有专人负责检查实验室的门、窗、水、电、煤气等，切实关好，不得疏忽大意。

⑤ 实验室的消防器材应定期检查，妥善保管，不得随意挪用。一旦实验室发生意外事故时，应迅速切断电源、火源，立即采取有效措施，随时处理，并上报有关领导。

(4) 药品使用管理制度

① 实验室使用的化学试剂应有专人负责发放，定期检查使用和管理情况。

② 易燃、易爆物品应存放在阴凉通风的地方，并有相应安全保障措施。易燃、易爆试

剂要随用随领，不得在实验室内大量积存。保存在实验室内的少量易燃品和危险品应严格控制、加强管理。

③ 剧毒试剂应有专人负责管理，加双锁存放，批准使用时，两人共同称量，登记用量。

④ 取用化学试剂的器皿（如药匙、量杯等）必须分开，每种试剂用一件器皿，至少洗净后再用，不得混用。

⑤ 使用氰化物时，切记注意安全，不在酸性条件下使用，并严防溅洒沾污。氰化物废液必须经处理再倒入下水道，并用大量流水冲洗。其他剧毒试液也应注意经适当转化处理后再行清洗排放。

⑥ 使用有机溶剂和挥发性强的试剂的操作应在通风良好的地方或在通风橱内进行。任何情况下，都不允许用明火直接加热有机溶剂。

⑦ 稀释浓酸试剂时，应按规定要求操作和贮存。

（5）仪器使用管理制度

① 各种精密贵重仪器以及贵重器皿要有专人管理，分别登记造册、建卡立档。仪器档案应包括仪器说明书、验收和调试记录，仪器的各种初始参数，定期保养维修、检定、校准以及使用情况的登记记录等。

② 精密仪器的安装、调试、使用和保养维修均应严格遵照仪器说明书的要求。上机人员应该考核，考核合格方可上机操作。

③ 使用仪器前应先检查仪器是否正常。仪器发生故障时，应立即查清原因，排除故障后方可继续使用，严禁仪器带病运转。

④ 仪器用完之后，应将各部件恢复到所要求的位置，及时做好清理工作，盖好防尘罩。

⑤ 仪器的附属设备应妥善安放，并经常进行安全检查。

（6）样品管理制度

① 由于环境样品的特殊性，要求样品的采集、运送和保存等各环节都必须严格遵守有关规定，以保证其真实性和代表性。

② 实验室的技术负责人应和采样人员、测试人员共同议定详细的工作计划，周密地安排采样和实验室测试间的衔接、协调，以保证自采样开始至结果报出的全过程中，样品都具有合格的代表性。

③ 样品容器除一般情况外的特殊处理，应由实验室负责进行。对于需在现场进行处理的样品，应注明处理方法和注意事项，所需试剂和仪器应准备好，同时提供给采样人员。对采样有特殊要求时，应对采样人员进行培训。

④ 样品容器的材质要符合监测分析的要求，容器应密塞、不渗不漏。

⑤ 样品的登记、验收和保存要按以下规定执行：

a. 采好的样品应及时贴好样品标签，填写好采样记录。将样品连同样品登记表、送样单在规定的时间内送交指定的实验室。填写样品标签和采样记录需使用防水墨汁，严寒季节圆珠笔不宜使用时，可用铅笔填写。

b. 如需对采集的样品进行分装，分样的容器应和样品容器材质相同，并填写同样的样品标签，注明“分样”字样。同时对“空白”和“副样”也都要分别注明。

c. 实验室应有专人负责样品的登记、验收，其内容如下：样品名称和编号；样品采集点的详细地址和现场特征；样品的采集方式，是定时样、不定时样还是混合样；监测分析项目；样品保存所用的保存剂的名称、浓度和用量；样品的包装、保管状况；采样日期和时间；采样人、送样人及登记验收人签名。

d. 样品验收过程中，如发现编号错乱、标签缺损、字迹不清、监测项目不明、规格不符、数量不足以及采样不合要求者，可拒收并建议补采样品。如无法补采或重采，应经有关领导批准方可收样，完成测试后，应在报告中注明。

e. 样品应按规定方法妥善保存，并在规定时间内安排测试，不得无故拖延。

f. 采样记录，样品登记表，送样单和现场测试的原始记录应完整、齐全、清晰，并与实验室测试记录汇总保存。

6.3.2 实验室质量保证

监测的质量保证从大的方面分为采样系统和测定系统两部分。实验室质量保证是测定系统中的重要部分，它分为实验室内质量控制和实验室间质量控制，目的是保证测量结果有一定的精密度和准确度。

6.3.2.1 实验室内质量控制

内部质量控制是实验室分析人员对分析质量进行自我控制的过程。一般通过分析和应用某种质量控制图或其他方法来控制分析质量。

(1) 质量控制图的绘制及使用　对经常性的分析项目常用控制图来控制质量。质量控制图的基本原理是由 W. A. Shewart 提出的，他指出每一个方法都存在着变异，都受到时间和空间的影响，即使在理想的条件下获得的一组分析结果，也会存在一定的随机误差。但当某一结果超出了随机误差的允许范围时，运用数理统计的方法，可以判断这个结果是异常的、不足信的。质量控制图可以起到这种监测的仲裁作用。因此实验室内质量控制图是监测常规分析过程中可能出现的误差，控制分析数据在一定的精密度范围内，保证常规分析数据质量的有效方法。

在实验室工作中每一项分析工作都是由许多操作步骤组成的，测定结果的可信度受到许多因素的影响，如果对这些步骤、因素都建立质量控制图，这在实际工作中是无法做到的，因此分析工作的质量只能根据最终测量结果来进行判断。

对经常性的分析项目，用控制图来控制质量，编制控制图的基本假设是：测定结果在受控的条件下具有一定的精密度和准确度，并按正态分布。如以一个控制样品，用一种方法由一个分析人员在一定时间内进行分析，累积一定数据，如果这些数据达到规定的精密度、准确度（即处于控制状态），以其结果一一分析次序编制控制图。在以后的经常分析过程中，取每份（或多次）平行的控制样品随机地编入环境样品中一起分析，根据控制样品的分析结果，推断环境样品的分析质量。

质量控制图的基本组成见图 6-1，包括：预期值，即图中的中心线；目标值，即图中上、下警告限之间区域；实测值的可接受范围，即图中上、下控制限之间的区域；辅助线，上、下各一条线，在中心线两侧与上、下警告限之间各一半处。质量控制图可以绘制均数、均数-极差以及多样控制图等。

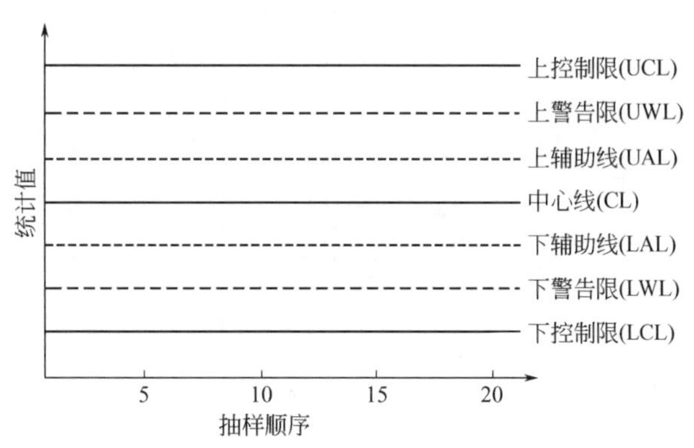

图 6-1　质量控制图的基本组成

以均数控制图为例，来说明质量控制图的绘制与使用。用同一方法在一定时间内（例如每天分析一次平行样）重复测定，至少累积 20 个数据，计算其总均值（$\bar{\bar{x}}$）与标准偏差（s）（此值不得大于标准分析方法中规定的相应浓度水平的标准偏差值）。

以测定顺序为横坐标，相应的测定值为纵坐标作图，同时作有关控制线。

中心线——以总均数值（$\bar{\bar{x}}$）绘制；

上、下控制限——按$\bar{\bar{x}}\pm 3s$ 值绘制；

上、下警告限——按$\bar{\bar{x}}\pm 2s$ 值绘制；

上、下辅助线——按$\bar{\bar{x}}\pm s$ 值绘制。

在绘制控制图时，落在$\bar{\bar{x}}\pm s$ 范围内的点数应约占总点数的 68%。若少于 50%，则分布不合适，此图不可靠。若连续 7 点位于中心线同一侧，表示数据失控，此图不适用。控制图绘制后，应标明绘制控制图的有关内容和条件，如测定项目、分析方法、溶液浓度、温度、操作人员和绘制日期等。

均数控制图的使用方法：根据日常工作中该项目的分析频率和分析人员的技术水平，每间隔适当时间，取两份平行的控制样品，随环境样品同时测定，对操作技术较低的人员和测定频率低的项目，每次都应同时测定控制样品，将控制样品的测定结果依次点在控制图上，根据下列规定检验分析过程是否处于控制状态：

① 如此点在上、下警告限之间区域内，则测定过程处于控制状态，环境样品分析结果有效。

② 如此点超出上、下警告限，但仍在上、下控制限之间的区域内，提示分析质量开始变差，可能存在"失控"倾向，应进行初步检查，并采取相应的校正措施。

③ 若此点落在上、下控制限之外，表示测定过程"失控"，应立即检查原因，予以纠正，环境样品应重新测定。

④ 如遇到 7 点连续上升或下降时（虽然数值在控制范围之内），表示测定有失去控制倾向，应立即查明原因，予以纠正。

⑤ 即使过程处于控制状态，尚可根据相邻几次测定值的分布趋势，对分析质量可能发生的问题进行初步判断。

当控制样品测定次数累积更多以后，这些结果可以和原始结果一起重新计算总均值、标准偏差，再校正原来的控制图。图 6-2 为某环境水样测定结果的均数控制图，总均值为 0.256mg/L，标准偏差为 0.020mg/L。

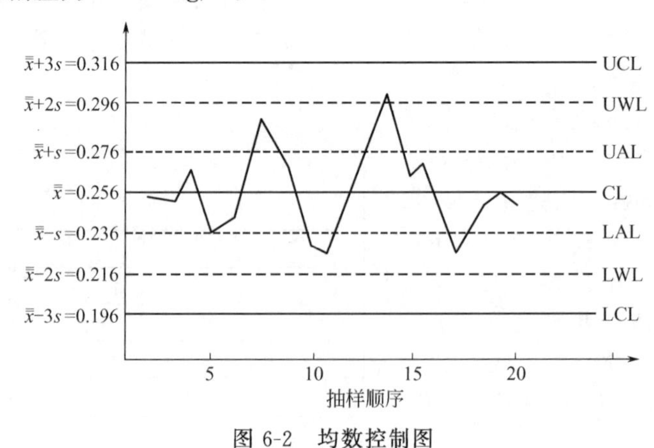

图 6-2　均数控制图

（2）其他质量控制方法　用加标回收率来判断分析的准确度，由于方法简单、结果明确，因而是常用方法。但由于在分析过程中对样品和加标样品的操作完全相同，以致干扰的影响、操作损失或环境污染也很相似，使误差抵消，因而分析方法中某些问题尚难以发现，此时可采用以下方法。

① 比较实验　对同一样品采用不同的分析方法进行测定，比较结果的符合程度来估计测定准确度，对于难度较大而不易掌握的方法或测定结果有争议的样品，常采用此法。必要时还可以进一步交换操作者、交换仪器设备或两者都交换，将所得结果加以比较，以检查操作稳定性和发现问题。

② 对照分析　在进行环境样品分析的同时，对标准物质或权威部门制备的合成标准样进行平行分析，将后者的测定结果与已知浓度进行比较，以控制分析准确度。也可以由他人（上级或权威部门）配制（或选用）标准样品，但不告诉操作人员浓度值——密码样，然后由上级或权威部门对结果进行检查，这也是考核人员的一种方法。

6.3.2.2　实验室间质量控制

实验室间质量控制的目的是检查各实验室是否存在系统误差，找出误差来源，提高监测水平，这一工作通常由某一系统的中心实验室、上级机关或权威单位负责。

（1）实验室质量考核　由负责单位根据所要考核项目的具体情况，制订具体实施方案。考核方案一般包括如下内容：①质量考核测定项目；②质量考核分析方法；③质量考核参加单位；④质量考核统一程序；⑤质量考核结果评定。

考核内容有：分析标准样品或统一样品；测定加标样品；测定空白平行，核查检测下限；测定标准系列，检查相关系数和计算回归方程，进行截距检验等。通过质量考核，最后由负责单位综合实验室的数据进行统计处理后做出评价予以公布。各实验室可以从中发现所存在的问题并及时纠正。

为了减少系统误差，使数据具有可比性，在进行质量控制时，应使用统一的分析方法，首先应从国家或部门规定的“标准方法”之中选定。当根据具体情况需选用“标准方法”以外的其他分析方法时，必须由该法与相应“标准方法”对几份样品进行比较实验，按规定判定无显著性差异后，方可选用。

（2）实验室误差测验　在实验室间起支配作用的误差常为系统误差，为检查实验室间是否存在系统误差，它的大小和方向以及对分析结果的可比性是否有显著影响，可不定期地对有关实验室进行误差测验，以发现问题及时纠正。

6.3.2.3　标准分析方法和分析方法标准化

（1）标准分析方法　标准分析方法又称方法标准，是国际技术标准中的一种。它是一项文件，是由权威机构对某项分析所做的统一规定的技术准则，是建立其他有效方法的依据。对于环境分析方法，国际标准化组织（ISO）公布的标准系列中有空气质量、水质的一些标准分析方法；我国每年也陆续公布了一些标准分析方法。标准分析方法必须满足以下条件：

① 按照规定程序编写，即按标准化程序进行。

② 按照规定格式编写。

③ 方法的成熟性得到公认，并通过协作试验，确定方法的准确度、精密度和方法误差范围。

④ 由权威机构审批和用文件发布。

（2）分析方法标准化　标准是标准化活动的产物。标准化过程，包括标准化实验和标准化组织管理。标准化工作是一项技术性、经济性、政策性的过程。标准化工作受标准化条件的约束。

① 标准化实验　是指经设计用来评价一种分析方法性能的实验。分析方法由许多属性所决定，主要有准确度、精密度、灵敏度、可检测性、专一性、依赖性和实用性等。不可能所有属性都达到最佳程度，每种分析方法必须根据目的，确定哪些属性是最重要的，哪些是

可以折中的。环境分析以痕量分析为主，并用分析结果描述环境质量，所以分析的准确度和精密度、检出限、适用性都是最关键的。标准化活动技术性强，要对重要指标确定出表达方法和允许范围；对样品种类、数量、分析次数、分析人员、实验条件做出规定；要对实验过程采取质量保证措施，以对方法性能做公正的评价；确定出几个重要指标的评价方法和评价指标。

② 标准化组织管理　标准化过程必须由组织管理机构来推行。我国标准化工作的组织管理系统和国外方法标准化的一般程序如图 6-3、图 6-4 所示。

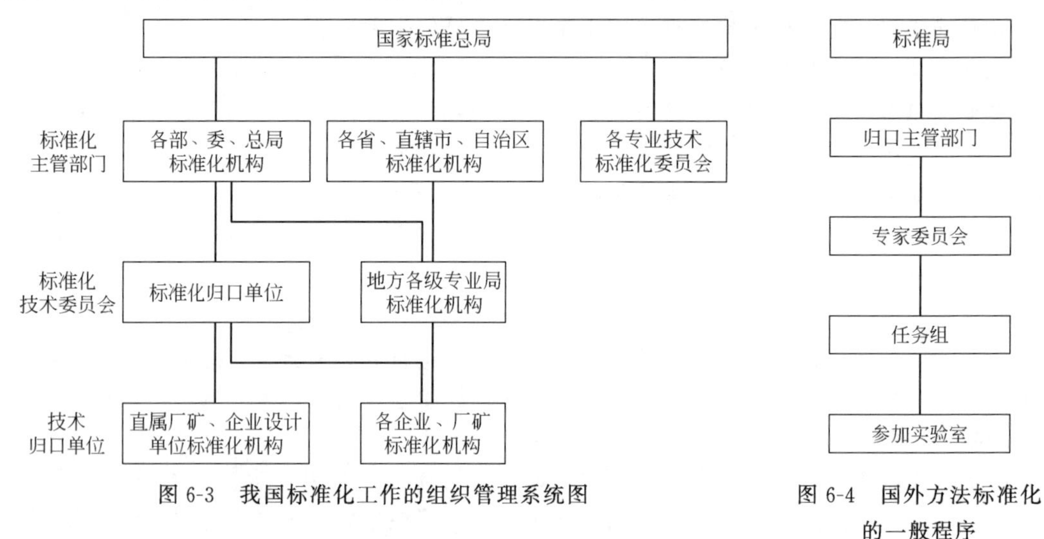

图 6-3　我国标准化工作的组织管理系统图

图 6-4　国外方法标准化的一般程序

6.3.2.4　实验室间的协作试验

协作试验是指为了一个特定的目的和按照预定的程序所进行的合作研究活动。协作试验可用于分析方法标准化、标准物质浓度定值、实验室间分析结果争议的仲裁和分析人员技术评定等项工作。

分析方法标准化协作试验的目的是为了确定拟作为标准的分析方法在实际应用的条件下可以达到的精密度和准确度，制定实际应用中分析误差的允许界限，以作为方法选择、质量控制和分析结果仲裁的依据。进行协作试验预先要制订一个合理的试验方案，并应注意下列因素。

(1) 实验室的选择　参加协作试验的实验室要在地区和技术上有代表性，并具备参加协作试验的基本条件，如分析人员、分析设备等。避免选择技术太高和太低的实验室，实验室数目以多为好，一般要求 5 个以上。

(2) 分析方法　选择成熟和比较成熟的方法，方法应能满足确定的分析目的，并已写成了较严谨的文件。

(3) 分析人员　参加协作试验的实验室应指定具有中等技术水平以上的分析人员参加工作，分析人员应对被估价的方法具有实际经验。

(4) 试验设备　参加的实验室要尽可能用已有的可互换的同等设备。各种量器、仪器等按规定校准，如同一试验有两人以上参加，除专用设备外，其他常用设备（如天平、玻璃器皿等）不得共用。

(5) 样品的类型和含量　样品基体应有代表性，在整个试验期间必须均匀稳定。由于精密度往往与样品中被测物质浓度水平有关，一般至少要包括高、中、低三种浓度。如要确定精密度随浓度变化的回归方程，至少要使用 5 种不同浓度的样品。

只向参加实验室分送必需的样品量，不得多送，样品中待测物质含量不应恰为整数或一系列有规则的数，作为商品或浓度值已为人们知道的标准物质不宜作为方法标准化协作试验或考核人员的样品，使用密码样品可避免“习惯性”偏差。

（6）分析时间和测定次数　同一名分析人员至少要在两个不同的时间进行同一样品的重复分析。一次平行测定的平行样数目不得少于两个。每个实验室对每种含量的样品的总测定次数不应少于 6 次。

（7）协作试验中的质量控制　在正式分析以前要分发类型相似的已知样，让分析人员进行操作练习，取得必要的经验，以检查和消除实验室的系统误差。

协作试验设计不同，数据处理的方法也不尽相同。以方法标准化为例，一般计算步骤是：①整理原始数据，汇总成便于计算的表格；②核查数据并进行离群值检验；③计算精密度，并进行精密度与含量之间相关性检验；④计算允许差；⑤计算准确度。

6.4　环境标准物质

6.4.1　基体和基体效应

在环境样品中，各种污染物的含量一般在 μg/L 或 ng/L 级甚至更低，而大量存在的其他物质则称为基体。目前环境监测中所用的测定方法绝大多数是相对分析法，即将基准试剂或标准溶液与待测样品在相同条件下进行比较测定的一种方法。这种用“纯物质”配成的标准溶液与实际环境样品间的基体差异很大。由于基体组成不同，因物理、化学性质差异而给实际测定中带来的误差，叫做基体效应。

6.4.2　环境标准物质

美国是最早研制环境标准物质的国家。1964 年首次制备了供环境样品和生物样品分析用的标准物质——甘蓝粉。1986 年底，美国研制的环境、生物和临床的标准物质已达百余种，包括各种气体、液体和固体。我国环境标准物质的研制工作始于 20 世纪 70 年代末，目前已有气体、液体和固体的多种环境标准物质。

环境标准物质是标准物质中的一类，不同国家、不同机构对标准物质有不同的名称。国际标准化组织（ISO）将标准物质（RM）定义为：这种物质具有一种或数种已被充分确定的性质，这些性质可以用作校准仪器或验证测量方法。RM 可以是纯的，也可以是混合的气体、液体或固体，甚至是简单的人造物体。ISO 还定义了具有证书的标准物质（CRM），这类标准物质应带有证书，在证书中应具备有关的特性值、使用和保存方法及有效期，证书由国家权威计量单位颁发。美国国家标准局（NBS）定义的标准物质称为标准参考物质（SRM），是由 NBS 鉴定发行的，其中具有鉴定证书的也称 CRM。

标准物质的定值由下述三种方法之一获得：①一种已知准确度的标准方法；②两种以上独立可靠的方法；③一种专门设立的实验室协作网。

（1）我国标准物质的分类　我国的标准物质以 BW 为代号，分为国家一级标准物质和二级标准物质（部颁标准物质），国家一级标准物质应具备以下条件：

① 用绝对测量法或两种以上不同原理的准确、可靠的测量方法进行定值。此外，亦可在多个实验室中分别使用准确可靠的方法进行协作定值。

② 定值的准确度具有国内最高水平。

③ 应具有国家统一编号的标准物质证书。

④ 稳定时间应在一年以上。

⑤ 应保证其均匀度在定值的精密度范围内。

⑥ 应具有规定的合格的包装形式。

作为标准物质中的一类，环境标准物质除具备上述性质外，还应具备由环境样品直接制备或人工模拟环境样品制备的混合物；具有一定的环境基体代表性。

（2）环境标准物质在环境监测中的应用　环境标准物质可以广泛地应用于环境监测，主要用于：

① 评价监测分析方法的准确度和精密度，研究和验证标准方法，发展新的监测方法。

② 校正并标定监测分析仪器，发展新的监测技术。

③ 在协作试验中用于评价实验室的管理效能和监测人员的技术水平，从而加强实验室提供准确、可靠数据的能力。

④ 把标准物质当作工作标准和监控标准使用。

⑤ 通过标准物质的准确度传递系统和追溯系统，可以实现国际同行间、国内同行间以及实验室间数据的可比性和时间上的一致性。

⑥ 作为相对真值，标准物质可以用作环境监测的技术仲裁依据。

⑦ 以一级标准物质作为真值，控制二级标准物质和质量控制样品的制备和定值，也可以为新类型的标准物质的研制与生产提供保证。

（3）环境监测对标准物质的选择　在环境监测中应根据分析方法和被测样品的具体情况运用适当的标准物质。在选择标准物质时应考虑以下原则。

① 对标准物质基体组成的选择　标准物质的基体组成与被测样品的组成越接近越好，这样可以消除方法基体效应引入的系统误差。

② 标准物质准确度水平的选择　标准物质的准确度应比被测样品预期达到的准确度高3～10倍。

③ 标准物质浓度水平的选择　分析方法的精密度是被测样品浓度的函数，所以要选择浓度水平适当的标准物质。

④ 取样量的考虑　取样量不得小于标准物质证书中规定的最小取样量。

我国部分环境标准物质见表6-6。

表6-6　我国部分环境标准物质

标准物质名称	CRM编号	标准物质名称	CRM编号
水质环境高锰酸钾指数	GSB Z50025—94	总磷(TP)水质环境	GSB Z50033—95
总氮水质环境	GSB Z50026—94	苯胺水质环境	GSB Z50034—95
六价铬水质环境	GSB Z50027—94	硝基苯水质环境	GSB Z50035—95
磷酸盐水质环境	GSB Z50028—94	大气监测用氮氧化物(水剂)标样	GSB Z50036—95
钒水质环境	GSB Z50029—94	大气监测用二氧化硫(SO_2水剂)标样	GSB Z50037—95
钴水质环境	GSB Z50030—94	银(Ag)水质标样	GSB Z50038—95
硒水质环境	GSB Z50031—94	钡(Ba)水质标样	GSB Z50039—95
钼水质环境	GSB Z50032—94	二氧化硫(SO_2片剂)标样	GSB Z50040—95

（4）环境监测的质量控制样品　目前质量控制样品多数是由人工合成的，它所具有的“真值”是经过准确计算得到的。这一点与合成标准物质的定值不同。合成标准物质的定值是根据实际测定的结果，由统计处理完成的。而质量控制样品在制备后要委托一些实验室检验样品制备的准确性，如果实测结果与制备值的允许误差范围不能吻合，必须舍弃这批样品，而不能采用测定值来修正真值的做法。检验真值所采取的方法与常规监测实际样品测定的方法是一致的。因此，在质量控制样品的使用说明中都指明了该样品适用的方法，这一点

也是与标准物质不同的。这就决定了质量控制样品主要是用于控制精密度的，而传递和控制监测准确度则应以标准物质为基准。质量控制样品多按照浓样品包装，而在实际使用时由使用者按规定稀释。近年来也开发研制了不经稀释的直接使用样品。

6.4.3　标准物质的制备和定值

（1）标准物质制备的一般过程　固体标准物质的制备大致可以分为采样、粉碎、混匀和分装等几步，我国河流沉积物标准物质的制备流程示意图见图6-5。固体标准物质通常是直接采用环境样品制备的，已被选作标准物质的环境样品有飞灰、河流沉积物、土壤、煤；植物的叶、根、茎、种子；动物的内脏、肌肉、血、尿、骨骼等。

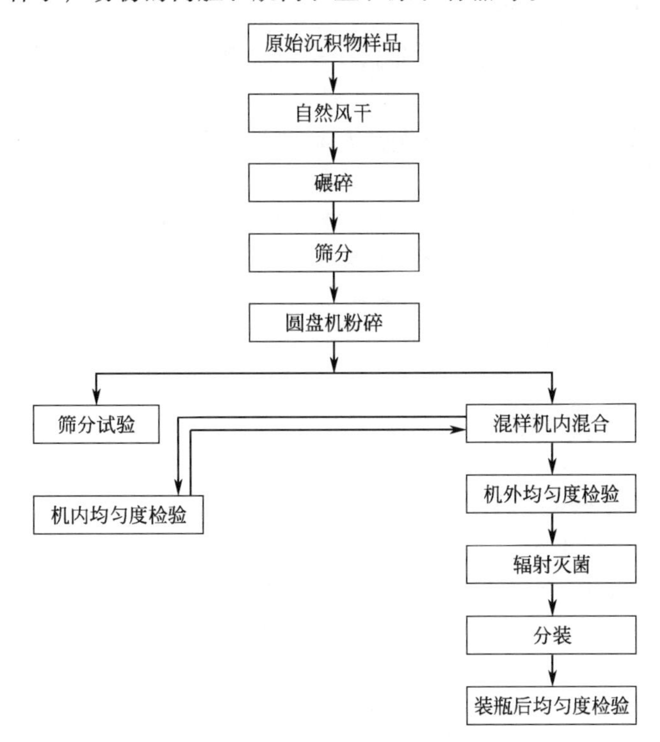

图6-5　固体标准物质制的备流程示意图

多数液体和气体的环境样品很不稳定，组成的动态变化大，所以液体和气体的标准物质是用人工模拟天然样品的组成制备的。

（2）稳定性和均匀度的研究和检验　均匀是标准物质第一位和最根本的要求，是保证标准物质具有空间一致性的前提，对固体样品尤其如此。绝对的均匀是不可能的，若样品的不均匀度远远小于分析中的误差，就可以认为样品是均匀的。样品的均匀度又是有针对性的，因为不同组分在样品中的分布是很不同的。有些组分很难达到均匀，例如固体样品，对这类组分的均匀度检查是检验工作的重点。取量的大小也是与均匀度有关的因素，为保证样品的均匀，标准物质证书中通常要规定最小取样量。因为当取样量减少到一定限度以下时，样品的不均匀度将急剧增加。

均匀度的检验可以分为分装前的检验和分装后的检验。分装前的检验又包括混匀过程中的检查和混匀后的检查。

稳定性是标准物质的另一重要性质，是使标准物质具有时间一致性的前提。与固体标准物质相比，液体和气体物质的均匀容易实现，但保持稳定则困难得多。标准物质的稳定性受温度、湿度、光照等环境条件的影响。微生物的活动也会导致样品组成的改变，因此很多标准物质封装后都要采用辐射灭菌或高温灭菌措施。选择适当的储存容器，加入适当的稳定剂，都可能大大改善标准物质的稳定性。

稳定性检验采用跟踪检验的办法。制备后定期检查组分是否随时间的推移而改变，以及变化的程度是否满足标准物质不确定度允许限的要求。均匀度和稳定性的检验通常采用高精密度的测定方法，以便发现标准物质在时间、空间分布中的微小差异。

（3）标准物质的分析与定值　目前环境标准物质的定值多采用多种分析方法，由多个实验室的协作试验来完成。制备环境标准物质是一项技术性很强，准确度要求很高，工作环境和人员操作技能都要有较高的水平，工作量大，制备成本很高的工作。这也是标准物质种类增加缓慢、价格昂贵的主要原因。

在准确分析的基础上，标准物质的定值多采用数理统计的方法。目前我国的环境标准物质多按如下的步骤来处理数据：

① 对一组实验数据，按 Grubbs 法弃去原始数据中的离群值后，求得该组数据的均值、标准偏差和相对标准偏差；

② 将某一元素由不同实验室和不同方法各自测量的均值视为一组等精密度测量值，采用 Grubbs 法弃去离群值后，求得总平均值及标准偏差；

③ 用总平均值表示该元素的定值结果，用标准偏差的 2 倍（$2s$）表示测量的单次不确定度，以 $2s$ 除以总平均值表示相对不确定度。

6.5 环境监测管理

6.5.1 环境监测管理的内容和原则

环境监测管理是以环境监测质量、效率为中心对环境监测系统整体进行全过程的科学管理。环境监测管理的具体内容包括：监测标准的管理、监测采样点位的管理、采样技术的管理、样品运输储存管理、监测方法的管理、监测数据的管理、监测质量的管理、监测综合管理和监测网络管理等。总的可归结为四方面管理，即监测技术管理、监测计划管理、监测网络管理以及环境监督管理。

（1）环境监测管理的内容　监测技术管理的内容很多，核心内容是环境监测质量保证。一个完整的质量保证归宿（即质量保证的目的）是应保证监测数据的质量特征具有 5 性：

① 准确性　测量值与真值的一致程度。

② 精密性　均一样品重复测定多次的符合程度。

③ 完整性　取得有效监测数据的总额满足预期计划要求的程度。

④ 代表性　监测样品在空间和时间分布上的代表程度。

⑤ 可比性　在监测方法、环境条件、数据表达方式等可比条件下所获数据的一致程度。

（2）环境监测管理原则

① 实用原则　监测不是目的，是手段；监测数据不是越多越好，而是应实用；监测手段不是越现代化越好，而是应准确、可靠、实用。

② 经济原则　确定监测技术路线和技术装备，要经过技术经济论证，进行费用-效益分析。

为实现上述目的，环境监测质量保证系统应该控制的要点见图 6-6。

6.5.2 监测的档案文件管理

为了保证环境监测的质量以及技术的完整性和可追溯性，应对监测全过程，包括任务来

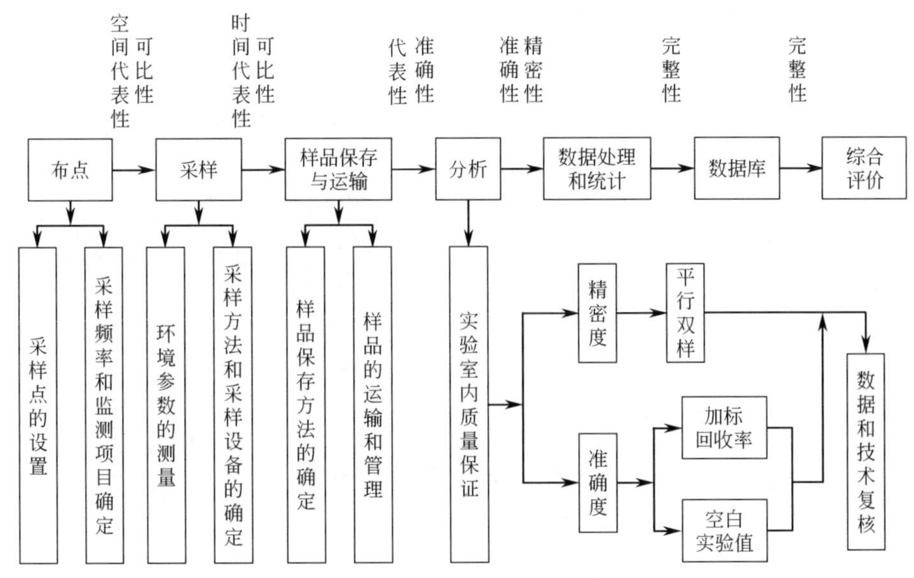

图 6-6　环境监测质量保证系统的控制要点

源、制订计划、布点、采样、分析、数据处理等的一切文件，有严格的制度予以记录存档。同时对所累积的资料、数据进行整理，建立数据库。环境监测是环境信息的捕获、传递、解析、综合的过程。环境信息是各种环境质量状况的情报和数据的总称。信息资源现在越来越被重视，因此档案文件的管理，资料、信息、整理与分析是监测管理的重要内容。

复习题

1. 环境监测中开展质量保证工作的目的是什么？它包括哪些内容？
2. 什么是准确度、精密度？怎么表示？它们在监测质量管理中有何作用？
3. 灵敏度、检测限、测定限和定量限有何不同？
4. 离群值的判别有哪些方法？
5. 标准物质具有哪些特点？它的作用是什么？
6. 标准物质与质控水样有何区别？
7. 如何正确记录和运算有效数字？
8. 监测误差产生的原因及控制的办法是什么？
9. 监测实验室应建立哪些管理制度？为什么？
10. 实验室间协作试验的目的、主要内容是什么？
11. 下列两组数据是两种质地土壤中的有效铜含量（mg/kg），试对它们进行分布类型和离群值检验，给出两均值的 95% 的置信区间，并对两均值进行显著性检验。

组 1：

1.900　1.630　1.610　1.530　1.530　1.400　1.360　1.260　1.220　1.160
1.100　1.030　0.980　0.930　0.890　0.880　0.830　0.790　0.770　0.760
0.760　0.750　0.690　0.680　0.630

组 2：

2.910　1.800　1.760　1.540　1.420　1.380　1.360　1.360　1.340　1.330
1.310　1.240　1.190　1.170　1.120　1.110　1.100　1.070　1.060　1.020
1.020　0.950　0.940　0.930　0.930　0.920　0.860　0.760　0.750　0.680

12. 某工厂污水处理站的BOD_5和COD_{Cr}的原始数据如下表所示：

序号	进水		出水		序号	进水		出水	
	BOD_5 /(mg/L)	COD_{Cr} /(mg/L)	BOD_5 /(mg/L)	COD_{Cr} /(mg/L)		BOD_5 /(mg/L)	COD_{Cr} /(mg/L)	BOD_5 /(mg/L)	COD_{Cr} /(mg/L)
1	233	546	49	151	13	218	511	75	191
2	230	538	63	173	14	237	540	67	190
3	222	490	61	165	15	147	336	39	117
4	162	385	47	118	16	129	286	28	87
5	252	561	61	171	17	181	410	40	113
6	198	448	48	121	18	167	398	50	114
7	216	504	48	125	19	181	409	50	114
8	212	469	49	134	20	204	466	34	119
9	264	560	63	167	21	192	419	39	135
10	205	456	44	136	22	212	474	39	120
11	180	427	51	136	23	169	402	47	135
12	212	518	77	220					

求：(1) 进水和出水的相关性，如相关，分别求出回归方程，并以相关系数做显著性检验($P=90\%$)；

(2) 对进水和出水相关性的差异进行分析。

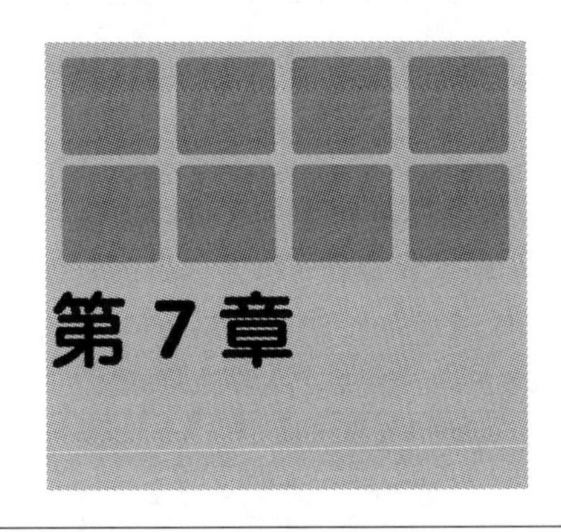

第7章 现代环境监测技术专题

现代环境监测技术专题从超痕量分析技术、自动监测与遥感技术、环境应急监测以及生态监测等几个专题展开论述。

7.1 超痕量分析技术

7.1.1 超痕量分析概述

随着环境保护工作不断深入，监督管理力度不断加大，对环境监测分析技术提出了更高的要求。不仅仅有大量的常规监测任务，还有时不时发生的污染事件需要及时准确地判明污染物的种类、污染物浓度和污染范围。所涉及的样品成分复杂多样，浓度高低千差万别，如何开展环境监测分析工作面临着前所未有的挑战。

这里首先要分清任务的来源和要求，选取相应的分析技术和方法解决不同的实际问题。下面先介绍几个概念术语：在实验室分析样品时，常以样品用量的多少，分为常量分析技术、半微量分析技术、微量分析技术和超微量分析技术。具体划分见表 7-1。

表 7-1 样品用量分析技术分类

分析技术	样品用量	样品体积	分析技术	样品用量	样品体积
常量分析	>0.1g	>10mL	微量分析	0.1～10mg	10μL～1mL
半微量分析	0.01～0.1g	1～10mL	超微量分析	<0.1mg	<10μL

在环境监测分析工作中，样品的取用量一般不是主要问题。关键在于样品中各成分的含量，也就是我们平常所说的浓度，浓度的高低直接影响它对环境和人体健康可能造成的危害程度。按照样品成分的含量划分见表 7-2。

表 7-2 样品成分含量分类

被测成分	含量		被测成分	含量	
	%	μg/g		%	μg/g
常量	1～100	10^4～10^6	痕量	10^{-6}～10^{-4}	0.01～1
半微量	0.01～1	100～10^4	超痕量	<10^{-6}	<0.01
微量	10^{-4}～0.01	1～100			

例如：我们称取 1.0g 土壤样品，铅的含量<10μg/kg，按样品用量来分属于常量分析

技术，按样品中被测成分含量来分属于超痕量分析技术，为了描述的完整性称其为常样超痕量分析。本章节要介绍的正是所谓的常样超痕量分析技术。

因为样品中被测成分含量只有一亿分之一以下，直接能测定的技术手段是很少的。只有一些先进的分析方法和仪器才能达到这样的要求。如原子吸收光谱法（AAS）、电感耦合等离子体发射光谱法（ICP-AES）和等离子发射光谱-质谱法（ICP-MS）可直接测定水中多数痕量、超痕量金属元素。表 7-3 是几种方法检出限的比较。

表 7-3　几种方法检出限的比较　　单位：μg/L

元素	火焰原子吸收光谱法	ICP-MS	无火焰原子吸收光谱法	ICP-AES
Ag	1	0.005	0.01	4
Al	30	0.015	0.1	0.2
As	30	0.031	0.8	20
Au	20	0.005	0.1	40
Ba	20	0.006	0.6	0.01
Be	2	0.05	0.003	0.4
Bi	50	0.004	0.4	50
Ca	1	0.5	0.04	0.02
Cd	1	0.012	0.008	1
Co	2	0.005	0.2	2
Cr	2	0.04	0.2	0.3
Cu	1	0.04	0.04	0.1
Fe	4	0.58	1	0.3
Ga	50	0.004	0.1	0.6
Ge	100	0.013	3	4
Hg	500	0.018	2	1
K	3		4	
Li	1	0.027	0.3	0.3
Mg	0.1	0.018	0.004	0.05
Mn	0.8	0.006	0.02	0.06
Mo	30	0.006	0.3	0.2
Na	0.8	0.03		0.2
Ni	5	0.013	0.9	0.4
P	2100	5	0.3	40
Pb	10	0.01	0.2	2
Pd	10	0.009	0.4	2
Pt	5	0.005	1	80
Sb	30	0.012	0.5	200
Si	100	5	0.005	10
Sn	50	0.01	20	30
Ta	3000	0.002		30
Zn	1	0.035	0.003	2

还有一些仪器的灵敏度也很高，但是样品介质不能直接进样分析，一般都需要样品前处理，也就是提取、净化和浓缩。不同的样品介质类别［如空气、水、土壤（底泥）、生物等］，不同的待测污染物成分（如金属成分、无机成分、有机成分），必须采用不同的样品前处理方法。空气样品的前处理很多是在采样过程就完成了，利用特别配制的吸收液或专门的吸附材料把空气中的待测成分保留下来，再通过测定保留下来的待测成分含量，换算成空气中该污染物的浓度。也有通过液氮冷冻的方法：让空气中的主要成分氮气和氧气流出，其他成分冷冻截留下来带回实验室分析。空气中的颗粒态污染物一般用滤膜（滤纸）过滤下来再进行分析。具体的分析方法参见各待测污染物的分析测定方法。水、土壤（底泥）和生物样品同样有各种前处理方法。

7.1.2　超痕量分析中常用的前处理方法

（1）液-液萃取法（LLE）　液-液萃取法是一种传统经典的提取方法。它是利用相似相溶原理，选择一种极性接近于待测组分的溶剂，把待测组分从水溶液中萃取出来。常用的萃取溶剂有正己烷、苯、乙醚、乙酸乙酯、二氯甲烷等，正己烷一般用于非极性物质的萃取，苯一般用于芳香族化合物的萃取，乙醚和乙酸乙酯对极性大的含氧化合物的萃取比较合适。二氯甲烷对非极性到极性的宽范围的化合物都有较高的萃取率，而且由于其沸点低容易浓缩，密度大，分液操作方便，所以适用于多组分同时分析。但是由于二氯甲烷和苯具有强致癌性，从发展方向上来看，属于控制使用的溶剂。液-液萃取法有许多局限性，例如需要大量的有机溶剂、有时产生乳化现象影响分层以及溶剂蒸发造成样品损失等。

（2）固相萃取法（SPE）　固相萃取是一种基于液固分离萃取的试样预处理技术，由液固萃取和柱液相色谱技术相结合发展而来。固相萃取具有有机溶剂用量少、简便快速等优点，作为一种环境友好型的分离富集技术在环境分析中得到了广泛应用。一般固相萃取包括预处理（活化）、加样或吸附、洗去干扰杂质和待测物质的洗脱收集四个步骤。预处理一方面可以除去吸附剂中可能存在的杂质，减少污染；另一方面也是一个活化的过程，增加吸附剂表面和样品溶液的接触面积。加样或吸附就是用正压推动或负压抽吸使样品溶液以适当的流速通过固相萃取柱，待测物质就被保留在吸附剂上。洗去干扰杂质就是去除吸附在柱子上的少量基体干扰成分。洗脱收集就是用尽可能少量的溶剂把待测物质洗脱下来，再进行分析测定。

固相萃取的核心是固相吸附剂，不但能迅速定量吸附待测物质，而且还能在合适的溶剂洗脱时迅速定量释放出待测物质，整个萃取过程最好是完全可逆的。这就要求固相吸附剂具有多孔、很大的表面积、良好的界面活性和很高的化学稳定性等特点，还要有很高的纯度以降低空白值。表7-4是几种常用固相萃取的吸附剂。

吸附剂能把待测物质尽量保留下来，如何用合适的溶剂定量洗脱也很重要。洗脱溶剂的强度、后续测定的衔接和检测器是否匹配是应该考虑的几个问题。表7-5是常见溶剂强度的大小关系。溶剂强度大，待测物质的保留因子就小，可以保证吸附在固定相上的待测物质定量洗脱下来。用于洗脱的溶剂易挥发，这样方便浓缩和溶剂转换。另外溶剂在检测器上的响应尽可能小。

固相萃取柱基本上分两种：固相萃取柱（cartridge）和固相萃取盘（disk）。商品化的固相萃取柱容积为1～6mL，填料质量多在0.1～2g之间，填料的粒径多为40μm，上下各有一个筛板固定。这种结构导致了萃取过程中有沟流现象产生，降低了传质效率，使得加样流速不能太快，否则回收率会很低。样品中有颗粒物杂质时容易造成堵塞，萃取时间比较长。固相萃取盘与过滤膜十分相似，一般是由粒径很细（8～12μm）的键合硅胶或吸附树脂

表 7-4 几种常用固相萃取的吸附剂

固相吸附剂	表面特性	应用范围
十八烷基 C_{18}	亲水性、非极性	分离水溶液中的亲水组分、环境水样中的痕量有机物
辛烷基 C_8	亲水性、非极性	分离水溶液中的亲水组分，保留小于 C_{18} 的方法
乙基 C_2	亲水性、非极性	分离水溶液中的亲水组分，保留小于 C_8 的方法
硅胶 Si(SiOH)	极性、中性	分离非水溶液中的低极性到中等极性的组分
硅酸镁 Florisil	极性、偏碱性	分离非水溶液中的中等极性的组分；法定 AOAC 和 EPA 方法；农药、除草剂、PCBs
氧化铝 A	亲水性、极性酸性	由非水性溶液中分离亲水性组分；法定 AOAC 和 EPA 方法
氧化铝 N	亲水性、极性中性	由非水性溶液中分离亲水性组分；法定 AOAC 和 EPA 方法
氧化铝 B	亲水性、极性碱性	由非水性溶液中分离亲水性组分；法定 AOAC 和 EPA 方法
氨丙基 NH_2	亲水性、中等极性偏碱性	低容量弱阴离子交换剂；苯酚类
氰丙基 CN	亲水性、中等非极性中性	分离水溶液或有机溶液中分析物；农药
二醇基 Diol(2OH)	亲水性、中等非极性中性	分离水溶液或有机溶液中分析物；水中痕量元素
DNPH-硅胶	试剂涂渍	富集空气中的甲醛及其他醛类、酮类

表 7-5 常见溶剂强度的大小关系

正相固相萃取	溶剂强度	反相固相萃取
正己烷	弱 ↓ 强	水
异辛烷		甲醇
甲苯		异丙醇
氯仿		乙腈
二氯甲烷		丙酮
四氢呋喃		乙酸乙酯
乙醚		乙醚
乙酸乙酯		四氢呋喃
丙酮		二氯甲烷
乙腈		氯仿
异丙醇		甲苯
甲醇		异辛烷
水		正己烷

填料加少量聚四氟乙烯或玻璃纤维丝压制而成，其厚度约为 0.5～1mm。这种结构增大了面积，降低了厚度，提高了萃取效率，增大了萃取容量和萃取流速，也不容易堵塞。盘片内紧密填充的填料基本消除了沟流现象。固相萃取盘的规格大小用盘的直径来表示，最常用的是 47mm 萃取盘，适合于处理 0.5～1L 的水样，萃取时间 10～20min。固相萃取盘的种种优点及现有商品化固相萃取盘填料种类的多样性，使得盘式固相萃取法在各种饮用水、地下水、地表水及废水样品的痕量有机物分析测定中得到广泛应用。表 7-6 是美国 EPA 方法中采用盘式固相萃取的方法。

(3) 固相微萃取法 (SPME) 固相微萃取技术是以固相萃取为基础发展而来的。最初仅利用具有很好耐热性和化学稳定性的熔融石英纤维作为吸附层进行萃取，定量定性分析茶

表 7-6　美国 EPA 方法中采用盘式固相萃取的方法

EPA 方法	分析对象	EPA 方法	分析对象
506	酞酸酯类	507.1	含氮、含磷农药
508.1	有机氯农药	608	有机氯农药、PCBs
513	二噁英	515.2	氯代酸类
525.1	半挥发性有机物	548.1	草藻灭
525.2	半挥发性有机物	549.1	敌草快、百草枯
550.1	多环芳烃	552.1	卤代乙酸
553	联苯胺、含氮农药	554	醛类化合物
555	氯代酸类	1613	二噁英
8061	酞酸酯类	1614	油类、脂类等碳氢化合物

和可乐中的咖啡因。后来又将气相色谱固定液涂渍在石英纤维表面，提高了萃取效率。1993 年美国 Supelco 公司推出了商品化固相微萃取装置，使得固相微萃取作为一种较成熟的商品化技术在环境分析、医药、生物技术、食品检测等众多领域得到应用，显示出它简单、快速，集采样、萃取、浓缩和进样于一体的优点和特点。

纤维固相微萃取装置是一种类似注射器的萃取装置，由手柄（holder）和萃取头（fiber）两部分组成。手柄用于安装萃取头，由控制萃取头伸缩的压杆、手柄筒和可调节深度的定位器组成，定位器和橡胶环共同用于调节萃取头进入样品或色谱进样口的深度。萃取头是一根 1～2cm 长的涂有不同色谱固定相或吸附剂的熔融石英纤维，由环氧树脂粘接在一根不锈钢微管上。由于石英纤维非常脆弱，其外部又套一层起保护作用的不锈钢针管，使纤维可在其中自由伸缩，确保纤维在插入和拔出样品瓶、进样口时不被折断。若使用得当，每根萃取头可反复使用 50 次以上，最多可达 200 次左右而不影响其灵敏度和重现性。

涂有聚合物涂层的石英纤维是固相微萃取技术的关键，表 7-7 是目前商品化萃取头的种类。

纤维固相微萃取操作分两步：吸附（吸收）和解吸。其最大特点就是在一个简单过程中同时完成了取样、萃取和富集，并可以直接进样完成分析测定。将纤维固相微萃取装置插入密封的样品瓶，压下手柄的压杆，使纤维暴露在样品或在样品顶空气相中。这样待测化合物就从样品基体向纤维的涂层迁移，并吸附或被吸收到涂层上，直到达到分配平衡。在萃取过程中应用磁力搅拌、超声振荡等方式搅动样品基质，可缩短达到平衡的时间。SPME 萃取达到分配平衡时，灵敏度最高，但由于整个分配过程中 SPME 纤维吸附的化合物的量都与其在样品中的初始浓度存在比例关系，因此对一些平衡时间过长或无平衡状态的化合物，在定量分析时不必达到完全平衡，只需严格控制萃取时间，以保证分析的重复性和精密度即可。萃取完成后，将纤维退回萃取器的针头中，再在钢针的保护下直接插入色谱仪进样口进行解吸。对于气相色谱，是将纤维暴露在进样口中，通过高温使目标化合物热解吸，而对于液相色谱则是通过溶剂进行洗脱。目前已有商品化的 SPME/HPLC 的接口，通过六通阀配合完成进样。

纤维固相微萃取方法测定样品时，萃取量不仅取决于纤维涂层的极性和厚度，还与萃取方式、样品与顶空气相的体积、萃取时间、搅拌条件、萃取温度、pH 值、无机盐的浓度和解吸条件等诸多因素有关，所以必须严格控制使操作条件完全一致。对于未知样品要求进行预试验优化条件参数，以提高萃取效率。

表 7-7 目前商品化萃取头的种类

纤维涂层	涂层厚度/μm	涂层极性	涂层稳定性	最高使用温度/℃	应用范围
PDMS	100	非极性	非键合	280	小分子挥发性非极性物质
	30	非极性	非键合	280	半挥发性非极性物质
	7	非极性	键合	340	半挥发性非极性物质
PDMS/DVB①	65	两性	部分交联	270	极性挥发性物质
	60	两性	部分交联	270	极性半挥发性物质
	65	两性	高度交联	270	极性半挥发性物质
PA	85	极性	部分交联	320	极性半挥发性物质
CAR/PDMS①	75	两性	部分交联	320	痕量挥发性有机成分
	85	两性	部分交联	320	痕量挥发性有机成分
CW/DVB①	65	极性	部分交联	265	极性物质，尤其醇类
	70	极性	部分交联	265	极性物质，尤其醇类
CW/TPR	50	极性	部分交联	240	表面活性剂
DVB/CAR/PDMS	50/30	两性	高度交联	270	C_3～C_{20}大范围分析

① 石英纤维长 2cm。

注：PDMS—聚二甲基硅氧烷；PA—聚丙烯酸酯；DVB—二乙烯基苯；CAR—聚乙二醇；CW—碳分子筛；TPR—分子模板树脂。

1997 年 Pawliszyn 又提出了毛细管固相微萃取的概念，使用一根内部涂有固定相的开管毛细管柱来富集目标化合物。这种萃取方式多与高效液相色谱（HPLC）联用，分离测定一些难挥发和热不稳定的化合物，大大扩展了固相微萃取的应用范围。

由于固相微萃取的萃取头非常小，被吸附在上面的目标化合物绝对量十分有限，达不到高灵敏度测定的要求。为此，搅拌子吸附萃取技术（Stir Bar Sorptive Extraction，SBSE）研发产生，SBSE 的萃取容量大约是 SPME 纤维的 500 倍，但使用不如 SPME 方便。

（4）吹脱捕集法（P&T）和静态顶空法（HS） 吹脱捕集和静态顶空都是气相萃取技术，它们的共同特点是用氮气、氦气或其他惰性气体将待测物质从样品中抽提出来。但吹脱捕集与静态顶空不同，它使气体连续通过样品，将其中的挥发组分萃取后在吸附剂或冷阱中捕集，是一种非平衡态的连续萃取，因此吹脱捕集法又称为动态顶空法。由于气体的连续吹扫，破坏了密闭容器中气、液两相的平衡，使挥发组分不断地从液相进入气相，也就是说在液相顶部的任何组分的分压都为零，从而使更多的挥发性组分不断逸出到气相中，所以它比静态顶空法的灵敏度更高，检测限能达到 μg/L 水平以下。但是吹脱捕集法也不能将待测物质从样品中百分百抽提出来，它与吹扫温度、待测物质在样品中的溶解度和吹扫气的流速及流量等因素有关。吹扫温度高，样品容易被吹脱，但是温度升高使水蒸气量增加，影响吸附和后续测定，一般 50℃比较合适。溶解度高的组分，很难被吹脱，加入盐能提高吹扫效率。吹扫气的流速太快或总流量太大，待测组分不容易被吸附或是吸附之后又被吹落，一般以 40mL/min 的流速吹扫 10～15min 为宜。

静态顶空法是将样品加入到管形瓶等封闭体系中，在一定温度下放置达到气液平衡后，用气密性注射器抽取存在于上部顶空中的待测组分，注入气相色谱仪或气相色谱质谱仪中进行测定。该方法必须保持平衡条件恒定不变，才能保证样品测定的重复性，测定的灵敏度也没有吹脱捕集法高，但操作简便、成本低廉。

(5) 索氏提取法 (Soxhelt Extraction)　索氏提取器是 1879 年 Franz von Soxhlet 发明的一种传统经典的实验室样品前处理装置，用于萃取固体样品，如土壤、底泥和废弃物中的非挥发性和半挥发性有机化合物。如图 7-1 所示，它是将固体样品放入专用的滤筒 5 中，然后装进索氏提取管 4，再和装有萃取溶剂 1 的蒸馏烧瓶 2 连接，上边连上冷凝管 9，加热溶剂到沸腾，溶剂蒸气顺着蒸馏臂 3 上升，在冷凝管中冷凝下来淋洗到装有固体样品的滤筒上，整个样品就浸泡在热的溶剂中，要提取的待测物质就慢慢地溶出到热的溶剂中，当溶剂液面超过虹吸管 6 时，它会自动顺着虹吸管回流到蒸馏烧瓶中。每一次回流都有一部分待测物质溶出到热的溶剂中，这样反复循环很多次，几个小时甚至几天，待测物质就被浓缩到蒸馏烧瓶中。它的好处就是只用一份溶剂的反复回流浸提，就能达到很高的回收率，缺点是比较费时。常用的萃取溶剂有丙酮-正己烷混合溶剂、二氯甲烷-丙酮混合溶剂、二氯甲烷、甲苯-甲醇混合溶剂等。

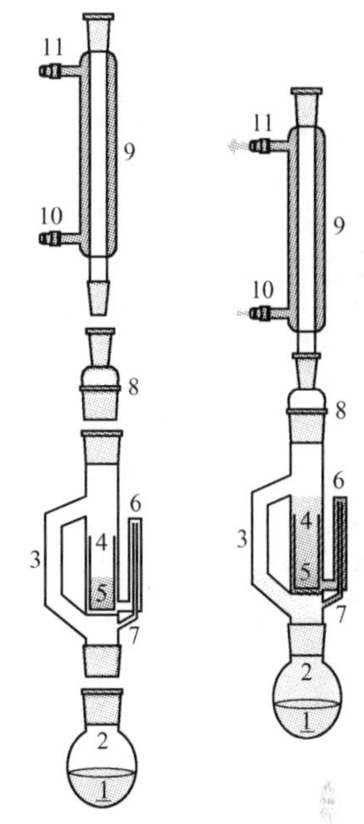

图 7-1　索氏提取器
1—萃取溶剂；2—蒸馏烧瓶；3—蒸馏臂；4—提取管；5—滤筒；6—虹吸管；7—回流管；8—连接器；9—冷凝管；10—进水管；11—出水管

(6) 超声提取法 (Ultrasonic Extraction)　美国标准方法 3550C 规定用超声振荡的方法提取土壤、底泥和废弃物中的非挥发性和半挥发性有机化合物。为了保证样品和萃取溶剂的充分混合，称取 30g 样品与无水硫酸钠混合拌匀成散沙状，加入 100mL 萃取溶剂浸没样品，用超声振荡器振荡 3min，转移出萃取溶剂上清液，再加入 100mL 新鲜萃取溶剂重复萃取 3 次。合并 3 次的提取液用减压过滤或低速离心的方法除去可能存在的样品颗粒，即可用于进一步净化或浓缩后直接分析测定。超声提取法简单快速，但有可能提取不完全。必须进行方法验证，提供方法空白值、加标回收率、替代物回收率等质控数据，以说明得到的数据结果的可信度。

(7) 压力液体萃取法 (PLE) 和亚临界水萃取法 (SWE)　压力液体萃取法 (Pressurized Liquid Extraction，PLE) 和亚临界水萃取法 (Subcritical Water Extraction，SWE) 是目前发展最快、为环境分析研究人员普遍看好的两种从固体基体中提取有机污染物的方法。压力液体萃取法也被称为加速溶剂萃取法 (Accelerated Solvent Extraction，ASE)，是在提高压力和增加温度的条件下，用萃取溶剂将固体中的目标化合物提取出来。它能大大加快萃取过程又明显减少溶剂的使用量。在高温高压的条件下，待测目标化合物的溶解度增加，样品基质对它的吸附作用或相互之间的作用力降低，加快了它从样品基质中解析出来并快速进入溶剂。增加压力使溶剂在较高温度下保持液态，提高温度也降低了溶剂的黏度，有利于溶剂分子向样品基质中扩散。它的特点是萃取时间短、消耗溶剂少、提取回收率高，正逐渐取代传统的索氏提取和超声提取等方法。亚临界水萃取法其实就是压力热水萃取法，是在亚临界压力和温度下 (温度 100～374℃，并加压使水保持液态)，用水提取土壤、底泥和废弃物中的待测目标化合物。

(8) 超临界流体萃取法 (SFE)　超临界流体萃取法 (Supercritical Fluid Extraction，SFE) 是利用超临界流体的溶解能力和高扩散性能发展而来的萃取技术。任何一种物质随着温度和压力的变化都会有三种相态存在：气相、液相、固相。在一个特定的温度和压力条件下，气相、液相、固相会达到平衡，这个三相共存的状态点，就叫三相点。而液、气两相达到平衡状态的点称为临界点。在临界点时的温度和压力就称为临界温度和临界压力。不同物质的性质千差万别，其临界点所要求的压力和温度也有很大差异。当所处的状态其温度和压力均高于临界点所处的温度和压力时，称为超临界状态。处于超临界状态时，气、液两相性质非常接近，因此将处于超临界状态的物质称为超临界流体。它既具有与气体相当的高扩散系数和低黏度，又具有与液体相近的密度和良好的溶解能力。表7-8是常用超临界流体物质的临界温度和临界压力。目前使用最多的超临界流体是二氧化碳，它具有无毒、不燃烧、对大部分物质不发生化学反应、价格低廉等优点。而且二氧化碳的临界参数也比较容易实现，对设备的要求也比较低，但是二氧化碳是非极性化合物，只适合于萃取非极性化合物。实际应用中往往加入一些改性剂，通过调整温度和压力以达到最佳的萃取效率。一氧化二氮是极性萃取流体，它有偶极矩，在萃取二噁英方面明显要好于二氧化碳。但是它在高含量有机质存在的情况下容易发生剧烈爆炸，而一般环境样品的有机质含量都比较高，所以它的应用就受到很大的限制。水在超临界状态下氧化性极强，容易造成对设备的强烈腐蚀，只在水处理方面有一定的应用。

表7-8 常用超临界流体物质的临界温度和临界压力

物质	临界温度/℃	临界压力/MPa	物质	临界温度/℃	临界压力/MPa
水	374.2	22.1	苯	289	4.9
CO_2	31	7.4	甲苯	320.8	4.2
CO	−140	3.5	$CHClF_2$	96.4	4.9
CS_2	279	7.9	$CHCl_2F$	178.5	5.2
SO_2	157.5	7.9	CCl_2F_2	111.5	4.0
CH_4	−82.1	4.6	CCl_3F	28.8	4.0
乙烷	32.3	4.9	甲醇	240	8.0
乙烯	9.2	5.1	乙醇	243	6.4
环己烷	280	4.1	乙腈	274.7	4.8
吡啶	344.2	6.1	噻吩	317	4.9
NH_3	132.3	11.3	N_2O	36.5	7.3
氟化硫	45.55	3.8			

（9）微波消解（MD）和微波辅助萃取法（MAE） 微波消解（Microwave Digestion，MD）和微波辅助萃取法（Microwave-Assisted Extraction，MAE）是利用微波耦合的原理对介电常数大的物质快速加热来完成消解或加速溶出的方法。微波加热方式是直接作用于每一个分子的，是一个内部加热过程，整个物料同时被加热，升温速度很快，易出现局部过热现象。通常极性分子同微波有较强的耦合作用，非极性分子同微波产生弱耦合作用或不产生耦合作用。也就是说极性分子能吸收微波的能量迅速被加热升温，而非极性分子对微波几乎没有吸收。水是一种极性物质，在微波加热下很快就会沸腾，有些样品中适当的含水量能加快萃取进程和提高萃取效率。微波消解和微波辅助萃取所用的容器要求材料是玻璃、聚四氟乙烯（PTFE）、全氟烷氧聚合物（PFA）等，分敞口容器和密闭容器两种。敞口容器加热有时要加回流装置，可减少加热过程中目标化合物的损失。密闭容器加热能很快达到高温高压，从而有效地提高萃取速率和萃取效率，但是安全性较差，加热不均会导致爆炸。微波消解主要用于元素的总量分析，微波辅助萃取则是应用于有机金属化合物的形态分析和持久性有机污染物的提取。它的优点是大大缩短样品前处理时间，溶剂消耗量也少，是一项环境友好型的前瞻性“绿色技术”。

（10）免疫亲和固相萃取法（IASPE）　一般的萃取方法都是根据目标化合物和样品基体及干扰化合物的极性差异的原理进行分离萃取的。当干扰物质和目标化合物的极性很相近时无法分离，会同时被萃取出来影响后续净化过程和仪器分析测定；当目标化合物的极性很强时也增加萃取分离的难度。这就需要一种特异性很强的萃取方法来解决这些问题。免疫亲和固相萃取法（Immunoaffinity Solid Phase Extraction）是随着免疫技术在分析化学中的应用而发展起来的，其原理是将抗体固定在固相载体上，制成免疫亲和吸附剂，将样品溶液通过吸附剂，样品中的目标化合物因与抗体发生免疫亲和作用而被保留在固相吸附剂上。然后用酸性（pH＝2～3）缓冲溶液或有机溶剂作为洗脱剂洗脱固定相，使目标化合物从抗体上解离下来。由于免疫亲和作用具有很高的特异性，所以免疫亲和固相萃取能从复杂样品基体中分离出其他萃取方法难以萃取的目标化合物。由于相对分子质量小于 1000 的化合物一般不具有免疫原性，因此早期的免疫亲和萃取技术主要应用于生化分析中分离蛋白、激素、多肽等生物大分子。直到 20 世纪 80 年代以后，随着小分子免疫技术的突破，这项技术才用于萃取环境中小分子化合物。但是小分子化合物的抗体制备比较困难，抗体的种类也不是很多，目前还局限于少数几种环境污染物的应用，如环境水样中的多环芳烃、土壤样品中的阿特拉津及代谢产物、工业废水中的染料及中间体等。

7.1.3　超痕量分析测试技术

环境样品中被测组分通常是痕量或超痕量的，除了需要采用预处理技术进行富集和净化外，还需要高灵敏度的分析方法，才能满足环境样品中痕量或超痕量组分测定的要求。常用的具有高灵敏度的分析方法概述如下。

7.1.3.1　光谱分析法

光谱分析法是基于光与物质相互作用时，测量由物质内部发生量子化的能级之间的跃迁而产生的发射或吸收光谱的波长和强度变化的分析方法。它包括荧光分析法、发光分析法、原子发射光谱法和原子吸收光谱法等。

（1）荧光分析法　荧光物质分子吸收一定波长的紫外线以后被激发至高能态，经非发光辐射损失部分能量，回到第一激发态的最低振动能级，再跃迁到基态时，发出波长大于激发光波长的荧光。根据荧光的光谱和荧光强度，对物质进行定性或定量的方法称为荧光分析法。在一定波长光照射下，荧光强度与荧光物质浓度的定量关系如下：

$$F=K\Phi I_0c$$

式中　F——荧光强度；

K——比例常数；

Φ——荧光物质的荧光效率；

I_0——入射光强度；

c——荧光物质的浓度。

对于很稀的溶液，Φ 为常数，当入射光强度固定时，荧光物质的稀溶液所发出的荧光强度与该溶液的浓度成正比，这是荧光分析定量的基础。荧光分析具有灵敏度高、选择性强、需样量少和方法简便等优点，在环境样品检测中常用于多环芳烃、苯并［a］芘、金属及非金属等的测定。但由于能发生荧光的物质不是很多，故应用范围不如紫外-可见分光光度法广泛。

（2）发光分析法　发光分析是基于化学发光和生物发光而建立起来的一种新的超微量分析技术。它通过发光体系光强度测定来定量某一分析物浓度。对于一个固定的发光反应体系，发光强度正比于分析物浓度，测定发光强度的大小可以计算出分析物的含量。根据建立发光分析方法的不同反应体系，可将发光分析分为化学发光分析、生物发光分析、发光免疫分析和发光传感技术等。

发光分析因具有简便、快速、灵敏度高、样品用量少等特点，被广泛应用于环境样品中污染物的痕量检测，如大气中的 NO_x、O_3、SO_2 及卤代烃；空气、水、土壤及生物材料中金属含量等。

(3) 原子发射光谱分析法　发射光谱分析是利用物质受电能或热能的作用，产生气态的原子或离子价电子的跃迁特征光谱线来研究物质的一种检测方法。用不同元素光谱线的波长可以进行定性检测，光谱线的强度则可以用来定量分析。

原子发射光谱分析常用高压火花或电弧激发，产生原子发射特征光谱。本法选择性好，样品用量少，不需化学分离便可同时测定多种元素，可用于汞、铅、砷、铬、镉、镍等几十种元素的测定。近年来已用电感耦合等离子体作为原子化装置和激发源。电感耦合等离子体发射光谱法（ICP-AES）是利用高频等离子矩为能源使试样裂解为激发态原子，通过测定激发态原子回到基态时所发出谱线而实现定性定量的方法，可分析环境样品中几十种元素。

(4) 原子吸收光谱法　原子吸收光谱法又称原子吸收分光光度法。它是一种测量基态原子对其特征谱线的吸收程度而进行定量分析的方法。其原理是：试样中待测元素的化合物在高温下被解离成基态原子，光源发出的特征谱线通过原子蒸气时，被蒸气中待测元素的基态原子吸收。在一定条件下，被吸收的程度与基态原子数目成正比。原子吸收光谱仪主要由光源、原子化装置、分光系统和检测系统四部分组成。使用的光源为空心阴极灯，它是用被测元素作为阴极材料制成的相应待测元素灯，此灯可发射该金属元素的特征谱线。

待测元素经原子化器转变成气态原子才能进行测定，火焰原子化是将溶液喷成雾状并与燃气和助燃气充分混合，再送入燃烧器中燃烧解离成气态原子。燃烧火焰的种类很多，常用空气-乙炔焰和一氧化二氮-乙炔焰两种，前者温度在2300℃，多用于一般元素的分析检测；后者温度在2950℃，常用于在火焰中产生难熔氧化物的元素，如铝、硅、硼等。

石墨炉原子化法为电热原子化法，先用小电流在100℃左右使试样干燥，然后在300～1500℃对样品灰化，除去基体后在2900℃左右进行原子化。整个石墨炉都通以氩气从而防止石墨的氧化。石墨炉原子化法效率高、灵敏度高、取样量少，适用于固体、液体样品。

低温原子化技术有氢化物发生法和冷原子吸收法。元素锗、锡、砷等易生成氢化物，其沸点都在0℃以下，在常压下为气体，很容易从母液中分离出来。这些氢化物用惰性气体载入到原子化器中，在低于1000℃条件下即可原子化。氢化物一般是在酸性溶液中以强还原剂 $NaBH_4$ 或 KBH_4 与被测物质反应而生成的。冷原子吸收法主要用于测定汞。在酸性溶液中，用亚锡将无机汞化物还原成金属汞，它在常温下以原子蒸气形式存在，用载气将其导入石英吸收管中测定。

原子吸收光谱法具有灵敏度高、干扰小、操作简便、迅速等特点。其可测定70多种元素，是环境中痕量金属污染物测定的主要方法，在世界上得到普遍、广泛的应用，并成为标准测定方法实施。如美国环境保护局在水和废水分析中规定了34种金属用原子吸收法进行测定，日本的国家标准颁布了用火焰法测定15种元素，中国水质监测统一用原子吸收法测定的项目有16项。

7.1.3.2　电化学分析法

电化学分析是应用电化学原理和实验技术建立的分析方法。通常是将待测组分以适当的形式置于化学电池中，然后测量电池的某些参数或这些参数的变化进行定性和定量分析。

（1）电位滴定法 电位滴定是用标准溶液滴定待测离子的过程中，用指示电极的电位变化来代替指示剂颜色变化显示终点的一种方法。进行电位滴定时，在被测溶液中插入一个指示电极和一个参比电极，组成一个工作电池。随着滴定剂的加入，由于发生化学变化使被测离子浓度不断发生变化，因此指示电极的电位也相应发生变化。滴定达到终点附近离子浓度发生突变，这时指示电极电位也发生突变，由此来确定反应终点。

电位滴定是电位测定和滴定分析相结合的测试方法，它最大的特点是可以进行连续滴定和自动滴定。例如，含有敌百虫的样品经碱解、酸化等处理后，以银电极为指示电极，饱和甘汞电极为参比电极，可用硝酸银标准溶液进行滴定；以甘汞电极为参比电极，氟电极为指示电极，可测定空气中氟化氢。

（2）极谱分析法 极谱分析法是以测定电解过程中所得电压-电流曲线为基础的电化学分析方法。极谱分析法有经典极谱法、单扫描极谱法、脉冲极谱法等，其中经典极谱法的灵敏度较低。目前我国常用单扫描极谱法、脉冲极谱法来测定大气中的氮氧化物，水中亚硝酸盐及铅、镉、钒等金属离子含量。

经典极谱法是以滴汞电极为工作电极，饱和甘汞电极为参比电极，在两电极间施加直流电压，然后测量在一定外加电压时通过电解池的电流，绘制电流-电压关系曲线，此曲线通常称为极谱波。在一定的实验条件下，被测物质的浓度与极谱波的波高有线性关系，根据极谱波波高进行定量分析，极谱波半波电位（$E_{1/2}$）进行定性分析。

单扫描极谱法是在含待测离子溶液的电解池中，插入饱和甘汞电极和滴汞电极，在汞滴的生长后期迅速施加一个一定幅度的随时间做线性变化的锯齿波电压，则待测物质在汞滴上还原产生电解电流，在示波管的荧光屏即呈现随电压扫描而做对应变化的电解电流曲线。在一定条件下，峰电流与待测离子的浓度成正比，这是单扫描极谱法定量分析的基础；曲线峰对应的电位为峰电位，在一定条件下由物质的性质决定，是单扫描极谱法定性的依据。

脉冲极谱法是在一滴汞滴的生长后期给体系叠加一方波脉冲电压，加入脉冲电压后约经0～40ms，使充电电流、毛细管噪声等背景电流衰减至近于为零，再测量此时的法拉第电流，这就能很好地克服充电电流和毛细管噪声的干扰，极大地提高了方法的灵敏度，检测限可达10^{-8}mol/L。脉冲极谱按所加脉冲电压的方式不同而分为常规脉冲极谱（NPP）和微分脉冲极谱（DPP）。

（3）溶出伏安法 溶出伏安法所使用的仪器和装置与极谱法相同，仅工作电极不同。所得极化曲线为峰状。常用的工作电极有悬汞电极、玻碳电极和铂微电极等，包括电积和溶出两个过程。电积是将待测离子在控制电位下电解沉积到工作电极上；溶出是将富集在电极上的待测物质通过改变电位方向重新溶解出来。在一定条件下溶出峰电流与溶液中待测离子的浓度成正比，故可测定其含量。溶出伏安法有阳极溶出伏安法（ASV）和阴极溶出伏安法（CSV）两种。ASV是指富集时工作电极发生还原反应作为阴极，溶出过程发生电氧化作为阳极，一般用于测定金属阳离子。CSV是指富集时工作电极发生氧化反应为阳极，溶出过程发生还原反应为阴极，一般用于测定阴离子，如卤素离子、硫离子等。由于待测物质被从稀溶液中富集到电极表面上，使其浓度得到极大的增加，因而溶出伏安法灵敏度高，它的测定范围在10^{-11}～10^{-6}mol/L。

7.1.3.3 色谱分析法

色谱分析法是利用不同物质在两相中吸附力、分配系数、亲和力等的不同，当两相做相对运动时，这些物质在两相中反复多次分配，从而使各物质得到完全的分离并能由检测器检测。按流动相所处的物理状态不同，色谱分析法又分为气相色谱法和液相色谱法。

(1) 气相色谱法　气相色谱法是以气体为流动相对混合物组分进行分离分析的色谱分析法。根据固定相不同，气相色谱法可分为气-固色谱和气-液色谱。气-固色谱的固定相是固体吸附剂颗粒。气-液色谱的固定相是表面涂有固定液的担体。固体吸附剂品种少、重现性较差，用得较少，主要用于分离分析永久性气体和 C_1～C_4 低分子碳氢化合物。气-液色谱的固定液纯度高，色谱性能重现性好，品种多，可供选择范围广，因此目前大多数气相色谱分析是气-液色谱法。气相色谱法具有高效、灵敏、快速、能同时分离分析多种组分、样品用量少等特点，在环境有机污染物的分析中得到广泛的应用，如苯、二甲苯、多环芳烃、酚类、农药等。

气相色谱仪主要由载气源、色谱柱、检测器和记录仪四部分组成。检测器是将色谱柱随载气（流动相）洗出的各组分浓度或量的变化转换为电信号，经放大后输至记录仪。色谱分析的灵敏度和选择性主要取决于检测器的性能。色谱柱是色谱分离的关键部分，也是色谱仪的核心，内装有固定相。分析用色谱柱主要有填充柱，内径 3～6mm，通常长 1～3m，用于一般混合物分析。另一类是毛细管柱，通常柱径小于 1mm，长 10～100m。由于毛细管柱内壁涂敷的液膜很薄，不但减少了液相传质阻力，同时也使相比（柱内气相与液相体积之比）增大。一般毛细管柱的相比要比填充柱大 10～100 倍，从而提高了单位时间柱子的分离能力。

(2) 高效液相色谱法　高效液相色谱法是在经典液相色谱法的基础上，采用气相色谱法的理论和技术发展起来的一类分离分析的方法。高效液相色谱法具有高效、高速、高灵敏度等特点，它已成为环境中有机污染物分析不可缺少的重要分析方法之一。按分离机制不同，高效液相色谱法分为以下几种类型。

① 液-固色谱　以固体吸附剂作固定相，被分析物质在固定相和流动相之间分配。常用的吸附剂是硅胶，包括各种微球硅珠。该方法常用来分析相对分子质量不太大，具有极性官能团，极性又不太强的化合物。

② 液-液色谱　根据试样中各组分在流动相和固定相之间分配系数不同而达到分离的目的，有正相色谱和反相色谱两种。以强极性的固定液涂于担体上作为固定相，以弱极性的溶剂为流动相，称为正相色谱，反之为反相色谱。为防止固定液流失，现在多采用将固定液以化学键合的方式固定在担体表面。用这种固定相的色谱，称为化学键合液相色谱，担体大多数是各种硅珠。

③ 离子交换色谱（离子色谱）　离子交换色谱的固定相是离子交换树脂。其中使用最多的是聚苯乙烯阳离子和阴离子交换树脂。流动相也是离子性液体，大都是各种缓冲溶液。不同的物质在流动相中溶解后，生成的离子便在固定相和流动相之间因不同的分配系数而得到分离。离子交换色谱一般用于分离分析离子化合物，如氨基酸、蛋白质、无机离子等。

④ 空间排斥色谱　空间排斥色谱是基于分子大小不同进行分离分析的一种色谱技术。它近似分子筛效应，也称为排阻凝胶色谱。其固定相是凝胶，如多缩葡萄糖、聚甲基丙烯酸甲酯、表面多孔玻珠等。流动相一般是纯水、各种缓冲溶液、乙醇、丙酮等溶剂。当试样溶液随流动相流过固定相时，分子量大、分子体积大的分子不能渗透进入凝胶孔穴，较快地被流动相洗出来，较小的分子可渗透进凝胶的孔穴，分子愈小，渗透进孔穴愈深，洗出愈慢，这样样品中各组分按分子大小，先后由柱中洗出而分离。排斥色谱是分离、鉴定高分子量化合物的有效手段。

(3) 色谱-质谱联用技术　气相色谱是强有力的分离手段，特别适合于分离复杂的环境有机污染物样品。同时，质谱和气相色谱在工作状态上均为气相动态分析，除了工作气压之外，色谱的每一特征都能和质谱相匹配，且都具有灵敏度高、样品用量少的共同特点。因此，GC-MS联用既发挥了气相色谱的高分离能力，又发挥了质谱法的高鉴别力，已成为鉴定未知物结构的最有效工具之一，广泛应用于环境样品检测中。在GC-MS联用技术中，气相色谱仪相当于质谱仪的进样、分离装置，而质谱仪相当于气相色谱仪的检测器。

质谱法是通过对样品离子的质量和强度的测定，进行成分和结构分析的一种分析方法。被分析物质在高真空中受到电子流轰击或强电场作用，失去外层电子生成分子离子，同时某些化学键也发生有规则的裂解，生成各种具有特征质量的碎片离子。这些带正电荷的离子在磁场中按不同的质荷比（m/z）分离，收集和记录离子信号，即得到质谱图。由于碎片离子的种类及其含量与原来的化合物的结构有关，因此从质谱图中可以知道化合物的分子量和有关分子结构的信息，也就可以确定未知化合物的化学组成和结构。质谱法的特点是鉴别能力强、灵敏度高、响应速度快，但质谱法仅适合于做单一的纯样品的定性分析，而对于复杂的环境样品则不能直接进行分析。

虽然对有机污染物的分析首选GC-MS法，但双酚A、2,4-二氯酚、五氯酚、β-雌二醇等含OH基的化合物以及含羧基的2,4-滴、2,4,5-涕等除草剂用GC-MS法测定十分困难，因为在测定前必须进行衍生化，这使试样的前处理更加复杂化。而用液相色谱-质谱（LC-MS）联用法测定，在进行试样的前处理时无需进行衍生化，也可同样地进行分离，通过质谱定性或定量。

LC-MS法是将通过LC分离出的成分用MS检测，除灵敏度高、选择性好外，还能得到有关结构的信息，是目前对环境污染物定性检定和定量测定的有效方法之一。在LC-MS的离子化方式中，大气压化学离子化法（APCI）和电喷雾离子化法（ESI）是在常压下离子化，从仪器设备到应用技术都比较成熟。LC-MS法目前已成为检测分析农药、除草剂及多氯联苯类的重要方法，尤其是对氯化苯氧基乙酸类除草剂、氨基甲酸盐类农药以及对草快、敌草快等热不稳定且难挥发、难汽化的污染物。使用LC-MS法进行测定已成为发展主流，目前使用的LC-MS法可达到的灵敏度约为1μg/L。

7.1.3.4　高效毛细管电泳

高效毛细管电泳（HPCE）是离子或荷电粒子以电场为驱动力，在毛细管中按其速度或分配系数不同进行高效分离分析的新技术。高效毛细管电泳由于使用的毛细管具有良好的散热效能，可允许在毛细管两端加上高至30kV的高电压，毛细管的纵向电场强度可达400V/cm以上，因而分离时间很短，有的甚至可在几秒内完成，分离效率高，理论塔板数达10^7/m数量级。高效毛细管电泳按分离模式分为毛细管区带电泳（CZE）、胶束电动毛细管色谱（MECC）与毛细管凝胶电泳（CGE）等。

（1）毛细管区带电泳　毛细管区带电泳（CZE）是基于溶质有效淌度的差异而进行分离的方法。在毛细管和电极槽内充有相同组分和相同浓度的背景电解质溶液（通常是缓冲溶液）。样品从毛细管一端导入，当毛细管两端加上一定电压后，带电溶质便朝与电荷极性相反的电极方向移动。由于样品组分间的迁移速度不同，因而经过一定时间后，各组分将按其速度大小顺序，依次到达检测器检出，得到按时间分布的电泳谱图。用谱峰的迁移时间（t_m）或保留时间（t_r）进行定性分析，谱峰的高度和峰面积进行定量分析。该法可用于金属阳离子、无机阴离子、有机酸根离子及蛋白质、肽、核酸（DNA、RNA）等生物大分子的分离分析。

（2）胶束电动毛细管色谱　在电泳缓冲溶液中加入表面活性剂，当溶液中表面活性剂浓度超过临界胶束浓度时，表面活性剂之间的疏水基团聚集在一起形成胶束。溶质在水相（导电的水溶液）和胶束相（带电的离子胶束）之间进行分配。溶质的迁移速度决定于它在两相间的分配系数。溶质中各组分由于在水相和胶束相间的分配系数不同导致迁移速度不同从而得到分离。疏水性较强的溶质与胶束的作用较强，分配系数大，结合到胶束中溶质较多也较稳定。当离子胶束的淌度小于电渗流速度，且迁移方向与电渗流相反时，疏水性较强的溶质迁移速度慢，疏水性较弱的迁移速度快，未结合的溶质随电渗流流出，速度最快。因此MECC不仅能分离离子型化合物，还能分离不带电荷的中性化合物，如农药残留，多环芳烃化合物如蒽、芘和苯并芘等的分离，该法仅适用于相对分子质量小于500的物质。

（3）毛细管凝胶电泳　在毛细管内充入凝胶或其他筛分介质，利用溶质中各组分在凝胶中的浓度不同而将它们分离。这些物质具有三维多孔结构和分子筛效应，不溶于水，呈电中性，无吸附作用，在毛细管电泳中具有抗对流，减少溶质扩散，阻挡毛细管壁对溶质吸附和消除电渗流等作用，使得CGE具有超高柱效和分离度，如交联聚丙烯胺（CPAGE）可获得理论塔板数为$2\times10^{7}/m$的高分离效率，达到了可以分辨DNA片段单碱基的能力。

7.1.3.5　免疫分析技术

（1）荧光免疫技术　荧光免疫技术是Cons和Kaplan于1941年创建的，以荧光物作为标记物的免疫分析技术。即将某些荧光物通过化学方法与特异性抗体结合制成荧光抗体，使其保持原抗体的免疫活性，然后使荧光抗体与被检抗原发生特异性结合，形成的免疫复合物在一定波长光的激发下产生荧光，借助荧光显微镜检测或定位被检抗原。常用的荧光物质有异硫氰酸荧光素（HITC）、四乙基罗丹明（RR200）、四甲基异硫氰酸罗丹明（TRITC）。荧光免疫技术可分为直接荧光抗体法、间接荧光抗体法和补体荧光抗体法。传统的免疫荧光技术由于存在非特异性荧光干扰，存在不能精确定量等缺点，在环境分析中用得很少。随着一些荧光蛋白的发现和分子生物学及单克隆抗体技术的发展，免疫荧光技术得到进一步完善，敏感性和稳定性都有了很大提高，目前主要应用于细菌、病毒、寄生虫及其生物毒素的快速鉴定。

（2）放射免疫分析　放射免疫分析（RIA）是根据同位素分析的敏感性和抗原-抗体反应的特异性两大特点综合起来建立的一种超微量分析技术。RIA分为放射免疫法、放射自显影法等。常用的同位素有^{14}C、^{3}H、^{125}I等。常用的放射免疫法是将定量抗体加至一系列管中，每管加少量标记抗原和递增量的未标记抗原，培养一定时间，将发生下列竞争反应：

$$Ag^{*}+Ab \longrightarrow Ag^{*}\text{-}Ab+Ag \longrightarrow Ag\text{-}Ab$$

在上式反应中，标记抗原和未标记抗原与特异性抗体的结合力是相同的。标记抗原与特异性抗体结合形成标记抗原-抗体复合物（Ag^{*}-Ab），未标记抗原与特异性抗体结合形成未标记抗原-抗体复合物（Ag-Ab）。然后将Ag^{*}-Ab和Ag-Ab与游离的Ag和Ag^{*}分开，分别测定它们的生物活性，再通过标准曲线计算抗原含量。将抗原-抗体复合物与游离抗原分离的方法有：活性炭吸附法、双抗体法、微孔滤膜法、沉淀分离法、电泳及透析法等。放射免疫分析具有准确度高、样品用量少、易规范化和自动化等优点，但需特殊的仪器设备，有一定的放射危险。在环境分析中，该法多用于对病毒中和抗原的结构蛋白进行定位及位点分析。

（3）酶联免疫分析　酶联免疫分析（ELISA）是利用标记物的酶催化底物的显色反应来反映抗原抗体结合的过程，是将酶催化底物反应的灵敏性和抗原抗体反应的特异性结合，是一种定性和定量的综合技术。常用的标记酶有辣根过氧化物酶（HRP）和碱性磷酸酶（AKP）。ELISA 不但保留了放射免疫分析法的优点，还克服了放射免疫法需要特殊昂贵的仪器设备、标记抗原的寿命短及安全处理放射性废弃物不易等缺点，具有灵敏度高、检测简便快速等优点。ELISA 根据反应性质分为直接竞争法和间接竞争法。

其原理为：使抗原或抗体结合到某种固相载体表面，并保持其免疫活性；使抗原或抗体与某种酶连接成酶标抗原或抗体，这种酶标抗原或抗体既保留其免疫活性，又保留酶的活性。在测定时，使受检标本（测定其中的抗体或抗原）和酶标抗原或抗体按不同的步骤与固相载体表面的抗原或抗体起反应。用洗涤的方法使固相载体上形成的抗原抗体复合物与其他物质分开，最后结合在固相载体上的酶量与标本中受检物质的量成一定的比例。加入酶反应的底物后，底物被酶催化变为有色产物，产物的量与标本中受检物质的量直接相关，故可根据颜色反应的深浅进行定性或定量分析。由于酶的催化效率很高，故可极大地放大反应效果，从而使测定方法达到很高的敏感度。

（4）发光免疫分析　发光免疫分析（LIA）是一种利用物质的发光特征，即辐射光波长、发光的光子数与产生辐射的物质分子的结构常数、构型、所处的环境、数量等密切相关，通过受激分子发射的光谱、发光衰减常数、发光方向等来判断该分子的属性以及通过发光强度来判断物质的量的免疫分析技术。发光免疫分析按标记物的不同分为化学发光免疫分析法（CLIA）、化学发光酶免疫分析法（CLEIA）、电化学发光免疫分析及生物发光免疫分析法（BLIA）等。

7.1.3.6　生物传感技术

生物传感器是高科技的电子技术和生物工程技术相结合的产物，由固定化并具有化学分子识别功能的生物材料、换能器件及信号放大装置构成，能够选择性地对样品中的待测物质发出响应，并把待测物质的浓度转化为信号，根据电信号大小定量测出待测物质的浓度。生物传感器的选择性的好坏完全取决于它的分子识别元件，而其他性能则和它的整体组成有关。生物传感器揭开了无试剂分析的序幕，导致了分析生物学领域的一场革命，使分析生物学从半定量向精确定量和自动化操作转化。

7.2　自动监测与遥感技术

环境中污染物质的浓度和分布是随时间、空间、气象条件及污染源排放情况等因素的变化而不断改变的。定时、定点人工采样测定结果很难确切反映污染物的动态变化与趋势。为及时获取污染物变化信息，以正确评估污染物现状，研究污染物变化规律，20 世纪六七十年代一些国家和地区相继建立起空气、水体和污染源自动监测系统。80 年代，电子、传感器、计算机等技术的发展使自动监测仪器不断更新，新技术、新方法大量出现。遥感监测等先进技术也广泛用于环境监测领域，实现大范围、大面积的空气、水体等污染状况的监测。

7.2.1　空气污染自动监测技术

环境空气质量自动监测技术是 20 世纪 70 年代发展起来的新技术。监测系统一般由一个中心站和若干个监测子站组成。各监测子站设有空气质量连续监测仪器（SO_2、NO_x、CO、O_3、NMHC、PM_{10}等分析仪器）和气象仪器（如风向、风速、温度、湿度、气压等测定仪器），其工作方式为无人值守，每年昼夜连续自动运行。各子站设有专用微处理机，采集各台仪器监测出的污染数据及气象数据，通过有线或无线通信设备将数据遥传到中心计算机室。中心计算机室设有小型或微型计算机及相应的各种外围设备，执行对各子站的状态信息及监测数据的收集，并能根据需要完成各种数据处理及输出报表和图件。

环境空气质量自动监测仪器经过二十余年的发展，经历了以化学分析原理为基础的湿法到以物理光学原理为基础的干法过程。20 世纪 80 年代以来，干法仪器已基本上取代了湿法仪器，而且干法仪器也已经历了二代到三代的技术更新。

当前，空气质量自动监测系统在城市空气污染的监测中已十分普及，在传统点式干法仪器成为自动监测技术主流的同时，采用差分吸收光谱技术的系统（DOAS）也已在一些国家和地区用于环境空气质量日常监测，并在区域背景监测、道路和机场空气质量监测及城市空气质量趋势分析等方面显示了其很强的生命力。近年来，基于激光光源的长光程吸收光谱仪和激光雷达技术的日益成熟，其灵敏度更高，使得这些技术在空气质量监测中受到了相当的重视。空气质量监测数据的表征形式也越来越丰富，更多的城市、地区将空气质量的信息通过因特网进行全球性的交流与发布。

我国的环境空气质量自动监测是在 20 世纪 80 年代初为满足城市环境管理需要逐步开展的，设备主要依赖进口。90 年代后期，国家加强了对城市空气质量自动监测系统的建设与管理。并于 2000 年开始在重点城市开展空气质量日报、预报工作，使全国环境空气质量自动监测的能力建设进入高速发展。同时国内也已具备了自动监测仪器生产能力。目前，我国已建成近两千个空气质量自动监测站，地级以上城市全部实现空气质量的自动监测，一些经济发达地区的县级市也建设了空气质量自动监测系统。此外，还建设了国家和省级空气质量背景站、农村空气质量背景站。

7.2.1.1　系统组成与功能

空气质量自动监测系统由监测子站（包括流动监测车）、中心计算机室、质量保证实验室、系统支持实验室组成（如图 7-2）。监测子站和中心计算机室通过有线或无线方式相互传输数据信号和状态及控制信号。

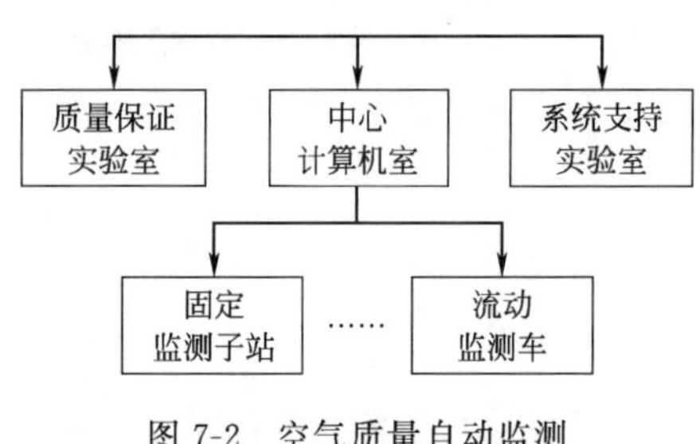

图 7-2　空气质量自动监测系统基本结构框图

（1）中心计算机室　中心计算机室是整个系统运行的中心，它一般由计算机、应用软件、输出设备和通讯设备等组成。

中心计算机可定时或随时收取各监测子站的监测数据，并对所收取的监测数据进行判别、检查、舍取和存储，以各种形式输出各类监测报告，也可根据需要对监测子站的监测仪器进行远程诊断，遥控校准，并随时采集仪器设备的工作状态信息等。

（2）质量保证实验室　系统的质量保证实验室配备有各种计量器具、校准设备，担负着控制、监督和改进整个系统运行的重任，具体为：对系统使用的标准样品进行追踪标定和保管；对系统仪器设备进行定期的标定、校准与运行考核；对整个系统运行状况进行检查，配合有关部门实施系统的审核工作等。

（3）系统支持实验室　系统支持实验室是整个系统的支持保障中心，完成仪器设备的预防性维护和保养，及时对发生故障的仪器设备进行针对性检修等。

（4）监测子站　监测子站是整个系统的基础，它由采样系统、污染物监测仪、校准设备、气象仪器、数据采集器等组成（如图 7-3 所示）。监测子站设备全年连续运转，对环境空气质量和气象状况进行自动实时监测，同时完成监测数据的采集、处理和存储，并按中心计算机指令向控制中心传输监测数据和设备状态信息。

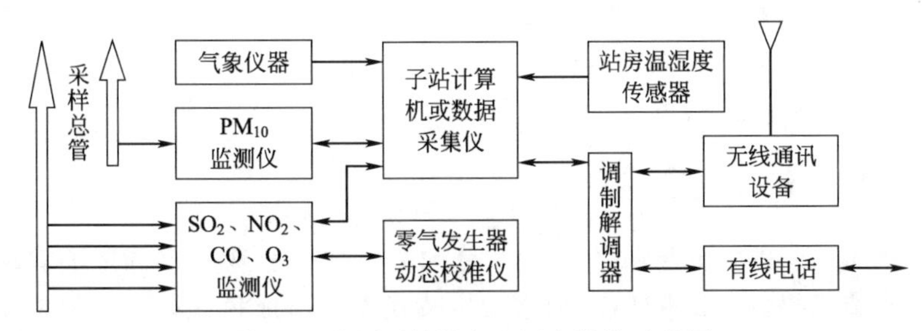

图 7-3　监测子站设备配置和结构示意图

7.2.1.2　子站布设及监测项目

（1）监测点位布设与方法　监测网络设计的核心内容是如何在计划的监测区域内确定监测点位的最小数量，并使之达到足够的空间代表性和经济可行性。

监测点位布设的一般原则：监测点位应具有较好的代表性，能客观反映一定空间范围内的空气污染水平和变化规律。在布局上应结合城市规划、人口及功能区分布、区域空气污染程度、污染源的现状及变化趋势以及地形和气象条件的影响等因素，综合考虑监测点位的布设。

目前用于确定最少监测点位数量的主要方法是以人口数量、污染程度和面积的经验法。表 7-9 为我国《环境空气质量监测规范》中规定的环境空气质量评价点设置的数量。在布点方法上中小城市采用功能区布点法布设三或四个测点是最为简单的方法，因为可以选用工业区、商业区、居民区等概念进行布点。但对于大多数拟监测的环境要素来讲，按功能区的划分实际上很困难。更为客观、合理和科学的点位布设方法，主要有统计学的方法、模拟技术的方法、经验和统计模型技术相结合的综合技术方法。

表 7-9　国家环境空气质量评价点设置数量要求

建成区城市人口/万人	建成区面积/km^2	监测点数
<10	<20	1
10～50	20～50	2
50～100	50～100	4
100～200	100～150	6
200～300	150～200	8
>300	>200	按每 25～30km^2 建成区面积设 1 个监测点，并且不少于 8 个点

（2）监测项目　目前我国国家环境空气质量监测网规定的必测项目为：二氧化硫（SO_2）、二氧化氮（NO_2）、可吸入颗粒物（PM_{10}）、一氧化碳（CO）、臭氧（O_3）。

选测项目为：总悬浮颗粒物（TSP）、铅（Pb）、氟化物、苯并［a］芘、有毒有害有机物。

在一些经济发达而污染较重地区还开展挥发性有机污染物（VOCs）、炭黑、细颗粒物（$PM_{2.5}$、PM_1）质量浓度和组分等的在线自动监测。

此外，监测点根据需要可安装气象参数监测仪器，监测风向、风速、温度、湿度、气压等气象参数。

7.2.1.3　自动监测仪器

（1）点式气态污染物自动监测仪器

① SO_2 自动监测仪　SO_2 自动监测方法有电导法、库仑滴定法、比色法、紫外荧光法等。其中电导法、库仑滴定法属湿法原理，现已处于淘汰阶段。目前广泛使用的是紫外荧光法。

紫外荧光法 SO_2 监测仪工作原理：该法的原理是用紫外线（190～230nm）激发 SO_2 分子，处于激发态的 SO_2 分子返回基态时发出荧光（240～420nm），荧光的强度与 SO_2 浓度呈线性关系，由此测出 SO_2 浓度。即：

$$SO_2 + h\nu_1 \longrightarrow SO_2^*$$

$$SO_2^* \longrightarrow SO_2 + h\nu_2$$

紫外荧光法测 SO_2 的主要干扰物质是水分和芳香烃化合物。水分影响有两方面：一是引起 SO_2 溶于水造成损失，二是 SO_2 遇水发生荧光猝灭造成负误差。一般采用半透膜渗透或反应前加热去除水分。芳香烃化合物在 190～230nm 紫外线激发下也会发射荧光造成误差，一般用特殊的过滤器预先除去。

图 7-4 为紫外荧光法 SO_2 仪器工作原理。样品气经尘过滤器、除烃器进入反应室，紫外灯发出的光束经滤光片获得所需波长紫外线（光谱中心 220nm），照射到进入反应室的样品气体，样气中的 SO_2 分子吸收光能呈激发态，激发态的 SO_2^* 分子不稳定，瞬间返回基态同时发出荧光，该荧光经滤光片（光谱中心 330nm）投射到光电倍增管（PMT）上，经信号处理后输出。在与紫外灯相对的位置上装有光电检测器，可输出信号，补偿因电压、温度波动和灯光变化产生的漂移。反应后的气体经流量、压力测定后由抽气泵抽引排出。

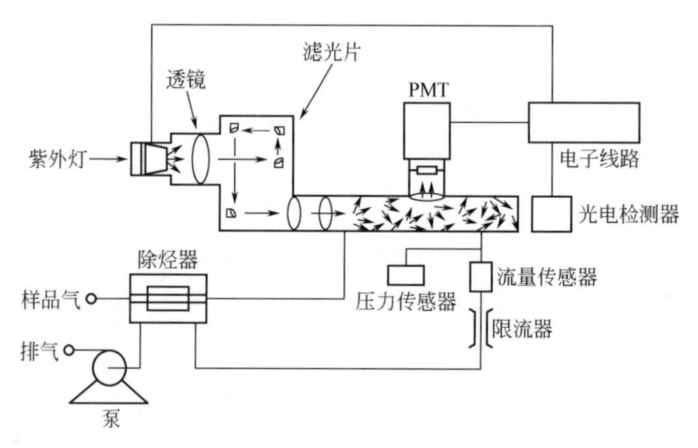

图 7-4 紫外荧光法 SO_2 自动监测仪工作原理

为提高仪器灵敏度，有的 SO_2 仪器采用脉冲型紫外灯，该型紫外灯发出交替闪烁的紫外线，提高了光强度，使信号幅度有效增加，一些资料上也称之为脉冲紫外荧光法 SO_2 仪器。也有的仪器使用非脉冲型紫外灯，配有光斩波器（或切光器），形成调制的光信号，提高仪器信噪比。

该法仪器灵敏度高，响应时间 <2min，精度优于 $\pm 1\%$，最低检出限 1×10^{-9}。

② NO_x 自动监测仪　NO_x 自动监测方法有库仑滴定法、比色法、化学发光法等。目前广泛使用的是化学发光法。

化学发光法 NO_x 自动监测仪工作原理：该法的原理是基于 NO 和 O_3 的化学发光反应，生成激发态 NO_2 分子，当激发态 NO_2 分子回到基态时发射出波长在 600～2400nm 范围的光，通过测量化学发光强度可进行定量测定。在 O_3 过量并充分反应的情况下，发光强度与 NO 量成正比。化学反应式为：

$$NO + O_3 \longrightarrow NO_2^* + O_2$$

$$NO_2^* \longrightarrow NO_2 + h\nu$$

其中 NO_2^* 为激发态二氧化氮。

NO_x 通常包括 NO 和 NO_2，测量 NO_x 时需将其中 NO_2 定量转换为 NO，再利用 NO 和 O_3 的化学发光反应进行测定。目前较多采用的转换反应为钼催化还原反应。

化学发光法 NO_x 自动监测仪工作原理见图 7-5。仪器的气路分两部分：一部分是 O_3 发生气路，干燥空气进入 O_3 发生器，空气中的 O_2 在高压（一般为 7000V）电弧作用下发生电离反应，出现游离态的氧原子，氧原子与氧气反应生成臭氧，经限流器进入反应室。另一部分是样气部分，样气经尘过滤器、限流器，在电磁阀切换下分两路交替进入反应室；第一路样气（图中 NO 模式）进入反应室，样品气中 NO 与臭氧发生化学发光反应，发出的光经波长滤光片滤除杂散光到达光电倍增管（PMT），光电倍增管接受光能并将其转变为电信号，经放大器放大后测出 NO 量。电磁阀切换后另一路样气（图中 NO_x 模式）经 NO_2→NO 转换器，样气中的二氧化氮转化成一氧化氮，与样气中原有的一氧化氮同时送到反应室与臭氧发生化学发光反应，测出总的 NO 量即 NO_x 量。减去第一路样气中测出的 NO 量，即得到 NO_2 量。因此该仪器可同时得到 NO、NO_2、NO_x 浓度。反应后的气体由抽气泵抽引排出。

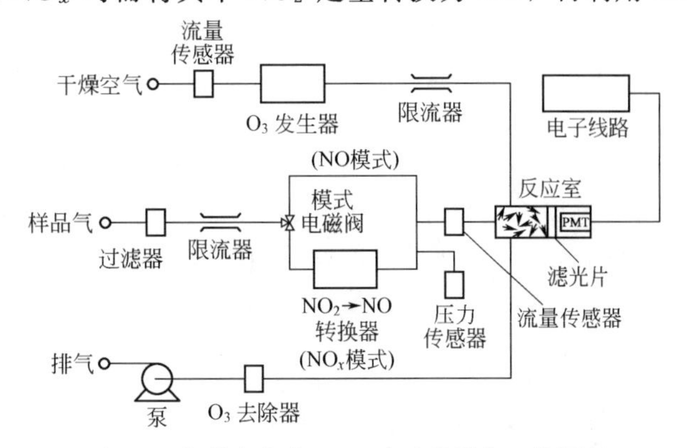

图 7-5 化学发光法 NO_x 自动监测仪工作原理

该法响应快，灵敏度高，最低检出限 2×10^{-9}，且稳定性好。

③ CO 自动监测仪 CO 自动监测方法中非色散红外吸收法（NDIR）和气体滤波相关光谱法（GFC）（也称气体滤波相关红外吸收法）应用最广泛。

气体滤波相关光谱法 CO 监测仪工作原理：气体滤波相关光谱法是非色散红外吸收法的改进，采用了气体滤波相关技术。其基本原理是基于对被测气体红外吸收光谱的精细结构与其他共存气体的红外吸收光谱的结构进行相关性比较。依据分子的特征吸收峰进行定性分析，依据吸收光的强度进行定量分析。

气体滤波相关光谱法 CO 自动监测仪工作原理见图 7-6。红外光源发射的红外线经马达带动的相关轮及窄带滤光片进入多次反射光吸收气室，被气体样品吸收。仪器中有一个可转动的气体滤光器转轮（也称相关轮），相关轮由两个半圆气室组成，其中一个充入纯高浓度 CO，另一个充入纯 N_2。它们依一定频率交替通过入射光，当红外线通过相关轮 CO 气室时，吸收了全部可被 CO 吸收的红外线，射入反射光吸收气室的光束相当于参比光。当红外

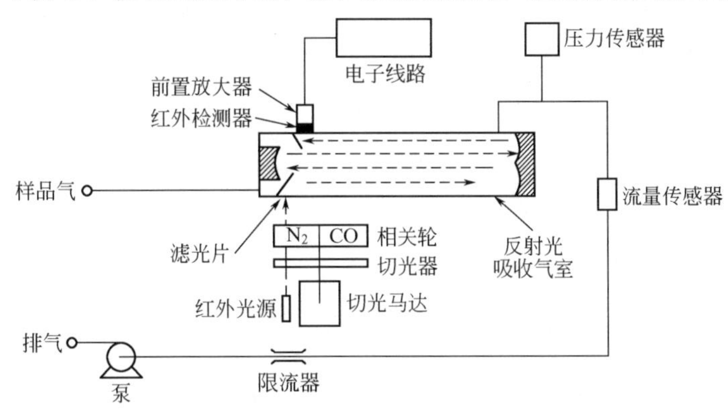

图 7-6 气体滤波相关光谱法 CO 自动监测仪工作原理

线通过相关轮 N_2 气室时，不吸收光，射入反射光吸收气室的光束相当于测量光。两束光交替被吸收气室内的气体样品吸收后，由反射镜反射到红外检测器，将光信号转变成电信号，经前置放大器送入电子信息处理系统进行信号处理后得出结果。反应后的气体经流量、压力测定后由抽气泵抽引排出。

多次反射光吸收气室是一个对光进行多次反射的长光程气室。一般这类仪器气室长 40cm，反射 32 次，光程可达 13m，保证仪器有足够的灵敏度。对于干扰气来说，对样品光束和参比光束影响是相同的，可相互抵消。

该法灵敏度高，最低检出限 10×10^{-9}，且稳定性好，克服了 NDIR 法检测器易受震动影响的缺点。

④ O_3 自动监测仪　O_3 自动监测方法有化学发光法、紫外光度法等。在环境空气质量监测中多采用紫外光度法。

紫外光度法 O_3 自动监测仪工作原理：该法的原理是基于 O_3 分子对中心波长 254nm 的紫外线的特征吸收，直接测定紫外线通过 O_3 后减弱的程度，根据朗伯-比尔定律求出臭氧的浓度。

$$I/I_0=\mathrm{e}^{-kcL}$$

式中　I_0——当样气中不含臭氧时（经臭氧涤除器去除 O_3）测得的紫外线强度；

I——当样气中含臭氧时测得的紫外线强度；

L——光程长度；

k——O_3 的吸光系数；

c——O_3的浓度。

紫外光度法 O_3 自动监测仪器根据结构不同有双光路仪器和单光路仪器。

图 7-7 为双光路型紫外光度法 O_3 自动监测仪工作原理。当样品电磁阀和参比电磁阀在第一状态时，样气一路直接进气室 A，一路经臭氧涤除器去除 O_3 后，进气室 B，吸收光源射入各自气室的特征紫外线，分别由光电检测器测出进入气室 B 样气（不含臭氧的空气）的光强 I_0，与直接进入气室 A 的样气（含臭氧的空气）的光强 I。经数据处理系统计算 I/I_0。当电磁阀切换至与上述相反位置时，则气室 A 的样气经过臭氧涤除器，为不含臭氧的空气，而气室 B 的样气为含臭氧的空气，同样可测得 I/I_0。仪器的数据处理系统根据朗伯-比尔定律求出两次臭氧的浓度，取平均值为臭氧浓度测定值。电磁阀每隔数秒切换一次，完成一个测量周期。

单光路仪器只有一个气室，因此交替通入经臭氧涤除器去除 O_3 后的空气和含臭氧的空

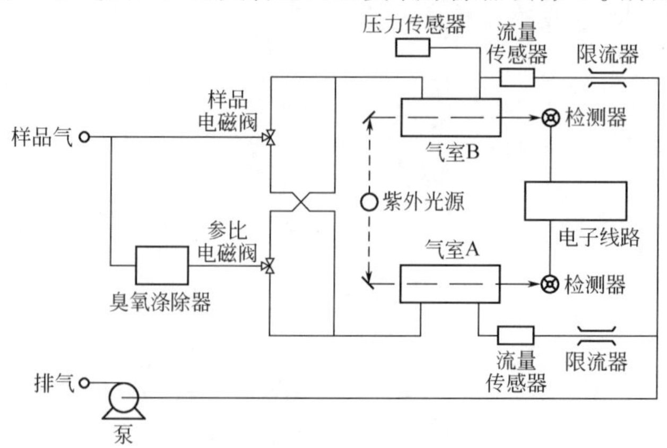

图 7-7　双光路型紫外光度法 O_3 自动监测仪工作原理

气，测得 I/I_0 后，求出臭氧的浓度。

(2) 差分吸收光谱系统（DOAS）监测仪器 差分吸收光谱技术是利用空气中的气体分子的窄带吸收特性来鉴别气体成分，并根据窄带吸收强度来推演出微量气体的浓度，与传统点式仪器相比，在许多方面显示了其优势。

一套差分吸收光谱系统的监测范围很广，所测得的气体浓度是沿几百米到几公里长的光路上的气体浓度的均值，即可直接监测方圆几平方公里的范围，因而可以消除某些非常集中的污染排放源对测量的干扰，所以测量结果更具有代表性。

由于该方法是非接触性测量，因而可以避免一些误差源的影响，比如检测对象的化学变化、采样器壁的吸附损失等，这特别适合于测量一些性质比较活泼的气体分子的质量浓度，在测量时不会影响被测气体分子的化学特性。

差分吸收光谱方法的测量周期短、响应快，并且仪器设计可实现紫外到可见光谱区的扫描，从而用一台仪器可实时检测多种不同气体的质量浓度。这对研究大气化学变化和污染物之间相互转化规律有着非常重要的意义。

差分吸收光谱技术可对光谱反演算法中剩余光谱成分进行分析，在揭示空气中尚未发现的成分方面有很大的潜力。

DOAS 测量原理：各种气体在不同的光谱波段都有自己的特征吸收光谱，如 NH_3、NO 在紫外 200nm 附近有很强的吸收，SO_2 和 O_3 在 200～350nm 光谱范围内有很强的吸收，NO_2 在 440nm 附近的差分吸收非常强烈，CO 的吸收则主要集中在红外波段。对于许多有机物来说则有更明显的特征吸收，如 C_6H_6 在 250nm 左右有很强烈的差分吸收，而 CH_2O 在 340nm 附近的差分吸收很明显。气体分子的这些特征吸收光谱为我们提供了测量它们浓度的方法。物质的吸收特性常用吸收截面来表示，吸收截面是辐射波长的函数，常用 $\sigma(\lambda)$ 来表示物质的吸收截面。

由比尔-朗伯定律，光强探测器所接收到的光强应为：

$$I(\lambda)=I_0(\lambda)\exp[-\sigma(\lambda)nl]$$

式中 λ——波长；

$I_0(\lambda)$——入射光在经过物质之前的光强；

$I(\lambda)$——经过物质后探测到的光强；

$\sigma(\lambda)$——吸收截面；

n——吸收气体的浓度；

l——吸收光程长度。

差分吸收原理是将气体的吸收谱分为慢变谱和差分谱两种特征。即将气体的吸收截面 $\sigma(\lambda)$分解为慢变吸收截面和差分吸收截面的迭加。

在实际测量中，先在实验室中测量出不同污染气体的标准吸收截面，并转换为差分吸收截面。对测量的混合气体吸收谱进行同样处理得到差分吸收谱，再用标准的气体的差分吸收截面进行最小二乘法拟合，得到各种污染气体的实际浓度值。

利用气体的差分吸收来测量其浓度的优点是最大程度上消除了瑞利散射、米散射以及灯本身光谱的慢变等因素对测量的影响。差分吸收光谱方法利用一段差分吸收光谱用最小二乘法进行数据拟合，而不是两点差分，大大地减小了仪器噪声和其他气体对测量结果的影响，使得测量精度和测量下限都有很大的提高。

DOAS 整套仪器主要包括：光源、发射和接收系统、角反射镜（发射和接收系统如不在同一侧，不需角反射镜）、光缆、光谱仪、光电探测器和计算机等。

图 7-8 为 DOAS 仪器基本组成。氙灯发出的光由望远镜中的次镜 M_1 反射到主镜 M 的

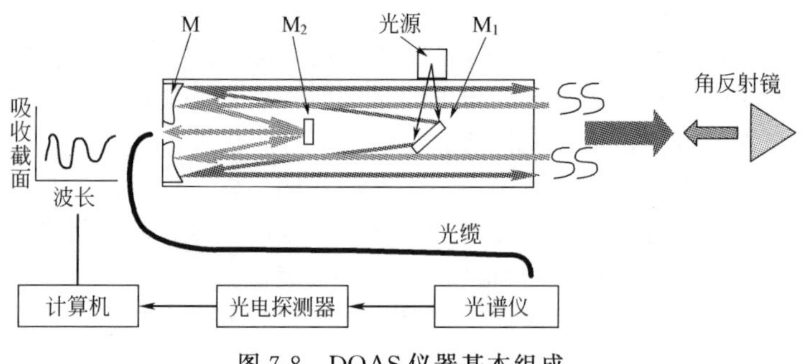

图 7-8　DOAS仪器基本组成

外面一部分，被准直为平行光射向远处的角反射镜，从角反射镜反射回的光被主镜的里面一部分会聚，经次镜 M_2 再次反射后，通过光缆入射到光谱仪。经光谱仪光栅分光后照射到出射窗口，按波长大小排列成一条吸收光谱（吸收光谱包含了来自大气分子、气溶胶等的吸收、散射及灯光谱起伏及反射镜的光谱选择性等造成的宽光谱结构）。经光电探测器转换成数字信号送入计算机，通过一系列运算，将差分吸收光谱与实验室获得的标准参考光谱进行拟合，计算得出整个光路上气体质量浓度的平均值。实际工作中为了提高信噪比，一般将上千条光谱平均后再进行处理，每次测量周期大约为 5min。光程应为光源到角反射镜距离的两倍。

（3）颗粒物监测仪器　空气颗粒物的自动监测方法有β射线吸收法、振荡天平法、压电微量天平法和光散射法等，前两种方法的自动监测仪最为常用。

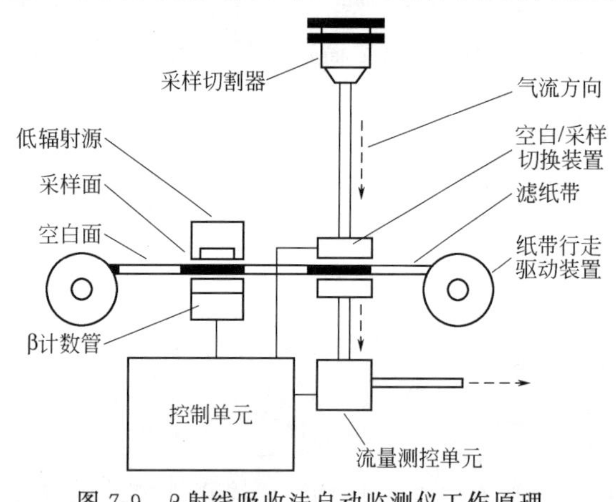

图 7-9　β射线吸收法自动监测仪工作原理

①β射线吸收法自动监测仪　β射线吸收法的原理基于物质对β射线的吸收作用。当β射线通过被测物质后，射线衰减程度与所透过物质的质量有关，而与物质的物理、化学性质无关。β射线吸收法自动监测仪工作原理如图 7-9。仪器在微处理器的控制下，周期性地进行测量，每一周期开始时，低辐射源发射的β射线穿过清洁的滤纸带进行本底测量。采样泵开始工作后样气经过 PM_{10} 采样切割器从外采样管进入仪器，穿过滤纸带，其中的颗粒物被阻留在滤纸带上，用于检测分析。根据β射线穿过滤纸带后强度的变化及采样体积等参数，由下式可求得颗粒物的浓度。

$$C=\frac{S}{Qu}\ln\frac{I_0}{I_1}$$

式中　C——颗粒物质量浓度，mg/m^3；

I_0——通过无尘滤膜的β射线量；

I_1——通过沉积颗粒物滤膜的β射线量；

S——滤纸带上灰尘样气的面积，cm^2；

Q——通过滤纸带的全部气体的体积，m^3；

u——质量吸收系数，cm^2/mg。

β射线法可吸入颗粒物自动监测仪大多采用纸带式滤膜，在计数走纸的方式上有分步与连续两类，新型仪器大多采用连续方式。有的β射线吸收法自动监测仪采用圆形滤膜，颗粒物收集在标准的47mm圆形滤膜上，浓度测定原理与方法同前。该仪器滤膜传送机构复杂，但优点是可对采样前后圆形滤膜称重，用重量法对颗粒物浓度进行验证，样品滤膜还可用于后续的化学分析。

② 锥形元件振荡天平法（TEOM）监测仪　物体的固有频率与其自身的质量密切相关，并成反比关系，物体质量越大固有频率越低，质量越小固有频率越高，频率与质量的关系可用下式表述：

$$f=(K/M)^{1/2}$$

式中　f——振荡频率；

K——振荡系数，对于特定的振荡腔体是常数；

M——质量。

TEOM法监测仪测量原理见图7-10。样品气经采样切割器进入采样管路并流经传感单元中的滤膜，滤膜装在一个以自然频率摆动的锥形元件上，该锥形元件采用特殊的热胀系数很小的含硼材料制成。仪器通过采样泵和质量流量计，使环境空气以恒定的流量通过采样滤膜，随着颗粒物在滤芯上的积聚，锥形元件的摆动频率降低。通过测量一定间隔时间前后的振荡频率 f_0 和 f_1，再根据采样流量、采样现场环境温度和气压可获得该时段的颗粒物标态质量浓度。颗粒物质量的变化与振荡频率之间的关系为：

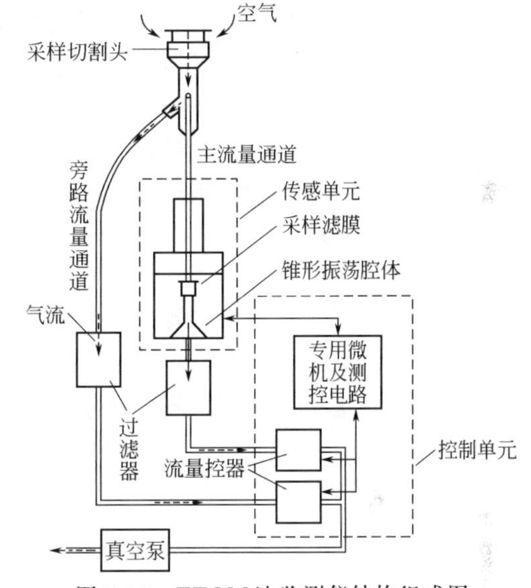

图7-10　TEOM法监测仪结构组成图

$$dm=k_0\left(\frac{1}{f_1^2}-\frac{1}{f_0^2}\right)$$

式中　dm——质量的变化量；

k_0——特定腔体的振荡系数（质量变换因子）；

f_0——初始频率；

f_1——最终频率。

空气中的水分在不同的温度下会以气态或液态的形式存在。为避免水分的影响，对样气常采用加热的方法（一般为50℃），减少水分干扰，但这样也会损失滤膜上部分不稳定的半挥发性物质。为此，新型的TEOM监测仪配有补偿装置。

③ 压电微量天平法　压电晶体在施加交流电压时会产生机械共振。对于所有的机械共振，频率响应是质量的函数。因此可以通过测量晶体的频率响应而实现对沉积在晶体上的颗粒物质量的连续监测。利用静电沉降法或冲击法将颗粒物沉积在晶体上，然后再运用压电原理测量颗粒物的质量。在定量测量时，需要考虑捕集效率和颗粒物的粒径。在此方法中可以运用单级冲击器和多级冲击器。由于石英晶体每微克的灵敏度可达几百赫兹，所以石英晶体可以满足一般的环境颗粒物的连续监测要求。

④ 光散射法　当空气中的颗粒物通过激光照射的测量区时，颗粒会散射入射的激光，散射光强的大小与颗粒物的直径有关。测量一定时间内散射光强的脉冲数目以及光强的大小，当已知空气流量时，就可以得到单位体积空气中的颗粒物数目，根据Mie光散射理论

由散射光强得到颗粒的尺寸，在颗粒密度已知的情况下，从而得到颗粒物的总质量浓度。

7.2.1.4　气象观测仪器

空气污染状况与气象条件有着密切关系，因此在污染物质监测的同时，还要进行气象观测。气象观测包括两部分，即地面常规气象观测和梯度观测。前者是对地面的气象参数进行观测，其观测项目有风向、风速、温度、湿度、气压、太阳辐射、雨量等。梯度观测是在一定高度气层内观测温度、风向、风速等随高度的变化情况。

大、中城市气象部门一般都设置了气象观测站，可以连续观测各种气象参数，为分析空气污染趋势、研究污染物扩散迁移规律等提供了基础数据。但是，气象部门的观测站布设较少，且一般设在远离城市的郊外，观测的资料往往不能满足空气污染监测区域的需要，故在一般空气监测系统的各子站内都安装有气象参数观测仪。

7.2.1.5　流动监测车

空气污染流动监测车是装备有采样系统、污染物自动监测仪器、气象参数观测仪器、数据处理装置及其他辅助设备的汽车，它是一种流动监测站，也是地面空气污染自动监测系统的补充，可随时到达发生污染事故的现场和可疑点进行采样测定，以便及时掌握污染情况。

监测车内的采样管由车顶伸出，下部装有轴流式风机，以将气样抽进采样管供给各监测仪器。可吸入颗粒物监测仪的气样由另一单独采样管供给。监测车一般配备有：SO_2、NO_x、O_3、CO、PM_{10}等自动监测仪和空气质量专用色谱仪（可测定总烃、甲烷等），还配置测风向、风速、气压、温度、湿度等参数的小型气象仪。此外，还装置专用微机和显示、记录、打印测定结果的数据处理设备和标准气源、载气源、稳压电源、空调器和配电系统等辅助设备。

7.2.2　污染源烟气连续监测系统

污染源烟气连续监测系统（CEMS）是指安装在固定污染源监测口，对其排放的污染物浓度和排放率进行连续检测，实时跟踪监控数据的设备。

烟气 CEMS 由颗粒物 CEMS 和气态污染物 CEMS、烟气参数测定子系统组成。通过采样方式和非采样方式，测定烟气中污染物浓度，同时测定烟气温度、烟气压力、流速或流量、烟气含水量（或输入烟气含水量）、烟气含氧量（或 CO_2 含量）；计算烟气污染物排放率、排放量；显示和打印各种参数、图表并通过数据、图文传输系统传输至管理部门。

7.2.2.1　气态污染物 CEMS

气态污染物连续监测的对象主要为二氧化硫、氮氧化物等有害气体，为了对其进行排放浓度和排放量的计算，同时监测氧含量。二氧化硫连续监测方法主要有非分散红外吸收法、紫外吸收法、荧光法、定电位电解法。氮氧化物连续监测方法主要有非分散红外吸收法、紫外吸收法、化学发光法、定电位电解法。此外，由于采样方式的不同又分为采样稀释法、直接抽取法和直接测量法。

（1）采样稀释法　将经过过滤的烟气与稀释气体按一定的比例混合，稀释后的气体送环境空气质量监测的仪器分析。由于紫外荧光法和化学发光法监测的相应气体浓度量程较小，因而在污染源监测中应用该方法时必须对被测样品气进行稀释，以符合两方法的量程范围。一般稀释比为（1∶100）～（1∶350）。

（2）直接抽取法（完全抽气法）　该法直接抽取烟道气进行连续监测，避免稀释法由于稀释比难以精确控制而带来的误差，提高测量精度。气体分析仪器采用红外吸收、紫外吸收及其他测量原理，使仪器本身的测量范围可覆盖被测气体的所有量程。由于气体传输途中环境温度远远低于采样气体温度，会造成传输管道结露而损失 SO_2、NO_x，并腐蚀管道。因此，配备加热系统，以对采样探头、烟尘过滤器和传输管路加热。当含烟尘气被抽入烟气采样器后，经过滤装置去除烟尘颗粒物，样品气经加热保温的传送管进入第一级气/水分离器，对水气进行粗过滤，对颗粒物进行细过滤；然后对其进行冷凝，冷凝过程中对水进行了分离，然后样品气进入第二级气/水分离器，经再过滤后，已满足仪器对样品气的要求，进入分析仪。

(3) 直接测量法　直接测量即对被测气体做直接测量而不做任何传输和处理，一般采用光学吸收原理。通常这类仪表选择在红外和紫外波段。采用红外吸收原理进行工作时，气体对红外光束的吸收率和单位长度内气体的浓度成正比，其测量结果代表着整个光路上气体浓度的平均值，测量结果与红外光束通过被测气体的实际光程和被测气体的浓度成正比。如果测量单一组分可采用色散型，但是要测量多个组分就应该用非色散型。

监测污染物浓度的同时，需要对烟气参数进行相应的在线测定，以计算排放率和排放总量。例如测定烟气温度、烟气湿度、烟气静压、环境大气压和烟气流速。烟气流速连续测定的主要方法有皮托管法、超声波法、靶式流量计法和热平衡流量计法。

7.2.2.2　颗粒物 CEMS

烟道颗粒物监测主要有不透明度法、光散射法（前散射、后散射、边散射）、β 射线吸收法、光闪烁法及接触起电法。

美国把烟尘不透明度作为环境管理目标，因而广泛使用浊度仪（不透明度法）。欧洲则较多采用光散射法和 β 射线吸收法颗粒物监测仪。我国主要使用浊度仪和后散射颗粒物监测仪。

(1) 浊度仪　浊度仪的基本原理是基于恒定光通量的光通过粒子后产生衰减，通过对其衰减量的测定，测量单位体积内粒子的含量。

根据比尔-朗伯定律光通过含有颗粒物的烟气时透明度随 αcl 呈指数下降：

$$T_r = I/I_0 = e^{-\alpha cl}$$

式中　T_r——光通过烟气的透明度；
I——光通过烟气后的光强度；
I_0——无粒子光路中接收到的光强度；
c——颗粒物浓度；
α——质量消光系数；
l——通过烟气光路的长度。

在颗粒物的特性、粒径分布和工厂运行非常稳定及固定波长的条件下，可认为 α 为常数；对于固定的烟囱或烟道，l 为常数。因此，c 只与 I/I_0 有关。

图 7-11 为单光程颗粒物浊度仪工作原理。发射器中的光源发出恒定的光通量，经透镜形成平行光，指向接收器。发射器中有专门的部件监测光源的强度和温度的变化和补偿，接收器中透镜的焦点与发射器透镜的焦点在同一直线上，并将平行光聚至光敏元件上。被测颗粒物通过平行光时，对光产生遮挡，产生光损失，颗粒物浓度越高，对光的遮挡率越大，光损失越大，接收器的光敏元件的接收信号越小。由于颗粒物浓度的变化使接收器的光敏元件的接收信号随之变化，接收器的输出

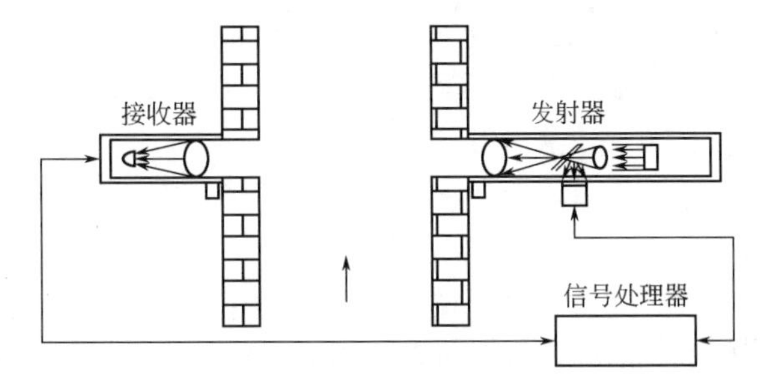

图 7-11　单光程颗粒物浊度仪工作原理

信号经数据处理器运算处理后，传送至控制显示部件。

在运行中，为了防止颗粒物对发射器和接收器造成污染，发射器和接收器靠近烟道端，均设计有气体反吹结构，使其运行时在镜头前形成气幕，保护镜头。

(2) 光散射法颗粒物测定仪　当一光束射入烟道，光束与烟尘颗粒相互作用产生散射，散射光的强弱与总散射截面成正比，当烟尘颗粒物浓度升高时，烟尘颗粒物的总散射截面增大，散射光增强。通过测量散射光的强弱，即可得到烟尘颗粒物的浓度。

7.2.3 水污染连续自动监测系统

为有效控制水环境日益恶化的趋势，各国对水环境质量的监测越来越重视。早在20世纪70年代，美国和日本等发达国家对河流、湖泊等地表水开展了自动在线监测，同时对城市和企业的排放的废（污）水也实行自动在线监测。我国水污染连续自动监测系统的建设在近二十年来也有很大的发展。从20世纪80～90年代开始，许多省、市环保部门先后在主要河流、湖（库）重点断面建立起地表水水质自动监测站。近年来，地表水水质自动监测站已遍布全国的主要水系和水域。此外，各地还根据企业的污染排放情况，建立了许多废（污）水自动监测站。

7.2.3.1 系统组成

水污染连续自动监测系统包括地表水和废（污）水自动监测系统两类。与空气质量自动监测系统类似，水污染连续自动监测系统往往也由一个中心站和若干个子站组成，可以自动测定水质一般指标和某些特定的污染指标。通过远程传输系统把监测数据自动传至中心站或环保管理部门。

地表水自动监测系统的子站组成为：取水系统（包括采水部分、送水管、排水管及调整槽等）、配水系统（包括管路自动清洗系统、除藻系统等）、水质自动监测仪、自动操作控制系统、数据采集与传输系统及避雷系统等。其任务是对设定水质参数进行连续（或间断）自动监测，并将测得数据做必要的处理，遥传至中心站。

废（污）水自动监测系统子站组成与地表水自动监测系统子站基本相同。

7.2.3.2 子站布设及监测项目

地表水自动监测系统各测点布设时，首先要调查研究并收集水文、气象、地质和地貌、污染源分布及污染现状、水体功能、重点水源保护区等基础资料，然后经过综合分析，确定代表性的监测断面和监测点。

废（污）水自动监测系统一般建在大型企业内，测点设于工厂废水的排放口或污水处理系统的排放口等处。连续监测给水水质和排水中主要污染物质的浓度及排水总量。

由于污染水质的污染物种类繁多，成分复杂，需要一系列的化学预处理操作，而且水质污染往往是痕量的，因此对水质污染连续自动监测比较困难。基于上述原因，水质污染连续自动监测首先针对能够反映水质污染的综合指标项目，以及时发现水质是否已经污染或者是否出现异常，然后再逐步增加具体项目来确定具体污染物的污染程度。此外，还自动监测必要的水文、气象参数。

水污染自动监测主要项目及其测定方法见表7-10。

7.2.3.3 自动监测仪器

水污染连续自动监测仪器按测定原理的不同，可分为浸渍式、流通式和间歇取样式。按仪器结构不同可分为湿化学分析装置和使用传感元件的装置。间歇取样式属于前者，浸渍式和流通式属于后者。

表 7-10　水污染自动监测主要项目及其测定方法

项目	监测方法
水温(WT)	铂电阻法或热敏电阻法
电导率(EC)	电导电极法
pH	玻璃电极法
溶解氧(DO)	隔膜电极法
浊度(TB)	光散射法
生化需氧量(BOD)	微生物膜电极法
化学需氧量(COD)	库仑滴定法或比色法
总有机碳(TOC)	燃烧氧化-非色散红外吸收法或紫外催化氧化-非色散红外吸收法
总需氧量(TOD)	燃料电池法和高温氧化锆-库仑滴定法
高锰酸盐指数	电位滴定法
氨氮(NH_3-N)	分光光度法、离子选择电极法
总氮	过硫酸盐消解-光度法、密闭燃烧氧化-化学发光分析法
总磷	过硫酸盐消解-光度法、紫外线照射-钼催化加热消解-光度法

(1) 水温（WT）自动监测仪　测量水温一般用感温元件如铂电阻、热敏电阻作传感器。将感温元件浸入被测水中并接入平衡电桥的一个臂上；当水温变化时，感温元件的电阻随之变化，则电桥平衡状态被破坏，有电压信号输出，根据感温元件电阻变化值与电桥输出电压变化值的定量关系实现对水温的测定。图 7-12 为水温自动测量原理示意图。

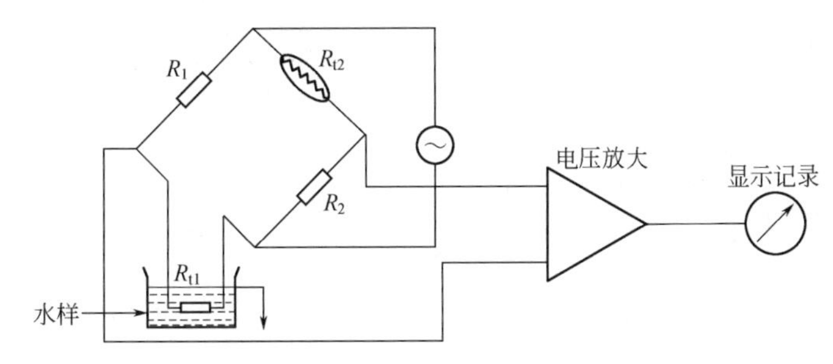

图 7-12　水温自动测量原理

(2) 电导率（EC）自动监测仪　电导率的测定可以反映出水中存在电解质的程度，它是检验水体质量的一种快速方法，常用于纯净水、超纯水、电子工厂的水质检测。常采用的有自动平衡电桥电导仪和电流测量仪两种。后者采用了运算放大电路，使读数和电导率呈线性关系。

如图 7-13 所示，运算放大器 4 有两个输入端，其中 A 为反向输入端，B 为同向输入端，它有很大的开环放大倍数。如果把放大器输出电压通过反馈电阻（R_f）向输入端 A 引入深

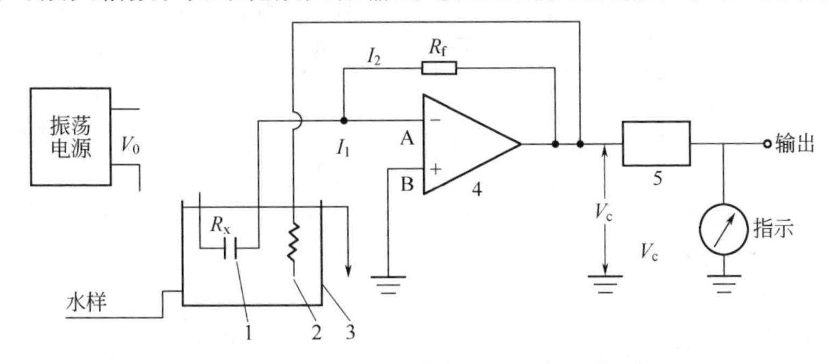

图 7-13　电流法电导率自动监测仪工作原理

1—电导电极；2—温度补偿电阻；3—发送池；4—运算放大器；5—整流器

度反馈，则运算放大器就变成电流放大器，此时通过 R_f 的电流 I_2 等于通过电导池（电阻为 R_x，电导为 L_x）的电流 I_1，即

$$\frac{V_0}{R_x}=\frac{V_c}{R_f}$$

$$L_x=\frac{1}{R_x}=\frac{V_c}{V_0}\times\frac{1}{R_f}$$

式中　V_0，V_c——输入和输出电压。

当 V_0 和 R_f 恒定时，则溶液的电导（L_x）正比于输出电压（V_c）。反馈电阻 R_f 即为仪器的量程电阻，可根据被测溶液的电阻来选择其值。另外，还可以将振荡电源制成多挡可调电压的，供测定选择，以减少极化作用的影响。

（3）pH 自动监测仪　pH 值是水质监测与控制的最基本的理化参数之一，对于工厂生产、饮用水、废水监测有着重要的辅助作用。pH 值自动监测一般采用玻璃电极法。

图 7-14 为 pH 自动监测仪工作原理示意图。仪器由复合式 pH 玻璃电极、温度自动补偿电极、电极夹、电线连接箱、专用电缆、放大指示系统及小型计算机等组成。为防止电极长期浸泡于水中，表面沾附污物，在电极夹上带有超声波清洗装置，可定时自动清洗电极。由于玻璃电极阻抗高，易碎及表面容易沾污等缺点，近年来发展到采用固体金属电极，其表面采用机械刷不断清洗，因此性能远比玻璃电极好，特别适用于自动监测。

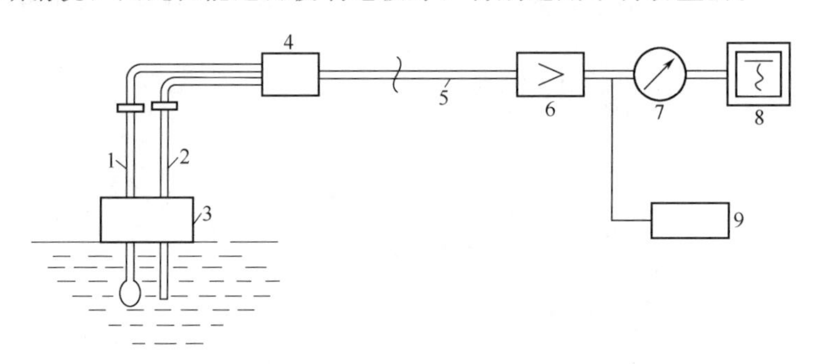

图 7-14　pH 自动监测仪工作原理

1—复合式 pH 电极；2—温度补偿电极；3—电极夹；4—电线连接箱；5—电缆；6—阻抗转换及放大器；7—指示表；8—记录仪；9—小型计算机

20 世纪 80 年代以来，在海洋环境监测中光纤 pH 传感器的应用得到了较多的关注。光纤 pH 传感器主要是采用溶胶-凝胶技术制备基于染料吸收原理的 pH 传感膜。通过有机掺杂，改变指示剂的微环境，可获得具有较宽 pH 值动态检测范围的 pH 传感膜。该传感膜对 pH 值的响应具有良好的稳定性，而且有较长的使用寿命。

（4）溶解氧（DO）自动监测仪　溶解氧自动监测广泛采用隔膜电极法测定。隔膜电极分为两种：一种是原电池式隔膜电极，另一种是极谱式隔膜电极。由于后者使用中性内充液，维护较简便，适用于自动监测系统中。图 7-15 为其测定原理示意图。电极可安装在流通式发送池中，也可浸没在搅动的试样水中（如曝气池）。仪器设有清洗装置，定期自动清洗黏附在

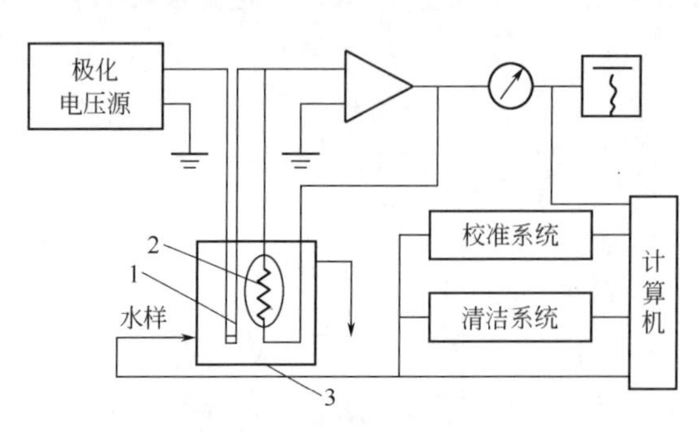

图 7-15　溶解氧自动监测仪工作原理

1—隔膜电极；2—热敏电阻；3—发送池

电极上的污物。

近年来，用于测定水中溶解氧浓度的光纤氧传感器技术在环境监测中的应用受到重视。光纤氧传感器是将可被氧淬灭的荧光试剂制成氧传感膜耦合于光纤端部，采用高亮度发光二极管为光源和微型光电二极管为检测系统制成的。光纤氧传感器作为近年发展起来的一门新技术，对溶解氧的响应具有良好的可逆性、稳定性，较快的响应时间和较长的使用寿命，同时还有结构轻巧易携带，可在有毒、强辐射环境下使用的特点。

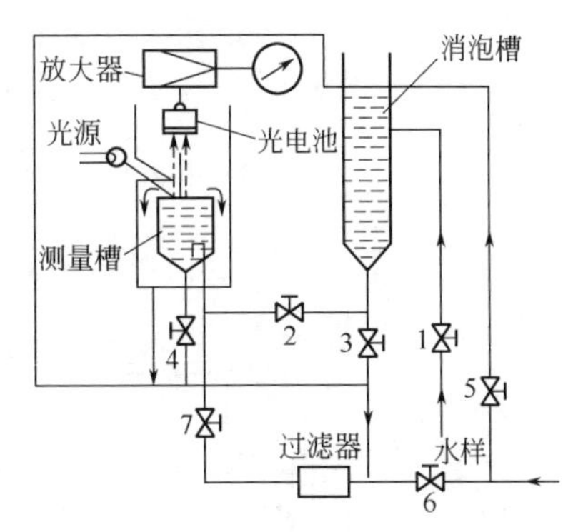

图 7-16　表面散射式浊度自动监测仪工作原理

(5) 浊度（TB）自动监测仪　浊度测定常采用表面散射法。表面散射式浊度自动监测仪工作原理示意图见图 7-16。被测水经阀 1 进入消泡槽，去除水样中的气泡，再由槽底经阀 2 进入测量槽，并由顶部溢流流出。测量槽顶经特别设计，使溢流水保持稳定，从而形成稳定的水面。从光源射入溢流水面的光束被水样中的颗粒物散射，其散射光被安装在测量槽上部的光电池接收，转化为光电流。同时，通过光导纤维装置导入一部分光源作为参比光束输入到另一光电池中，两光电池产生的光电流送入运算放大器中运算并转换成与水样浊度呈线性关系的电讯号，由仪表指示或记录仪记录。仪器零点可用通过过滤器的水样进行校正。光电元件、运算放大器应装于恒温器中，以避免温度变化的影响。测量槽内的污物可采用超声波清洗装置定期自动清洗。

(6) 生化需氧量（BOD）自动监测仪　BOD 自动监测仪有恒电流库仑滴定式、检压式和微生物传感器法式三种类型。前两种为半自动式，测定时间需 5d。微生物传感器法为 BOD 快速测定法，可用于间歇或自动测定废水的 BOD。

微生物传感器法 BOD 自动监测仪工作原理如图 7-17。仪器由液体输送系统、传感器系统、信号测量系统及程序控制器等组成，可在 30min 内完成一次测定。整机在程序控制器的控制下，按照以下步骤进行测定。

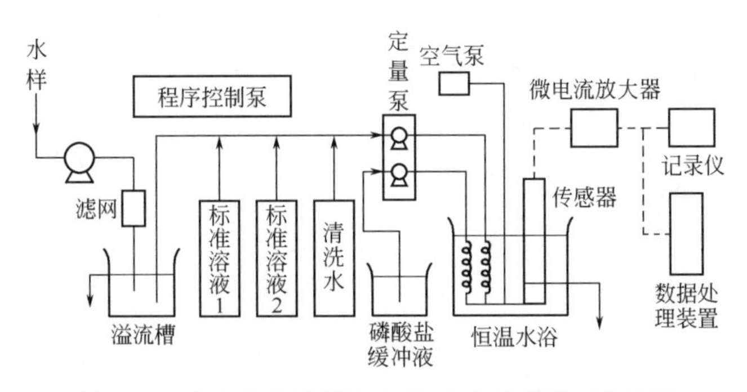

图 7-17　微生物传感器法 BOD 自动监测仪工作原理

① 将磷酸盐缓冲溶液（0.01mol/L，pH 值为 7）恒温至 30℃，并经空气饱和后用定量泵以一定的流量输入微生物传感器下端的发送池，此时因为流过传感器的磷酸盐缓冲溶液不含 BOD 物质，其输出信号（电流）为一稳态值。

② 将水样以恒定流量（小于磷酸盐缓冲溶液流量的 1/10）输入磷酸盐缓冲溶液中与之混合，并经空气饱和后再输入发送池，此时流过传感器的水样-磷酸盐缓冲溶液含有 BOD 物质，则微生物传感器输出信号减小，其减小值与 BOD 物质浓度有定量关系，经电子系统运

算即可直接显示 BOD 值。

③ 显示测定结果后，停止输送磷酸盐缓冲溶液和水样，将清洗水打入发送池，清洗输液管路和发送池。清洗完毕，自动开始第二个测定周期。

根据程序设定要求，每隔一定时间打入 BOD 标准溶液校准仪器。

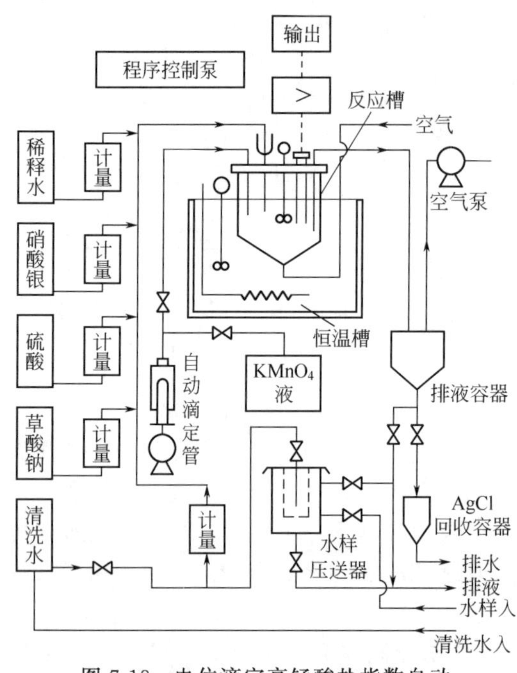

图 7-18　电位滴定高锰酸盐指数自动监测仪工作原理示意图

(7) 高锰酸盐指数自动监测仪　有比色式和电位式两种高锰酸盐指数自动监测仪。图 7-18 所示为根据电位滴定法原理设计的间歇式高锰酸盐指数自动监测仪工作原理。在程序控制器的控制下，依次将水样、硝酸银溶液、硫酸溶液和 0.005mol/L 高锰酸钾溶液经自动计量后送入置于 100℃ 恒温水浴中的反应槽内，待反应 30min 后，自动加入 0.0125mol/L 草酸钠溶液，将残留的高锰酸钾还原，过量草酸钠溶液再用 0.005mol/L 高锰酸钾溶液自动滴定，到达滴定终点时，指示电极系统（铂电极和甘汞电极）发出控制信号，滴定剂停止加入。数据处理系统经过运算，将水样消耗的标准高锰酸钾溶液量转换成电信号，并直接显示或记录高锰酸钾指数。测定过程一结束，反应液从反应槽自动排出，继之用清洗水自动清洗几次，将整机恢复至初始状态，再进行下一测定周期。每一测定周期需 1h。

(8) 化学需氧量（COD）自动监测仪　常用 COD 自动监测仪有比色式、恒电流库仑滴定式等类型。比色式基于在酸性介质中，用过量的重铬酸钾氧化水样中的有机物和无机还原性物质，用比色法测定剩余重铬酸钾量，计算出水样消耗重铬酸钾量，从而得知 COD。仪器利用微机或程序控制器控制取样、加液、加热氧化、测定及数据处理等操作。恒电流库仑滴定式是将氧化水样后剩余的重铬酸钾用库仑滴定法测定，根据其消耗电量与加入的重铬酸钾总量所消耗的电量之差，计算出水样的 COD。仪器也采用微机将各项操作按预定程序自动进行。仪器测定流程见图 7-19。

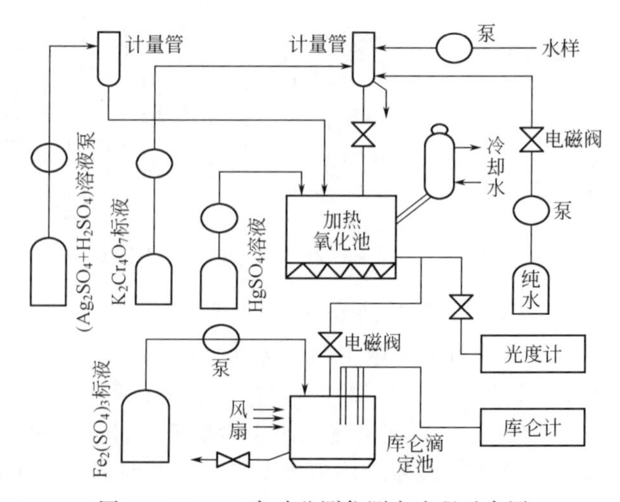

图 7-19　COD 自动监测仪测定流程示意图

此外，COD 在线自动分析仪还有紫外吸收 UV 计（254nm）和基于电化学原理的测定仪等。UV 计是基于水样 COD 值与水样在 254nm 处的 UV 吸收信号大小之间存在的相关性，以 Xe 灯或低压汞灯为光源，通过双光束仪器测定水样在 254nm 处的 UV 吸收信号和可见光（546nm）的吸收信号，将二者之差经线性化处理（$y=a+bx$）后即可获得水样的COD值。

采用电化学原理的COD自动分析主要方法有氢氧自由基及臭氧（混合氧化剂）氧化-电化学测量法、臭氧氧化-电化学测量法等。氧化剂在反应槽内直接氧化水样中的有机物，这些氧化剂的产生和消耗是连续进行的，由电解所消耗的电流，根据法拉第定律，经校正后即可计算出水样的COD。从仪器结构上讲，采用电化学原理或UV计的水质COD在线自动分析仪的结构一般比采用消解-氧化还原滴定法、消解-光度法的仪器结构简单，并且由于前者的进样及试剂加入系统简便（泵、管更少），所以不仅在操作上更方便，而且其运行可靠性方面也更好。但前者采用的分析原理不是国标方法。

(9) 总有机碳（TOC）自动监测仪　TOC的测定法适用于河流污染和废水处理工程中有机物分解过程的监测。水质TOC在线自动分析仪多采用非色散红外吸收法原理设计。

总有机碳经化学燃烧氧化，氧化过程中所产生的CO_2可用非色散红外吸收法或气相色谱法测定。燃烧氧化-非色散红外吸收法TOC连续自动测定仪由自动取样和预处理系统、燃烧转化系统、红外线气体分析仪及记录仪等组成。用定量泵连续采集水样并送入混合槽，在混合槽内与以恒定流量输送来的稀盐酸溶液混合，使水样pH值达2～3，此时碳酸盐分解为CO_2，并在除CO_2槽中随鼓入的N_2排出，已除去无机碳化合物的水样和氧气一起进入850～950℃装有催化剂的燃烧炉内燃烧氧化，有机碳转化为CO_2。经除湿后用非色散红外分析仪测定。用邻苯二甲酸氢钾做标准物质定期自动校正仪器。如将CO_2转化为CH_4，则可采用气相色谱法测定。这种仪器的另一类型是用紫外线-催化剂氧化装置替代燃烧炉。

另外，TOC在线自动分析仪还有UV-TOC分析计，它的原理是基于水样TOC值与水样在254nm处的UV吸收信号大小之间良好的相关性，以Xe灯（或汞灯）为光源，通过测定水样在254nm处的UV吸收信号，经线性化校正处理后得到水样的TOC值。

(10) 总需氧量（TOD）自动测定仪　有机物中除碳元素外，尚含有H、N、S、P等元素，有机物全部被氧化所需氧的量称为总需氧量，其耗氧过程也是化学燃烧氧化反应。自动监测仪有燃料电池法和高温氧化锆-库仑滴定法两种类型。

① 燃料电池法　水样在燃烧管中，通入一定剂量的O_2，在900℃时燃烧，用燃烧电池或氧化电极测燃烧后的余氧，即可由计量加入的氧减去余氧求出TOD值。

② 高温氧化锆-库仑滴定法　用两只ZrO_2管，一支用来计量产生的氧，另一支用来测定水样燃烧所消耗的氧。这类仪器测量范围可达1000mg/L，测定时间仅需3min。

(11) 氨氮（NH_3-N）自动分析仪　根据水质情况，氨氮自动分析方法主要有：分光光度法、离子选择电极法。

① 分光光度法测量原理　根据Bertholet反应原理，氨氮在催化剂的作用下，经氯化反应成蓝色化合物，然后由分光光度计测量，这种方法的灵敏度很高，即便是极低浓度的氨氮也能测出。该仪器为批式非连续测量仪器。

② 离子选择电极法测量原理　在被测水样中加入缓冲试剂，在排除干扰物质的前提下，将形成氨氮的物质转化成溶解氨的形式，由氨气敏电极测出氨的浓度，最后计算成氨氮的浓度。该类仪器一般采用连续测量方式。

(12) 总氮自动分析仪　总氮是指水样中的可溶性及悬浮颗粒中的含氮量。目前，总氮在线自动分析方法主要有过硫酸盐消解-光度法、密闭燃烧氧化-化学发光分析法。

① 过硫酸盐消解-光度法的原理　水样经NaOH调节pH值后，加入过硫酸钾于120℃加热消解30min。冷却后，用HCl调节pH值，于220nm和275nm处测定吸光信号（参见水中硝酸盐的测定），经换算得到总氮浓度值。

② 密闭燃烧氧化-化学发光分析法原理　将水样导入反应混合槽后，通过载气将水样加

于放有催化剂的反应管（干式热分解炉，约850℃）中进行氧化反应，将含氮化合物转化成NO后，使其与臭氧反应，通过测定由反应过程中产生的化学发光（参见大气中NO的测定），经换算得到总氮的含量。

（13）总磷自动分析仪　总磷包括溶解的磷、颗粒的磷、有机磷和无机磷。目前，总磷在线自动分析方法主要有过硫酸盐消解-光度法、紫外线照射-钼催化加热消解-光度法等。

① 过硫酸盐消解-光度法的原理　进适量水样，加入过硫酸钾溶液，于120℃加热消解30min，将水样中的含磷化合物全部转化为磷酸盐，冷却后，加入钼-锑溶液和抗坏血酸溶液，生成蓝色配合物，于700nm处测定吸光度，经换算得到总磷的含量。

② 紫外线照射-钼催化加热消解-光度法的原理　采用流动注射进样法连续进样，水样在紫外线照射下，以钼作催化剂加热消解，消解产生的磷钼酸盐在锑盐或钒盐存在下发生显色反应，反应产物可直接进行光度测定，经换算即可得到总磷的浓度值。

由于水质连续自动监测的复杂性，尤其是经常发生传感器沾污、采水器和水样流路堵塞等故障，因此，水污染自动监测系统长期运转的可靠性较差、故障率较高，且监测项目也有限，这些有待于进一步改进与发展。

7.2.4　遥感监测技术

遥感监测就是探测仪器不直接接触目标物，对一段距离以外的目标物的电磁波、热辐射等产生的光谱远距离收集、处理、还原、识别、分析、判断并给出结果的自动化程度更高的监测手段。

遥感对象、遥感器、信息传播媒介和遥感平台是构成遥感技术的4个要素。

遥感对象指被测事物。遥感器（又称传感器）是能感测事物并能将感测的结果传递给使用者的仪器，如摄影机、雷达等。信息传播媒介指在对象和遥感器之间起信息传播作用的媒介，如电磁波、声波、磁力场等。遥感平台是装置遥感器并使之能有效工作的装置，如汽车、塔台、飞机、人造地球卫星等。

遥感监测可以是瞬时的也可以是长时间的，可以定点监测，也可以跟踪测量。监测范围可以很大、很广、很深，如将遥测仪器安装于飞机、航天实验室、地球卫星等可对环境污染大面积连续监测，掌握环境污染的动态变化，预报污染发展趋势。因此遥感监测广泛用于大气、水域、陆地与海洋、生态、灾害等环境监测领域。

遥感器的种类繁多，分类方式也多种多样。按电磁波辐射来源可分为主动式遥感器和被动式遥感器。按遥感器成像原理和获取影像的性质可分为摄影机、扫描仪、雷达。按遥感器是否获取图像又可分为图像方式遥感器和非图像方式遥感器。目前，应用于环境污染遥感监测的遥感器主要有摄影机、摄像仪、扫描仪、雷达、成像光谱仪、光谱辐射计等。

7.2.4.1　摄影遥感技术

摄影遥感的原理是基于目标物或现象对电磁波的反射特性的差异，用感光胶片感光记录就会得到不同颜色或色调的照片。摄影有黑白全色摄影、黑白红外摄影、天然彩色摄影和彩色红外摄影，适用于对土地利用、植物、水体、大气污染状况进行监测。

不同波长范围的感光胶片-滤光镜组成的多波段摄影系统，可用不同镜头感应不同波段的电磁波，同时对同空间的同一目标物进行拍摄，获得一组遥感相片，借以判定不同种类的污染物。例如，天然水和油膜在0.30～0.45μm紫外线波段对电磁波反射能力差别很大，使用对此波段选择性感应的镜头摄得的照片油水界线明显，可判断油膜污染范围。漂浮在水中的绿藻和蓝绿藻在另一波段处也有类似情况，可选择另一相应波段的镜头摄影，借以判断两种藻类的生长区域。当水中藻类繁生，叶绿素浓度增大时，会导致蓝光反射减弱和绿光反射增强，这种情况会在照相底片上反映出来，据此可大致判定大面积水体中叶绿素浓度发生的变化。又如当地表水挟带大量黏土颗粒进入河道后，由于天然水与颗粒物反射电磁波能力的差异，在底片上未污染区与污染区之间呈现很强的黑白反差。

7.2.4.2　红外扫描遥测技术

地球可被视为一个黑体，平均温度约 300K，其表面所发射的电磁波波长在 4～30μm 范围内，介于中红外（1.5～5.5μm）和远红外（5.5～1000μm）区域。这一波长范围的电磁波在由地球表面向外发射过程中，首先被低层大气中的水蒸气、二氧化碳、氧等组分吸收，只剩下 4.0～5.5μm 和 8～14μm 的光可透过“大气窗”射向高层空间，所以遥测热红外电磁波范围就在这两个波段。因为地球连续地发射红外线，所以这类遥测系统可以日夜监测。

地球表面的各种受监测对象具有不同的温度，其辐射能力随之不同。温度愈高，辐射功率越强，辐射峰值的波长越短。红外扫描技术就是利用红外扫描仪接受监测对象的热辐射能，转换成电信号或其他形式的能量后加以测量，获得它们的波长和强度，借以判断不同物质及其污染类型和污染程度。例如，用于观测河流、湖泊、水库、海洋的水体污染和热污染、石油污染情况，森林火灾和病虫害，环境生态等。

普通黑白全色胶片和红外胶片对上述红外线区电磁波均不能感应，所以需要特殊感光材料制成的检测元件，如半导体光敏元件。当热红外扫描仪的旋转镜头对准受检目标物表面扫描时，镜面将传来的辐射能反射聚焦在光敏元件上，光敏元件随受光照量不同，引起阻值变化，从而导致传导电流的变化。让此电流流过具有恒定电阻的灯泡时，则灯泡发光明暗随电流大小变化，变化的光度使照相胶片产生不同程度的曝光，这样便可得到能反映被检目标物的影像。这种影像还可以通过阴极射线管的屏幕得以显示，或进一步由计算机处理后以图像形式输出。

7.2.4.3　光谱遥感监测技术

光谱遥感技术以其大范围、多组分检测、实时快速的监测方式，使其具有其他方法不可比拟的优点，在环境遥感监测中得到广泛的应用。

(1) 差分吸收光谱技术（DOAS）　DOAS 是利用光线在大气中传输时，大气中各种气体分子在不同的波段对其有不同的差分吸收的特性来反映这些微量气体在大气中的浓度（测量原理在本章前面部分已有介绍）。该法在紫外和可见光波段范围应用较多，测量对该波段具有窄吸收光谱线的气体成分，如 O_3、NO_2、SO_2 和苯等。

DOAS 在我国城市环境空气质量监测系统中应用广泛。DOAS 系统可依据一个或多个光路采集数据，因此，可设置成理想的围栏式监测系统，通过光线组成“绊网”，监测工业厂区泄漏溢出的污染物。此外，在区域背景监测、道路和机场空气质量监测方面也有较广的应用。

(2) 傅里叶变换红外吸收光谱技术（FTIR）　采用 FTIR 技术可获得污染物许多化学成分的光谱信息。常用于测量和鉴别污染严重的空气成分、有机物或酸类。

傅里叶变换红外光谱仪结构如图 7-20。红外光源经准直后成平行光射出，经过一百到几百米的光程距离，由望远镜系统接收，经干涉仪后汇聚到红外探测器上。FTIR 的核心部分是干涉仪，接收的光束经分束后分别射向两面反射镜，一面镜子（运动镜）前后移动使两束光产生相位差，相位差由光束的光谱成分决定，具有相位差的两束光干涉产生信号幅度变化，由探测器测量得到干涉图，经快速傅氏变换得到气体成分的光谱信息。然后用多元最小二乘法，对吸收光谱与实验室参考光谱进行最小二乘拟合，参考光谱是采用同样的光谱仪在

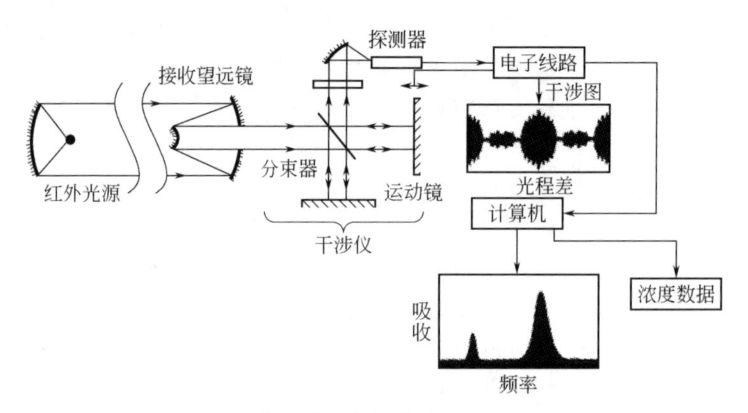

图 7-20　傅里叶变换红外光谱仪基本结构

相同分辨率条件下对标准浓度气体测量得到的光谱。

除了采用人工光源外，FTIR 技术也可以利用太阳、月亮等自然光源，如以太阳为光源，地基或机载 FTIR 可测量大气对流层、平流层的化学成分；以月亮作光源，地基 FTIR 可测量高纬度大气层浓度变化情况。对于干净环境中的痕量气体其灵敏度不够。

（3）激光长程吸收光谱技术　激光的单色性能够方便地从混合污染成分中鉴别出不同的分子，避免了光谱干扰。在激光长程测量大气污染物中，激光监测系统有两种工作方式：一种是利用大气本身的向后散射，得到污染气体随距离的分布，这就是后面介绍的激光雷达技术；另一种是利用地面物体或反射器的反射来获得光程平均浓度，称为激光长程吸收。如在光路中不同的距离使用反射目标，可以获得污染物浓度分布。激光束直接射入大气中，部分光由后从反射器或建筑物反射回来，用望远系统进行接收。光源提供两个波长的光，一个波长设置在待测物的特征吸收峰，另一波长与其相邻，但待测量成分对其无吸收，反射回来的光信号差异取决于待测物的吸收变化。对于空气中低浓度有毒气体成分，如甲醛、HCl、HF、NH_3、CO、CH_4、SO_x 等在空气中的浓度极低时，都可采用激光长程吸收技术。常用的激光器有 CO_2 激光器，随着可调谐二极管激光器（TDL）的发展，在中红外区（2～15μm）常采用 TDL 进行激光长程测量，该技术能测量到 10^{-12} 量级，可对清洁空气成分进行测量。激光长程吸收技术具有响应快、精度高、仪器结构简单等特点。不足之处是激光器的波长范围限制了可探测的气体种类。

（4）激光雷达遥测技术　激光雷达遥测环境污染物质是利用测定激光与监测对象作用后发生散射、发射、吸收等现象来实现的。例如，激光射入低层空气后，将会与空气中的颗粒物作用，因颗粒物粒径大于或等于激光波长，故光波在这些质点上发生米氏散射。据此原理，将激光雷达装置的望远镜瞄准由烟囱口冒出的烟气，对发射后经米氏散射折返并聚焦到光电倍增管窗口的激光做强度检测，就可对烟气中的烟尘量作出实时性的遥测。

当射向空气的激光束与气态分子相遇时，则可能发生另外两种分子散射作用而产生折返信号，一种是散射光频率与射入光频率相同的雷利散射，这种散射占绝大部分；另一种是约占 1%以下的散射光频率与入射光频率相差很小的拉曼散射。应用拉曼散射原理制作的激光雷达可用于遥测空气中 SO_2、NO、CO、CO_2、H_2S 和 CH_4 等污染组分。因为不同组分都有各自的特定拉曼散射光谱，借此可进行定性分析；拉曼散射光的强度又与相应组分的浓度成正比，借此又可做定量分析。因为拉曼散射信号较弱，所以这种装置只适用于近距离（数百米范围内）或高浓度污染物的监测。图 7-21 是拉曼激光雷达系统示意图。发射系统将波长为 λ_0（相应频率为 f_0）的激光脉冲发射出去，当遇到各种污染组分时，则分别产生与这

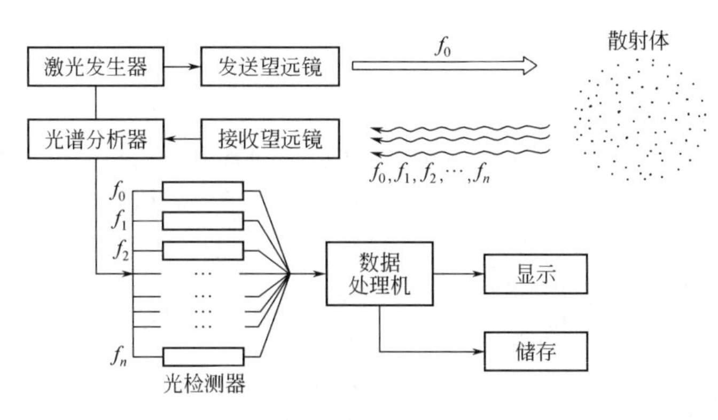

图 7-21　拉曼激光雷达系统示意图

些气体组分相应的拉曼频移散射信号（f_1、f_2、…、f_n）。这些信号连同无频移的雷利和米氏散射信号（f_0）一起返回发射点，经接收望远镜收集后，通过分光装置分出各种频率的返回光波，并用相应的光电检测器检测，再经电子及数据处理系统得到各种污染气体组分的定性和定量监测结果。

差分吸收激光雷达（DIAL）的测量原理与激光长程吸收技术有相似之处，是以两束波长相近的激光光束为光源，以同时或交替地通过相同途径传输，被测污染物分子对其中一束光产生强烈吸收，而对波长相近的另一束光基本上没有吸收。此时激光雷达所测量到的这两束激光被散射返回的强度之差决定于被测污染物的浓度。通过数据的分析与处理，便可得到待测对象的浓度分布。它主要用于大气成分的测定，其中包括水蒸气、臭氧及大气污染的空间浓度分布等。DIAL 技术具有高空间分辨率、高测量精度，可用于三维污染浓度测量。

激光雷达在大气测量中的应用除上述各项内容外，还有专门为测量大气中臭氧分布的臭氧激光雷达；有用于测定中间层大气密度、大气波动现象及高层大气气温的瑞利散射激光雷达等。此外还有专门测量云高云厚的激光雷达等。激光雷达对大气进行测量已成为一项成熟的、具有广泛应用领域的技术，其应用将会更加广泛和深入。

激光荧光（LIF）技术是利用某些污染物分子受到激光照射时被激发而产生共振荧光，测量荧光的波长，可作为定性分析的依据；测量荧光的强度可作为定量分析的依据。如红外激光-荧光遥测仪可监测空气中的 NO、NO_2、CO、CO_2、SO_2、O_3 等污染组分；紫外激光-荧光遥测仪可监测空气中的 HO・自由基浓度，也可监测水体中有机污染物和藻类繁殖情况等。

7.2.4.4 “4S”技术拓展环境遥感技术的发展

“4S”技术是将环境污染遥感监测技术（RS）、地理信息系统（GIS）、全球定位系统（GPS）、专家系统（ES）进行技术集成。

遥感为地理信息系统提供自然环境信息，为地理现象的空间分析提供定位、定性和定量的空间动态数据；地理信息系统为遥感影像处理提供辅助，用于图像处理时的几何配准和辐射订正等。在环境模拟分析中，遥感与地理信息系统的结合可实现环境分析结果的可视化；全球定位系统为遥感对地观测信息提供实时或准实时的定位信息和地面高程模型；专家系统大大提高环境遥感监测的科学性、合理性及智能化程度。4S 技术使遥感技术的综合应用的深度和广度不断扩展，为生态研究、资源开发、环境保护以及区域经济发展提供科学数据和信息服务。

7.3 环境应急监测

应急监测指因生产、经营、储存、运输、使用和处置危险化学品或危险废物以及意外因素或不可抗拒的自然灾害等原因而引发的突发性环境污染事故的应急监测，包括地表水、地下水、大气和土壤（包括作物）环境等的应急监测。

7.3.1 应急监测概述

7.3.1.1 突发性污染事故的基本特征

由于环境应急事故的发生具有突发性、复杂性、高危害性、长期性等特征，因此要求环境应急监测要具备及时快速、科学准确的能力。

（1）突发性　环境污染事故往往在短时间内突然发生，难以预料。例如，深圳市化学品仓库爆炸事故、吉林松花江硝基苯污染事故等，均属于在瞬时突然发生的环境污染事故。

（2）复杂性　由于突发性的环境污染事故发生时，无固定的排放途径，释放的污染物以及在环境中反应后生成污染物质千变万化，因此具有较强的复杂性。另外，特别是当造成污染的污染物为未知物的情况下，其监测及处理处置更加复杂。

（3）高危害性　突发性污染事故在瞬时释放高浓度的污染物，造成了污染物在空气、水体、土壤等环境介质中一定范围内的高度积聚，并能够在受污染的介质中如空气、水体中快速扩散，对人体及生态环境造成极大的危害。如造成人员死亡和集体中毒、饮用水源地污染等。

（4）长期性　突发性环境污染事故所造成的危害，具有一定的持续性和累积性特征，尤其是当污染同时对不同介质，如人群、环境空气、水体、土壤等生态环境造成污染的情况下，其处理处置和修复所需时间长，且难度也非常大。

如1991年，海湾战争造成目前世界最大的原油泄漏事件，多达100多万吨的石油流入波斯湾，波斯湾的海鸟身上沾满了石油，无法飞行，只能在海滩上和岩石上坐以待毙，鲸、海豚等各种水生生物被毒死或窒息而死，污染的治理与海洋生态系统的恢复，需要很长时间。

又如2005年，在吉林石化爆炸事故中，泄漏进松花江的苯类污染物总量在100t左右。从水中硝基苯的浓度可以看出，其含量高达0.056mg/L，而国家规定的水中硝基苯标准浓度为0.017mg/L。污染事故对生态环境造成的影响难以估量。

7.3.1.2 突发性污染事故的分级与分类

按照突发性污染事故的严重性和紧急程度，国家将突发污染事件分为四种级别，分别为：特别重大环境事件（Ⅰ级）、重大环境事件（Ⅱ级）、较大环境事件（Ⅲ级）和一般环境事件（Ⅳ级）。

（1）特别重大环境事件（Ⅰ级）　凡符合下列情形之一的，为特别重大环境事件：

① 发生30人以上死亡，或中毒（重伤）100人以上；

② 因环境事件需疏散、转移群众5万人以上，或直接经济损失1000万元以上；

③ 区域生态功能严重丧失或濒危物种生存环境遭到严重污染；

④ 因环境污染使当地正常的经济、社会活动受到严重影响；

⑤ 利用放射性物质进行人为破坏事件，或1、2类放射源失控造成大范围严重辐射污染后果；

⑥ 因环境污染造成重要城市主要水源地取水中断的污染事故；

⑦ 因危险化学品（含剧毒品）生产和储运中发生泄漏，严重影响人民群众生产、生活

的污染事故。

（2）重大环境事件（Ⅱ级）　凡符合下列情形之一的，为重大环境事件：

① 发生10人以上、30人以下死亡，或中毒（重伤）50人以上、100人以下；

② 区域生态功能部分丧失或濒危物种生存环境受到污染；

③ 环境污染使当地经济、社会活动受到较大影响，疏散转移群众1万人以上、5万人以下的；

④ 1、2类放射源丢失、被盗或失控；

⑤ 因环境污染造成重要河流、湖泊、水库及沿海水域大面积污染，或县级以上城镇水源地取水中断的污染事件。

（3）较大环境事件（Ⅲ级）　凡符合下列情形之一的，为较大环境事件：

① 发生3人以上、10人以下死亡，或中毒（重伤）50人以下；

② 因环境污染造成跨地级行政区域纠纷，使当地经济、社会活动受到影响；

③ 3类放射源丢失、被盗或失控。

（4）一般环境事件（Ⅳ级）　凡符合下列情形之一的，为一般环境事件：

① 发生3人以下死亡；

② 因环境污染造成跨县级行政区域纠纷，引起一般群体性影响的；

③ 4、5类放射源丢失、被盗或失控。

环境应急污染事故按污染来源大概可以分为固定源、流动源、危险废物、放射源这四种类型源污染事故。污染事故分类见表7-11。

表7-11　环境应急污染事故分类表

污染源类型	污染事故类型
固定源	储罐爆炸、储罐或管道泄漏 化学物品仓库爆炸、化学物品仓库失火 高浓度污水溢流、高浓度废气泄漏
流动源	翻车泄漏、沉船泄漏 爆炸(裂)
危险废物	随意丢弃 随意倾倒
放射源	泄漏、丢失、随意丢弃

7.3.1.3　应急监测工作的基本原则

突发性环境污染事故发生时，要求环境监测人员能够在接到应急监测指令后，迅速做出反应，立即启动环境监测应急预案并制订应急监测方案，快速准确地向应急事故处理部门报告污染物种类和浓度、污染程度、影响扩散范围、受影响人员疏散范围及疏散方向、应该采取的应急处理处置措施等内容。

应急环境监测的基本原则为：就近快速反应的原则；网络协同作战并优势互补的原则；现场快速测定与实验室分析相结合的原则；定性与定量分析相结合的原则；快速报送与综合分析相结合的原则。

7.3.2　应急监测的程序

7.3.2.1　确定响应方案

接到突发性污染事故应急监测指令后，应立即启动应急监测预案，根据已经掌握的污染事故发生情况，快速组织现场监测组、实验室分析组、后勤通信保障组等监测人员到位，根据判断大致确定应急监测响应方案，如监测内容（水、气、土壤等）、监测项目、监测点位、所需仪器设备、防护设备等，并迅速赶往事故现场。应急监测程序见图 7-22。

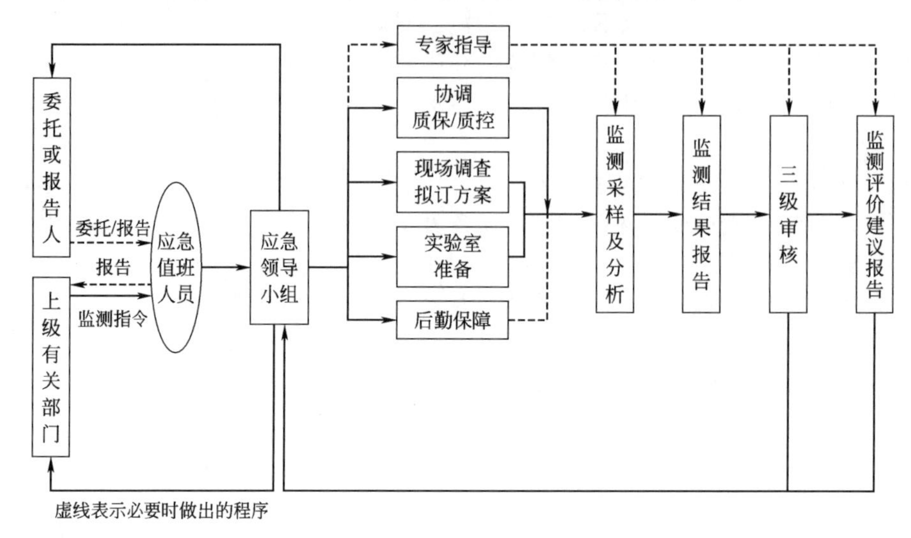

图 7-22　应急监测程序图

7.3.2.2　监测项目的确定

监测项目的确定原则：突发性环境污染事故由于其发生的突然性、形式的多样性、成分复杂性决定了应急监测项目往往一时难以确定，此时应通过多种途径来尽快确定主要污染物和监测项目。

（1）已知污染物的突发性环境污染事故监测项目的确定　根据已知污染物来确定主要监测项目。同时应考虑该污染物在环境中可能产生的反应而衍生成其他有毒有害物。

① 对固定源引发的突发性环境污染事故，通过对引发突发性环境污染事故固定源单位的有关人员（如管理、技术人员和使用人员等）的调查询问，以及对引发突发性环境污染事故的位置、所用设备、原辅材料、生产的产品等的调查，同时采集有代表性的污染源样品，确定和确认主要污染物和监测项目。

② 对流动源引发的突发性环境污染事故，通过对有关人员（如货主、驾驶员、押运员等）的询问以及运送危险化学品或危险废物的外包装、准运证、押运证、上岗证、驾驶证、车号（或船号）等信息，调查运输危险化学品的名称、数量、来源、生产或使用单位，同时采集有代表性的污染源样品，鉴定和确认主要污染物和监测项目。

（2）未知污染物的突发性环境污染事故监测项目的确定

① 通过污染事故现场的一些特征，如气味、挥发性、遇水的反应特性、颜色及对周围环境、作物的影响等，初步确定主要污染物和监测项目（参见表 7-12）

表 7-12　部分污染物质的颜色、气味特征

序号	物质名称	颜　色	气　味
1	F_2	淡黄色气体	有刺激性气味
2	二硫醚		蒜臭味
3	异丁醇		焦臭味
4	HF		特殊刺激臭味
5	Br_2	棕红色发烟液体	独特窒息感臭味

续表

序号	物质名称	颜　　色	气　　味
6	Cl_2	黄绿色	强烈异臭刺激性气味
7	NH_3	无色,燃烧时火焰带绿色	强烈臭味刺激性气体
8	甲醇	无色,易燃,极易挥发性液体	纯品略有酒精气味
9	NO_2	低温下淡黄色,室温下棕红色	有臭味
10	SO_2		强烈刺激性气味
11	H_2S	无色	臭鸡蛋味
12	HCN	无色气体或液体,可嗅质量浓度为1.0μg/L	苦杏仁味
13	二硫化碳		烂白菜味
14	丙烯腈	无色或淡黄色易燃液体	强烈催泪性
15	苯	无色、易挥发、易燃	特殊芳香气味
16	甲苯	无色透明液体	强烈芳香气味
17	二甲苯	无色透明液体	强烈芳香气味
18	硝基苯		苦杏仁味
19	苯甲醛		苦杏仁味
20	苯胺		焦臭味
21	甲酚		焦臭味
22	乙酸沉香酯		柠檬香
23	光气	可嗅质量浓度为4.4μg/L	烂干草味
24	氯化氢	可嗅质量浓度为2.5μg/L	强烈刺激味

② 如发生人员或动植物中毒事故，可根据中毒反应的特殊症状，初步确定主要污染物和监测项目。例如：人员或动物中毒后，出现刺激眼睛和呼吸道、流泪、打喷嚏、流鼻涕等症状，可判断为刺激性毒物；而出现瞳孔缩小、出汗、流口水和抽筋等症状，可判断为含磷毒物。

③ 通过事故现场周围可能产生污染的排放源的生产、环保、安全记录，初步确定主要污染物和监测项目。

④ 利用空气自动监测站、水质自动监测站和污染源在线监测系统等现有的仪器设备的监测，来确定主要污染物和监测项目。

⑤ 通过现场采样，包括采集有代表性的污染源样品，利用试纸、快速检测管和便携式监测仪器等现场快速分析手段，来确定主要污染物和监测项目。例如：借助pH试纸现场测试是酸性还是碱性，可以大致判断出待测污染物可能属于哪一类的化学毒物。

⑥ 通过采集样品，包括采集有代表性的污染源样品，送实验室分析后，来确定主要污染物和监测项目。

7.3.3 应急监测基本方法

7.3.3.1 应急监测的环节与方法

(1) 布点方法　根据现场的具体情况和污染区域的特性进行布点。

① 对固定污染源和流动污染源的监测布点，应根据现场的具体情况、产生污染物的不同工况（部位）或不同容器分别布设采样点。

② 对江河的监测应在事故发生地及其下游布点，同时在事故发生地上游一定距离布设对照断面（点）；如江河水流的流速很小或基本静止，可根据污染物的特性在不同水层采样；在事故影响区域内饮用水取水口和农灌区取水口处必须设置采样断面（点）。

③ 对湖（库）的采样点布设应以事故发生地为中心，按水流方向在一定间隔的扇形或圆形布点，并根据污染物的特性在不同水层采样，同时根据水流流向，在其上游适当距离布设对照断面（点）；必要时，在湖（库）出水口和饮用水取水口处设置采样断面（点）。

④ 对大气的监测应以事故地点为中心，在下风向按一定间隔的扇形或圆形布点，并根据污染物的特性在不同高度采样，同时在事故地点的上风向适当位置布设对照点；在可能受污染影响的居民住宅区或人群活动区等敏感点必须设置采样点，采样过程中应注意风向的变化，及时调整采样点位置。

⑤ 对土壤的监测应以事故地点为中心，按一定间隔的圆形布点采样，并根据污染物的特性在不同深度采样，同时采集对照样品，必要时在事故地附近采集作物样品。

⑥ 对地下水的监测应以事故地点为中心，根据本地区地下水流向采用网格法或辐射法布设监测井采样，同时视地下水主要补给来源，在垂直于地下水流的上游方向，设置对照监测井采样；在以地下水为饮用水源的取水处必须设置采样点。

⑦ 根据污染物的特性，必要时，对水体应同时布设底质采样断面（点）。

（2）采样

① 采样频次　采样频次的确定原则：依据不同的环境区域功能和事故发生地的污染实际情况，力求以最低的采样频次，取得最有代表性的样品，既满足反映环境污染程度、范围的要求，又切实可行。

采样频次主要根据现场污染状况、污染类型及污染物的迁移扩散情况确定。事故刚发生时，可适当加密采样频次，待摸清污染物变化规律后，可减少采样频次。

② 采样范围或采样断面的确定　采样人员到达现场后，应根据事故发生地的具体情况，迅速划定采样、控制区域，按布点方法进行布点，在污染源及采样断面（点）位置或区域设置如危险、有毒有害、禁止出入、禁明火等警戒语的明显标志牌（带），以确保周围人员的安全。

③ 采样注意事项

a. 根据污染物特性（比重、挥发性等），决定是否进行分层采样。

b. 根据污染物特性（有机物、无机物等），选用不同材质的容器存放样品。

c. 采水样时不可搅动水底沉积物，如有需要，同时采集事故发生地的底质样品。

d. 采气样时不可超过所用吸附管或吸收液的吸收限度。

e. 采集样品后，应将样品容器盖紧、密封，贴好样品标签。

f. 采样结束后，应核对采样计划、采样记录与样品，如有错误或漏采，应立即重采或补采。

g. 具体采样方法及采样量可参照相应的监测技术规范。

④ 现场采样记录　现场采样记录是突发性环境污染事故应急监测的第一手资料，必须如实记录并在现场完成，内容全面，可充分利用常规例行监测表格进行规范记录，至少应包括如下信息：

a. 事故发生的时间和地点，污染事故单位名称、联系方法（如必要）。

b. 现场示意图，如有必要对采样断面（点）及周围情况进行现场录像和拍照，特别注明采样断面（点）所在位置的标志性特征物如建筑物、桥梁等名称。

c. 监测实施方案，包括监测项目（如可能）、采样断面（点位）、监测频次、采样时间等。

d. 事故发生现场性状描述及事故发生的原因。

e. 必要的水文气象参数（如水温、水流流向、流量、气温、气压、风向、风速等）。

f. 可能存在的污染物的种类、流失量及影响范围（程度）；如有可能，简要说明污染物的有害特性。

g. 尽可能收集与突发性环境污染事故相关的其他信息，如盛放有毒有害污染物的容器、标签等信息，尤其是外文标签等信息，以便核对。

h. 采样人员及校核人员的签名。

⑤ 跟踪监测采样　污染物质进入周围环境后，随着稀释、扩散和降解等作用，其浓度会逐渐降低。为了掌握事故发生后的污染程度、范围及变化趋势，常需要进行连续的跟踪监测，直至环境恢复正常或达标。

在污染事故责任不清的情况下，可采用逆向跟踪监测和确定特征污染物的方法，追查确定污染来源或事故责任者。

⑥ 采样和现场监测的安全防护　进入突发性环境污染事故现场的应急监测人员，必须注意自身的安全防护，对事故现场不熟悉、不能确认现场安全或不按规定佩戴必需的防护设备（如防护服、防毒呼吸器等）时，未经现场指挥/警戒人员许可，不得进入事故现场进行采样监测。应急监测，至少二人同行。进入事故现场进行采样监测，应经现场指挥/警戒人员许可，在确认安全的情况下，按规定佩戴必需的防护设备（如防护服、防毒呼吸器等）。进入易燃易爆事故现场的应急监测车辆应有防火、防爆安全装置，应使用防爆的现场应急监测仪器设备（包括附件如电源等）进行现场监测，或在确认安全的情况下使用现场应急监测仪器设备进行现场监测。进入水体或登高采样，应穿戴救生衣或佩戴防护安全带（绳），以保安全。

根据当地的具体情况，配备必要的现场监测人员安全防护设备。常用的有：

a. 测爆仪，一氧化碳、硫化氢、氯化氢、氯气、氨等现场测定仪（同时也用作现场测定仪器设备）。

b. 防护服、防护手套、胶靴等防酸碱、防有机物渗透的各类防护用品。

c. 各类防毒面具、防毒呼吸器（带氧气呼吸器）及常用的解毒药品。

d. 防爆应急灯、醒目安全帽、带明显标志的小背心（色彩鲜艳且有荧光反射物）、救生衣、防护安全带（绳）、呼救器等。

（3）分析

① 现场监测　现场监测仪器设备的确定原则——应能快速鉴定、鉴别污染物的种类，并能给出定性或半定量的检测结果，直接读数，使用方便，易于携带，对样品的前处理要求低。可根据本地实际，配置常用的现场监测仪器设备，如检测试纸、快速检测管和便携式监测仪器等。

凡具备现场测定条件的监测项目，应尽量进行现场测定。现场要采平行双样，一份在现场快速测定，另一份送实验室分析测定，以确认现场的定性或半定量分析结果。检测试纸、快速检测管和便携式监测仪器的使用方法可参照相应的使用说明，使用过程中应注意避免其他物质的干扰。用检测试纸、快速检测管和便携式监测仪器进行测定时，应至少连续平行测定二次，以确认现场测定结果；必要时，送实验室用不同的分析方法对现场监测结果加以确认、鉴别。用毕的检测试纸和快速检测管应妥善处置。

② 实验室分析　应急样品应从速送实验室进行确认、鉴别，实验室应优先采用国家标准分析方法、行业统一分析方法，也可等效采用 ISO、美国 EPA、日本 JIS 等其他分析

方法。

当上述分析方法不能满足要求时，可根据各地具体情况和仪器设备条件，选用其他适宜的方法，如采用文献、期刊上公开发表的分析方法或实验室自己制定的方法等，但应经技术论证或事故涉及方的认可。

（4）质量保证

① 现场监测的质量保证　用于应急监测的便携式直读仪器，应定期检定/校准，两次检定/校准期间进行期间核查，仪器使用前需经功能检查。

检测试纸、快速检测管等应按规定的保存要求进行保管，并保证在有效期内使用。应定期用标准物质对检测试纸、快速检测管等进行使用性能检查，如有效期为一年，至少半年时应进行一次。

② 实验室质量保证

a. 分析人员应熟悉和掌握相关仪器设备和分析方法，持证上岗。

b. 用于监测的各种计量器具要按有关规定定期检定，并在检定周期内进行期间核查，保证仪器设备的正常运转。

c. 实验用水要符合分析方法要求，试剂和实验辅助材料要检验合格后投入使用。

d. 实验室采购服务应选择合格的供应商。

e. 实验室环境条件应满足分析方法要求，需控制温湿度等条件的实验室要配备相应设备，监控并记录环境条件。

f. 实验室质量保证和控制的具体措施参照相应的技术规范执行。

（5）结果报告　突发性污染事故应急监测报告以及时、快速报送为原则。

① 报告形式及内容　为及时上报突发性环境污染事故应急监测的监测结果，可采用电话、传真、电子邮件、监测快报、简报、应急监测报告等形式报送。

② 突发性环境污染事故应急监测报告　应包括：

a. 标题名称；

b. 监测单位名称和地址，进行测试的地点（当测试地点不在本站时，应注明测试地点）；

c. 监测报告的唯一性编号和每一页与总页数的标识；

d. 事故发生的时间、地点，监测断面（点位）示意图，发生原因，污染来源，主要污染物质，污染范围，必要的水文气象参数等；

e. 所用方法的标识（名称和编号）；

f. 样品的描述、状态和明确的标识；

g. 样品采样日期、接收日期、检测日期；

h. 检测结果和结果评价（必要时）；

i. 审核人、授权签字人签字等；

j. 计量认证/实验室认可标识，或计量认证/实验室认可证书影印件。

③ 在以多种形式上报的应急监测结果报告中，应以最终上报的正式应急监测报告为准。

④ 环境污染程度评价　如可能应对突发性污染事故区域的环境污染程度进行评价，可用如下方法进行评价：

a. 突发性污染事故区域的环境污染程度评价，按相应的环境质量标准执行；

b. 发生突发性污染事故单位所造成的污染程度评价，其污染物的排放执行相应的排放标准，事故对环境的影响评价执行相应的环境质量标准；

c. 对某种污染物，国家目前尚无评价标准的，可选择行业标准、地方标准以及 ISO、

EPA、JIS 等相应的标准进行评价。

⑤ 预测与估算 污染气体在环境空气中的扩散范围及变化趋势的预测，应在当地已经建立的大气污染预测模型的基础上，输入相关污染发生时的污染物浓度、地理及气象等因素进行预测和估算。

水污染物团（带）的移动及扩散的预测，应将各监测断面污染物浓度、受污染水体的水文数据，如流量和流速等，代入已经建立的预测模型中，预测污染通量及污染团（带）移动速度，污染带前锋、高峰、尾部到达及通过的时间。根据计算结果，分析污染稀释扩散规律。

⑥ 时间要求 突发性污染事故现场应急监测结果应以电话、传真、电子邮件、手机短信、监测快报等形式立即上报。跟踪监测结果以监测简报形式在监测次日报送，事故处理完毕后，应出具应急监测报告。

⑦ 报送范围 一般突发性污染事故报当地环境保护行政主管部门；重大和特大突发性污染事故除报当地环境保护行政主管部门及上一级环境监测站外，还应报中国环境监测总站。

(6) 污染事故处理处置建议 环境监测人员根据污染事故特征，如污染物、污染程度、污染介质（大气、水、土壤、农作物等）和污染范围，向污染事故处理处置主管部门提出污染物处理处置建议。

(7) 污染事故生态环境影响后评估 由于有些突发性环境污染事故对生态环境的影响具有长期性、复杂性的特点，因此虽然在污染事故突发后污染源被及时遏制了，但其对生态环境的长期影响效应需要进一步地开展后评估。生态环境影响的后评估可以通过在污染事故影响范围内，对水体、生物、土壤等环境要素，建立长期的环境监测来进行。目前，国内外均有一些相应的预评估和后评估开发软件。

后评估的内容主要为：

① 处理处置措施效果的后评估 包括采取的处理处置措施是否会造成生态环境影响，处理处置过程中是否会产生其他衍生二次污染物，如果有，其程度及危害程度是多大。

② 水体生态环境长期影响的后评估 由于某些污染物具有毒性强、难降解等特性，因此需要评估造成水体生态环境（包括底质）破坏的程度、污染物的迁移转化规律、水生生态系统的重建及修复的最佳技术路线。

③ 土壤生态环境长期影响的后评估 评估污染物在土壤当中的残留量、迁移转化规律以及土壤生态环境的修复技术等。

7.3.3.2 应急监测分析方法

应急监测分析方法包括感官检测法、动物检测法、植物检测法、化学产味法、试纸法、侦检粉法、检测管法、滴定或返滴定法、化学比色法、便携式仪器分析法、免疫分析法、实验室分析法等。其中，实际应用中常采用的方法主要为试纸法、检测管法、滴定法、化学比色法、便携式仪器分析法和实验室分析法。常见污染物应急监测方法详见表7-13。

表7-13 常见污染物应急监测方法

污染因子	快速监测方法
氯气(环境空气)	试纸法；气体检测管法(0.1～10mg/m³ 或 1～30mg/m³)；便携式电化学传感器法(0～5mg/m³)；便携式分光光度法
一氧化碳(环境空气)	试纸法；气体检测管法(0.1～10mg/m³ 或 1～1000mg/m³)；便携式电化学传感器法(0～1000mg/m³)；便携光学式(非分散红外吸收)检测器法

续表

污染因子	快速监测方法
氯化氢(环境空气)	试纸法;气体检测管法(0.1～10mg/m³);便携式传感器法(0～200mg/m³);便携式分光光度法
氟化氢和氟化物(环境空气)	试纸法;气体检测管法(0.1～10mg/m³,无动力,或1～20mg/m³);化学测试组件法(茜素磺酸锆指示液)
氨气(环境空气)	试纸法;气体检测管法(0.1～10mg/m³);便携光学式检测器法(0～500mg/m³)
氮氧化物(环境空气)	试纸法;气体检测管法;便携式电化学传感器法(0～30μL/L);便携光学式检测器法
硫化氢(环境空气)	试纸法;气体检测管法(0.1～10mg/m³);便携式电化学传感器法(0～200mg/m³);便携光学式检测器法;便携式分光光度法;便携式离子色谱法
二氧化硫(环境空气)	试纸法;气体检测管法(0.1～10mg/m³ 或 1～30mg/m³);便携式电化学传感器法(0～20μL/L);便携光学式检测器法
总烃(环境空气)	试纸法;气体检测管法;目视比色法;便携式 VOC 检测仪法
光气(环境空气)	试纸法(二甲苯胺指示剂);气体检测管法(0.1～10mg/m³ 或 0.1～20μL/L);便携式仪器法(0～5mg/m³);便携式分光光度法
硫酸雾/硝酸雾(环境空气)	试纸法(pH 试纸);气体检测管法(1～5mg/m³ 或 1～20μL/L);便携式仪器法(酸度计)
铅(气态)(环境空气)	气体检测管法(0.1～10mg/m³);便携式离子计法;便携式比色计/光度计法
臭氧(环境空气)	气体检测管法(0.1～10mg/m³ 或 1～30mg/m³);便携式电化学传感器法(0～5mg/m³);便携光学式检测器法
pH 值(水、土壤)	试纸法(定性;定量 pH 值 0～14);水质检测管法;化学测试组件法(测试液法 pH 值 0～14;组件法 pH 值 5.0～9.5、5.8～8.0 或 3.6～6.2);便携式 pH 计法(pH 值 2.0～12);便携式分光光度计法(pH 值 4.2～5.2、5.2～6.6、6.6～7.6 或 7.2～8.8)
色度(水)	简易器具法(2～100 度);便携式比色计/光度计法(50～500 度或 0.5～500mg/L Pt);便携式分光光度计法(50～1000 度)
酸度(水、土壤)	试纸法;化学测试组件法(滴定法 0.2～7mmol/L 或>5mg/L $CaCO_3$)
碱度(水、土壤)	试纸法;化学测试组件法(滴定法 0.2～7mmol/L)
溶解氧(水)	水质检测管法(1～15mg/L);目视比色法;化学测试组件法(0.2～10mg/L);便携式比色计/光度计法(0.5～12.0mg/L 或 1.0～20.0mg/L);便携式分光光度计法(0.5～15.0mg/L);便携式 DO 仪法(0.01～20mg/L 或 1～12mg/L)
化学需氧量(水)	水质检测管法(0～1500mg/L);快速回流法;化学测试组件法(0～100mg/L、0～10000mg/L 或 0～10mg/L);便携式比色计/光度计法(2～15000mg/L);便携式分光光度计法
烃类化合物(水、土壤)	试纸法(定性);水质检测管法(目视比色法 0～85mg/L);便携式比色计/光度计法(0.5～5.6mg/L 或 30～300mg/kg);便携式红外光谱仪器法;现场萃取-实验室分析法
砷(环境空气、水、土壤)	试纸法(定性,≥0.5μg As);砷检测管法(0～0.2mg/L);便携式分光光度计法;便携式 X 射线荧光光谱仪法
镉(水、土壤)	水质检测管法(0～0.1mg/L);便携式比色计/光度计法(0.002～2.0mg/L);便携式分光光度计法;便携式 X 射线荧光光谱仪法
铬(水、土壤)	试纸法[Cr(Ⅲ)定性,≥2mg/L;Cr 定性,≥0.1%];水质检测管法(0～1.5mg/L);便携式比色计/光度计法(0.05～30mg/L Cr、0.01～1.0mg/L Cr 或 5.0～100mg/L Cr^{3+});便携式分光光度计法(0.02～1.0mg/L Cr);便携式 X 射线荧光光谱仪法
氰化物(水、土壤)	试纸法(定性,≥0.2mg/L;定量,1～30mg/L);水质检测管法(0～0.5mg/L);化学测试组件法(0.002～1mg/L、20～500mg/L、0.2～20mg/L 或 0.02～2mg/L);便携式比色计/光度计法(0.001～0.50mg/L);便携式分光光度计法(0.01～0.4mg/L);便携式离子计法;便携式离子色谱法

续表

污染因子	快速监测方法
汞(环境空气、水、土壤)	气体检测管法(0.1～10mg/m³);水质检测管法(0～0.05mg/L);便携式分光光度计法
铅(环境空气、水、土壤)	试纸法(定性,≥5mg/L Pb^{2+}、≥0.05μg);水质检测管法(0～1mg/L);便携式比色计/光度计法(0.005～5.00mg/L、0.1～1.99mg/L 或 0.05～10.0mg/L);便携式分光光度计法(0.2～5.0mg/L);便携式X射线荧光光谱仪法
硝酸盐(水、土壤)	试纸法(10～500mg/L);水质检测管法(0～30mg/L);化学测试组件法(1～100mg/L 或 1～45mg/L);便携式比色计/光度计法(0.1～250mg/L、1.0～10mg/L 或 0.05～5.0mg/L);便携式离子计法(62～6200mg/L);便携式分光光度法(0.2～3.0mg/L 或 0.2～5.0mg/L);便携式离子色谱法
磷酸盐(水、土壤)	试纸法(3～100mg/L);水质检测管法;化学测试组件法(0.01～8mg/L P 或 0.2～10mg/L PO_4^{3-});便携式比色计/光度计法(0.01～50mg/L P 或 0.05～2.0mg/L PO_4^{3-});便携式离子计法;便携式分光光度计法(0.1～5.0mg/L PO_4^{3-});便携式离子色谱法
硫酸盐(水、土壤)	试纸法(400～1600mg/L);水质检测管法(0～250mg/L);化学测试组件法(25～200mg/L);便携式比色计/光度计法(5.0～200mg/L);便携式离子计法;便携式分光光度计法(5.0～300mg/L);便携式离子色谱法
二硫化碳(环境空气、水、土壤)	现场吹脱捕集-检测管法;化学测试组件法(醋酸铜指示液);便携式气相色谱法
烷烃类(环境空气、水、土壤)	气体检测管法(10～500mg/m³);便携式 VOC 检测仪法;便携式气相色谱法;便携式气相色谱-质谱联用法;实验室快速气相色谱法;便携式红外分光光度法
石油类(环境空气、水、土壤)	气体检测管法(10～500mg/m³);水质检测管法(0～85mg/L);便携式 VOC 检测仪法;便携式气相色谱法;便携式红外分光光度法
烯炔烃类(环境空气、水、土壤)	气体检测管法(1～50mg/m³);便携式 VOC 检测仪法;便携式气相色谱法;便携式气相色谱-质谱联用法;便携式红外分光光度法
醇类(环境空气、水、土壤)	气体检测管法(1～50mg/m³ 或 100～6000mg/m³);便携式气相色谱法;便携式气相色谱-质谱联用法;实验室快速气相色谱法;便携式红外分光光度法
甲醛(环境空气、水、土壤)	试纸法(10～200mg/L);气体检测管法(0.01～40μL/L);水质检测管法(0～5mg/L);化学测试组件法(0.1～2mg/L);便携式检测仪法(0～200mg/m³)
醛酮类(环境空气、水、土壤)	气体检测管法(0.2～10mg/m³);便携式气相色谱法;便携式气相色谱-质谱联用法;实验室快速气相色谱法;实验室快速液相色谱法;便携式红外分光光度法
卤代烃类(环境空气、水、土壤)	气体检测管法(0.5～60μL/L、20～100mg/m³ 或 23～500μL/L);便携式 VOC 检测仪法;现场吹脱捕集-检测管法;便携式气相色谱法;便携式气相色谱-质谱联用法;实验室快速气相色谱法;便携式红外分光光度法
氰/腈类(环境空气、水、土壤)	气体检测管法(0.1～5mg/m³ 或 0.25～20μL/L);便携式气相色谱法;便携式气相色谱-质谱联用法;实验室快速气相色谱法;便携式红外分光光度法
苯系物(环境空气、水、土壤)	气体检测管法(0.2～10mg/m³、20～400μL/L、20～1000μL/L 或 50～1000mg/m³);现场吹脱捕集-检测管法;便携式 VOC 检测仪法;便携式气相色谱法;便携式气相色谱-质谱联用法;实验室快速气相色谱法;便携式红外分光光度法
酚类及其衍生物(环境空气、水、土壤)	气体检测管法(0.2～10mg/m³ 或 0.5～25μL/L);水质检测管法(0～0.2mg/L);化学测试组件法(0.2～10mg/L);便携式比色计/光度计法(0.01～7.0mg/L 或 0.1～5.0mg/L);便携式分光光度计法(0.5～5.0mg/L);便携式气相色谱法;便携式气相色谱-质谱联用法;实验室快速气相色谱法;便携式红外分光光度法
氯苯类(环境空气、水、土壤)	气体检测管法(0.2～10mg/m³);便携式气相色谱法;便携式气相色谱-质谱联用法;实验室快速气相色谱法;便携式红外分光光度法
苯胺类(环境空气、水、土壤)	气体检测管法(0.2～10mg/m³ 或 1～30μL/L);便携式气相色谱法;便携式气相色谱-质谱联用法;实验室快速气相色谱法;便携式红外分光光度法

续表

污染因子	快速监测方法
硝基苯类(环境空气、水、土壤)	气体检测管法(0.2～10mg/m³);便携式气相色谱法;便携式气相色谱-质谱联用法;实验室快速气相色谱法;便携式红外分光光度法
醚酯类(环境空气、水、土壤)	气体检测管法(0.2～10mg/m³);便携式气相色谱法;便携式气相色谱-质谱联用法;实验室快速气相色谱法;便携式红外分光光度法
有机磷农药(环境空气、水、土壤)	残留农药测试组件法(>1.6μL/L,西玛津除草剂);便携式气相色谱法;便携式气相色谱-质谱联用法;实验室快速气相色谱法;便携式红外分光光度法
钙(水、土壤)	检测试纸法(10～100mg/L);化学测试组件法(滴定法,>5mg/L $CaCO_3$);便携式分光光度计法
铝(Ⅲ)(水、土壤)	检测试纸法(定性,≥10mg/L;定量,5～500mg/L);化学测试组件法(0.05～1mg/L);便携式比色计/光度计法(0.01～1.0mg/L或0.05～2.0mg/L);便携式分光光度计法(0.05～0.4mg/L);便携式X射线荧光光谱仪法
铜(水、土壤)	试纸法(定性,≥20mg/L;定量,10～300mg/L、20～200mg/L或2～50mg/L);水质检测管法(0～5mg/L);化学测试组件法(0.04～3mg/L或0.5～10mg/L);便携式比色计/光度计法(0.01～10.0mg/L、0.2～5.0mg/L或0.05～4.0mg/L);便携式分光光度计法(0.1～5.0mg/L);便携式X射线荧光光谱仪法
锰(水、土壤)	水质检测管法(0～5mg/L);化学测试组件法(0.03～4mg/L或0.5～20mg/L);便携式比色计/光度计法(0.01～10.0mg/L或0.5～20.0mg/L);便携式分光光度计法(0.5～15.0mg/L)
锌(水、土壤)	试纸法(2～20mg/L或2～100mg/L);水质检测管法(0～2mg/L);化学测试组件法(0.25～3mg/L或0.5～10mg/L);便携式比色计/光度计法(0.02～4.0mg/L或0.05～2.0mg/L);便携式分光光度计法(0.1～2.0mg/L);便携式X射线荧光光谱仪法
一般细菌(水、土壤)	检测试纸法(1个/mL以上)
大肠菌群(水、土壤)	检测试纸法(1个/mL以上)
γ放射性核素(环境空气、水、土壤、生物体)	γ辐射应急检测仪;便携式巡测γ谱仪(可测^{60}Co、^{238}U、^{226}Ra等);高灵敏度大面积测量仪器实施空中快速测量γ辐射
α、β放射性核素(环境空气、水、土壤、生物体)	液体闪烁谱仪(判别α、β放射性核素);α、β测量仪(判别α、β放射性核素);X剂量率应急检测仪和α、β表面污染检测仪(确定污染事故影响及危害程度、影响范围等)

(1) 试纸法　其基本原理是根据某种污染物的特效反应,将试纸(或普通滤纸)浸渍与该污染物具有选择性反应的分析试剂后制成该污染物的专用分析试纸。试纸的颜色变化可做定性分析,而将变化后的色度与标准色阶比较即可做定量分析。该方法的特点是使用和携带方便,迅速得到测试结果(一般为2min),但色阶较粗,精度差。

(2) 检测管法　检测管法的基本原理是当被测气体通过检测管时,造成检测管内填充物(指示胶)颜色的变化。该方法的特点是简便、快速、准确。目前用于测定有害气体或挥发性有机物的气体检测管和水污染检测管已有200多种型号,可分别测定500多种有害气体、蒸气或烟雾。

(3) 比色及滴定法　该方法的基本原理是利用比色立体柱、比色盘、比色卡、微型滴定管、计数滴定器、数字式滴定器等,配合包装一次量的试剂,组成一套现场快速检测箱(试剂测试箱、包、盒等),通过现场目视比色或滴定,得到待测物质的浓度值。该方法相当于小型的实验室,可分析多种参数和选择不同的测试范围。

(4) 便携式仪器法　便携式仪器法通过对常规光度计、光谱分析仪器、电化学分析仪器、色谱与质谱分析仪器等的小型化,对现场进行快速检测分析,尤其是当污染物未知且有机污染物种类繁多的情况下,可发挥重要的作用。

(5) 实验室分析法　在环境应急监测过程中,除采取现场试纸法、检测管法、比色滴定法、便携式仪器法等快速分析方法外，常常需要在现场监测的同时，将采集的平行样送实验室分析。实验室分析一方面比现场测试的精度高，另一方面可以校核现场监测数据。目前，环境监测站在环境应急监测中常采用现场快速测定和实验室分析相结合的方法，最终将两种检测结果同时存档，以为污染事故结束后的污染纠纷处理及后评估提供相应的法律依据。

7.3.4　应急监测预案的编制

编制环境应急监测预案，是确保应急监测有效开展的基础，也是指导环境应急监测的纲领性文件，各级环境监测部门均应根据本区域和本站的实际情况，编制具有可操作性的环境应急监测预案，即组织健全、职责明确、程序清晰、运行合理。

预案的编制提纲如下。

(1) 总则　为了强化各级环境监测站对突发性环境污染事故的应急监测能力，及时掌握突发性环境污染事故的现状，各地应建立健全相应的组织机构，落实应急监测人员和配备应急监测设备，各地可根据预案编制提纲编制适合当地实际情况的突发性污染事故应急监测预案。

(2) 适用范围　应根据监测站业务技术覆盖的行政范围和管辖区域，确定该预案的适用范围。

(3) 组织机构与职责分工　应按各级环境监测站在本管辖区域应急监测网络内的职责分工，制定网络内各级组织的机构组成及职责分工，同时应绘制相应的组织机构框图以及相关人员的联系方法。

对在区域之间（如省与省、市与市之间）发生的突发性环境污染事故，应由上级环境监测站负责协调、组织实施应急监测。

(4) 应急监测仪器配置　根据环境监测站的实际情况，明确应急监测仪器和相关物品的名称、型号、数量、适用范围、保管人等信息。

(5) 应急监测工作基本程序　预案中应急监测工作基本程序的编制至少应包括应急监测工作网络运作程序、具体工作程序和质量保证工作程序三方面内容，可以用流程图的形式表示。

① 应急监测工作网络图　指环境监测站所在区域的、自上而下的网络关系图。

② 应急监测工作流程图（包括数据上报）　指环境监测站内部应急监测工作从接到指令开始，到监测数据上报全过程的工作路线流程。

③ 应急监测质量控制要求及流程图　根据应急监测质量控制的基本要求，绘制质量控制流程图，方便环境监测人员对照执行。

(6) 应急监测方案制定的基本原则　应根据“突发性环境污染事故应急监测技术规范”，明确应急监测方案的制定责任人员、应急监测方案中所应包括的基本内容等。

(7) 应急监测技术支持系统　为提高应急监测预案的科学性及可操作性，各级环境监测站应尽可能按下列内容编制应急监测技术支持系统，并给予不断的完善：

① 国家相应法律、规范支持系统；

② 环境监测技术规范及方法支持系统；

③ 当地危险源调查数据库支持系统；

④ 各类化学品基本特性数据库支持系统；

⑤ 常见突发性污染事故处置技术支持系统；

⑥ 专家支持系统；

⑦ 预评估及后评估软件支持系统。

(8) 应急监测防护装备、通信设备及后勤保障体系　预案中应规定应急监测防护和通信装备的种类和数量，统一分类编目，并对放置地点和保管人进行明确规定。应明确后勤保障体系的构成及人员责任分工。

7.3.5 环境应急监测信息化系统建设

环境应急监测信息化系统建设工作，是提升环境应急监测工作的重要手段，通过信息化系统的建设，可以大幅度地提升在应急污染事故处理处置过程中的技术支持能力，更好地体现快速、科学、准确。因此，在环境应急监测能力建设过程中，除应加强硬件能力建设外，还应该注重应急监测信息化平台的构建。

环境应急监测信息化系统建设的主要内容包括：污染源信息查询子系统、污染物信息查询子系统、环境监测方法信息查询子系统、污染事故周边生态环境信息查询子系统、现场监测防护知识信息查询子系统、预测及扩散模型计算信息子系统、环境及排放标准信息查询子系统、国家及地方相关法律法规信息查询子系统、污染事故处理处置方法信息查询子系统、咨询专家支持信息子系统、应急监测报告模块、应急地理导航子系统。

环境应急监测信息化系统构架见图 7-23。

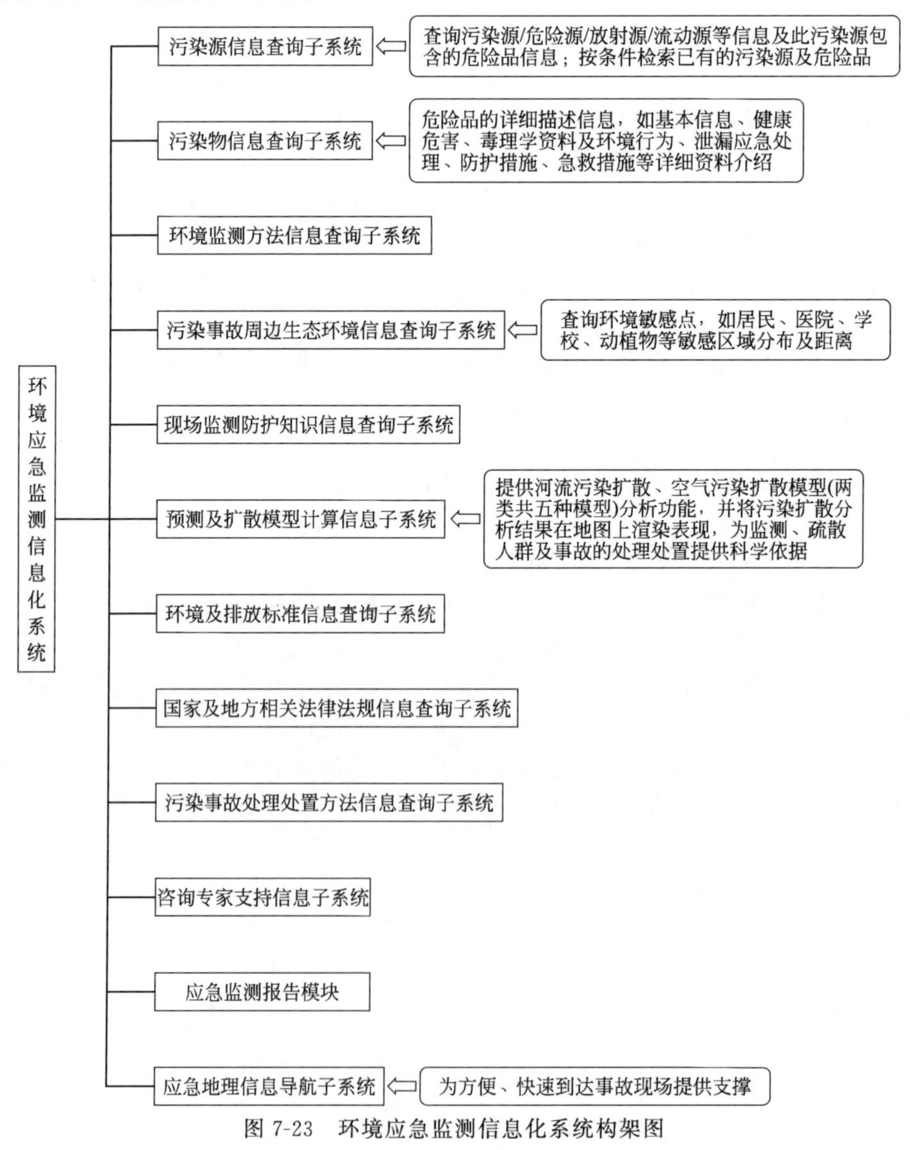

图 7-23　环境应急监测信息化系统构架图

7.3.6　突发性污染事故应急监测实例

7.3.6.1　松花江水污染事故监测方案

（1）监测目的　为了解本次吉林石化公司双苯厂苯胺车间发生爆炸事故对松花江、黑龙江水环境的影响，拟在松花江的主要断面进行水质、底泥、水生生物（鱼类）和冰样的监测工作，制定本方案。

（2）监测内容

① 污染带跟踪监测

a. 监测断面及点位设置

（a）监测断面设置　鉴于污染带已流过松花江哈尔滨段，并继续向下游移动，污染带移动期间，黑龙江省环境监测中心站继续组织水质监测工作，监测断面的布设方法为松花江哈尔滨朱顺屯断面（哈尔滨饮用水源地取水口）下游每 50km 一个，直至黑龙江抚远入俄罗斯境国界断面。

（b）采样点位设置

水样：每个监测断面按左、中、右设三条垂线，左、右垂线表面至水下 0.5m 处设 1 个点，中线设 2 个点。

冰样：每个监测断面按左、中、右每天各采 1 个样，按样方采集冰样，保证采集到接触水层的冰样。

b. 样品类型及监测项目

（a）样品类型　水样、冰样。

（b）监测项目　水温、流速、硝基苯、苯、苯系物（GC-MS 总离子流强度）、挥发酚。

（c）其他　采样期间江面冰层厚度、江面宽度、水深、周边情况照片、断面经纬度及有关情况说明。

c. 监测频次

（a）污染带到达监测断面前，即该断面最近上游断面定性检出任意一项污染物时，该断面开始启动监测，监测频次为每 6h 1 次，每天 4 次（重要断面如佳木斯上、同江可适当增大频次）。

（b）污染带到达监测断面并通过该断面时，即该断面检出任意一项污染物时，监测频次应为每 4h 1 次，每天 6 次（城市断面如佳木斯上、同江可适当增大频次）。

（c）污染带移出监测断面，即全部监测项目均达标时，自达标时监测频次为每天 2 次，连测 2 天，2 天后改为每天 1 次，持续 1 周后改为每 5 天 1 次，如出现超标情况，应适当增大监测频次。

② 水环境背景及影响监测

a. 监测断面　监测断面见表 7-14。

表 7-14　监测断面

序号	所属地	断面名称	属性
1	吉林省	吉化东 10 号	事故排污口
2		松花江村	国控断面
3		三江口下	出吉林省境断面
4	黑龙江省	肇源	省入境断面
5		苏家屯	饮用水源地
6		朱顺屯	饮用水源地
7		佳木斯上	城市上
8		同江	松花江入黑龙江前
9		街津口	松花江入黑龙江后
10		抚远	国界

(a) 样品类型　水样、冰样、底泥和水生生物（鱼）。

(b) 监测项目　水温、流速、硝基苯、苯、苯系物（GC-MS 总离子流强度）、挥发酚。

(c) 其他　采样期间江面冰层厚度、江面宽度、水深、周边情况照片、断面经纬度及有关情况说明。

b. 监测方法及质量控制　监测方法：采用国家标准方法，无相应国标方法的项目，优先参照 ISO 方法执行。质量控制：按照《环境水质监测质量保证手册》（第二版）的要求执行。

c. 监测结果报告制度　黑龙江省环境监测中心站、吉林省环境监测中心站分别组织省内相关监测站开展监测工作，并负责汇总黑龙江省、吉林省各断面的监测结果，并实时将监测结果报送至中国环境监测总站。报送方式：E-mail：×××，传真：×××，联系人：×××，联系电话：×××。

7.3.6.2　松花江水污染事件应急监测专报

截至××月××日××时，污染带前锋（检出未超标，以右岸计，下同）预计位于抚远上游约 55km 处，污染带前段（开始超标处）位于抚远上游约 78km 处，污染带长度约 145km。

黑龙江同江东港（下列宁）断面（三江口下游 37km）分左、中、右三条垂线，每条垂线采集表层和底层水样，共 6 个样品。据黑龙江省环保部门的最新监测结果，××月××日××时右垂线（中国侧）硝基苯浓度为 0.125mg/L（超过中国国家标准 6.35 倍，低于俄罗斯国家标准）。

松花江同江断面（三江口上游 11km）硝基苯浓度至××月××日××时达到最高值 0.165mg/L（超过中国国家标准 8.70 倍，低于俄罗斯国家标准），此后硝基苯浓度持续下降。××月××日××时，硝基苯浓度为 0.037mg/L（超过中国国家标准 1.16 倍，低于俄罗斯国家标准）。

硝基苯浓度随时间的变化见图 7-24（黑龙江某断面）和图 7-25（松花江某断面）。

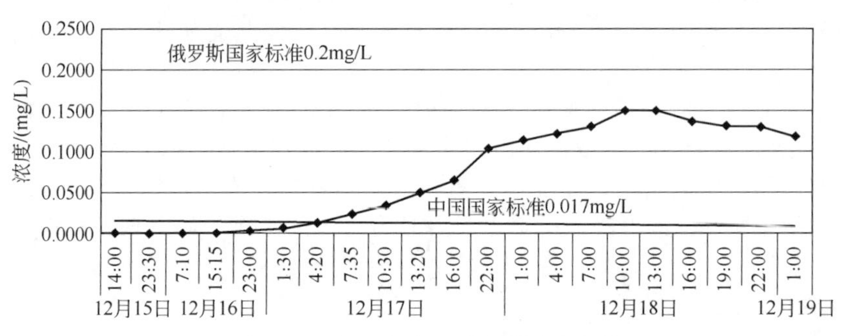

图 7-24　黑龙江某断面硝基苯浓度变化

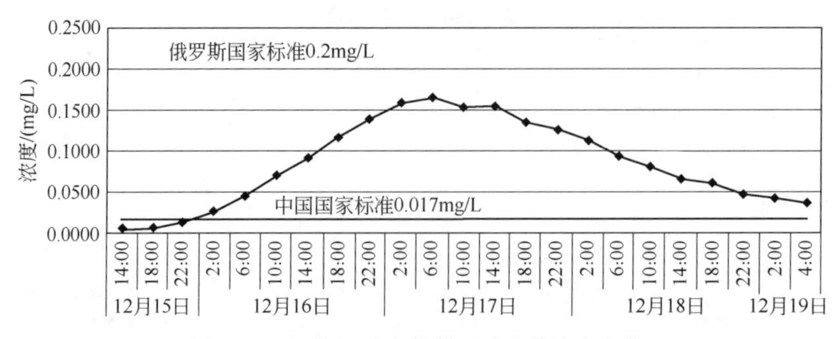

图 7-25　松花江干流某断面硝基苯浓度变化

某时刻污染带的位置见图7-26。

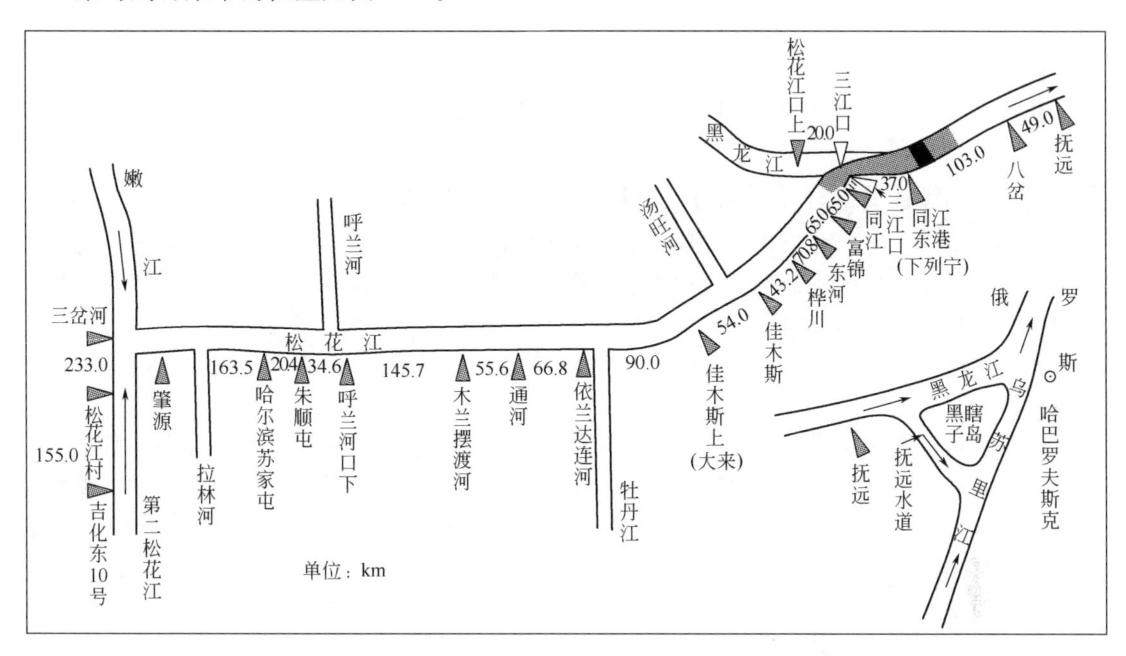

图7-26　松花江、黑龙江硝基苯污染带位置示意图

（截至2005年××月××日××时）

7.4　生态监测

随着人们对环境问题及其规律认识的不断深化，环境问题不再局限于排放污染物引起的健康问题，还包括自然环境的保护、生态平衡和可持续发展的资源问题。因此，环境监测正从一般意义上的环境污染因子监测开始向生态环境监测过渡和拓宽。除了常见的各类污染因子外，由于人为因素影响，灾害性天气增加，森林植被锐减，水土流失严重，土壤沙化加剧，洪水泛滥，沙尘暴、泥石流频发，酸沉降等，使得本已十分脆弱的生态环境更加恶化。这促使人们重新审视环境问题的复杂性，用新的思路和方法了解和解决环境问题。人们开始认识到，为了保护生态环境，必须对环境生态的演化趋势、特点及存在的问题建立一套行之有效的动态监测与控制体系，这就是生态监测。因此，生态监测是环境监测发展的必然趋势。

7.4.1　生态监测的定义

所谓生态监测，是以生态学原理为理论基础，运用可比的和较成熟的方法，在时间和空间上对特定区域范围内生态系统和生态系统组合体的类型、结构和功能及其组合要素进行系统地测定，为评价和预测人类活动对生态系统的影响，为合理利用资源、改善生态环境提供决策依据。

7.4.2　生态监测的原理

生态监测是环境监测工作的深入与发展，由于生态系统本身的复杂性，要完全将生态系统的组成、结构、功能进行全方位的监测十分困难。随着生态学理论与实践的不断发展与深入，特别是景观生态学的发展，为生态监测指标的确立、生态质量评价及生态系统的管理与调控提供了基础框架。景观生态学中的一些基础理论即等级（层次）理论、空间异质性原理等成为生态监测的基本指导思想。研究生态系统的组成要素、结构与功能、发展与演替，以及人为影响与调控机制的生态系统生态学理论也为生态监测提供理论支持。生态系统生态学的研究领域主要涵盖了自然生态系统的保护和利用，生态系统的调控机制，生态系统退化的机理、恢复模型及修复技术，生态系统可持续发展问题以及全球生态问题等。

7.4.3 生态监测、环境监测和生物监测之间的关系

在环境科学、生态学及其分支学科中，生态监测、生物监测及环境监测都有各自的特点和要求。环境监测是伴随着环境科学的形成和发展而出现的，以环境为对象，运用物理、化学和生物技术方法对其中的污染物及其有关的组成成分进行定性、定量和系统的综合分析，运用环境质量数据、资料来表征环境质量的变化趋势及污染的来龙去脉。因此，环境监测属于环境科学范畴。

长期以来，生物监测属于环境监测的重要组成部分，是利用生物在各种污染环境中所发出的各种信息，来判断环境污染的状况，即通过观察生物的分布状况，生长、发育、繁殖状况，生化指标及生态系统工程的变化规律来研究环境污染的情况、污染物的毒性，并与物理、化学监测和医药卫生学的调查结合起来，对环境污染做出正确评价。

对生态监测一直有争议的，主要表现在生态监测与生物监测的相互关系上。一种观点认为生态监测包括生物监测，是生态系统层次的生物监测，是对生态系统的自然变化及人为变化所做反应的观测和评价，包括生物监测和地球物理化学监测等方面内容；也有的将生态监测与生物监测统一起来，统称为生态监测，认为生态监测是环境监测的组成部分，是利用各种技术测定和分析生命系统各层次对自然或人为的反应或反馈效应的综合表征来判断这些干扰对环境产生的影响、危害及其变化规律，为环境质量的评估、调控和环境管理提供科学依据。这种观点表明，生态监测是一种监测方法，是对环境监测技术的一种补充，是利用“生态”做“仪器”进行环境质量监测。

而另一种观点认为，随着环境科学的发展以及社会生产、科学研究等领域的监测工作实践，生态监测远远超出了现有的定义范畴，生态监测的内容、指标体系和监测方法都表现出了全面性、系统性，既包括对环境本质、环境污染、环境破坏的监测，也包括对生命系统（系统结构、生物污染、生态系统功能、生态系统物质循环等）的监测，还包括对人为干扰和自然干扰造成生物与环境之间相互关系的变化的监测。

因此，生态监测是指通过物理、化学、生物化学、生态学等各种手段，对生态环境中的各个要素、生物与环境之间的相互关系、生态系统结构和功能进行监控和测试，为评价生态环境质量、保护生态环境、恢复重建生态、合理利用自然资源提供依据，它包括了环境监测和生物监测。

7.4.4 生态监测的类别

生态监测从时空角度可概括地分为两大类，即宏观监测或微观监测。

（1）宏观监测　宏观监测至少应在一定区域范围之内，对一个或若干个生态系统进行监测，最大范围可扩展至一个国家、一个地区甚至全球，主要监测区域范围内具有特殊意义的生态系统的分布、面积及生态功能的动态变化。

（2）微观监测　微观监测指对一个或几个生态系统内各生态要素指标进行物理、化学、生态学方面的监测。根据监测的目的一般可分为干扰性监测、污染性监测、治理性监测、环境质量现状评价监测等。

① 干扰性监测　是指对人类固有生产活动所造成的生态破坏的监测，例如：滩涂围垦

所造成的滩涂生态系统的结构和功能、水文过程和物质交换规律的改变监测；草场过牧引起的草场退化、沙化、生产力降低监测；湿地开发环境功能下降，对周边生态系统及鸟类迁徙影响的监测等。

② 污染性监测　主要是对农药、一些重金属及各种有毒有害物质在生态系统中所造成的破坏及食物链传递富集的监测，如六六六、DDT、SO_2、Cl_2、H_2S 等有害物质对农田、果树污染监测；工厂污水对河流、湖泊、海洋生态系统污染的监测等。

③ 治理性监测　指对破坏了的生态系统经人类的治理后生态平衡恢复过程的监测，如沙化土地经客土、种草治理过程的监测；退耕还林、还草过程的生态监测；停止向湖泊、水库排放超标废水后，对湖泊、水库生态系统恢复的监测等。

④ 环境质量现状评价监测　该监测往往用于较小的区域，用于环境质量本底现状评价监测，如某生态系统的本底生态监测；南极、北极等很少有人为干扰的地区生态环境质量监测；新修铁路要通过某原始森林附近，对某原始森林现状的生态监测；拟开发的风景区本底生态监测等。

总之，宏观监测必须以微观监测为基础，微观监测必须以宏观监测为指导，二者相互补充，不能相互替代。

7.4.5　生态监测的任务与特点

（1）生态监测的基本任务　生态监测的基本任务是对生态系统现状以及因人类活动所引起的重要生态问题进行动态监测；对破坏的生态系统在人类的治理过程中生态平衡恢复过程的监测；通过监测数据的集积，研究上述各种生态问题的变化规律及发展趋势，建立数学模型，为预测预报和影响评价打下基础；支持国际上一些重要的生态研究及监测计划，如GEMS（全球环境监测系统）、MAB（人与生物圈）等，加入国际生态监测网络。

（2）生态监测的特点

① 综合性　生态监测涉及多个学科，涉及农、林、牧、副、渔、工等各个生产行业。

② 长期性　自然界中生态过程的变化十分缓慢，而且生态系统具有自我调控功能，短期监测往往不能说明问题。长期监测可能有一些重要的和意想不到的发现，如北美酸雨的发现就是典型的例子。

③ 复杂性　生态系统本身是一个庞大的复杂的动态系统，生态监测中要区分自然因素和人为干扰这两种因素的作用有时十分困难，加之人类目前对生态过程的认识是逐步积累和深入的，这就使得生态监测不可能是一项简单的工作。

④ 分散性　生态监测站点的选取往往相隔较远，监测网的分散性很大。同时由于生态过程的缓慢性，生态监测的时间跨度也很大，所以通常采取周期性的间断监测。

（3）生态监测指标体系　根据生态监测的定义和监测内容，传统的生态监测指标体系无法适应于现今对生态环境质量监测的要求。从我国正在开展的生态监测工作来看，生态监测构成了一个复杂的网络，各地纷纷建立生态监测网站与网络，生态监测的指标体系丰富而庞杂。

① 非生命系统的监测指标

气象条件：包括太阳辐射强度和辐射收支、日照时数、气温、气压、风速、风向、地温、降水量及其分布、蒸发量、空气湿度、大气干湿沉降等，以及城市热岛强度。

水文条件：包括地下水位、土壤水分、径流系数、地表径流量、流速、泥沙流失量及其化学组成、水温、水深、透明度等。

地质条件：主要监测地质构造、地层、地震带、矿物岩石、滑坡、泥石流、崩塌、地面沉降量、地面塌陷量等。

土壤条件：包括土壤养分及有效态含量（N、P、K、S）、土壤结构、土壤颗粒组成、土壤温度、土壤 pH、土壤有机质、土壤微生物量、土壤酶活性、土壤盐度、土壤肥力、交换性酸、交换性盐基、阳离子交换量、土壤容重、孔隙度、透水率、饱和含水量、凋萎水量等。

化学指标：包括大气污染物、水体污染物、土壤污染物、固体废物等方面的监测内容。

大气污染物：有颗粒物、SO_2、NO_x、CO、烃类化合物、H_2S、HF、PAN、O_3 等。

水体污染物：包括水温、pH、溶解氧、电导率、透明度、水的颜色、气味、流速、悬浮物、浑浊度、总硬度、矿化度、侵蚀性二氧化碳、游离二氧化碳、总碱度、碳酸盐、重碳酸盐、氨氮、硝酸盐氮、亚硝酸盐氮、挥发酚、氰化物、氟化物、硫酸盐、硫化物、氯化物、总磷、钾、钠、六价铬、总汞、总砷、镉、铅、铜、溶解铁、总锰、总锌、硒、铁、锰、锌、银、大肠菌群、细菌总数、COD、BOD_5、石油类、阴离子表面活性剂、有机氯农药、六六六、滴滴涕、苯并［a］芘、叶绿素 a、油、总 α 放射性、总 β 放射性、丙烯醛、苯类、总有机碳、底质（颜色、颗粒分析、有机质、总 N、总 P、pH、总汞、甲基汞、镉、铬、砷、硒、酮、铅、锌、氰化物和农药）。

土壤污染物：包括镉、汞、砷、铜、铅、铬、锌、镍、六六六、DDT、pH、阳离子交换量。

固体废物监测：包括氨、硫化氢、甲硫醇、臭气浓度、悬浮物（SS）、COD、BOD_5、大肠菌群，以及苯酚类、酞酸酯类、苯胺类、多环芳烃类等。

其他指标如噪声、热污染、放射性物质等。

② 生命系统的监测内容　生物个体的监测，主要对生物个体大小、生活史、遗传变异、跟踪遗传标记等监测。

物种的监测，包括优势种、外来种、指示种、重点保护种、受威胁种、濒危种、对人类有特殊价值的物种、典型的或有代表性的物种。

种群的监测，包括种群数量、种群密度、盖度、频度、多度、凋落物量、年龄结构、性别比例、出生率、死亡率、迁入率、迁出率、种群动态、空间格局。

群落的监测，包括物种组成、群落结构、群落中的优势种统计、群落外貌、季相、层片、群落空间格局、食物链统计、食物网统计等。

生物污染监测，包括放射性、镉、六六六、DDT、西维因、敌菌丹、倍硫磷、异狄氏剂、杀螟松、乐果、氟、钠、钾、锂、氯、溴、镧、锑、钍、铅、钙、钡、锶、镭、铍、碘、汞、铀、硝酸盐、亚硝酸盐、灰分、粗蛋白、粗脂肪、粗纤维等。

③ 生态系统的监测指标　主要对生态系统的分布范围、面积大小进行统计，在生态图上绘出各生态系统的分布区域，然后分析生态系统的镶嵌特征、空间格局及动态变化过程。

④ 生物与环境之间相互作用关系及其发展规律的监测指标　生态系统功能指标：生物生产量（初级生产、净初级生产、次级生产、净次级生产）、生物量、生长量、呼吸量、物质周转率、物质循环周转时间、同化效率、摄食效率、生产效率、利用效率等。

⑤ 社会经济系统的监测指标　包括人口总数、人口密度、性别比例、出生率、死亡率、流动人口数、工业人口、农业人口、工业产值、农业产值、人均收入、能源结构等。

(4) 生态监测的新技术手段　由于生态监测的内容和指标体系的丰富和完善，分析测试方法涉及的学科领域庞杂，如气象学、海洋学、水文学、土壤学、植物学、动物学、微生物学、环境科学、生态科学。此外，新技术新方法在生态监测中的运用也十分广泛。

7.4.6 生态监测的主要技术支持

（1）“3S”技术 生态监测的新内涵中包括对大范围生态系统的宏观监测，因此，许多传统的监测技术不适应于大区域的生态监测，只有借助于现代高新技术，才能高效、快速地了解大区域生态环境的动态变化，为迅速制定治理、保护的方案和对策提供依据。遥感、地理信息系统与全球定位系统（统称 3S 集成）一体化的高新技术可以解决这个问题，在实际中通过建立生态环境动态监测与决策支持系统，有效获取生态环境信息，实时监测区域环境的动态变化，进而掌握该区域生态环境的现状、演变规律、特征与发展趋势，为管理者提供依据。

“3S”技术是遥感（RS）、地理信息系统（GIS）和全球定位系统（GPS）的统称。其中 GPS 主要是实时、快速地提供目标的空间位置，RS 用于实时、快速地提供监测数据，GIS 则是多种来源时空数据的综合处理和应用分析平台。传统的生态环境监测、评价方法应用范围小，只能解决局部生态环境监测和评价问题，很难大范围、实时地开展监测工作，而综合整体且准确完全的监测结果必须依赖“3S”技术，利用 RS 和 GPS 获取遥感数据、管理地貌及位置信息，然后利用 GIS 对整个生态区域进行数字表达，形成规则、决策系统。

（2）电磁台网监测系统 电磁台网监测系统克服了天然地震层析、卫星遥感等技术对包括沙漠、黄土、冰川、湖泊沉积在内的地球表层和浅层监测的不足，以其对环境变化敏感、有一定穿透深度、不同频率信号反映不同深度信息、台网观测技术方便等优点而应用到生态监测中来。该系统通过对中长电磁波衰减因子数据的研究，利用现代层析成像技术，建立高分辨率浅层三维电导率地理信息系统，为监测、研究、预测环境变化提供依据。

（3）其他高新技术 中国技术创新信息网上发布了用于远距离生态监测的俄罗斯高新技术——可调节的高功率激光器，在距离 300m 的范围内，可以发现和测量烷烃的浓度，浓度范围为 0.0003%～0.1%，该项技术正在推广。其他高新技术如俄罗斯卡莫夫直升机设计局在“卡-37”的基础上，成功研制的“卡-137”多用途无人直升机，该机可用于生态监测。

综上所述，生态监测是环境科学与生物科学的交叉学科，包括环境监测和生物监测。它是通过物理、化学、生化、生态学原理等各种技术手段，对生态环境中的各个要素、生物与环境之间的相互关系、生态系统结构和功能进行监控和测试，为评价生态环境质量、保护生态环境、恢复重建生态、合理利用自然资源提供依据的过程。其监测的指标体系庞杂而富有系统性，所采用的技术手段也日益更新，大量的高新技术及其他领域的技术被不断引入到生态监测中来。

复习题

1. 常用的超痕量分析前处理技术与分析测试技术有哪些？

2. 简要说明空气质量自动监测系统组成部分及各部分的功能。

3. 在空气质量自动监测系统子站内，一般装备哪几种气态污染组分的监测仪？说明其工作原理和运行方式。

4. 简要说明β射线吸收法、振荡天平法空气颗粒物自动监测仪工作原理和运行方式。

5. 从组成部分、功能、装备等方面比较大气环境质量自动监测系统与水环境质量自动监测系统的相同和不同之处。

6. 举例说明摄影遥感监测的原理，试与红外扫描遥感的原理比较之。

7. 激光雷达遥感技术有哪几种类型？它们遥测环境污染的依据是什么？
8. 突发性污染事故有哪些基本特征？
9. 应急监测人员应快速准确地报告哪些信息内容？
10. 环境应急监测的主要方法有哪几种？
11. 简述大气、水和土壤环境应急监测的布点原则。
12. 环境应急监测过程中，在未知污染物的情况下，如何确定监测项目？
13. 生态监测的定义是什么？
14. 简述生态监测、环境监测和生物监测之间的关系。
15. 生态监测的主要支持技术有哪些？

环境标准

一些环境标准见附表1～附表21。

附表1　地表水环境质量标准基本项目标准限值（GB 3838—2002）　单位：mg/L

序号	项目＼标准值		分类				
			Ⅰ	Ⅱ	Ⅲ	Ⅳ	Ⅴ
1	水温/℃		人为造成的环境水温变化应限制在： 周平均最大温升≤1 周平均最大温降≤2				
2	pH值(无量纲)		6～9				
3	溶解氧	≥	饱和率90% (或7.5)	6	5	3	2
4	高锰酸盐指数	≤	2	4	6	10	15
5	化学需氧量(COD)	≤	15	15	20	30	40
6	五日生化需氧量(BOD_5)	≤	3	3	4	6	10
7	氨氮(NH_3-N)	≤	0.15	0.5	1.0	1.5	2.0
8	总磷(以P计)	≤	0.02 (湖、库0.01)	0.1 (湖、库0.025)	0.2 (湖、库0.05)	0.3 (湖、库0.1)	0.4 (湖、库0.2)
9	总氮(湖、库,以N计)	≤	0.2	0.5	1.0	1.5	2.0
10	铜	≤	0.01	1.0	1.0	1.0	1.0
11	锌	≤	0.05	1.0	1.0	2.0	2.0
12	氟化物(以F^-计)	≤	1.0	1.0	1.0	1.5	1.5
13	硒	≤	0.01	0.01	0.01	0.02	0.02
14	砷	≤	0.05	0.05	0.05	0.1	0.1
15	汞	≤	0.00005	0.00005	0.0001	0.001	0.001
16	镉	≤	0.001	0.005	0.005	0.005	0.01
17	铬(六价)	≤	0.01	0.05	0.05	0.05	0.1
18	铅	≤	0.01	0.01	0.05	0.05	0.1
19	氰化物	≤	0.005	0.05	0.2	0.2	0.2
20	挥发酚	≤	0.002	0.002	0.005	0.01	0.1
21	石油类	≤	0.05	0.05	0.05	0.5	1.0
22	阴离子表面活性剂	≤	0.2	0.2	0.2	0.3	0.3
23	硫化物	≤	0.05	0.1	0.2	0.5	1.0
24	粪大肠菌群/(个/L)	≤	200	2000	10000	20000	40000

附表2　集中式生活饮用水地表水源地补充项目标准限值（GB 3838—2002）

单位：mg/L

序　号	项　目	标准值
1	硫酸盐(以 SO_4^{2-})计	250
2	氯化物(Cl^- 计)	250
3	硝酸盐(以 N 计)	10
4	铁	0.3
5	锰	0.1

附表3　海水水质标准（GB 3097—1997）　　单位：mg/L

序号	项　目	第一类	第二类	第三类	第四类
1	漂浮物质	海面不得出现油膜、浮沫和其他漂浮物质			海面无明显油膜、浮沫和其他漂浮物质
2	色、臭、味	海水不得有异色、异臭、异味			海水不得有令人厌恶和感到不快的色、臭、味
3	悬浮物质	人为增加的量≤10		人为增加的量≤100	人为增加的量≤150
4	大肠菌群≤(个/L)	10000 供人生食的贝类养殖水质≤700			—
5	粪大肠菌群≤(个/L)	2000 供人生食的贝类养殖水质≤140			—
6	病原体	供人生食的贝类养殖水质不得含有病原体			
7	水温(℃)	人为造成的海水温升夏季不超过当时当地1℃，其他季节不超过2℃		人为造成的海水温升不超过当时当地4℃	
8	pH	7.8～8.5 同时不超出该海域正常变动范围的0.2pH单位		6.8～8.8 同时不超出该海域正常变动范围的0.5pH单位	
9	溶解氧　>	6	5	4	3
10	化学需氧量(COD)　≤	2	3	4	5
11	生化需氧量(BOD)　≤	1	3	4	5
12	无机氮(以 N 计)　≤	0.20	0.30	0.40	0.50
13	非离子氨(以 N 计)　≤	0.020			
14	活性磷酸盐(以 P 计)　≤	0.015	0.030		0.045
15	汞　≤	0.00005	0.0002		0.0005
16	镉　≤	0.001	0.005	0.010	
17	铅　≤	0.001	0.005	0.010	0.050
18	六价铬　≤	0.005	0.010	0.020	0.050
19	总铬　≤	0.05	0.10	0.20	0.50
20	砷　≤	0.020	0.030	0.050	
21	铜　≤	0.005	0.010	0.050	
22	锌　≤	0.020	0.050	0.10	0.50
23	硒　≤	0.010	0.020		0.050

续表

序号	项 目		第一类	第二类	第三类	第四类
24	镍	≤	0.005	0.010	0.020	0.050
25	氰化物	≤	0.005		0.10	0.20
26	硫化物(以S计)	≤	0.02	0.05	0.10	0.25
27	挥发酚	≤	0.005		0.010	0.050
28	石油类	≤	0.05		0.30	0.50
29	六六六	≤	0.001	0.002	0.003	0.005
30	滴滴涕	≤	0.00005	0.0001		
31	马拉硫磷	≤	0.0005	0.001		
32	甲基对硫磷	≤	0.0005	0.001		
33	苯并[a]芘/(μg/L)	≤	0.0025			
34	阴离子表面活性剂(以LAS计)		0.03	0.10		
35	放射性核素/(Bq/L)	^{60}Co	0.03			
		^{90}Sr	4			
		^{106}Rn	0.2			
		^{134}Cs	0.6			
		^{137}Cs	0.7			

附表 4 第一类污染物最高允许排放浓度（GB 8978—1996） 单位：mg/L

序 号	污染物	最高允许排放浓度
1	总汞	0.05
2	烷基汞	不得检出
3	总镉	0.1
4	总铬	1.5
5	六价铬	0.5
6	总砷	0.5
7	总铅	1.0
8	总镍	1.0
9	苯并[a]芘	0.00003
10	总铍	0.005
11	总银	0.5
12	总α放射性	1Bg/L
13	总β放射性	10Bq/L

附表 5 第二类污染物最高允许排放浓度（GB 8978—1996）

（1998年1月1日后建设的单位） 单位：mg/L

序号	污染物	适用范围	一级标准	二级标准	三级标准
1	pH	一切排污单位	6～9	6～9	6～9
2	色度(稀释倍数)	一切排污单位	50	80	—

续表

序号	污染物	适用范围	一级标准	二级标准	三级标准
3	悬浮物(SS)	采矿、选矿、选煤工业	70	300	—
		脉金选矿	70	400	—
		边远地区砂金选矿	70	800	—
		城镇二级污水处理厂	20	30	—
		其他排污单位	70	150	400
4	五日生化需氧量(BOD_5)	甘蔗制糖、苎麻脱胶、湿法纤维板、染料、洗毛工业	20	60	600
		甜菜制糖、酒精、味精、皮革、化纤浆粕工业	20	100	600
		城镇二级污水处理厂	20	30	—
		其他排污单位	20	30	300
5	化学需氧量(COD)	甜菜制糖、合成脂肪酸、湿法纤维板、染料、洗毛、有机磷农药工业	100	200	1000
		味精、酒精、医药原料药、生物制药、苎麻脱胶、皮革、化纤浆粕工业	100	300	1000
		石油化工工业(包括石油炼制)	60	120	500
		城镇二级污水处理厂	60	120	—
		其他排污单位	100	150	500
6	石油类	一切排污单位	5	10	20
7	动植物油	一切排污单位	10	15	100
8	挥发酚	一切排污单位	0.5	0.5	2.0
9	总氰化合物	一切排污单位	0.5	0.5	1.0
10	硫化物	一切排污单位	1.0	1.0	1.0
11	氨氮	医药原料药、染料、石油化工工业	15	50	—
		其他排污单位	15	25	—
12	氟化物	黄磷工业	10	15	20
		低氟地区(水体含氟量＜0.5mg/L)	10	20	30
		其他排污单位	10	10	20
13	磷酸盐(以P计)	一切排污单位	0.5	1.0	—
14	甲醛	一切排污单位	1.0	2.0	5.0
15	苯胺类	一切排污单位	1.0	2.0	5.0
16	硝基苯类	一切排污单位	2.0	3.0	5.0
17	阴离子表面活性剂(LAS)	一切排污单位	5.0	10	20
18	总铜	一切排污单位	0.5	1.0	2.0
19	总锌	一切排污单位	2.0	5.0	5.0
20	总锰	合成脂肪酸工业	2.0	5.0	5.0
		其他排污单位	2.0	2.0	5.0
21	彩色显影剂	电影洗片	1.0	2.0	3.0
22	显影剂及氧化物总量	电影洗片	3.0	3.0	6.0
23	元素磷	一切排污单位	0.1	0.1	0.3

续表

序号	污染物	适用范围	一级标准	二级标准	三级标准
24	有机磷农药(以P计)	一切排污单位	不得检出	0.5	0.5
25	乐果	一切排污单位	不得检出	1.0	2.0
26	对硫磷	一切排污单位	不得检出	1.0	2.0
27	甲基对硫磷	一切排污单位	不得检出	1.0	2.0
28	马拉硫磷	一切排污单位	不得检出	5.0	10
29	五氯酚及五氯酚钠(以五氯酚计)	一切排污单位	5.0	8.0	10
30	可吸附有机卤化物(AOX)(以Cl计)	一切排污单位	1.0	5.0	8.0
31	三氯甲烷	一切排污单位	0.3	0.6	1.0
32	四氯化碳	一切排污单位	0.03	0.06	0.5
33	三氯乙烯	一切排污单位	0.3	0.6	1.0
34	四氯乙烯	一切排污单位	0.1	0.2	0.5
35	苯	一切排污单位	0.1	0.2	0.5
36	甲苯	一切排污单位	0.1	0.2	0.5
37	乙苯	一切排污单位	0.4	0.6	1.0
38	邻二甲苯	一切排污单位	0.4	0.6	1.0
39	对二甲苯	一切排污单位	0.4	0.6	1.0
40	间二甲苯	一切排污单位	0.4	0.6	1.0
41	氯苯	一切排污单位	0.2	0.4	1.0
42	邻二氯苯	一切排污单位	0.4	0.6	1.0
43	对二氯苯	一切排污单位	0.4	0.6	1.0
44	对硝基氯苯	一切排污单位	0.5	1.0	5.0
45	2,4-二硝基氯苯	一切排污单位	0.5	1.0	5.0
46	苯酚	一切排污单位	0.3	0.4	1.0
47	间甲酚	一切排污单位	0.1	0.2	0.5
48	2,4-二氯酚	一切排污单位	0.6	0.8	1.0
49	2,4,6-三氯酚	一切排污单位	0.6	0.8	1.0
50	邻苯二甲酸二丁酯	一切排污单位	0.2	0.4	2.0
51	邻苯二甲酸二辛酯	一切排污单位	0.3	0.6	2.0
52	丙烯腈	一切排污单位	2.0	5.0	5.0
53	总硒	一切排污单位	0.1	0.2	0.5
54	粪大肠菌群数	医院①、兽医院及医疗机构含病原体污水	500个/L	1000个/L	5000个/L
		传染病、结核病医院污水	100个/L	500个/L	1000个/L
55	总余氯(采用氯化消毒的医院污水)	医院①、兽医院及医疗机构含病原体污水	<0.5②	>3(接触时间≥1h)	>2(接触时间≥1h)
		传染病、结核病医院污水	<0.5②	>6.5(接触时间≥1.5h)	>5(接触时间≥1.5h)

续表

序号	污染物	适用范围	一级标准	二级标准	三级标准
56	总有机碳(TOC)	合成脂肪酸工业	20	40	—
		苎麻脱胶工业	20	60	—
		其他排污单位	20	30	—

① 指 50 个床位以上的医院。
② 加氯消毒后须进行脱氯处理，达到本标准。
注：其他排污单位：指除在该控制项目中所列行业以外的一切排污单位。

附表 6　环境空气质量标准各项污染物的浓度限值（GB 3095—1996）

污染物名称	取值时间	浓度限值			浓度单位
		一级标准	二级标准	三级标准	
二氧化硫 SO_2	年平均	0.02	0.06	0.10	mg/m^3（标准状态）
	日平均	0.05	0.15	0.25	
	1 小时平均	0.15	0.50	0.70	
总悬浮颗粒物 TSP	年平均	0.08	0.20	0.30	
	日平均	0.12	0.30	0.50	
可吸入颗粒物 PM_{10}	年平均	0.04	0.10	0.15	
	日平均	0.05	0.15	0.25	
氮氧化物 NO_x	年平均	0.05	0.05	0.10	
	日平均	0.10	0.10	0.15	
	1 小时平均	0.15	0.15	0.30	
二氧化氮 NO_2	年平均	0.04	0.04	0.08	
	日平均	0.08	0.08	0.12	
	1 小时平均	0.12	0.12	0.24	
一氧化碳 CO	日平均	4.00	4.00	6.00	
	1 小时平均	10.00	10.00	20.00	
臭氧 O_3	1 小时平均	0.12	0.16	0.20	
铅 Pb	季平均	1.50			μg/m^3（标准状态）
	年平均	1.00			
苯并[a]芘	日平均	0.01			
氟化物 F	日平均	7①			
	1 小时平均	20①			
	月平均	1.8②		3.0③	μg/(dm^2·d)
	植物生长季平均	1.2②		2.0③	

① 适用于城市地区。
② 适用于牧业区和以牧业为主的半农半牧区、蚕桑区。
③ 适用于农业和林业区。

附表 7　室内空气质量标准（GB/T 18883—2002）

序号	参数类别	参数	单位	标准值	备注
1	物理性	温度	℃	22～28	夏季空调
				16～24	冬季采暖
2		相对湿度	%	40～80	夏季空调
				30～60	冬季采暖
3		空气流速	m/s	0.3	夏季空调
				0.2	冬季采暖
4		新风量	m^3/(h·人)	30①	

续表

序号	参数类别	参数	单位	标准值	备注
5	化学性	二氧化硫 SO_2	mg/m^3	0.50	1小时均值
6		二氧化氮 NO_2	mg/m^3	0.24	1小时均值
7		一氧化碳 CO	mg/m^3	10	1小时均值
8		二氧化碳 CO_2	%	0.10	月平均值
9		氨 NH_3	mg/m^3	0.20	1小时均值
10		臭氧 O_3	mg/m^3	0.16	1小时均值
11		甲醛 HCHO	mg/m^3	0.10	1小时均值
12		苯 C_6H_6	mg/m^3	0.11	1小时均值
13		甲苯 C_7H_8	mg/m^3	0.20	1小时均值
14		二甲苯 C_8H_{10}	mg/m^3	0.20	1小时均值
15		苯并[*a*]芘 B(a)P	ng/m^3	1.0	日平均值
16		可吸入颗粒物 PM_{10}	mg/m^3	0.15	日平均值
17		总挥发性有机物 TVOC	mg/m^3	0.60	8小时均值
18	生物性	菌落总数	cfu/m^3	2500	依据仪器定
19	放射性	氡 ^{222}Rn	Bq/m^3	400	年平均值(行动水平②)

① 新风量要求≥标准值，除温度、相对湿度外的其他参数要求≤标准值。

② 达到此水平建议采取干预行动以降低室内氡浓度。

附表 8　生活垃圾填埋场污染控制标准——浸出液污染物浓度限值（GB 16889—2008）

序号	污染物项目	浓度限值/(mg/L)
1	汞	0.05
2	铜	40
3	锌	100
4	铅	0.25
5	镉	0.15
6	铍	0.02
7	钡	25
8	镍	0.5
9	砷	0.3
10	总铬	4.5
11	六价铬	1.5
12	硒	0.1

附表 9　现有和新建生活垃圾填埋场水污染物排放浓度限值（GB 16889—2008）

序号	控制污染物	排放浓度限值	污染物排放监控位置
1	色度(稀释倍数)	40	常规污水处理设施排放口
2	化学需氧量(COD_{Cr})/(mg/L)	100	常规污水处理设施排放口
3	生化需氧量(COD_{Cr})/(mg/L)	30	常规污水处理设施排放口
4	悬浮物/(mg/L)	30	常规污水处理设施排放口

续表

序号	控制污染物	排放浓度限值	污染物排放监控位置
5	总氮/(mg/L)	40	常规污水处理设施排放口
6	氨氮/(mg/L)	25	常规污水处理设施排放口
7	总磷/(mg/L)	3	常规污水处理设施排放口
8	粪大肠菌群数/(个/L)	10000	常规污水处理设施排放口
9	总汞/(mg/L)	0.001	常规污水处理设施排放口
10	总镉/(mg/L)	0.01	常规污水处理设施排放口
11	总铬/(mg/L)	0.1	常规污水处理设施排放口
12	六价铬/(mg/L)	0.05	常规污水处理设施排放口
13	总砷/(mg/L)	0.1	常规污水处理设施排放口
14	总铅/(mg/L)	0.1	常规污水处理设施排放口

附表 10　现有和新建生活垃圾填埋场水污染物特别排放限值（GB 16889—2008）

序号	控制污染物	排放浓度限值	污染物排放监控位置
1	色度(稀释倍数)	30	常规污水处理设施排放口
2	化学需氧量(COD_{Cr})/(mg/L)	60	常规污水处理设施排放口
3	生化需氧量(COD_{Cr})/(mg/L)	20	常规污水处理设施排放口
4	悬浮物/(mg/L)	30	常规污水处理设施排放口
5	总氮/(mg/L)	20	常规污水处理设施排放口
6	氨氮/(mg/L)	8	常规污水处理设施排放口
7	总磷/(mg/L)	1.5	常规污水处理设施排放口
8	粪大肠菌群数/(个/L)	1000	常规污水处理设施排放口
9	总汞/(mg/L)	0.001	常规污水处理设施排放口
10	总镉/(mg/L)	0.01	常规污水处理设施排放口
11	总铬/(mg/L)	0.1	常规污水处理设施排放口
12	六价铬/(mg/L)	0.05	常规污水处理设施排放口
13	总砷/(mg/L)	0.1	常规污水处理设施排放口
14	总铅/(mg/L)	0.1	常规污水处理设施排放口

附表 11　焚烧炉大气污染物排放限值①（GB 18485—2001）

序号	项目	单位	数值含义	限值
1	烟尘	mg/m^3	测定均值	80
2	烟气黑度	林格曼黑度，级	测定值②	1
3	一氧化碳	mg/m^3	小时均值	150
4	氮氧化物	mg/m^3	小时均值	400
5	二氧化硫	mg/m^3	小时均值	260
6	氯化氢	mg/m^3	小时均值	75

续表

序号	项目	单位	数值含义	限值
7	汞	mg/m^3	测定均值	0.2
8	镉	mg/m^3	测定均值	0.1
9	铅	mg/m^3	测定均值	1.6
10	二噁英类	ng TEQ/m^3	测定均值	1.0

① 本表规定的各项标准限值，均以标准状态下含11%O_2的干烟气为参考值换算。

② 烟气最高黑度时间，在任何1h内累计不得超过5min。

附表12　土壤环境质量标准值（GB 15618—1995）　　单位：mg/kg

级别		一级	二级			三级
土壤pH值		自然背景	<6.5	6.5～7.5	>7.5	>6.5
镉≤		0.20	0.30	0.60	1.0	
汞≤		0.15	0.30	0.50	1.0	1.5
砷	水田≤	15	30	25	20	30
	旱地≤	15	40	30	25	40
铜	农田等≤	35	50	100	100	400
	果园≤	—	150	200	200	400
铅≤		35	250	300	350	500
铬	水田≤	90	250	300	350	400
	旱地≤	90	150	200	250	300
锌≤		100	200	250	300	500
镍≤		40	40	50	60	200
六六六≤		0.05	0.50			1.0
滴滴涕≤		0.05	0.50			1.0

注：1. 重金属（铬主要是三价）和砷均按元素量计，适用于阳离子交换量>5cmol(+)/kg的土壤，若≤5cmol(+)/kg，其标准值为表内数值的半数。

2. 六六六为四种异构体总量，滴滴涕为四种衍生物总量。

3. 水旱轮作地的土壤环境质量标准，砷采用水田值，铬采用旱地值。

附表13　中国危险废物浸出毒性鉴别标准（GB 5085.3—2007）

序号	项　目	浸出液的最高允许浓度/(mg/L)
1	有机汞	不得检出
2	镉及其化合物	0.3(以总Cd计)
3	砷及其无机化合物	1.5(以总As计)
4	六价铬化合物	1.5(以Cr^{6+}计)
5	铅及其无机化合物	3.0(以总Pb计)
6	铜及其化合物	50(以总Cu计)
7	锌及其化合物	50(以总Zn计)
8	镍及其化合物	25(以总Ni计)
9	铍及其化合物	0.1(以总Be计)
10	氟化物(不含氟化钙)	50(以总F计)
11	钡及其化合物	100(以总Ba计)
12	氰化物	1.0(以CN^-计)
13	铬及其化合物	10(以总Cr计)
14	汞及其无机化合物	0.05(以总Hg计)

附表 14　声环境质量标准环境噪声限值（GB 3096—2008）　　单位：dB（A）

声环境功能区类别		时段	
		昼间	夜间
0 类		50	40
1 类		55	45
2 类		60	50
3 类		65	55
4 类	4a 类	70	55
	4b 类	70	60

注：1. 4b 类声环境功能区环境噪声限值，适用于 2011 年 1 月 1 日起环境影响评价文件通过审批的新建铁路（含新开廊道的增建铁路）干线建设项目两侧区域。

2. 在下列情况下，铁路干线两侧区域不通过列车时的环境背景噪声限值，按昼间 70dB（A）、夜间 55dB（A）执行：穿越城区的既有铁路干线；对穿越城区的既有铁路干线进行改建、扩建的铁路建设项目；既有铁路是指 2010 年 12 月 31 日前已建成运营的铁路或环境影响评价文件已通过审批的铁路建设项目。

3. 各类声环境功能区夜间突发噪声，其最大声级超过环境噪声限值的幅度不得高于 15dB（A）。

附表 15　工业企业厂界环境噪声排放限值（GB 12348—2008）　　单位：dB（A）

厂界外声环境功能区类别	时段	
	昼　间	夜　间
0 类	50	40
1 类	55	45
2 类	60	50
3 类	65	55
4 类	70	55

注：1. 夜间频发噪声的最大声级超过限值的幅度不得高于 10dB（A）。

2. 夜间偶发噪声的最大声级超过限值的幅度不得高于 15dB（A）。

3. 工业企业若位于未划分声环境功能区的区域，当厂界外有噪声敏感建筑物时，由当地县级以上人民政府参照 GB 3096 和 GB/T 15190 的规定确定厂界外区域的声环境质量要求，并执行相应的厂界环境噪声排放限值。

4. 当厂界与噪声敏感建筑物距离小于 1m 时，厂界环境噪声应在噪声敏感建筑物的室内测量，并将表中相应的限值减 10dB（A）作为评价依据。

附表 16　结构传播固定设备室内噪声排放限值（GB 12348—2008，等效声级）

单位：dB（A）

房间类型时段 / 噪声敏感建筑物所处声环境功能区类别	A 类房间		B 类房间	
	昼间	夜间	昼间	夜间
0	40	30	40	30
1	40	30	45	35
2、3、4	45	35	50	40

注：A 类房间指以睡眠为主要目的，需要保证夜间安静的房间，包括住宅卧室、医院病房、宾馆客房等。

B 类房间指主要在昼间使用，需要保证思考与精神集中、正常讲话不被干扰的房间，包括学校教室、会议室、办公室、住宅中卧室以外的其他房间等。

附表 17　结构传播固定设备室内噪声排放限值（GB 12348—2008，倍频带声压级）

单位：dB

噪声敏感建筑所处声环境功能区类别	时段	倍频带中心频率/Hz 房间类型	室内噪声倍频带声压级限值				
			31.5	63	125	250	500
0	昼间	A、B类房间	76	59	48	39	34
	夜间	A、B类房间	69	51	39	30	24
1	昼间	A类房间	76	59	48	39	34
		B类房间	79	63	52	44	38
	夜间	A类房间	69	51	39	30	24
		B类房间	72	55	43	35	29
2、3、4	昼间	A类房间	79	63	52	44	38
		B类房间	82	67	56	49	43
	夜间	A类房间	72	55	43	35	29
		B类房间	76	59	48	39	34

附表 18　社会生活噪声排放源边界噪声排放限值（GB 22337—2008）　单位：dB（A）

边界外声环境功能区类别	时　　段	
	昼　　间	夜　　间
0	50	40
1	55	45
2	60	50
3	65	55
4	70	55

注：1. 本标准规定了营业性文化娱乐场所和商业经营活动中可能产生环境噪声污染的设备、设施边界噪声排放限值和测量方法。在社会生活噪声排放源边界处无法进行噪声测量或测量的结果不能如实反映其对噪声敏感建筑物的影响程度的情况下，噪声测量应在可能受影响的敏感建筑物窗外 1m 处进行。

2. 当社会生活噪声排放源边界与噪声敏感建筑物距离小于 1m 时，应在噪声敏感建筑物的室内测量，并将表中的相应限值减 10dB（A）作为评价依据。

3. 在社会生活噪声排放源位于噪声敏感建筑物内情况下，噪声通过建筑物结构传播至噪声敏感建筑物室内时，噪声敏感建筑物室内等效声级不得超过的限值，同工业企业厂界环境噪声排放标准。

附表 19　机场周围飞机噪声环境标准（GB 9660—88）　　单位：dB

适 用 区 域	最高允许标准值
特殊住宅区；居住、文教区	70
除一类区域以外的生活区	75

附表 20　建筑施工场界噪声限值（GB 12523—90）　　单位：dB（A）

施工阶段	主要噪声源	噪声限制	
		昼间	夜间
土石方	推土机、挖掘机、装载机等	75	55
打桩	各种打桩机等	85	禁止施工
结构	混凝土、振捣棒、电锯等	70	55
装修	吊车、升降机等	62	55

附表 21　城市各类区域铅垂向 Z 振级标准值（GB 10070—88）　　单位：dB

适用地带范围	昼间	夜间
特殊住宅区	65	65
居民、文教区	70	67
混合区、商业中心区	75	72
工业集中区	75	72
交通干线道路两侧	75	72
铁路干线两侧	80	80

注：本标准值适用于连续发生的稳态振动、冲击振动和无规振动；每日发生几次的冲击振动，其最大值昼间不允许超过标准值 10dB，夜间不超过 3dB。

参 考 文 献

[1] 何增耀主编. 环境监测. 北京：农业出版社，1994.
[2] 奚旦立，孙裕生，刘秀英编. 环境监测. 第三版. 北京：高等教育出版社，2004.
[3] 方惠群，于俊生，史坚编著. 仪器分析. 北京：科学出版社，2002.
[4] 江桂斌等编著. 环境样品前处理技术. 北京：化学工业出版社，2004.
[5] 毛根年，许牡丹，黄建文编著. 环境中有毒有害物质与分析检测. 北京：化学工业出版社，2004.
[6] 韦进宝，钱沙华编著. 环境分析化学. 北京：化学工业出版社，2002.
[7] 齐文启，孙宗光编著. 痕量有机污染物的监测. 北京：化学工业出版社，2001.
[8] 陈英旭主编. 农业环境保护. 北京：化学工业出版社，2007.
[9] 国家环保局《水和废水监测分析方法》编委会编. 水和废水监测分析方法. 第 4 版. 北京：中国环境科学出版社，2002.
[10] Roger Reeve. Introduction to Environmental Analysis. New York：John Wiley &Sons Ltd.，2002.
[11] 朱岩编著. 离子色谱原理及其应用. 杭州：浙江大学出版社，2002.
[12] 国家环境保护总局《空气和废气监测分析方法》编委会编. 空气和废气监测分析方法. 第四版. 北京：中国环境科学出版社，2003.
[13] 吴忠标主编. 环境监测. 北京：化学工业出版社，2003.
[14] 梁晓星主编. 空气环境监测. 北京：化学工业出版社，2005.
[15] 郝吉明等. 城市机动排放污染控制. 北京：中国环境科学出版社，1999.
[16] 崔九思. 大气污染监测方法. 北京：化学工业出版社，2001.
[17] 崔九思. 室内空气污染监测方法. 北京：化学工业出版社，2002.
[18] 魏复盛. 土壤元素的近代分析. 北京：中国环境科学出版社，1992.
[19] M. R. Carter. Soil sampling and methods of analysis，Canadian Society of Soil Science. Lewis Publishers，1993.
[20] Frank R. Burden，et al. Environmental monitoring handbook. McGrawHill，2002.
[21] 但德忠. 环境监测. 北京：高等教育出版社，2006.
[22] 陈迪云著. 室内氡污染与致癌. 广州：广东科技出版社，2000.
[23] 陈玲，赵建夫等. 环境监测. 北京：化学工业出版社，2004.
[24] 魏复盛. 空气与废气监测分析方法操作指南. 北京：中国环境科学出版社，2006.
[25] 齐文启，孙宗光. 环境监测新技术. 北京：化学工业出版社，2004.
[26] 王桥，杨一鹏，黄家柱等. 环境遥感. 北京：科学出版社，2005.
[27] 贾海峰，刘雪华等. 环境遥感原理与应用. 北京：清华大学出版社，2006.
[28] 张占睦，芮杰. 遥感技术基础. 北京：科学出版社，2007.
[29] 谢品华，刘文清. 大气环境污染气体的光谱遥感监测技术. 量子电子学报，2000，17（5）：385-394.
[30] 濮国梁，杨武年. 干涉雷达遥感技术及其在地学信息提取中的应用. 成都理工学院学报，2002，29（5）：571-577.
[31] 刘文清，崔志成等. 空气质量监测的高灵敏差分吸收光谱学技术. 光学技术，2005，31（2）：288-291.
[32] 万本太主编. 突发性环境污染事故应急监测于处理处置技术. 北京：中国环境科学出版社，2006.
[33] 李国刚编著. 环境化学污染事故应急监测技术与装备. 北京：化学工业出版社，2005.
[34] 傅桃生主编. 突发性环境污染事故应急监测与处理处置技术及 500 典型案例分析. 北京：中国环境科学出版社，2006.
[35] 刘京，刘延良. 环境监测站在水环境突发事件应急监测中的职责及工作内容.《环境监测与管理技术》理事会专题讨论会主题报告系列之一，2006，1-12.
[36] 孔福生. 应急监测系统的建设.《环境监测与管理技术》理事会专题讨论会主题报告系列之一，2006，38-43.
[37] 彭刚华. 环境化学污染事故现场应急监测方案及报告.《环境监测与管理技术》理事会专题讨论会主题报告系列之一，2006，21-32.
[38] 国家环境保护总局环境监察办公室编. 环境应急手册. 北京：中国环境科学出版社，2003.
[39] 杭州市环境监测中心站，中国环境监测总站. 突发性环境污染事故应急监测技术规范（送审稿），2004.
[40] 国家环保局自然司主编. 生态监测指标与方法研究. 北京：中国环境科学出版社，1993.
[41] 宋红波，朱旭. 对我国生态监测的思考. 环境科学动态，2004，(3)：10-11.
[42] 李玉英，余晓丽，施建伟. 生态监测及其发展趋势. 水利渔业，2005，25（4）：62-64.
[43] 孙巧明. 试论生态环境监测指标体系. 生物学杂志，2004，21（4）：13-14.
[44] 罗泽娇，程胜高. 我国生态监测的研究进展. 环境保护，2003，(3)：41-44.
[45] 联合国环境规划署编. 生态监测手册. 北京：中国环境科学出版社，1994.

[46] Tong CL, Guo Y, Liu WP. Simultaneous determination of five nitroaniline and dinitroaniline isomers in wastewaters by solid-phase extraction and high-performance liquid chromatography with ultraviolet detection. Chemosphere, 2010, 81 (3): 430-435.

[47] Wang KX, Glaze WH. High-performance liquid chromatography with postcolumn derivatization for simultaneous determination of organic peroxides and hydrogen peroxide. J. Chromatogr. A, 1998, 822 (2): 207-213.

[48] Zhu XD, Wang KX, Zhu JL, et al. Analysis of cooking oil fumes by ultraviolet spectrometry and gas chromatography- mass spectrometry, J. Agric. Food Chem., 2001, 49 (10): 4790-4794.

[49] Koroma BM, Wang KX, Jinya DD. Advanced analytical determination of volatile organic compounds (VOC) and other major contaminants in water samples using GC-Ion Trap MS. J. Environ. Sci.-China, 2001, 13 (1): 25-36.

[50] Fang J, Wang KX. Spatial distribution and partitioning of heavy metals in surface sediments from Yangtze Estuary and Hangzhou Bay, People's Republic of China. Bull. Environ. Contamin. Toxicol., 2006, 76 (5): 831-839.

[51] Shen-Tu C, Fan YC, Hou YZ, Wang KX, Zhu Y. Arsenic species analysis by ion chromatography-bianode electrochemical hydride generator-atomic fluorescence spectrometry. J. Chromatogr. A, 2010, 1213 (1): 56-61.

[52] Ohura T, Amagai T, Shen XY, Li SA, Zhang P, Zhu LZ. Comparative study on indoor air quality in Japan and China: Characteristics of residential indoor and outdoor VOCs. Atmos. Environ., 2009, 43 (40): 6352-6359.

[53] Li S, Chen SG, Zhu LZ, Chen XS, Yao CY, Shen XY. Concentrations and risk assessment of selected monoaromatic hydrocarbons in buses and bus stations of Hangzhou, China. Sci. Total Environ., 2009, 407 (6): 2004-2011.

[54] Fan YC, Chen ML, Shen-Tu C, Zhu Y. A ionic liquid for dispersive liquid-liquid microextraction of phenols. J. Anal. Chem., 2009, 64 (10): 1017-1022.

[55] Fan YC, Hu ZL, Chen ML, Tu CS, Zhu Y. Ionic liquid based dispersive liquid-liquid microextraction of aromatic amines in water samples. Chin. Chem. Lett., 2008, 19 (8): 985-987.

[56] Li J, Chen ML, Zhu Y. Separation and determination of carbohydrates in drinks by ion chromatography with a self-regenerating suppressor and an evaporative light-scattering detector. J. Chromatogr. A, 1155 (1): 50-56.

[57] Cao JJ, Shen ZX, Chow JC, Qi GW, Watson JG. Seasonal variations and sources of mass and chemical composition for PM10 aerosol in Hangzhou, China. Particuology, 2009, 7 (3): 161-168.

[58] Fang XS, Qi GW, Guo M, Pan M, Chen YQ. An improved integrated electronic nose for online measurement of VOCs in indoor air. Proceedings of annual international conference of the IEEE engineering in medicine and biology society, 2005, 2894-2897.

[59] Koga M, Hanada Y, Zhu JL, Nagafuchi O. Determination of ppt levels of atmospheric volatile organic compounds in Yakushima, a remote south-west island of Japan. Microchem. J., 2001, 68 (2-3): 257-264.

[60] 王凯雄，谢旭一，周志瑞．茶叶中微量营养元素的原子吸收光谱分析，高等学校化学学报，1981，(1)．

[61] 王凯雄，陈宝义，何增耀．有关二苯碳酰二肼测定土壤中铬的几个问题，浙江大学学报（农业与生命科学版），1988，(4)．

[62] 王凯雄，徐娟宝，臧荣春，彭图治，王国顺．聚乙烯吡咯烷酮修饰碳糊电极溶出伏安法测定水中硝基酚，环境科学，1996，(2)．

[63] 王凯雄，朱杏冬．烹调油烟的成分及其分析方法，上海环境科学，1999，18 (11)：526-528.

[64] 方杰，王凯雄．气相色谱-离子阱质谱法测定海洋贝类中多残留有机氯农药、多氯联苯和多环芳烃，分析化学，2007，(11)．

[65] 朱利中，沈学优，刘勇建，叶春生．高效液相色谱法分析水中痕量多环芳烃．环境化学，1999，18 (5)：488-492.

[66] 沈学优，刘勇建，沈红心，朱利中．高效液相色谱自动分析空气中痕量多环芳烃．应用化学，1999，16 (5)：79-81.

[67] 沈学优，徐能斌，张冰．大气中痕量氯苯气相色谱分析方法的研究．环境污染与防治，1995，17 (4)：40-41.

[68] 金劲草，陈恒武，沈学优．流动注射在线预富集火焰原子吸收法测定水中的痕量铅．分析化学，1996，24 (8)：957-960.

[69] 徐钦良，李长安，陈梅兰，范云场．离子液体液-液萃取高效液相色谱测定水中邻苯二甲酸酯类物质．分析实验室，2010，29 (6)：93-96.

[70] 范云场，胡正良，陈梅兰，申屠超，朱岩．离子液体液-液萃取高效液相色谱测定水中酚类化合物．分析化学，2008，36 (9)：1157-1161.

索　引

第1章　绪论

第2章　水污染监测

第 3 章 大气污染监测

第 4 章 土壤、生物体和固体废物污染监测

第 5 章 物理性污染监测

第 6 章 环境监测质量保证

第 7 章 现代环境监测技术专题